技能型人才培训用书
国家职业资格培训教材

数控铣工/加工中心操作工（中级）

国家职业资格培训教材编审委员会　编
韩鸿鸾　主编

机械工业出版社

本书是根据《国家职业标准》中级数控铣工、中级加工中心操作工中的知识要求和技能要求，按照岗位培训需要的原则编写的。本书内容包括：数控机床概述、数控铣床与加工中心的加工工艺、数控编程的基础、FANUC 系统的编程与操作、SIEMENS（802D）系统的编程与操作、自动编程。书末附有与之配套的试题库和答案，以便于企业培训、考核鉴定和读者自查。

本书主要用作企业培训部门、职业技能鉴定培训机构、再就业和农民工培训机构的教材，也可作为技校、中职、各种短训班的教材。

图书在版编目（CIP）数据

数控铣工/加工中心操作工（中级）/韩鸿鸾主编．—北京：机械工业出版社，2006.9（2024.6 重印）
国家职业资格培训教材
ISBN 978-7-111-19815-4

Ⅰ.数…　Ⅱ.韩…　Ⅲ.①数控机床：铣床—技术培训—教材②数控机床加工中心—技术培训—教材　Ⅳ.①TG547②TG659

中国版本图书馆 CIP 数据核字（2006）第 099159 号

机械工业出版社（北京市百万庄大街 22 号　邮政编码 100037）
责任编辑：王英杰　版式设计：霍永明　责任校对：樊钟英
封面设计：饶　薇　责任印制：李　昂
北京捷迅佳彩印刷有限公司印刷
2024 年 6 月第 1 版第 15 次印刷
148mm×210mm · 14.875 印张 · 426 千字
标准书号：ISBN 978-7-111-19815-4
定价：45.00 元

电话服务　　　　　　　　　　网络服务
客服电话：010-88361066　　机　工　官　网：www.cmpbook.com
　　　　　010-88379833　　机　工　官　博：weibo.com/cmp1952
　　　　　010-68326294　　金　　书　　网：www.golden-book.com
封底无防伪标均为盗版　　机工教育服务网：www.cmpedu.com

国家职业资格培训教材

编审委员会

主　　任　于　珍
副 主 任　郝广发　李　奇　洪子英
委　　员　(按姓氏笔画排序)
王　蕾　王兆晶　王英杰　王昌庚
田力飞　刘云龙　刘书芳　刘亚琴（常务）
朱　华　沈卫平　汤化胜　李春明
李家柱　李晓明　李超群（常务）
李培根　李援瑛　吴茂林　何月秋（常务）
张安宁　张吉国　张凯良　陈业彪
周新模　郑　骏　杨仁江　杨君伟
杨柳青　卓　炜　周立雪　周庆轩
施　斌　荆宏智（常务）　柳吉荣
徐　彤（常务）　黄志良　潘　茵
潘宝权　戴　勇
顾　　问　吴关昌
策　　划　李超群　荆宏智　何月秋
本书主编　韩鸿鸾
本书参编　丛培兰　王常义　戚晓霞　张玉东
刘书峰
本书主审　宋建国

序　一

当前和今后一个时期，是我国全面建设小康社会、开创中国特色社会主义事业新局面的重要战略机遇期，建设小康社会需要科技创新，离不开技能人才，"全国人才工作会议""全国职教工作会议"都强调要把"提高技术工人素质、培养高技能人才"作为重要任务来抓。当今世界，谁掌握了先进的科学技术并拥有大量技术娴熟、手艺高超的技能人才，谁就能生产出高质量的产品，创出自己的名牌；谁就能在激烈的市场竞争中立于不败之地，我国有近一亿技术工人，他们是社会物质财富的直接创造者。技术工人的劳动，是科技成果转化为生产力的关键环节，是经济发展的重要基础。

科学技术是财富，操作技能也是财富，而且是重要的财富。中华全国总工会始终把提高劳动者素质，作为一项重要任务，在职工中开展的"当好主力军，建功'十一五'，和谐奔小康"竞赛中，全国各级工会特别是各级工会职工技协组织注重加强职工技能开发，实施群众性经济技术创新工程，坚持从行业和企业实际出发，广泛开展岗位练兵、技术比赛、技术革新、技术协作等活动，不断提高职工的技术技能和操作水平，涌现出一大批掌握高超技能的能工巧匠。他们以自己的勤劳和智慧，在推动企业技术进步、促进产品更新换代和升级中发挥了积极的作用。

欣闻机械工业出版社配合新的《国家职业标准》，为技术工人编写了这套涵盖41个职业的172种"国家职业资格培训教材"。这套教材由全国各地技能培训和考评专家编写，具有权威性和代表性；将理论与技能有机结合，并紧紧围绕《国家职业标准》的知识点和技能鉴定点编写，实用性、针对性强；既有必备的理论和技能知识，又有考核鉴定的理论和技能题库及答案，编排科学、便于培训和检测。

这套教材的出版非常及时，为培养技能型人才做了一件大好事，我相信这套教材一定会为我们培养更多更好的高技能人才做出贡献！

李永安

（李永安　中国职工技术协会常务副会长）

序　二

为贯彻“全国职业教育工作会议”和“全国再就业会议”精神，落实国家人才发展战略目标，促进农村劳动力转移培训，全面推进技能振兴计划和高技能人才培养工程，加快培养一大批高素质的技能型人才，我们精心策划了这套与劳动和社会保障部最新颁布的《国家职业标准》配套的“国家职业资格培训教材”。

进入21世纪，我国制造业在世界上所占的比重越来越大，随着我国逐渐成为“世界制造业中心”进程的加快，制造业的主力军——技能人才，尤其是高级技能人才的严重缺乏已成为制约我国制造业快速发展的瓶颈，高级蓝领出现断层的消息屡屡见诸报端。据统计，我国技术工人中高级以上技工只占3.5%，与发达国家40%的比例相去甚远。为此，国务院先后召开了“全国职业教育工作会议”和“全国再就业会议”，提出了“三年50万新技师的培养计划”，强调各地、各行业、各企业、各职业院校等要大力开展职业技术培训，以培训促就业，全面提高技术工人的素质。那么，开展职业培训的重要基础是什么呢？

众所周知，“教材是人们终身教育和职业生涯的重要学习工具”。顾名思义，作为职业培训的重要基础，职业培训教材当之无愧！编写出版优秀的职业培训教材，就等于为技能培训提供了一把开启就业之门的金钥匙，搭建了一座高技能人才培养的阶梯。

加快发展我国制造业，作为制造业龙头的机械行业责无旁贷。技术工人密集的机械行业历来高度重视技术工人的职业技能培训工作，尤其是技术工人培训教材的基础建设工作，并在几十年的实践中积累了丰富的教材建设经验。作为机械行业的专业出版社，机械工业出版社在“七五”、“八五”、“九五”期间，先后组织编写出版了“机械工人技术理论培训教材”149种，“机械工人操作技能培训教材”85种，“机械工人职业技能培训教材”66种，“机械工业技师考评培训教材”22 种，以及配套的习题集、试题库和各种辅导性教材约 800 种，基本满足了机械行业技术工人培训的需要。这些教材以其针对性、实用性强，覆盖面广，层次齐备，成龙配套等特点，受到全国各级培训、鉴定和考工部门和技术工人的欢迎。

2000 年以来，我国相继颁布了《中华人民共和国职业分类大典》和新的《国家职业标准》，其中对我国职业技术工人的工种、等级、职业的活动范围、工作内容、技能要求和知识水平等根据实际需要进行了重新界定，将国家职业资格分为 5 个等级：初级（5 级）、中级（4 级）、高级（3 级）、技师（2 级）、高级技师（1 级）。为与新的《国家职业标准》配套，更好地满足当前各级职业培训和技术工人考工取证的需要，我们精心策划编写了这套“国家职业资格培训教材”。

这套教材是依据劳动和社会保障部最新颁布的《国家职业标准》编写的，为满足各级培训考工部门和广大读者的需要，这次共编写了 41 个职业 172 种教材。在职业选择上，除机电行业通用职业外，还选择了建筑、汽车、家电等其他相近行业的热门职业。每个职业按《国家职业标准》规定的工作内容和技能要求编写初级、中级、高级、技师（含高级技师）四本教材，各等级合理衔接、步步提升，为高技能人才培养搭建了科学的阶梯型培训架构。为满足实际培训的需要，对多工种共同需求的基础知识我们还分别编写了《机械制图》、《机械基础》、《电工常识》、《电工基础》、《建筑装饰识图》等近 20 种公共基础教材。

在编写原则上，依据《国家职业标准》又不拘泥于《国家职业标准》是我们这套教材的创新。为满足沿海制造业发达地区对技能人才细分市场的需要，我们对模具、制冷、电梯等社会需求量大又已单独培训和考核的职业，从相应的职业标准中剥离出来单独编写了针对性较强的培训教材。

为满足培训、鉴定、考工和读者自学的需要，在编写时我们考虑了教材的配套性。教材的章首有培训要点、章末配复习思考题，书末有与之配套的试题库和答案，以及便于自检自测的理论和技能模拟试卷，同时还根据需求为 20 多种教材配制了 VCD 光盘。

增加教材的可读性、提升教材的品质是我们策划这套教材的又一亮点。为便于培训、鉴定、考工部门在有限的时间内把最需要的知识和技能传授给学员，同时也便于学员抓住重点，提高学习效率，对需要掌握的重点、难点、考点和知识鉴定点加有旁白提示并采用双色印刷。

为扩大教材的覆盖面和体现教材的权威性，我们组织了上海、江苏、广东、广西、北京、山东、吉林、河北、四川、内蒙古等地相关行业从事技能培训和考工的200多名专家、工程技术人员、教师、技师和高级技师参加编写。

这套教材在编写过程中力求突出"新"字，做到"知识新、工艺新、技术新、设备新、标准新"；增强实用性，重在教会读者掌握必需的专业知识和技能，是企业培训部门、各级职业技能鉴定培训机构、再就业和农民工培训机构的理想教材，也可作为技工学校、职业高中、各种短训班的专业课教材。

在这套教材的调研、策划、编写过程中，曾经得到广东省职业技能鉴定中心、上海市职业技能鉴定中心、江苏省机械工业联合会、中国第一汽车集团公司以及北京、上海、广东、广西、江苏、山东、河北、内蒙古等地许多企业和技工学校的有关领导、专家、工程技术人员、教师、技师和高级技师的大力支持和帮助，在此谨向为本套教材的策划、编写和出版付出艰辛劳动的全体人员表示衷心的感谢！

教材中难免存在不足之处，诚恳希望从事职业教育的专家和广大读者不吝赐教，提出批评指正。我们真诚希望与您携手，共同打造职业培训教材的精品。

国家职业资格培训教材编审委员会

前　言

本书是根据中华人民共和国劳动和社会保障部最新制定的《国家职业标准》中级铣工（数控部分）、中级加工中心操作工中的知识要求和技能要求，按照岗位培训需要的原则编写的。本书技术内容先进，以适应经济社会发展和科技进步的需要，体现以职业能力为本位，以应用为核心，以“必需、够用”为度的原则；紧密联系生产实际；与职业资格标准相互衔接，针对性强；体系设计合理，循序渐进，语句通顺，条理清楚，图文并茂，可读性强；采用法定计量单位和最新国家技术标准。

本书为数控铣工/加工中心操作工（中级）考评教材，在实际应用时，使用单位可以根据实际情况全选或选用本书的部分内容。

本书由韩鸿鸾主编，由宋建国主审。其中第一章由丛培兰编写，第二章由王常义编写，第三章由张玉东编写，第四、六章与试题库由韩鸿鸾编写，第五章由戚晓霞、刘书峰编写，全书由韩鸿鸾统稿。

本书在编写过程中得到了烟台工程职业技术学院、烟台职业学院、东营职业学院、常州技师学院、威海精密机床附件厂、威海联桥仲精机械有限公司、华东数控有限公司的大力支持，在此深表谢意。

由于时间仓促，编者水平有限，书中缺陷乃至错误在所难免，恳请广大读者给予批评指正。

编　者

目 录

MU LU

序一
序二
前言

第一章 数控机床概述 …… 1
第一节 概述 …… 1
一、基本概念 …… 1
二、数控加工与传统加工的比较 …… 2
三、数控机床的产生 …… 2
四、数控机床的组成 …… 3
第二节 数控机床的分类 …… 5
一、按工艺用途分类 …… 5
二、按可控制联动的坐标轴分类 …… 8
三、按加工方式分类 …… 9
第三节 数控机床的维护保养 …… 11
一、机械部件的维护 …… 11
二、直流伺服电动机的维护 …… 14
三、检测元件的维护 …… 14
四、数控系统的日常维护 …… 16
第四节 数控机床常见的故障与水平调整 …… 17
一、故障的定义 …… 17
二、数控机床的常见故障 …… 17
三、数控铣床的安装 …… 19
第五节 数控机床安全文明生产 …… 26
一、文明生产 …… 26

二、数控机床安全生产规程 …… 27
三、数控金属切削机床的操作规程 …… 29
复习思考题 …… 31

第二章　数控铣床与加工中心的加工工艺 …… 32
第一节　概述 …… 32
一、数控铣床与加工中心的适宜加工对象 …… 32
二、数控加工工艺的主要内容 …… 37
三、数控加工工艺的特点 …… 37
四、数控加工工艺文件 …… 37
第二节　数控加工工艺分析 …… 41
一、顺铣和逆铣 …… 41
二、数控铣削加工工序的划分 …… 44
三、典型零件的铣削 …… 46
四、切削用量的选择 …… 58
五、加工方法的选择 …… 62
第三节　数控铣削用刀具 …… 66
一、常用数控刀具刀柄 …… 67
二、数控刀具选择 …… 73
第四节　加工中心常用工具简介 …… 88
一、加工中心用对刀仪 …… 88
二、加工中心用对刀器 …… 90
三、找正器 …… 91
第五节　数控铣削用夹具 …… 92
一、用机用平口虎钳装夹工件 …… 92
二、机用平口虎钳在铣削加工中的应用 …… 94
三、用压板装夹工件 …… 99
四、压板装夹在铣削加工中的应用 …… 100
五、其他装夹在铣削加工中的应用 …… 101
复习思考题 …… 103

第三章　数控编程的基础 …………………………………………… 105
第一节　数控编程概述 ……………………………………………… 105
一、数控编程的概念 ……………………………………………… 105
二、数控编程的方法 ……………………………………………… 105
三、手工编程的步骤 ……………………………………………… 107
第二节　数控机床坐标系 …………………………………………… 108
一、坐标系的确定原则 …………………………………………… 108
二、运动方向的确定 ……………………………………………… 109
第三节　数控机床的主要功能 ……………………………………… 112
一、准备功能 ………………………………………………………… 112
二、辅助功能 ………………………………………………………… 116
三、进给速度 ………………………………………………………… 118
四、主轴转速功能 …………………………………………………… 119
五、刀具功能 ………………………………………………………… 119
第四节　数控加工程序的格式与组成 ……………………………… 121
一、程序组成 ………………………………………………………… 121
二、程序段格式 ……………………………………………………… 123
第五节　数控铣削类机床上的有关点 ……………………………… 124
一、机床原点 ………………………………………………………… 124
二、机床参考点 ……………………………………………………… 125
三、刀架相关点 ……………………………………………………… 128
四、工件坐标系原点 ………………………………………………… 128
第六节　刀具补偿功能 ……………………………………………… 131
一、刀具长度补偿 …………………………………………………… 132
二、刀具半径补偿 …………………………………………………… 134
第七节　数控机床的编程规则 ……………………………………… 139
一、绝对值编程 ……………………………………………………… 139
二、增量值编程 ……………………………………………………… 140
三、极坐标编程 ……………………………………………………… 141
四、小数点编程 ……………………………………………………… 142
第八节　手工编程中的数学处理 …………………………………… 143

一、数学处理的内容 ………………………………………………… 143
二、基点的计算 ……………………………………………………… 144
复习思考题 ………………………………………………………… 151

第四章 FANUC 系统的编程与操作 ………………………………… 152
第一节 FANUC 系统加工中心的基本指令简介 ……………………… 152
一、FANUC 数控系统介绍 ………………………………………… 152
二、FANUC 系统加工中心的准备功能 ……………………………… 153
三、FANUC 系统加工中心的辅助功能 ……………………………… 164
第二节 孔加工的固定循环功能 ………………………………… 166
一、孔的固定循环功能概述 ……………………………………… 166
二、固定循环 ……………………………………………………… 168
三、孔的固定循环取消（G80） …………………………………… 175
四、使用孔的固定循环信息的注意事项 …………………………… 176
五、固定循环中重复次数的使用方法 ……………………………… 177
第三节 子程序与螺旋线类加工指令简介 ………………………… 178
一、子程序 ………………………………………………………… 178
二、螺旋线加工 …………………………………………………… 180
第四节 FANUC 系统加工中心的操作 …………………………… 182
一、操作面板简介 ………………………………………………… 182
二、加工中心的基本操作 ………………………………………… 189
三、程序编辑 ……………………………………………………… 197
四、自动运行方式 ………………………………………………… 201
五、手动数据输入（MDI）操作 …………………………………… 203
六、其他功能 ……………………………………………………… 204
第五节 典型零件的工艺分析与编程 ……………………………… 208
一、平面加工 ……………………………………………………… 208
二、型腔加工 ……………………………………………………… 212
三、轮廓加工 ……………………………………………………… 215
四、孔系加工 ……………………………………………………… 219
五、槽的加工 ……………………………………………………… 225

六、其他零件的加工 …………………………………………………… 233
复习思考题 ……………………………………………………………… 249
第五章 SIEMENS（802D）系统的编程与操作 ………………………… 252
第一节 基本指令介绍 ……………………………………………… 252
一、SIEMENS 数控系统简介 ………………………………………… 252
二、编程的结构及格式 ………………………………………………… 254
三、SIEMENS 802D 系统的基本指令介绍 ………………………… 256
四、基本准备功能介绍 ………………………………………………… 260
五、其他功能介绍 ……………………………………………………… 278
第二节 固定循环指令介绍 ………………………………………… 285
一、固定循环中各个平面的定义及选择原则 ……………………… 286
二、固定循环指令中涉及的参数意义 ……………………………… 287
三、孔加工固定循环指令 ……………………………………………… 288
第三节 子程序与螺旋线加工类指令介绍 ………………………… 303
一、子程序 ……………………………………………………………… 303
二、螺旋线加工类指令 ………………………………………………… 306
第四节 SIEMENS 802D 加工中心的操作 ………………………… 310
一、加工中心的控制面板 ……………………………………………… 310
二、程序的编辑 ………………………………………………………… 313
三、参数的设置 ………………………………………………………… 316
四、加工中心的加工操作 ……………………………………………… 323
五、外部程序的输入 …………………………………………………… 329
六、加工中心回转工作台的调整 ……………………………………… 331
第五节 典型工件的工艺分析与编程 ……………………………… 335
一、槽类零件的加工 …………………………………………………… 335
二、型腔的加工 ………………………………………………………… 344
三、孔系的加工 ………………………………………………………… 347
四、轮廓的加工 ………………………………………………………… 357
五、综合实例 …………………………………………………………… 367
复习思考题 ……………………………………………………………… 371

第六章 自动编程 …… 375
第一节 自动编程的简介 …… 375
一、自动编程的基本原理 …… 375
二、自动编程的主要特点 …… 377
三、自动编程的分类 …… 377
第二节 CAD/CAM 集成数控编程简介 …… 380
一、CAD/CAM 集成数控编程的应用 …… 380
二、常用 CAD/CAM 软件及功能 …… 381
第三节 数控铣床/加工中心的自动编程 …… 383
一、CAXA——制造工程师 2004（数控铣）概述 …… 383
二、造型与加工实例 …… 390
三、后置处理生成 G 代码 …… 396
复习思考题 …… 397

试题库 …… 398
知识要求试题 …… 398
一、判断题 试题（398） 答案（455）
二、选择题 试题（406） 答案（456）
三、简答题 试题（420）
四、画图题 试题（421）
五、编程题 试题（422）
技能要求试题 …… 426
一、铣削样板 …… 426
二、铣削圆弧连接板 …… 428
三、铣削型腔槽板（一） …… 430
四、铣削型腔槽板（二） …… 433
五、铣削凹凸模配合 …… 434
六、铣削十字槽底板 …… 437
七、铣削轮廓加工 …… 441
八、铣削配合板 …… 442
九、铣削配合件 …… 443
十、孔系加工 …… 444

十一、铣削综合件（一） …………………………………………………… 445
十二、铣削综合件（二） …………………………………………………… 446
模拟试卷样例 ………………………………………………………………… 448

参考文献 ……………………………………………………………………… 457

第一章

数控机床概述

培训学习目标 了解数控机床的产生、分类，掌握数控铣床的维护保养，掌握数控铣床的操作规程，能看懂数控铣床与数控系统的说明书；掌握数控铣床简单故障的诊断，能进行数控铣床水平的检查。

这是基础知识，在鉴定考试中经常出现。

第一节 概 述

一、基本概念

数字控制（Numerical Control）简称数控（NC），是一种借助数字、字符或其他符号对某一工作过程（如加工、测量、装配等）进行可编程控制的自动化方法。

数控技术（Numerical Control Technology）是指用数字量及字符发出指令并实现自动控制的技术，它已经成为制造业实现自动化、柔性化、集成化生产的基础技术。

数控系统（Numerical Control System）是指采用数字控制技术的控制系统。

计算机数控系统（Computer Numerical Control）是以计算机为核心的数控系统。

数控机床（Numerical Control Machine Tools）是指采用数字控制技术对机床的加工过程进行自动控制的一类机床。国际信息处理联盟（IFIP）第五技术委员会对数控机床定义如下：数控机床是一个装有程序控制系统的机床，该系统能够逻辑地处理具有使用号码或其他符号

编码指令规定的程序。定义中所说的程序控制系统即数控系统。

二、数控加工与传统加工的比较

传统加工与数控加工的比较如图 1-1 所示。

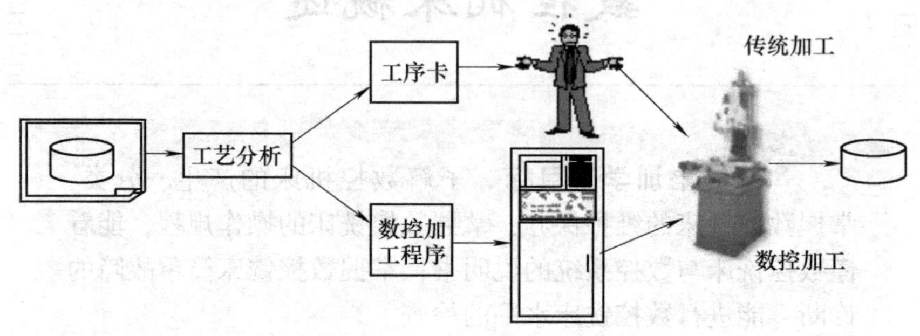

图 1-1　传统加工与数控加工的比较

在普通机床上加工零件，一般先要对零件图样进行工艺分析，制定出零件加工工艺规程（工序卡）。在工艺规程中规定加工工序、使用的机床、刀具、夹具等内容，机床操作者则根据工序卡的要求，在加工过程中操作机床，自行选定切削用量、进给路线和工序内的工步安排等，不断地改变刀具与工件的相对运动轨迹和运动参数（位置、速度等），使刀具对工件进行切削加工，从而得到所需要的合格零件。

在 CNC 机床上，传统加工过程中的人工操作均被数控系统所取代。其工作过程如下：首先要将被加工零件图样上的几何信息和工艺信息数字化，即编成零件程序，再将加工程序单中的内容记录在磁盘等控制介质上，然后将该程序送入数控系统。数控系统则按照程序的要求进行相应的运算、处理，然后发出控制命令，使各坐标轴、主轴以及辅助动作相互协调运动，实现刀具与工件的相对运动，自动完成零件的加工。

三、数控机床的产生

1949 年美国空军后勤司令部为了在短时间内造出经常变更设计的火箭零件与帕森斯（John C. Parson）公司合作，并选择麻省理工学院伺服机构研究所为协作单位，于 1952 年研制成功了世界上第一台数控机床。1958 年，美国的克耐 · 杜列克公司（Keaney&Treeker

corp—K&T 公司）在一台数控镗铣床上增加了自动换刀装置，第一台加工中心问世，现代意义上的加工中心是 1959 年由该公司开发出来的。我国是从 1958 年开始研制数控机床的。

四、数控机床的组成

数控机床一般由计算机数控系统和机床本体两部分组成，其中计算机数控系统是由输入/输出设备、计算机数控装置（CNC 装置）、可编程控制器、主轴驱动系统和进给伺服驱动系统等组成的一个整体系统，如图 1-2 所示。

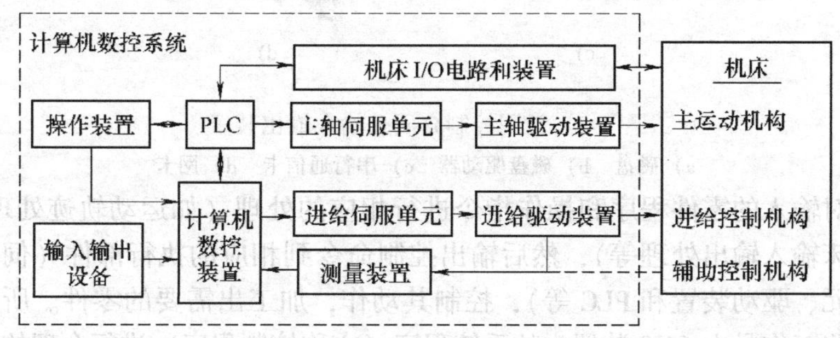

图 1-2　数控机床的组成

1. 输入/输出装置

零件程序一般存放在便于与数控装置交互的一种控制介质上，早期的数控机床常用穿孔纸带、磁带等控制介质，现代数控机床常用磁盘或半导体存储器等控制介质。此外，现代数控机床可以不用控制介质，直接由操作人员通过手动数据输入（Manual Data Input，简称 MDI）即用键盘输入零件程序；或采用通信方式进行零件程序的输入/输出。后者还是实现 CAD/CAM 集成、FMS 和 CIMS 的基本技术。目前数控机床常采用的通信方式有：串行通信（RS232、RS422、RS485 等）；自动控制专用接口和规范，如 DNC（Direct Numerical Control）方式，MAP（Manufacturing Automation Protocol）协议等；网络通信（Internet，Intranet，LAN 等）。图 1-3 所示为目前常用的部分控制介质及输入输出装置。

2. 计算机数控装置（CNC 装置或 CNC 单元）

计算机数控（CNC）装置是计算机数控系统的核心，其主要作用

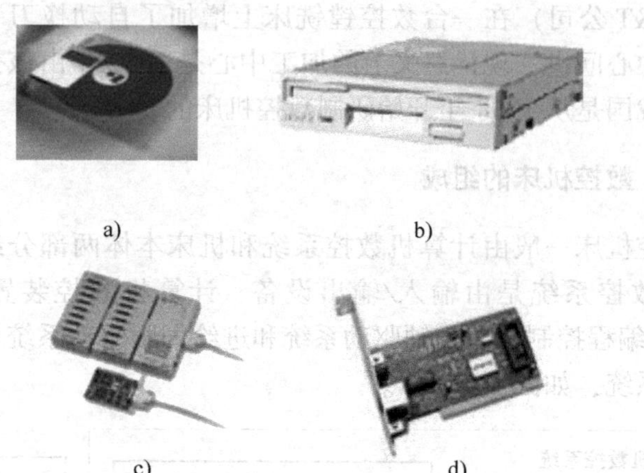

图 1-3　常用控制介质及输入输出装置

a）磁盘　b）磁盘驱动器　c）串行通信卡　d）网卡

是对输入的零件程序和操作指令进行相应的处理（如运动轨迹处理、机床输入输出处理等），然后输出控制命令到相应的执行部件（伺服单元、驱动装置和 PLC 等），控制其动作，加工出需要的零件。所有这些工作是由 CNC 装置内的系统程序（亦称控制程序）进行合理的组织，在 CNC 装置硬件的协调配合下，有条不紊地进行的。

3. 测量装置

测量装置（也称检测装置、反馈装置）对数控机床运动部件的位置及速度进行检测，通常安装在机床的工作台、丝杠或驱动电动机转轴上，相当于普通机床的刻度盘和人的眼睛，它把机床工作台的实际位移或速度转变成电信号反馈给 CNC 装置或伺服驱动系统，与指令信号进行比较，以实现位置或速度的闭环控制。

4. 机床

机床是数控机床的主体，是数控系统的被控对象，是实现制造加工的执行部件。它主要由主运动部件、进给运动部件（工作台、滑板以及相应的传动机构）、支承件（立柱、床身等）以及特殊装置（刀具自动交换装置、工件自动交换装置）和辅助装置（如冷却、润滑、排屑、转位和夹紧装置等）组成。数控机床机械部件的组成与普通机床相似，但传动结构较为简单，在精度、刚度、抗振性等方

面要求高，而且其传动和变速系统要便于实现自动化控制。

这部分很重要，在鉴定考试中经常出现。

第二节　数控机床的分类

目前数控机床的品种很多，通常按下面几种方法进行分类。

一、按工艺用途分类

（1）一般数控机床　最普通的数控机床有钻床、车床、铣床、镗床、磨床和齿轮加工机床。它们和传统的通用机床工艺用途相

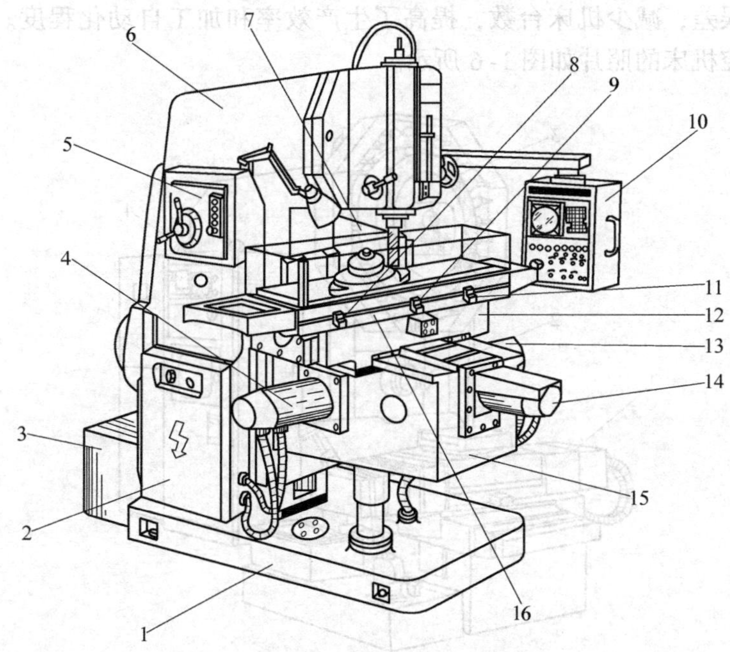

图 1-4　XK5040A 型数控铣床

1—底座　2—强电柜　3—变压器箱　4—升降进给伺服电动机
5—主轴变速手柄和按钮板　6—床身立柱　7—数控柜　8、11—纵向行程限位保护开关
9—纵向参考点设定挡铁　10—操纵台　12—横向溜板　13—纵向进给伺服电动机
14—横向进给伺服电动机　15—升降台　16—纵向工作台

似，但是它们的生产率和自动化程度比传统机床高，都适合加工单件、小批量和复杂形状的工件。图 1-4 所示为 XK5040A 型数控铣床。

（2）数控加工中心　这类数控机床是在一般数控机床上加装一个刀库和自动换刀装置，构成一种带自动换刀装置的数控机床。图 1-5 所示为 XH754 型卧式加工中心。这类数控机床的出现打破了一台机床只能进行单工种加工的传统概念，实行一次安装定位，完成多工序加工方式。例如 TH5632 型立式加工中心，它的刀库容量是 16 把刀具，在刀具和主轴之间有一换刀机械手，工件一次装夹后，可自动连续进行铣、钻、镗、铰、扩、攻螺纹等多种工序加工。数控加工中心因一次安装定位完成多工序加工，避免了因多次安装造成的误差，减少机床台数，提高了生产效率和加工自动化程度。各种数控机床的照片如图 1-6 所示。

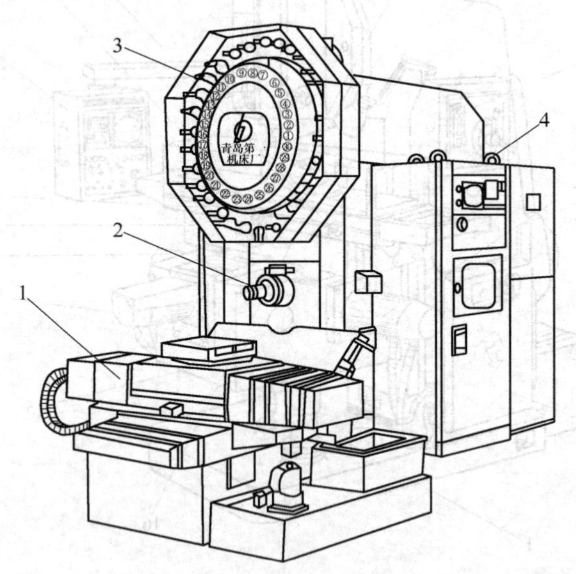

图 1-5　XH754 型卧式加工中心

1—工作台　2—主轴　3—刀库　4—数控柜

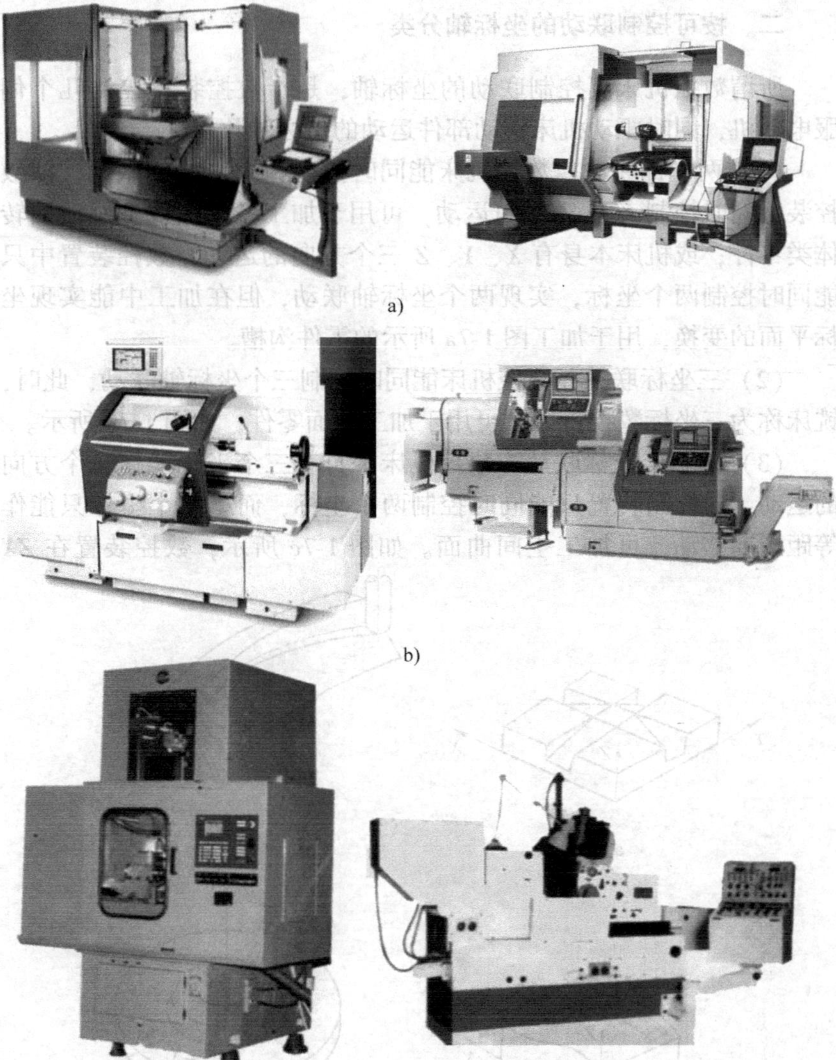

a)

b)

c)　　d)

图 1-6　各种数控机床的照片

a）数控铣床与加工中心　b）数控车床与车削中心

c）数控剃齿机床　d）数控磨床

二、按可控制联动的坐标轴分类

所谓数控机床可控制联动的坐标轴，是指数控装置控制几个伺服电动机，同时驱动机床移动部件运动的坐标轴数目。

（1）两坐标联动　数控机床能同时控制两个坐标轴联动，即数控装置同时控制 *X* 和 *Z* 方向运动，可用于加工各种曲线轮廓的回转体类零件；或机床本身有 *X*、*Y*、*Z* 三个方向的运动，数控装置中只能同时控制两个坐标，实现两个坐标轴联动，但在加工中能实现坐标平面的变换，用于加工图 1-7a 所示的零件沟槽。

（2）三坐标联动　数控机床能同时控制三个坐标轴联动，此时，铣床称为三坐标数控铣床，可用于加工曲面零件，如图 1-7b 所示。

（3）两轴半坐标联动　数控机床本身有三个坐标能作三个方向的运动，但控制装置只能同时控制两个坐标，而第三个坐标只能作等距周期移动，可加工空间曲面。如图 1-7c 所示，数控装置在 *ZX*

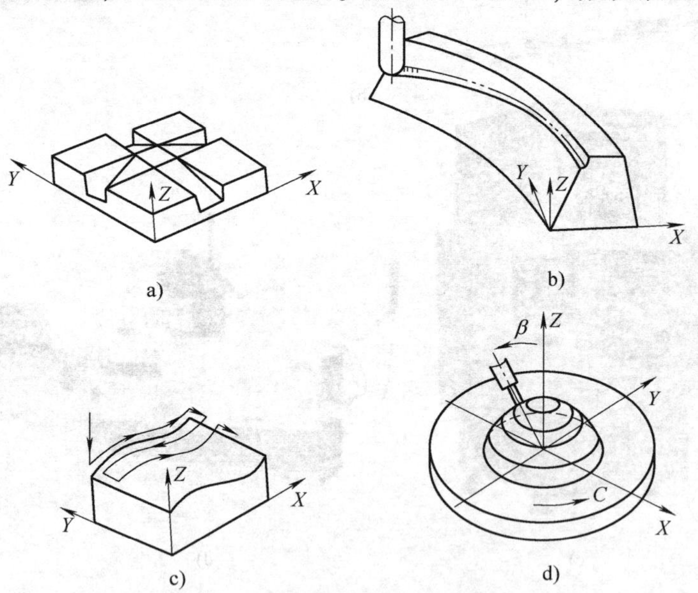

图 1-7　空间平面和曲面的数控加工

a）两坐标联动加工沟槽面　b）三坐标联动加工曲面

c）两轴半坐标联动加工曲面　d）五轴联动铣床加工曲面

坐标平面内控制 X、Z 两坐标联动，加工垂直面内的轮廓表面，控制 Y 坐标作定期等距移动，即可加工出零件的空间曲面。

（4）多坐标联动　数控机床能同时控制四个以上坐标轴联动，多坐标数控机床的结构复杂、精度要求高、程序编制复杂，主要应用于加工形状复杂的零件。五轴联动铣床加工曲面形状零件，如图 1-7d 所示，六轴加工中心示意图，如图 1-8 所示。

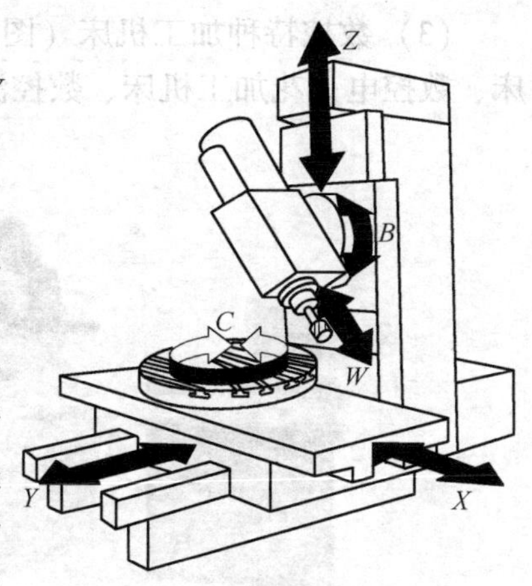

图 1-8　六轴加工中心

三、按加工方式分类

（1）金属切削类数控机床　如数控车床、加工中心、数控钻床、数控磨床、数控镗床等。

（2）金属成形类数控机床（图 1-9）　如数控折弯机、数控弯管机、数控回转头压力机等。

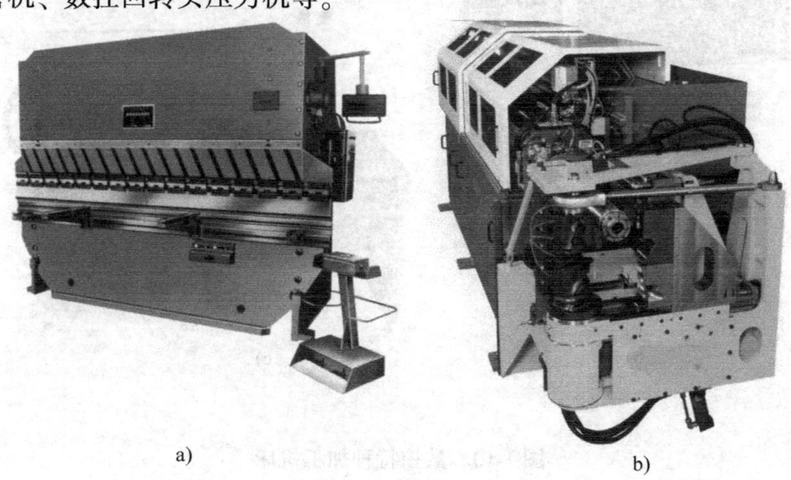

a)　b)

图 1-9　金属成形机床

a）数控折弯机　b）数控弯管机

（3）数控特种加工机床（图 1-10） 如数控线（电极）切割机床、数控电火花加工机床、数控激光切割机等。

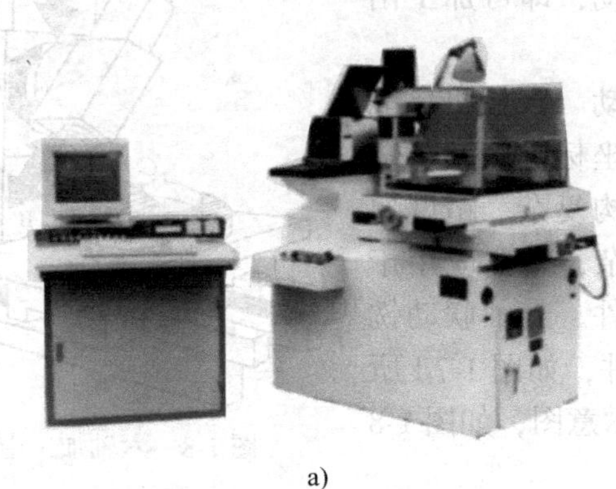

a)

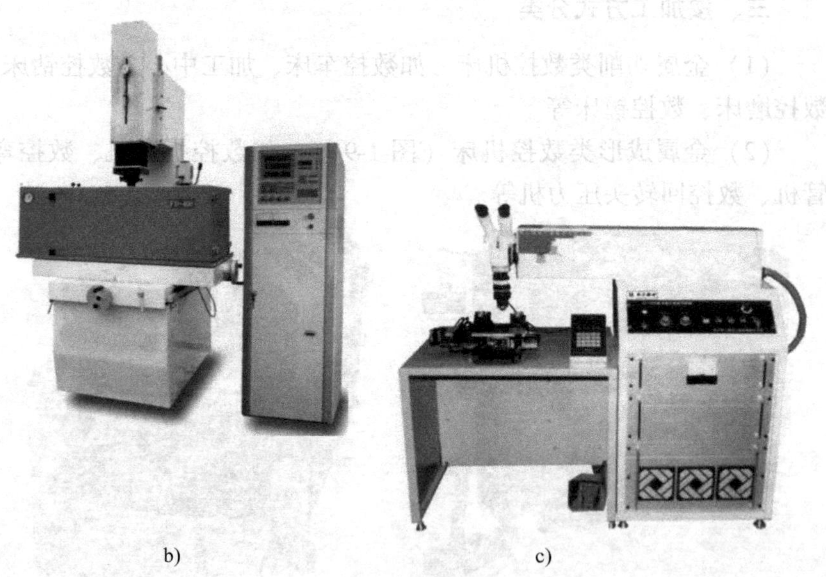

b) c)

图 1-10 数控特种加工机床

a）数控电火花切割机床 b）数控电火花成形机床 c）数控激光焊接机

(4) 广义数控机床（图1-11）　如火焰切割机、数控三坐标测量机、工业机器人等。

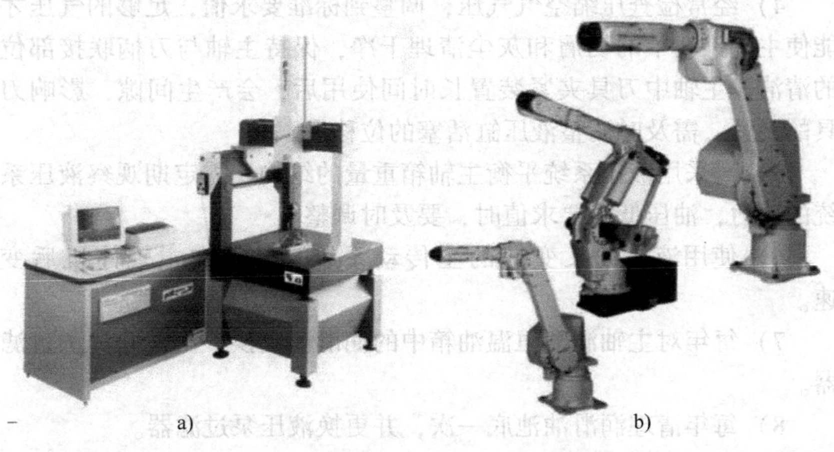

图1-11　广义数控机床

a）数控测量机　b）工业机器人

第三节　数控机床的维护保养

这是鉴定的重点，也是保证加工质量的重要措施。

一、机械部件的维护

1. 主传动链的维护

1）熟悉数控机床主传动链的结构、性能和主轴调整方法，严禁超性能使用。出现不正常现象时，应立即停机排除故障。

2）使用带传动的主轴系统，需定期调整主轴驱动带的松紧程度，防止因带打滑造成的丢转现象。

3）注意观察主轴箱温度，检查主轴润滑恒温油箱，调节温度范

围，防止各种杂质进入油箱，及时补充油量。每年更换一次润滑油，并清洗过滤器。

4）经常检查压缩空气气压，调整到标准要求值，足够的气压才能使主轴锥孔中的切屑和灰尘清理干净，保持主轴与刀柄联接部位的清洁。主轴中刀具夹紧装置长时间使用后，会产生间隙，影响刀具的夹紧，需及时调整液压缸活塞的位移量。

5）对采用液压系统平衡主轴箱重量的结构，需定期观察液压系统的压力，油压低于要求值时，要及时调整。

6）使用液压拨叉变速的主传动系统，必须在主轴停机后变速。

7）每年对主轴润滑恒温油箱中的润滑油更换一次，并清洗过滤器。

8）每年清理润滑油池底一次，并更换液压泵过滤器。

9）每天检查主轴润滑恒温油箱，使其油量充足，工作正常。

10）防止各种杂质进入润滑油箱，保持油液清洁。

11）经常检查轴端及各处密封，防止润滑油液的泄漏。

2. 滚珠丝杠螺母副的维护

1）定期检查、调整丝杠螺母副的轴向间隙，保证反向传动精度和轴向刚度。

2）定期检查丝杠支承与床身的联接是否有松动以及支承轴承是否损坏。如有以上问题，要及时紧固松动部位，更换支承轴承。

3）采用润滑脂润滑的滚珠丝杠，每半年一次清洗丝杠上的旧润滑脂，换上新的润滑脂。用润滑油润滑的滚珠丝杠，每次机床工作前加油一次。

4）注意避免硬质灰尘或切屑进入丝杠防护罩或在工作中碰击防护罩，防护装置一有损坏要及时更换。

3. 刀库及换刀机械手的维护

1）用手动方式往刀库上装刀时，要确保装到位，装牢靠，检查刀座上的锁紧是否可靠。

2）严禁把超重、超长的刀具装入刀库，防止在机械手换刀时掉

刀或刀具与工件、夹具等发生碰撞。

3）采用顺序选刀方式须注意刀具放置在刀库上的顺序是否正确。其他选刀方式也要注意所换刀具号是否与所需刀具一致，防止换错刀具导致事故发生。

4）注意保持刀具刀柄和刀套的清洁。

5）经常检查刀库的回参考点位置是否正确，检查机床主轴回换刀点位置是否到位，并及时调整。否则不能完成换刀动作。

6）开机时，应先使刀库和机械手空运行，检查各部分工作是否正常，特别是各行程开关和电磁阀能否正常动作。检查机械手液压系统的压力是否正常，刀具在机械手上锁紧是否可靠，发现不正常及时处理。

4. 液压系统维护

1）定期对油箱内的油液进行取样化验，检查油液质量，定期过滤或更换油液。

2）定期检查冷却器和加热器的工作性能，控制液压系统中油液的温度在标准要求内。

3）定期检查更换密封件，防止液压系统泄漏。

4）防止液压系统振动与噪声。

5）定期检查清洗或更换液压件、滤芯，定期检查清洗油箱和管路。

6）严格执行日常点检制度，检查系统的泄漏、噪声、振动、压力、温度等是否正常，将故障排除在萌芽状态。

5. 导轨副的维护

1）定期调整压板间隙。

2）定期调整镶条间隙。

3）定期对导轨进行预紧。

4）定期对导轨润滑。

5）定期检查导轨的防护。

6. 气动系统维护

1）选用合适的过滤器，清除压缩空气中的杂质和水分。

2）注意检查系统中油雾器的供油量，保证空气中含有适量的润滑油来润滑气动元件，防止生锈、磨损造成空气泄漏和元件动作失灵。

3）定期检查更换密封件，保持系统的密封性。

4）注意调节工作压力，保证气动装置具有合适的工作压力和运动速度。

5）定期检查、清洗或更换气动元件、滤芯。

这是鉴定的重点，也是保证加工质量的重要措施。

二、直流伺服电动机的维护

直流伺服电动机带有数对电刷，电动机旋转时，电刷与换向器摩擦而逐渐磨损。电刷异常或过度磨损，会影响电动机工作性能，数控车床、数控铣床和加工中心中的直流伺服电动机应每年检查一次，频繁加、减速的机床（如数控冲床等）中的直流伺服电动机应每两个月检查一次，检查步骤如下：

1）在数控系统处于断电状态且电动机已经完全冷却的情况下进行检查。

2）取下橡胶刷帽，用螺钉旋具拧下刷盖取出电刷。

3）测量电刷长度，如 FANUC 直流伺服电动机的电刷由 10mm 磨损到小于 5mm 时，必须更换同型号的新电刷。

4）仔细检查电刷的弧形接触面是否有深沟或裂痕，以及电刷弹簧上有无打火痕迹。如有上述现象，则要考虑电动机的工作条件是否过分恶劣或电动机本身是否有问题。

5）将不含金属粉末及水分的压缩空气导入装电刷的刷孔中，吹净粘在刷孔壁上的粉末。如果难以吹净，可用螺钉旋具尖轻轻清理，直至孔壁全部干净为止，但要注意不要碰到换向器表面。

6）重新装上电刷，拧紧刷盖。如果更换了新电刷，应使电动机空运行跑合一段时间，以使电刷表面和换向器表面相吻合。

三、检测元件的维护

检测元件的维护见表 1-1。

表 1-1 检测元件的维护

<table>
<tr><th rowspan="2">检测元件</th><th colspan="2">维 护</th></tr>
<tr><th>项目</th><th>说 明</th></tr>
<tr><td rowspan="2">光栅</td><td>防污</td><td>① 切削液在使用过程中会产生轻微结晶，这种结晶在扫描头上形成一层薄膜且透光性差，不易清除，故在选用切削液时要慎重
② 加工过程中，切削液的压力不要太大，流量不要过大，以免形成大量的水雾进入光栅
③ 光栅最好通入低压压缩空气（10^5Pa 左右），以免扫描头运动时形成的负压把污物吸入光栅。压缩空气必须净化，滤芯应保持清洁并定期更换
④ 光栅上的污物可以用脱脂棉蘸无水酒精轻轻擦除</td></tr>
<tr><td>防振</td><td>光栅拆装时要用静力，不能用硬物敲击，以免引起光学元件的损坏</td></tr>
<tr><td rowspan="3">光电脉冲编码器</td><td>防污</td><td>污染容易造成信号丢失</td></tr>
<tr><td>防振</td><td>振动容易使编码器内的紧固件松动脱落，造成内部电源短路</td></tr>
<tr><td>防联接松动</td><td>① 联接松动，会影响位置控制精度
② 联接松动还会引起进给运动的不稳定，影响交流伺服电动机的换向控制，从而引起机床的振动</td></tr>
<tr><td>感应同步器</td><td colspan="2">① 保持定尺和滑尺相对平行
② 定尺固定螺栓不得超过尺面，调整间隙在 0.09～0.15mm 为宜
③ 不要损坏定尺表面耐切削液涂层和滑尺表面一层带绝缘层的铝箔，否则会腐蚀厚度较小的电解铜箔
④ 接线时要分清滑尺的 sin 绕组和 cos 绕组</td></tr>
<tr><td>旋转变压器</td><td colspan="2">① 接线时应分清定子绕组和转子绕组
② 电刷磨损到一定程度后要更换</td></tr>
<tr><td>磁栅尺</td><td colspan="2">① 不能将磁性膜刮坏
② 防止切屑和油污落在磁性标尺和磁头上
③ 要用脱脂棉蘸无水酒精轻轻地擦其表面
④ 不能用力拆装和撞击磁性标尺和磁头，否则会使磁性减弱或使磁场紊乱
⑤ 接线时要分清磁头上励磁绕组和输出绕组，前者绕在磁路截面尺寸较小的横臂上，后者绕在磁路截面尺寸较大的竖杆上</td></tr>
</table>

对数控铣床/加工中心进行常用数控系统的维护是鉴定的重点之一

四、数控系统的日常维护

每种数控系统的日常维护保养要求，在数控系统使用、维修说明书中一般都有明确规定，其注意事项见表1-2。

表1-2 数控系统的日常维护

注意事项	说明
机床电气控制柜的散热通风	① 通常安装于电气控制柜（电控柜）门上的热交换器或轴流风扇，能对电控柜的内外进行空气循环，促使电控柜内的发热装置或元器件进行散热 ② 定期检查电控柜上的热交换器或轴流风扇的工作状况，看风道是否堵塞 ③ 柜内温度过高而使系统不能可靠运行，甚至引起过热报警
尽量少开电气控制柜门	① 加工车间飘浮的灰尘、油雾和金属粉末落在电控柜上容易造成元器件间绝缘电阻下降，从而出现故障 ② 除了定期维护和维修外，平时应尽量少开电气控制柜门
每天检查数控柜、电气柜	① 看各电气柜的冷却风扇工作是否正常，风道过滤网有否堵塞 ② 如果工作不正常或过滤器灰尘过多，会引起柜内温度过高而使系统不能可靠工作，甚至引起过热报警 ③ 一般来说，每半年或每三个月应检查清理一次，具体应视车间环境状况而定
控制介质输入/输出装置的定期维护	① CNC系统参数、零件程序等数据都可通过它输入到CNC系统的寄存器中 ② 如果有污物，将会使读入的信息出现错误 ③ 定期对关键部件进行清洁
定期检查和清扫直流伺服电动机	① 直流伺服电动机旋转时，电刷会与换向器摩擦而逐渐磨损 ② 电刷的过度磨损会影响电动机的工作性能，甚至损坏 ③ 定期检查电刷
支持电池的定期更换	① 数控系统存储参数用的存储器采用CMOS器件的，其存储的内容在数控系统断电期间靠支持电池供电保持 ② 在一般情况下，即使电池尚未消耗完，也应每年更换一次，以确保系统能正常工作 ③ 电池的更换应在CNC系统通电状态下进行

（续）

注意事项	说　明
备用印制电路板的定期通电	① 对于已经购置的备用印制电路板，应定期装到 CNC 系统上通电运行 ② 实践证明，印制电路板长期不用易出故障
数控系统长期不用时的保养	① 系统长期不用是不可取的 ② 数控系统处在长期闲置的情况下，要经常给系统通电。在机床锁住不动的情况下让系统空运行 ③ 空气湿度较大的梅雨季节尤其要注意。在空气湿度较大的地区，经常通电是降低故障的一个有效措施 ④ 数控机床闲置不用达半年以上，应将电刷从直流电动机中取出，以免由于化学作用使换向器表面腐蚀，引起换向性能变坏，甚至损坏整台电动机

第四节　数控机床常见的故障与水平调整

要求能读懂数控系统的报警信息，能发现数控机床的一般保障。

一、故障的定义

数控机床的故障是指数控机床丧失了规定的功能，它包括机械系统、数控系统和伺服系统等方面的故障。

二、数控机床的常见故障

1. 系统性故障和随机故障

根据故障出现的必然性和偶然性可分为系统性故障和随机故障。

（1）系统性故障　此类故障是指只要满足某一定的条件，机床或数控系统就必然出现的故障。比如，网络电压过高或过低，系统就会产生电压过高报警或电压过低报警；切削用量安排得不合适，就会产生过载报警等。

（2）随机故障　此类故障是指在同样的条件下，只偶尔出现一次或二次的故障。要想人为地再使其出现同样的故障则是不太容易的，有时很长时间也难再遇到一次。这类故障的诊断和排除都是很困难的。

一般情况下，这类故障往往与机械结构的局部松动、错位，数控系统中部分元件工作特性的漂移、机床电器元件可靠性下降有关。

2. 有显示故障和无显示故障

以故障产生时有无自诊断显示来区分这两类故障。

（1）有报警显示故障　现在的数控系统都有较丰富的自诊断功能，百余种的报警信号都可显示出来。其中大部分是 CNC 系统自身的故障报警，有的是数控机床制造厂利用操作者信息，将机床的故障也显示在显示器上，根据报警信号能比较容易地找到故障和排除故障。但是，这里讲的是比较容易的情况。有很多情况是虽然有报警显示，但是并不是报警的真正原因。比如，有一个研究所购置一台配有 FANUC 0M 控制系统的铣床就出现了这样的故障：现象是机床送电后只能向负方向点动，向正方向点动一个极小的距离就产生超程报警。停电后再送电，产生的情况与上述结果一样。经诊断实际情况是由于一次突然停电，CNC 系统受到干扰造成 CNC 系统送电后即是返回参考点完成状态，再向正方向点动自然就产生超程报警。

（2）无报警显示故障　数控机床产生的故障还有一种情况，那就是无任何报警显示，但机床却是在不正常状态，往往是机床停在某一位置上不能正常工作，甚至连手动操作都失灵。维修人员只能根据故障产生前后的现象来分析判断，排除这类故障是比较困难的。比如，美国 DYNAPATH 10 系统就出过这类现象，送电之后一切操作都失灵，再停电、再送电，不一定哪一次就恢复正常了，这个故障在用户那里一直没有得到解决，后来在剖析软件时才找到答案。原来是系统通电“清零”时间设计较短，元件性能稍有变化，就不能完成整机的通电“清零”过程，当然，系统就不能正常工作。

3. 破坏性故障和非破坏性故障

以故障产生时有无破坏性而将故障分为破坏性故障和非破坏性故障。

（1）破坏性故障　此类故障的产生会对机床和操作者造成侵害导致机床损坏或人身伤害，如飞车、超程运动、部件碰撞等等。

（2）非破坏性故障　大多数的故障属于此类故障，这种故障往往通过“清零”即可消除。维修人员可以重现此类故障，通过现象

进行分析、判断。

4. 机床品质下降故障

机床可以正常运行，但表现出的现象与以前不同，比如噪声变大、振动较强、定位精度超差、反向死区过大、圆弧加工不合格、机床起停有振荡等。此时加工零件往往不合格，这类故障无任何报警信号显示，只能通过检测仪器来检测和发现。

5. 硬件故障和软件故障

（1）硬件故障　硬件故障是指只有更换已损坏的器件才能排除的故障，这类故障也称“死故障”。比较常见的是输入/输出接口损坏，功放元件得不到指令信号而丧失功能。解决方法只有两种：

1）更换接口板。

2）修改 PLC 程序。因为修改 PLC 程序较为困难，所以更换接口板较为节省时间。

（2）软件故障　软件故障又分为两类：

1）程序编制错误造成的软件故障。

2）参数设置不正确造成的软件故障。

这两类故障排除比较容易，只要认真检查程序和修改参数就可以解决。但是，参数的修改要慎重，一定要搞清参数的含义以及与其相关的其他参数方可改动，否则顾此失彼还会带来更大的麻烦。

三、数控铣床的安装

1. 对安装地基和安装环境的要求

在数控铣床确定的安放位置上，根据机床说明书中提供的安装地基图进行施工，如图 1-12 所示。同时要考虑机床重量和重心位置、与机床连接的电线、管道的铺设、预留地脚螺栓和预埋件的位置。

一般中小型数控机床无需做单独的地基，只需在硬化好的地面上，采用活动垫铁（见图 1-13），稳定机床的床身，用支承件调整机床的水平，如图 1-14 所示。大型、重型机床需要专门做地基，精密机床应安装在单独的地基上，在地基周围设置防振沟，并用地脚螺栓紧固，常用的各种地脚螺栓及固定方式见图 1-15、图 1-16、图 1-17和图 1-18。地基平面尺寸应大于机床支承面积的外廓尺寸，并

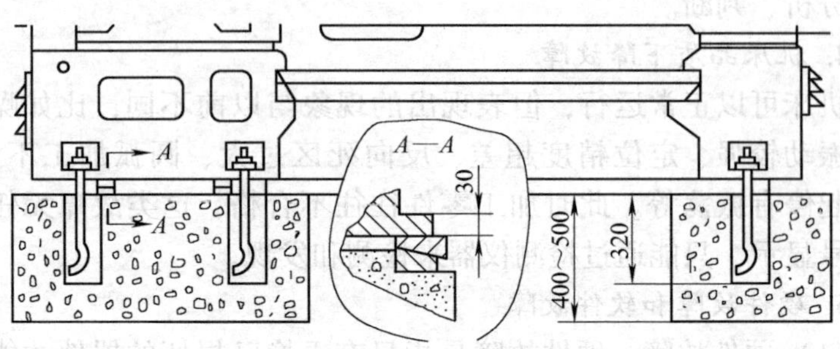

图 1-12　数控铣床安装地基示意图

考虑安装、调整和维修所需尺寸。此外，机床旁应留有足够的工件运输和存放空间。机床与机床、机床与墙壁之间应留有足够的通道。

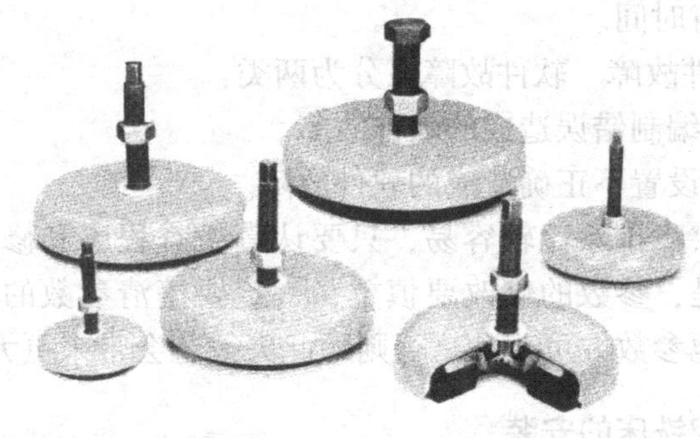

图 1-13　活动垫铁

图 1-14　用活动垫铁支承的数控铣床

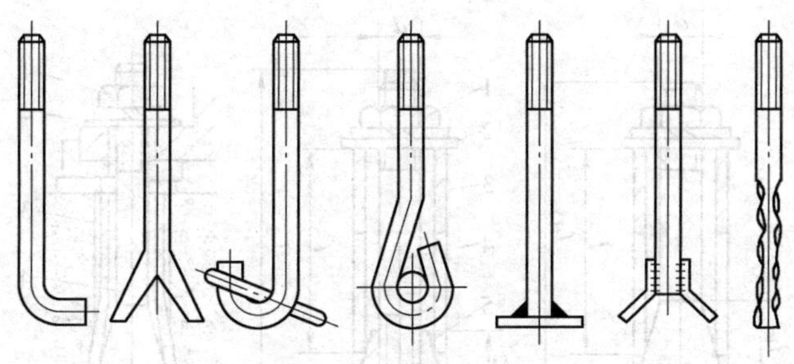

图 1-15 固定地脚螺栓

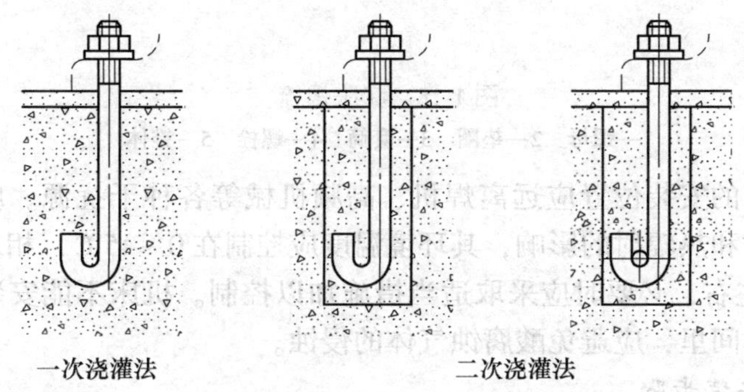

图 1-16 固定地脚螺栓的固定方法

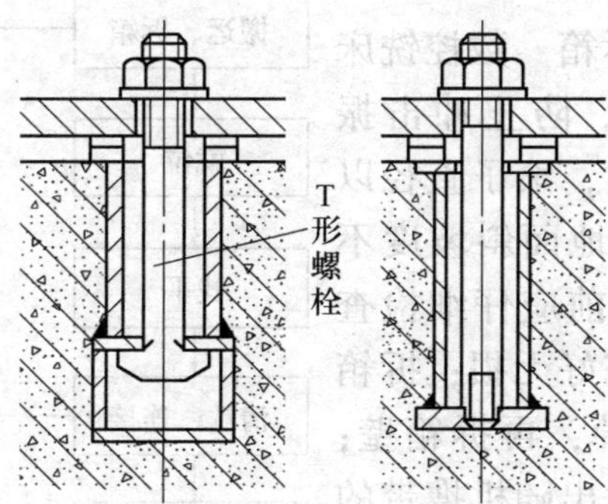

图 1-17 活地脚螺栓

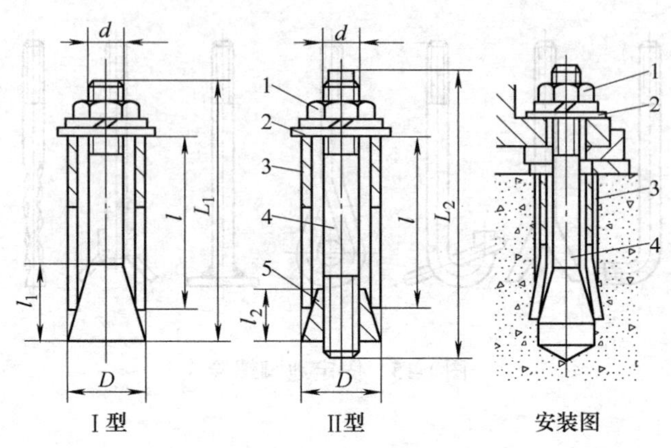

图 1-18　膨胀螺栓

1—螺母　2—垫圈　3—套筒　4—螺栓　5—锥体

机床的安装位置应远离焊机、高频机械等各种干扰源。应避免阳光照射和热辐射的影响，其环境温度应控制在 0 ~ 45℃，相对湿度在 90% 左右，必要时应采取适当措施加以控制。机床不能安装在有粉尘的车间里，应避免酸腐蚀气体的侵蚀。

2. 安装步骤

数控铣床的安装可按图 1-19 的流程进行。

（1）搬运及拆箱　数控铣床吊运应单箱吊装，防止冲击振动。用滚子搬运时，滚子直径以 70 ~ 80mm 为宜，地面斜坡度不得大于 15°。拆箱前应仔细检查包装箱外观是否完好无损；拆箱时，先将顶盖拆掉，再拆箱壁；拆箱后，应首先找出随机携带的有关文件，并按清单清点机床零部件数量和电缆数量。

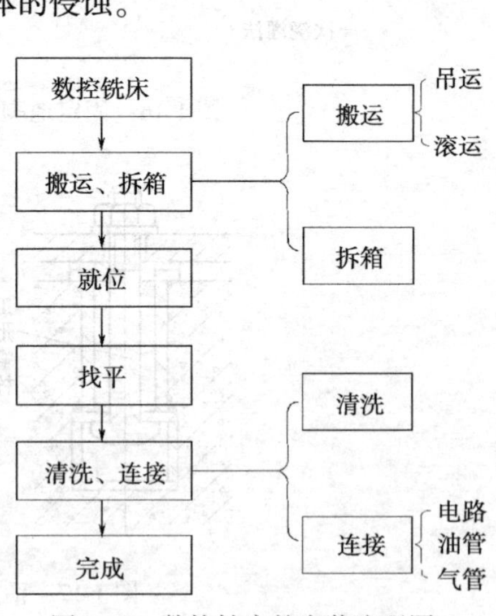

图 1-19　数控铣床的安装流程图

（2）就位　机床的起吊应严格按说明书上的吊装图进行，如图1-20所示。注意机床的重心和起吊位置。起吊时，将移动部件移至正确位置并锁紧，同时注意使机床底座呈水平状态，防止损坏漆面、加工面及突出部件。在使用钢丝绳时，应垫上木块或垫板，以防打滑。待机床吊起离地面100～200mm时，仔细检查悬吊是否稳固。然后再将机床缓缓地送至安装位置，并使活动垫铁、调整垫铁、地脚螺栓等相应地对号入座。常用调整垫铁类型见表1-3。

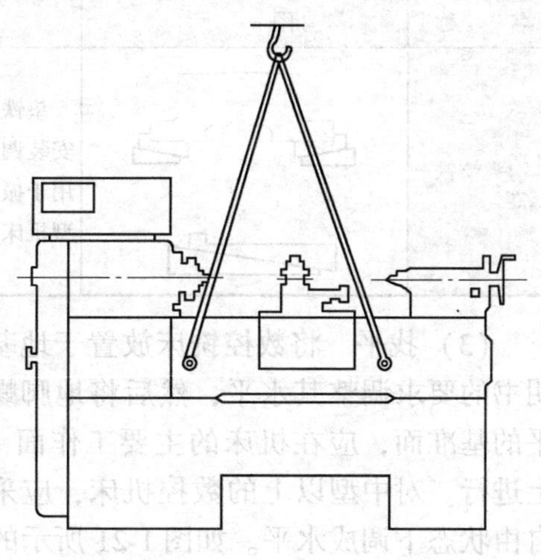

图1-20　数控机床吊运方法示意图

表1-3　常用调整垫铁类型

名　称	图　示	特点和用途
斜垫铁		斜度1:10，一般配置在机床地脚螺栓附近，成对使用。用于安装尺寸小、要求不高、安装后不需要再调整的机床，亦可使用单个结构，此时与机床底座为线接触，刚度不高
开口垫铁		直接卡入地脚螺栓，能减轻拧紧地脚螺栓时使机床底座产生的变形
带通孔斜垫铁		套在地脚螺栓上，能减轻拧紧地脚螺栓时使机床底座产生的变形

（续）

名　称	图　示	特点和用途
钩头垫铁		垫铁的钩头部分紧靠在机床底座边缘上，安装调整时起限位作用，安装水平不易走失，用于振动较大或质量为 10～15t 的普通中、小型机床

（3）找平　将数控铣床放置于地基上，在自由状态下按机床说明书的要求调整其水平，然后将地脚螺栓均匀地锁紧。找正安装水平的基准面，应在机床的主要工作面（如机床导轨面或装配基面）上进行。对中型以上的数控机床，应采用多点垫铁支承，将床身在自由状态下调成水平。如图 1-21 所示的机床上有 8 副调整水平垫铁，垫铁应尽量靠近地脚螺栓，以减小紧固地脚螺栓时使已调整好的水平精度发生变化，水平仪读数应小于说明书中的规定数值。在各支承点都能支承住床身后，再压紧各地脚螺栓。在压紧过程中，床身不能产生额外的扭曲和变形。高精度数控机床可采用弹性支承进行调整，抑制机床振动。

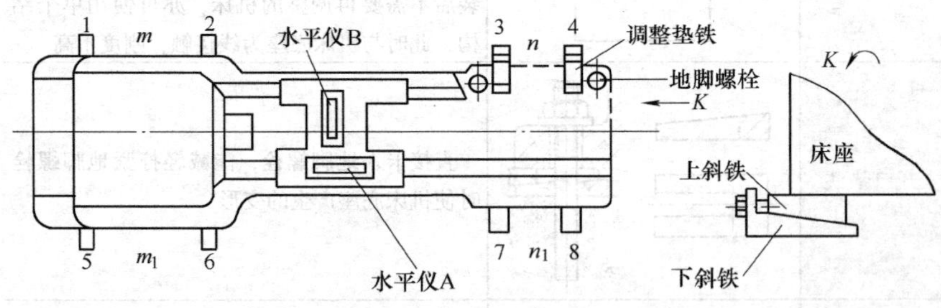

图 1-21　垫铁放置图

找平工作应选取一天中温度较稳定的时候进行。应避免为适应调整水平的需要，使用引起机床产生强迫变形的安装方法，避免引

起机床的变形，从而引起导轨精度和导轨相配件的配合和联接的变化，使机床精度和性能受到破坏。对安装的数控铣床，考虑水泥地基的干燥有一过程，故要求机床运行数月或半年后再精调一次床身水平，以保证机床长期工作精度，提高机床几何精度的保持性。

（4）清洗和联接　拆除各部件因运输需要而安装的紧固工件（如紧固螺钉、连接板、镶条等），清理各联接面、各运动面上的防锈涂料，清理时不能使用金属或其他坚硬刮具，不得用棉纱或纱布，要用浸有清洗剂的棉布或绸布。清洗后涂上机床规定使用的润滑油，并做好各外表面的清洗工作。

对一些解体运输的机床（如加工中心），待主机就位后，将在运输前拆下的零、部件安装在主机上。在组装中，要特别注意各接合面的清理，并去除由于磕碰形成的毛刺，要尽量使用原配的定位元件将各部件恢复到机床拆卸前的位置，以利于下一步的调试。

主机装好后即可联接电缆、油管和气管。每根电缆、油管、气管接头上都有标牌，电气柜和各部件的插座上也有相应的标牌，根据电气接线图、气液压管路图将电缆、管道一一对号入座。在连接电缆的插头和插座时必须仔细清洁和检查有无松动和损坏。安装电缆后，一定要把紧固螺钉拧紧，保证接触完全可靠。良好的接地不仅对设备和人身安全是重要的保障，同时还能减少电气干扰，保证数控系统及机床的正常工作。数控铣床接地线的正确连接方式见图1-22。在油管、气管连接中，注意防止异物从接口进入管路，避免造成整个气液压系统发生故障。每个接头都必须拧紧，否则到试车时，若发现有漏油或漏气现象，常常要拆卸一大批管子，使安装调试的工作量加大，浪费时间。

检查机床的数控柜和电气柜内部各接插件接触是否良好。与外界电源相连接时，应重点检查输入电源的电压和相序，电网输入的相序可用相序表检查，错误的相序输入会使数控系统立即报警，甚至损坏器件，相序不对时，应及时调整。接通机床上的液压泵、冷却泵电动机，判断液压泵、冷却泵电动机转向是否正确。液压泵运转正常后，再接通数控系统电源。

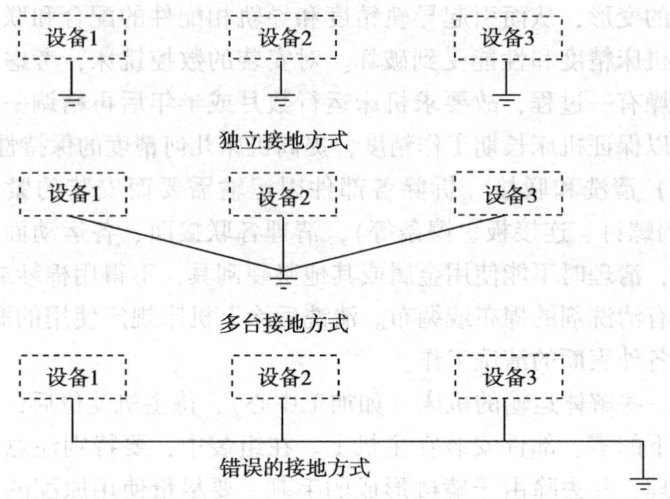

图 1-22 数控铣床接地方式示意图

这是正确使用数控机床的关键，是保证数控机床正常运行的前提。

第五节 数控机床安全文明生产

一、文明生产

文明生产是现代企业制度的一项十分重要的内容，而数控加工是一种先进的加工方法，与普通机床加工比较，数控机床自动化程度高。

操作者除了掌握好数控机床的性能并精心操作外，一方面要管好、用好和维护好数控机床；另一方面还必须养成文明生产的良好工作习惯和严谨的工作作风，应具有较好的职业素质、责任心和良好的合作精神。

1. 数控机床的管理

数控机床的管理要规范化、系统化并具有可操作性。数控机床管理工作的任务概括为“三好”，即“管好、用好、修好”。

2. 数控机床的使用要求

（1）技术培训　为了正确合理地使用数控机床，要求操作者参加国家职业资格的考核鉴定，经过鉴定合格并取得资格证后，方能独立操作使用数控机床，严禁无证上岗操作。

（2）实行定人定机持证操作　数控机床必须由经考核合格持相应职业资格证书的操作工操作，严格实行定人定机和岗位责任制，以确保正确使用数控机床和落实日常维护工作。多人操作的数控机床应实行机长负责制，由机长对使用和维护工作负责。公用数控机床应由企业管理者指定专人负责维护保管。数控机床定人定机名单由使用部门提出，报设备管理部门审批，签发操作证；精、大、稀、关键设备定人定机名单上报，设备部门审核报企业管理者批准后签发。定人定机名单批准后，不得随意变动。对技术熟练能掌握多种数控机床操作技术的工人，经考试合格可签发操作多种数控机床的操作证。

（3）建立使用数控机床的岗位责任制。

（4）建立交接班制度　连续生产和多班制生产的设备必须实行交接班制度。交班人除完成设备日常维护作业外，必须把设备运行情况和发现的问题，详细记录在“交接班簿”上，并主动向接班人介绍清楚，双方当面检查，在交接班簿上签字。接班人如发现异常或情况不明，记录不清时，可拒绝接班。如交接不清，设备在接班后发生问题，由接班人负责。

二、数控机床安全生产规程

1. 操作工使用数控机床的基本功和操作纪律

（1）数控机床操作工“四会”基本功

1）会使用　操作工应先学习数控机床操作规程，熟悉设备结构性能、传动装置，懂得加工工艺和工装工具在数控机床上的正确使用方法。

2）会维护　能正确执行数控机床维护和润滑规定，按时清扫，保持设备清洁完好。

3）会检查　了解设备易损零件部位，知道完好检查项目、标准

和方法，并能按规定进行日常检查。

4）会排除故障　熟悉设备特点，能鉴别设备正常与异常现象，懂得其零部件拆装注意事项，会做一般故障调整或协同维修人员进行排除。

（2）维护使用数控机床的“四项要求”

1）整齐。工具、工件、附件摆放整齐，设备零部件及安全防护装置齐全，线路管道完整。

2）清洁。设备内外清洁，无“黄袍”，各滑动面、丝杠、齿条、齿轮无油污，无损伤；各部位不漏油、漏水、漏气，切屑清扫干净。

3）润滑。按时加油、换油，油质符合要求；油枪、油壶、油杯、油嘴齐全，油毡、油线清洁，油窗明亮，油路畅通。

4）安全。实行定人定机制度，遵守操作维护规程，合理使用，注意观察运行情况，不出安全事故。

（3）数控机床操作工的“五项纪律”

1）凭操作证使用设备，遵守安全操作维护规程。

2）经常保持机床整洁，按规定加油，保证合理润滑。

3）遵守交接班制度。

4）管好工具、附件，不得遗失。

5）发现异常立即通知有关人员检查处理。

2. 数控机床安全生产规程

1）数控机床的使用环境要避免光的直接照射和其他热辐射，要避免太潮湿或粉尘过多的场所，特别要避免有腐蚀气体的场所。

2）为了避免电源不稳定给电子元件造成损坏，数控机床应采取专线供电或增设稳压装置。

3）数控机床的开机、关机顺序，一定要按照机床说明书的规定操作。

4）在主轴起动开始切削之前，一定要关好防护罩门，程序正常运行中严禁开启防护罩门。

5）机床在正常运行时不允许开电气柜的门，禁止按动“急停”、“复位”按钮。

6）机床发生事故，操作者要注意保留现场，并向维修人员如实

说明事故发生前后的情况，以利于分析问题，查找事故原因。

7）数控机床的使用一定要有专人负责，严禁其他人员随意动用数控设备。

8）要认真填写数控机床的工作日志，做好交接工作，消除事故隐患。

9）不得随意更改数控系统内制造厂设定的参数。

三、数控金属切削机床的操作规程

数控车床与数控铣床、加工中心的操作类似，我们以数控铣床、加工中心为例来介绍数控金属切削机床的操作规程。

为了正确合理地使用数控铣床、加工中心，保证机床正常运转，必须制定比较完整的数控铣床、加工中心操作规程，通常应做到如下几点：

1）机床通电后，检查各开关、按钮和键是否正常、灵活，机床有无异常现象。

2）检查电压、气压、油压是否正常，有手动润滑的部位要先进行手动润滑。

3）各坐标轴手动回机床参考点，若某轴在回参考点前已在零位，必须先将该轴移动离参考点一段距离后，再手动回参考点。

4）在进行工作台回转交换时，台面上、护罩上、导轨上不得有异物。

5）机床空运转要15min以上，使机床达到热平衡状态。

6）程序输入后，应认真核对，保证无误，其中包括对代码、指令、地址、数值、正负号、小数点及语法的查对。

7）按工艺规程安装找正夹具。

8）正确测量和计算工件坐标系，并对所得结果进行验证和验算。

9）将工件坐标系输入到偏置页面，并对坐标、坐标值、正负号、小数点进行认真核对。

10）未装工件以前，空运行一次程序，看程序能否顺利执行，刀具长度选取和夹具安装是否合理，有无超程现象。

11）刀具补偿值（刀长、半径）输入偏置页面后，要对刀补号、补偿值、正负号、小数点进行认真核对。

12）装夹工件时要注意螺钉压板是否与刀具发生干涉，检查零件毛坯和尺寸超常现象。

13）检查各刀头的安装方向及各刀具旋转方向是否合乎程序要求。

14）查看各刀杆前后部位的形状和尺寸是否合乎程序要求。

15）镗刀头尾部露出刀杆直径部分，必须小于刀尖露出刀杆直径部分。

16）检查每把刀柄在主轴孔中是否都能拉紧。

17）无论是首次加工的零件，还是周期性重复加工的零件，首件都必须对照图样工艺、程序和刀具调整卡，进行逐段程序的试切。

18）单段试切时，快速倍率开关必须打到最低挡。

19）每把刀首次使用时，必须先验证它的实际长度与所给刀补值是否相符。

20）在程序运行中，要观察数控系统上的坐标显示，可了解目前刀具运动点在机床坐标系及工件坐标系中的位置。了解程序段的位移量，还剩余多少位移量等。

21）程序运行中也要观察数控系统上的工作寄存器和缓冲寄存器显示，查看正在执行的程序段各状态指令和下一个程序段的内容。

22）在程序运行中要重点观察数控系统上的主程序和子程序，了解正在执行主程序段的具体内容。

23）试切进刀时，在刀具运行至工件表面30～50mm处，必须在进给保持下，验证Z轴剩余坐标值和X、Y轴坐标值与图样是否一致。

24）对一些有试刀要求的刀具，采用“渐近”方法。如镗一小段长度，检测合格后，再镗到整个长度。使用刀具半径补偿功能的刀具数据，刀具半径补偿数据可由大到小，边试边修改。

25）试切和加工中，刃磨刀具和更换刀具后，一定要重新测量刀长并修改好刀补值和刀补号。

26）程序检索时应注意光标所指位置是否合理、准确，并观察

刀具与机床运动方向坐标是否正确。

27）程序修改后，对修改部分一定要仔细计算和认真核对。

28）手轮进给和手动连续进给操作时，必须检查各种开关所选择的位置是否正确，弄清正、负方向，认准按键，然后再进行操作。

29）全批零件加工完成后，应核对刀具号、刀补值，使程序、偏置页面、调整卡及工艺中的刀具号、刀补值完全一致。

30）从刀库中卸下刀具，按调整卡或程序清理编号入库。

31）卸下夹具，某些夹具应记录安装位置及方位，并作出记录、存档。

32）清扫机床并将各坐标轴停在中间位置。

复习思考题

1. 第一台数控机床产生于哪一年？哪个国家？
2. 数控机床由哪几部分组成？
3. 数控机床按加工路线可以分为哪几种？
4. 数控机床按可联动的轴数可以分为哪几种？
5. 数控机床按控制装置的类型可分为哪几种？
6. 简述数控系统的日常维护内容。
7. 数控机床常见的故障有几种？
8. 怎样调整数控机床的水平？
9. 怎样才能做好数控机床的维护保养？

第二章

数控铣床与加工中心的加工工艺

培训学习目标 掌握数控加工工艺的制定；掌握加工中心常用夹具的使用方法；能够根据数控加工工艺卡选择、安装和调整加工中心常用刀具，能根据加工中心特性、零件材料、加工精度和工作效率等选择刀具和刀具几何参数，并确定数控加工需要的切削参数和切削用量，能够使用刀具预调仪或者在机内测量刀具的半径及长度，能够选择、安装、使用刀柄，能够刃磨常用刀具。

第一节 概 述

数控铣床加工工艺是以普通铣床的加工工艺为基础，结合数控铣床的特点，综合运用多方面的知识解决数控铣床加工过程中面临的工艺问题。而加工中心是一种功能较全的数控机床，它集铣削、钻削、铰削、镗削、攻螺纹和切螺纹于一身，使其具有多种工艺手段，与普通机床加工相比，加工中心具有许多显著的工艺特点。

一、数控铣床与加工中心的适宜加工对象

1. 数控铣床的适宜加工对象

数控铣削是机械加工中最常用和最主要的数控加工方法之一，它除了能铣削普通铣床所能铣削的各种零件表面外，还能铣削普通铣床不能铣削的需要 2 ~5 坐标联动的各种平面轮廓和立体轮廓。根

据数控铣床的特点，从铣削加工角度考虑，适合数控铣削的主要加工对象有以下几类：

（1）平面类零件　加工面平行或垂直于水平面，或加工面与水平面的夹角为定角的零件为平面类零件（图 2-1）。目前在数控铣床上加工的大多数零件属于平面类零件，其特点是各个加工面是平面，或可以展开成平面。图 2-1 中的曲线轮廓面 *M* 和正圆台面 *N*，展开后均为平面。

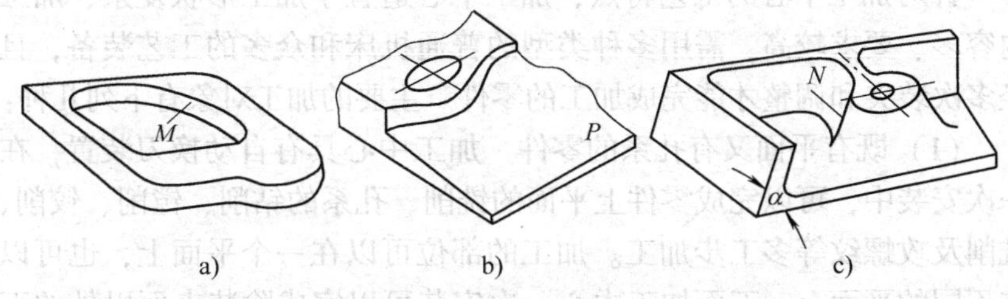

图 2-1　平面类零件

a）带平面轮廓的平面零件　b）带斜平面的平面零件　c）带圆台和斜肋的平面零件

平面类零件是数控铣削加工中最简单的一类零件，一般只需用 3 坐标数控铣床的两坐标联动（即两轴半坐标联动）就可以把它们加工出来。

（2）变斜角类零件　加工面与水平面的夹角呈连续变化的零件称为变斜角零件，如图 2-2 所示的飞机变斜角梁缘条。

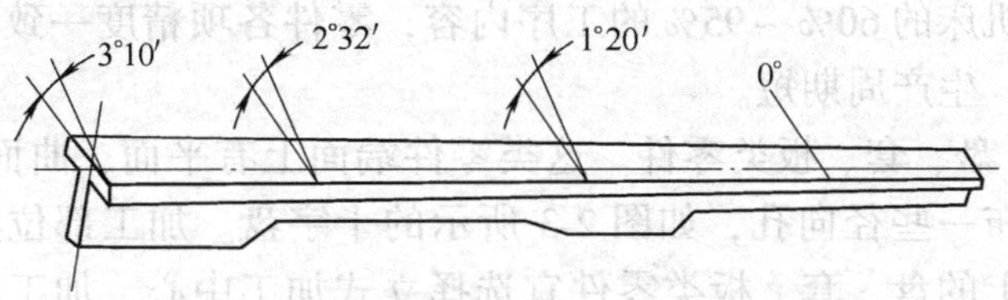

图 2-2　飞机上变斜角梁缘条

变斜角类零件的变斜角加工面不能展开为平面，但在加工中，加工面与铣刀圆周的瞬时接触为一条线。最好采用 4 坐标、5 坐标数控铣床摆角加工，若没有上述机床，也可采用 3 坐标数控铣床进行两轴半近似加工。

（3）曲面类零件　加工面为空间曲面的零件称为曲面类零件，如模具、叶片、螺旋桨等。曲面类零件不能展开为平面。加工时，铣刀与加工面始终为点接触，一般采用球头刀（见第三节）在3轴数控铣床上加工。当曲面较复杂、通道较狭窄、加工中会伤及相邻表面及需要刀具摆动时，要采用4坐标或5坐标铣床加工。

2. 加工中心的适宜加工对象

针对加工中心的工艺特点，加工中心适宜于加工形状复杂、加工内容多、要求较高、需用多种类型的普通机床和众多的工艺装备，且经多次装夹和调整才能完成加工的零件。主要的加工对象有下列几种：

（1）既有平面又有孔系的零件　加工中心具有自动换刀装置，在一次安装中，可以完成零件上平面的铣削、孔系的钻削、镗削、铰削、铣削及攻螺纹等多工步加工。加工的部位可以在一个平面上，也可以在不同的平面上。五面加工中心一次安装可以完成除装夹面以外的五个面的加工。因此，既有平面又有孔系的零件是加工中心的首选加工对象，这类零件常见的有箱体类零件和盘、套、板类零件。

1）箱体类零件。箱体类零件很多，其一般都要进行多工位孔系及平面加工，精度要求较高，特别是形状精度和位置精度要求较严格，通常要经过铣、钻、扩、镗、铰、锪、攻螺纹等工步，需要的刀具较多，在普通机床上加工难度大，工装套数多，需多次装夹找正，手工测量次数多，精度不易保证。在加工中心上一次安装可完成普通机床的60% ~95%的工序内容，零件各项精度一致性好，质量稳定，生产周期短。

2）盘、套、板类零件。这类零件端面上有平面、曲面和孔系，也常分布一些径向孔，如图2-3所示的十字盘。加工部位集中在单一端面上的盘、套、板类零件宜选择立式加工中心，加工部位不是位于同一方向表面上的零件宜选择卧式加工中心。

（2）结构形状复杂、普通机床难加工的零件　主要表面是由复杂曲线、曲面组成的零件在加工时，需要多坐标联动加工，这在普通机床上是难以甚至无法完成的，加工中心是加工这类零件最有效的设备。常见的典型零件有以下几类：

1）凸轮类。这类零件包括有各种曲线的盘形凸轮、圆柱凸轮、圆锥凸轮和端面凸轮等，加工时，可根据凸轮表面的复杂程度，选用三轴、四轴或五轴联动的加工中心。

2）整体叶轮类。整体叶轮常见于航空发动机的压气机、空气压缩机、船舶水下推进器等，它除具有一般曲面加工的特点外，还存在许多特殊的加工难点，如通道狭窄，刀具很容易与加工表面和邻近曲面产生干涉。图2-4所示是轴向压缩机涡轮，它的叶面是一个典型的三维空间曲面，加工这样的型面，可采用四轴以上联动的加工中心。

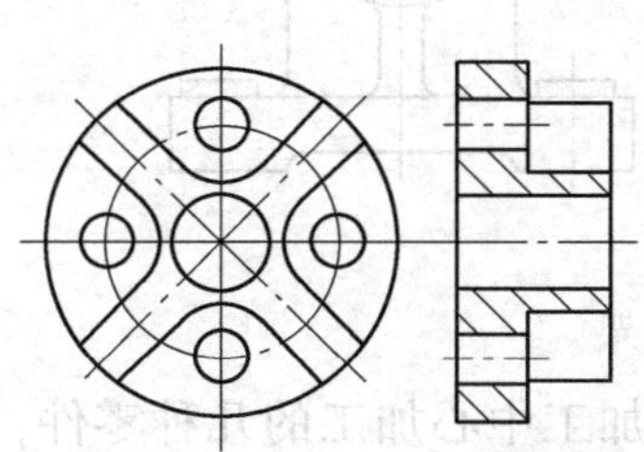

图2-3　十字盘

图2-4　轴向压缩机涡轮

3）模具类。常见的模具有锻压模具、铸造模具、注塑模具及橡胶模具等。图2-5所示为连杆锻压模具。采用加工中心加工模具，由于工序高度集中，动模、静模等关键件基本上是在一次安装中完成全部精加工内容，尺寸累积误差及修配工作量小。同时模具的可复制性强，互换性好。

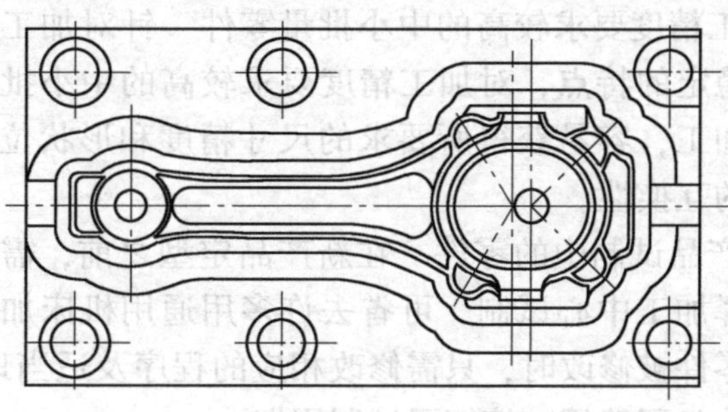

图2-5　连杆锻压模简图

(3) 外形不规则的异形零件　异形零件是指支架（图2-6）、拨叉类外形不规则的零件，大多要点、线、面多工位混合加工。由于外形不规则，在普通机床上只能采取工序分散的原则加工，需用工装较多，周期较长。利用加工中心多工位点、线、面混合加工的特点，可以完成大部分甚至全部工序内容。

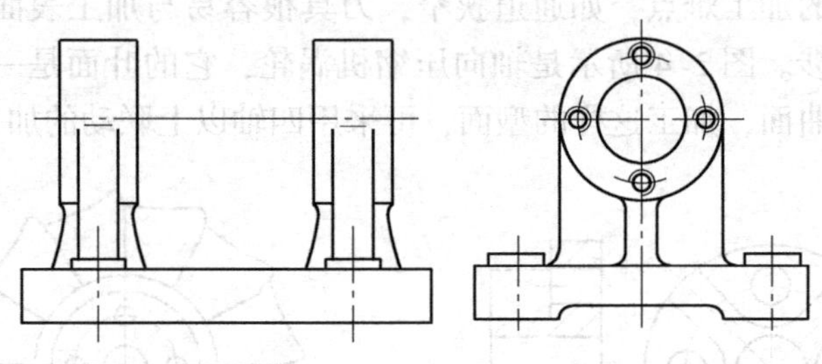

图2-6　支架

上述是根据零件特征选择的适合加工中心加工的几种零件，此外，还有以下一些适合加工中心加工的零件。

(4) 周期性投产的零件　用加工中心加工零件时，所需工时主要包括基本时间和准备时间，其中，准备时间占很大比例。例如工艺准备、程序编制、零件首件试切等，这些时间往往是单件基本时间的几十倍。采用加工中心可以将这些准备时间的内容储存起来，供以后反复使用。这样，对周期性投产的零件，生产周期就可以大大缩短。

(5) 加工精度要求较高的中小批量零件　针对加工中心加工精度高、尺寸稳定的特点，对加工精度要求较高的中小批量零件，选择加工中心加工，容易获得所要求的尺寸精度和形状位置精度，并可得到很好的互换性。

(6) 新产品试制中的零件　在新产品定型之前，需经反复试验和改进。选择加工中心试制，可省去许多用通用机床加工所需的试制工装。当零件被修改时，只需修改相应的程序及适当地调整夹具、刀具即可，节省了费用，缩短了试制周期。

二、数控加工工艺的主要内容

概括起来数控加工工艺主要包括如下内容：

1）选择适合在数控机床上加工的零件。

2）分析被加工零件的图样，明确加工内容及技术要求。

3）确定零件的加工方案，制定数控加工工艺路线。如划分工序、安排加工顺序，处理与非数控加工工序的衔接等。

4）加工工序的设计。如零件的定位基准，确定夹具方案、划分工步、选取刀辅具、确定切削用量等。

5）数控加工程序的调整。选取对刀点和换刀点，确定刀具补偿，确定加工路线。

6）分配数控加工中的公差。

7）处理数控机床上的部分工艺指令。

三、数控加工工艺的特点

数控加工的程序是数控机床的指令性文件。数控机床受控于程序指令，加工的全过程都是按程序指令自动进行的。数控机床加工程序不仅要包括零件的工艺过程，而且还要包括切削用量、进给路线、刀具尺寸以及机床的运动过程。

四、数控加工工艺文件

数控加工工艺文件主要包括数控加工工序卡、数控刀具调整单、机床调整单、零件加工程序单等。这些文件尚无统一的标准，各企业可根据本单位的特点制定上述工艺文件，现选几例，仅供参考。

1. 数控加工编程任务书

数控加工编程任务书记载并说明了工艺人员对数控加工工序的技术要求、工序说明和数控加工前应保证的加工余量，是编程员与工艺人员协调工作和编制数控程序的重要依据之一，见表2-1。

表 2-1 数控加工编程任务书　　年　　月　　日

<table>
<tr><td rowspan="2">×××机械厂</td><td rowspan="3">数控编程任务书</td><td>产品零件图号</td><td>DEK 0301</td><td>任务书编号</td></tr>
<tr><td>零件名称</td><td>摇臂壳体</td><td>18</td></tr>
<tr><td>工艺处</td><td>使用数控设备</td><td>BFT 130</td><td>共　页第　页</td></tr>
<tr><td colspan="5">主要工序说明及技术要求
数控精加工各行孔及铣凹槽，详见本产品工艺过程卡片（工序号 70）要求。</td></tr>
</table>

<table>
<tr><td colspan="2">编程收到日期</td><td colspan="2"></td><td>经手人</td><td colspan="2"></td><td>批准</td><td colspan="2"></td></tr>
<tr><td>编制</td><td></td><td>审核</td><td></td><td>编程</td><td></td><td>审核</td><td></td><td>批准</td><td></td></tr>
</table>

2. 工序卡

数控加工工序卡与普通加工工序卡有许多相似之处，但不同的是该卡中应反映使用的辅具、刃具、切削参数、切削液等，它是操作人员配合数控程序进行数控加工的主要指导性工艺资料。工序卡应按已确定的工步顺序填写。加工中心上数控镗铣削工序卡片见表 2-2。

表 2-2 数控加工工序卡片

<table>
<tr><td colspan="2" rowspan="2">××机械厂</td><td rowspan="2">数控加工工序卡片</td><td colspan="3">产品名称或代号</td><td colspan="2">零件名称</td><td colspan="2">零件图号</td></tr>
<tr><td colspan="3">JS</td><td colspan="2">行星架</td><td colspan="2">0102—4</td></tr>
<tr><td>工艺序号</td><td>程序编号</td><td>夹具名称</td><td colspan="3">夹具编号</td><td colspan="2">使用设备</td><td colspan="2">车间</td></tr>
<tr><td></td><td></td><td>镗胎</td><td colspan="3"></td><td colspan="2"></td><td colspan="2"></td></tr>
<tr><td>工步号</td><td colspan="2">工步内容</td><td>加工面</td><td>刀具号</td><td>刀具规格</td><td>主轴转速</td><td>进给速度</td><td>切削深度</td><td>备注</td></tr>
<tr><td>1</td><td colspan="2">N5 ~ N30，ϕ65H7 镗成 ϕ63mm</td><td></td><td>T13001</td><td></td><td></td><td></td><td></td><td></td></tr>
<tr><td>2</td><td colspan="2">N40 ~ N50，ϕ50H7 镗成 ϕ48mm</td><td></td><td>T13006</td><td></td><td></td><td></td><td></td><td></td></tr>
<tr><td></td><td colspan="2"></td><td></td><td></td><td></td><td></td><td></td><td></td><td></td></tr>
<tr><td>编　制</td><td></td><td>审　核</td><td colspan="2">批　准</td><td colspan="2"></td><td colspan="2">共　页</td><td>第　页</td></tr>
</table>

若在数控机床上只加工零件的一个工步时，也可不填写工序卡。在工序加工内容不十分复杂时，可把零件草图反映在工序卡上。

3. 数控刀具调整单

数控刀具调整单主要包括数控刀具卡片（简称刀具卡）和数控刀具明细表（简称刀具表）两部分。

数控加工时，对刀具的要求十分严格，一般要在机外对刀仪上，事先调整好刀具直径和长度。刀具卡主要反映刀具编号、刀具结构、尾柄规格、组合件名称代号、刀片型号和材料等，它是组装刀具和调整刀具的依据。数控刀具卡见表 2-3。

表 2-3 数控刀具卡片

零件图号		JS0102—4	数控刀具卡片				使用设备
刀具名称		镗 刀					TC—30
刀具编号		T13003	换刀方式	自动	程序编号		
刀具组成	序号	编号		刀具名称	规格	数量	备注
	1	7013960		拉钉		1	
	2	390. 140—5063050		刀柄		1	

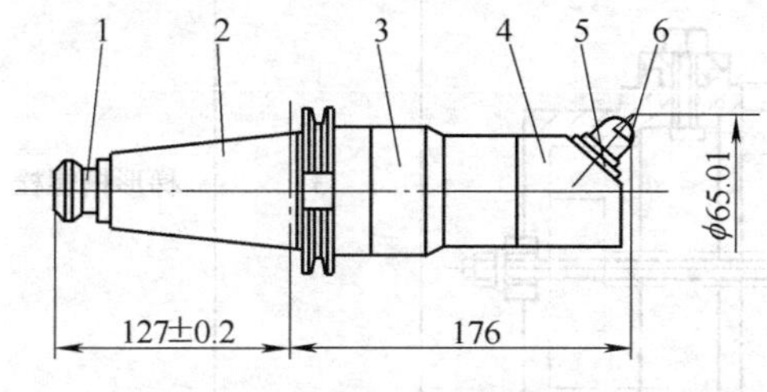

备注							
编制		审核		批准		共 页	第 页

数控刀具明细表是调刀人员调整刀具输入的主要依据。数控刀具明细表见表 2-4。

表 2-4 数控刀具明细表

零件图号	零件名称	材 料		数控刀具明细表			程序编号		车间	使用设备
JS0102—4										
刀号	刀位号	刀具名称	刀具图号	刀 具			刀补地址		换刀方式	加工部位
				直径/mm		长度/mm				
				设 定	补 偿	设 定	直径	长度	自动/手动	
T13001		镗刀		$\phi63$		137			自动	
T13002		镗刀		$\phi64.8$		137			自动	
编 制		审 核		批 准			年 月 日		共 页	第 页

4. 工件安装和零点设定卡片

数控加工零件安装和零点（编程坐标系原点）设定卡片（简称

装夹图和零点设定卡）表明了数控加工零件定位方法和夹紧方法，也标明了工件零点设定的位置和坐标方向，使用夹具的名称和编号等。工件安装图和零点设定卡片见表2-5。

表2-5　工件安装图和零点设定卡片

<table>
<tr><td>零件图号</td><td>JS0102—4</td><td colspan="2" rowspan="2">数控加工工件安装和零点设定卡片</td><td>工序号</td><td></td></tr>
<tr><td>零件名称</td><td>行星架</td><td>装夹次数</td><td></td></tr>
<tr><td colspan="4" rowspan="3"> 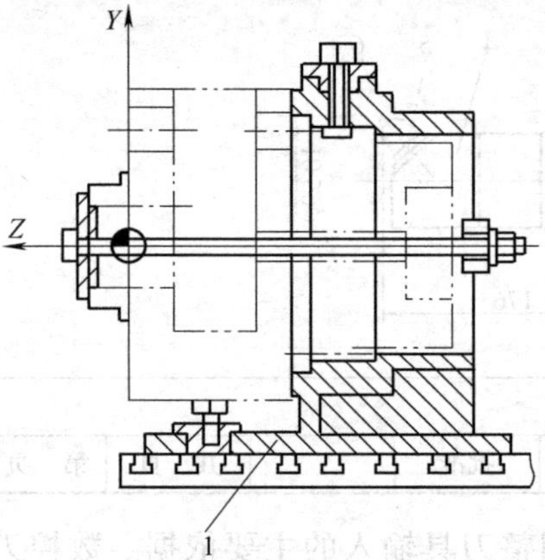 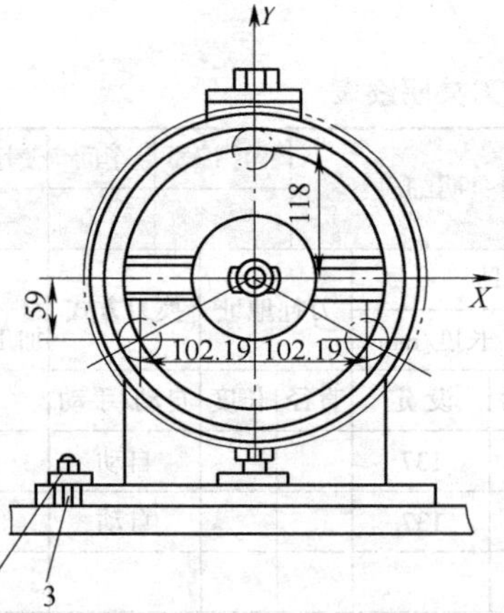</td><td>3</td><td>梯形槽螺栓</td><td></td></tr>
<tr><td>2</td><td>压板</td><td></td></tr>
<tr><td>1</td><td>镗铣夹具板</td><td>GS52-61</td></tr>
<tr><td>编　制</td><td>审　核</td><td>批　准</td><td>第　页</td><td></td><td></td><td></td></tr>
<tr><td></td><td></td><td></td><td>共　页</td><td>序　号</td><td>夹具名称</td><td>夹具图号</td></tr>
</table>

5. 数控加工程序单

数控加工程序单是编程员根据工艺分析情况，经过数值计算，按照机床特点的指令代码编制的。它是记录数控加工工艺过程、工艺参数、位移数据的清单以及手动数据输入（MDI）和置备控制介质、实现数控加工的主要依据。表2-6为加工程序单的一种形式。

表2-6　加工程序单

单位名称		CNC机床程序单		程序编号		零件图号		机床			
				产品名称		零件名称		共（　）页		第（　）页	
材料牌号		毛坯种类		每一次加工件数		每台数量		单件质量			
工序号	N	程序内容						备　注			
标记	修改内容	修改者	日期	标记	修改内容	修改者	日期	编制（日期）	审核（日期）	批准（日期）	

第二节　数控加工工艺分析

一、顺铣和逆铣

1. 周边铣削时的顺铣和逆铣

（1）顺铣　在铣刀与工件已加工面的切点处，铣刀旋转切削刃的运动方向与工件进给方向相同的铣削（图2-7a）；当铣刀切削刃作用在工件上的力F在进给方向上的铣削分力F_f与工件的进给方向相同时的铣削方式称为顺铣（图2-7b）。

（2）逆铣　在铣刀与工件已加工面的切点处，铣刀旋转切削刃的运动方向与工件进给方向相反的铣削（图2-8a）；当铣刀切削刃作用在工件上的力F在进给方向上的分力F_f与工件进给方向相反时的

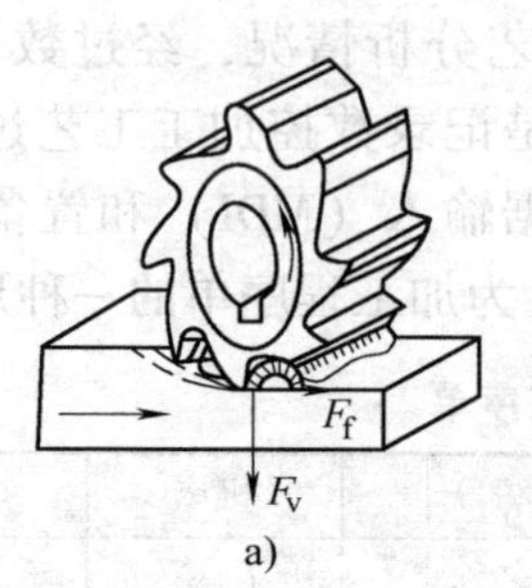

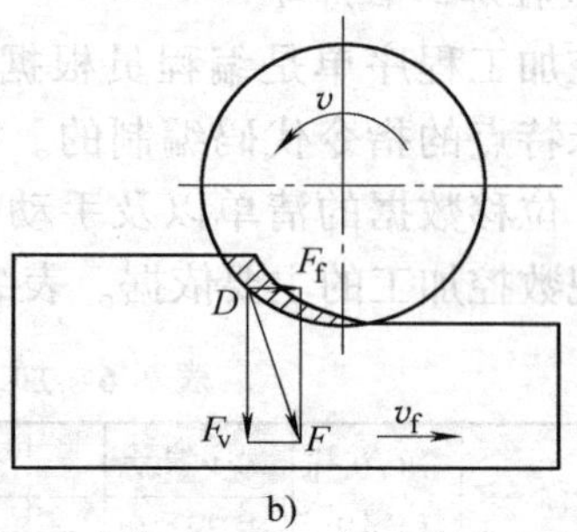

图 2-7 顺铣

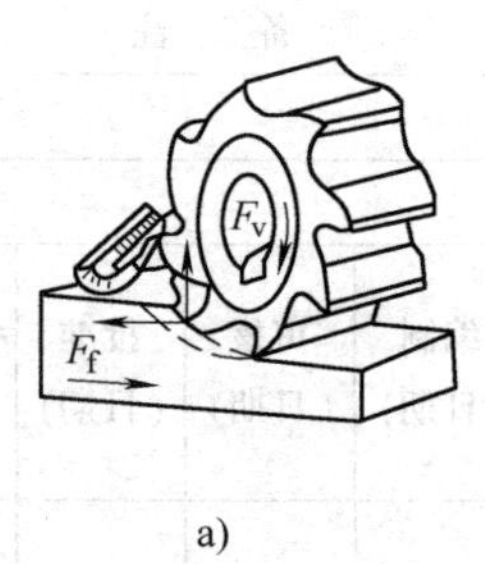

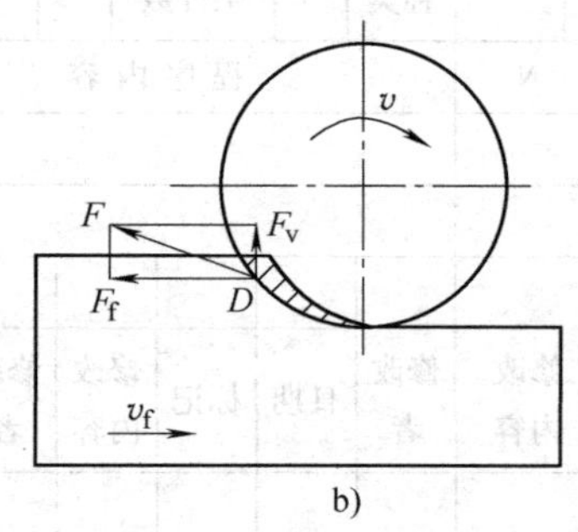

图 2-8 逆铣

铣削称为逆铣（图 2-8b）。

2. 端面铣削时的顺铣和逆铣

端面铣削时，根据铣刀与工件之间的相对位置不同而分为对称铣削和非对称铣削两种。

（1）对称铣削 工件处在铣刀中间时的铣削称为对称铣削（图 2-9）。铣削时，刀齿在工件的前半部分为逆铣，在进给方向的铣削分力 F_f 与进给方向相反。刀齿在工件的后半部分为顺铣，F_f 与进给方向相同。

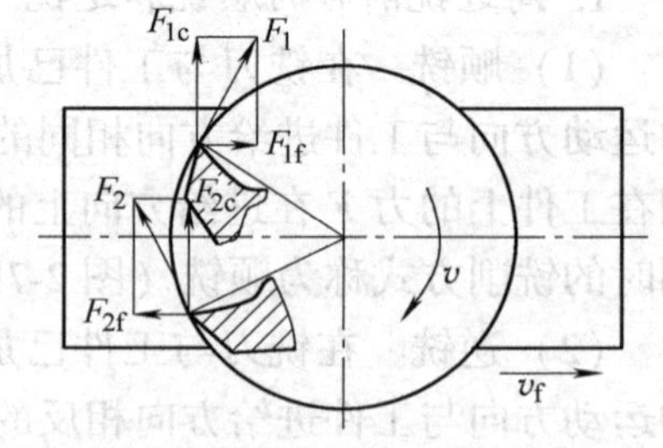

图 2-9 对称铣削

对称铣削时，在铣削层宽度较窄和铣刀齿数少的情况下，由于 F_f 在方向上的交替变化，故工件和工作台容易产生窜动。另外，在横向的水平分力 F_c 较大，对窄长的工件易造成变形和弯曲。所以，对称铣削只有在工件宽度接近铣刀直径时才采用。

（2）非对称铣削 工件的铣削层宽度偏在铣刀一边时的铣削称为非对称铣削（图 2-10），亦即铣刀中心与铣削层宽度的对称线处在偏心状态下的铣削。非对称铣削时有顺铣和逆铣两种。

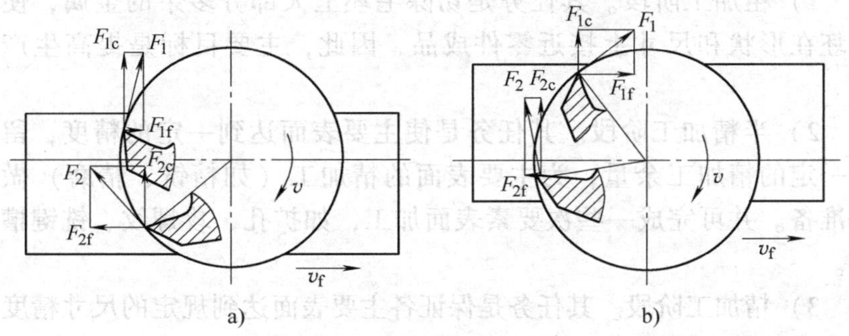

图 2-10 非对称铣削

1）非对称逆铣铣削时，逆铣部分占的比例大，在各个刀齿上的 F_f 之和，与进给方向相反（图 2-10a），所以不会拉动工作台。端面铣削时，切削刃切入工件虽由薄到厚，但不等于从零开始，因而没有像周边铣削时那样的缺点。从薄处切入，刀齿的冲击反而较小，故振动较小。另外工件所受的垂直铣削力 F_v 又与铣削方式无关。因此在端面铣削时，应采用非对称逆铣。

2）非对称顺铣铣削时，顺铣部分占的比例大，在各个刀齿上的 F_f 之和，与进给方向相同（图 2-10b），故易拉动工作台。另外，垂直铣削力 F_v 又不因顺铣而一定向下。所以在端面铣削时，一般都不采用非对称顺铣。但在铣削塑性和韧性好、加工硬化严重的（如不锈钢和耐热钢等）材料时，常采用不对称顺铣，以减少切屑粘附和提高刀具寿命。

二、数控铣削加工工序的划分

（1）加工阶段　当零件的加工质量要求较高时，往往不可能用一道工序来满足其要求，而要用几道工序逐步达到所要求的加工质量。为保证加工质量和合理地使用设备、人力，零件的加工过程通常按工序性质不同，分为粗加工、半精加工、精加工和光整加工四个阶段。

1）粗加工阶段。其任务是切除毛坯上大部分多余的金属，使毛坯在形状和尺寸上接近零件成品，因此，主要目标是提高生产率。

2）半精加工阶段。其任务是使主要表面达到一定的精度，留有一定的精加工余量，为主要表面的精加工（如精铣、精磨）做好准备。并可完成一些次要素表面加工，如扩孔、攻螺纹、铣键槽等。

3）精加工阶段。其任务是保证各主要表面达到规定的尺寸精度和表面粗糙度要求，主要目标是全面保证加工质量。

4）光整加工阶段。对零件上精度和表面粗糙度要求很高（IT6级以上，表面粗糙度为 $R_a0.2\mu m$ 以下）的表面，需进行光整加工，其主要目标是提高尺寸精度、减小表面粗糙度值。一般不用来提高位置精度。

（2）数控铣加工工序的划分原则　在数控铣床上加工的零件，一般按工序集中原则划分工序，划分方法如下：

1）按所用刀具划分。以同一把刀具完成的那一部分工艺过程为一道工序，这种方法适用于工件的待加工表面较多，机床连续工作时间较长，加工程序的编制和检查难度较大等情况。加工中心常用这种方法划分。

2）按安装次数划分。以一次安装完成的那一部分工艺过程为一道工序，这种方法适用于加工内容不多的工件，加工完成后就能达到待检状态。

3）按粗、精加工划分。即粗加工中完成的那部分工艺过程为一道工序，精加工中完成的那一部分工艺过程为一道工序。这种划分

方法适用于加工后变形较大，需粗、精加工分开的零件，如毛坯为铸件、焊接件或锻件。

4）按加工部位划分。即以完成相同型面的那一部分工艺过程为一道工序，对于加工表面多而复杂的零件，可按其结构特点（如内形、外形、曲面和平面等）划分成多道工序。

（3）数控铣削加工顺序的安排　数控铣削加工工序通常按下列原则安排：

1）基面先行原则。用作精基准的表面应优先加工出来，因为定位基准的表面越精确，装夹误差就越小。例如轴类零件加工时，总是先加工中心孔，再以中心孔为精基准加工外圆表面和端面。又如箱体类零件总是先加工定位用的平面和两个定位孔，再以平面和定位孔为精基准加工孔系和其他平面。

2）先粗后精原则。各个表面的加工顺序按照粗加工→半精加工→精加工→光整加工的顺序依次进行，逐步提高表面的加工精度和减小表面粗糙度值。

3）先主后次原则。零件的主要工作表面、装配基面应先加工，从而能及早发现毛坯中主要表面可能出现的缺陷。次要表面可穿插进行，放在主要加工表面加工到一定程度后、最终精加工之前进行。

4）先面后孔原则。对箱体、支架类零件，平面轮廓尺寸较大，一般先加工平面，再加工孔和其他尺寸，这样安排加工顺序，一方面用加工过的平面定位，稳定可靠；另一方面在加工过的平面上加工孔，比较容易，并能提高孔的加工精度，特别是钻孔，孔的轴线不易偏。

（4）数控加工工序与普通工序的衔接　数控工序前后一般都穿插有其他普通工序，如衔接不好就容易产生矛盾，因此要解决好数控工序与非数控工序之间的衔接问题。最好的办法是建立相互状态要求，例如：要不要为后道工序留加工余量，留多少；定位面与孔的精度要求及形位公差等。其目的是达到相互能满足加工需要，且质量目标与技术要求明确，交接验收有依据。关于手续问题，如果是在同一个车间，可由编程人员与主管该零件的工艺员协商确定，

在制定工序工艺文件中互审会签，共同负责；如果不是在同一个车间，则应用交接状态表进行规定，共同会签，然后反映在工艺规程中。

三、典型零件的铣削

进给路线是指数控加工过程中刀具相对于被加工件的运动轨迹和方向。加工路线的合理选择是非常重要的，因为它与零件的加工精度和表面质量密切相关。进给路线不但包括了工步的内容，也反映出各工步顺序。进给路线是编写程序的依据之一，因此，在确定进给路线时最好画一张工序简图，将已经拟定出的进给路线画上去（包括进、退刀路线），这样可为编程带来不少方便。

（1）平面的铣削　在铣床上铣削平面的方法有两种，即周边铣削（俗称圆周铣）和端面铣削（俗称端铣）。

1）周边铣削。周边铣削是指用铣刀周边齿刃进行的铣削。铣平面时是利用分布在铣刀圆柱面上的切削刃来铣削并形成平面的，如图 2-11 所示。图 2-11a 是假设有一个圆柱作旋转运动，当工件在圆柱下作直线运动通过后，工件表面就被碾成一个平面。图 2-11b 是一把圆柱形铣刀（铣刀在旋转时可看作是一个圆柱），当工件在铣刀下面以直线运动作进给时，工件表面就被铣出一个平面来。由于圆柱形铣刀是由若干个切削刃组成的，不同于圆柱体，所以铣出的平面有微小的波纹。要使被加工表面获得小的表面粗糙度值，工件的进给速度要慢一些，而铣刀的转速要适当增快。

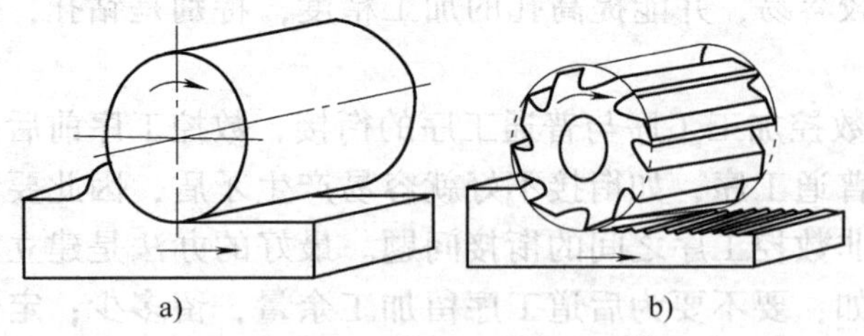

图 2-11　周边铣削

用周边铣削的方法铣出的平面，其平面度的好坏主要决定于铣刀的圆柱度误差，因此在精铣平面时，要保证铣刀的圆柱度不超差。

2）端面铣削。端面铣削是指用铣刀端面齿刃进行的铣削。铣平面时是利用分布在铣刀端面上的刀尖来形成平面，如图 2-12 所示。用端面铣削的方法铣出的平面，也有一条条刀纹，刀纹的粗细（即表面粗糙度值的大小），也与工件的进给速度和铣刀的转速高低等许多因素有关。

用端面铣削的方法铣出的平面，其平面度的好坏主要决定于铣床主轴轴线与进给方向的垂直度。若主轴与进给方向垂直，则刀尖旋转时的轨迹为一个与进给方向平行的圆环（图 2-12a），这个圆环切割出一个平面。实际上，铣刀刀尖在工件表面会铣出成网状的刀纹。若铣床主轴与进给方向不垂直，则相当于用一个倾斜的圆环，把工件表面切出一个凹面来（图 2-12b）。此时，铣刀刀尖在工件表面会铣出单向的弧形刀纹。

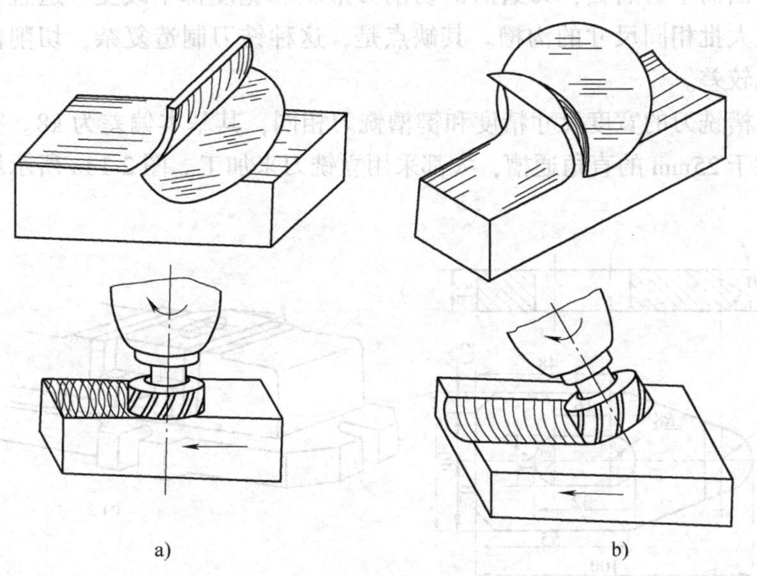

图 2-12　端面铣削

在铣削过程中，若进给方向是从刀尖高的一端移向刀尖低的一端时，则会产生“拖刀”现象，如图 2-12b 的下图所示；若进给方向是从刀尖低的一边移向高的一边，则无“拖刀”现象。

（2）沟槽的加工

1）直角沟槽的铣削。直角通槽主要用三面刃铣刀来铣削，也可用立铣刀、槽铣刀和合成铣刀来铣削。对封闭的沟槽则都采用立铣刀或键槽铣刀。

键槽铣刀一般都是双刃的，端面刃能直接切入工件，故在铣封闭槽之前可以不必预先钻孔。键槽铣刀直径的尺寸精度较高，其直径的基本偏差有 d8 和 e8 两种。

立铣刀在铣封闭槽时，需预先钻好落刀孔。对宽度大和深的通槽也大多采用立铣刀来铣削。

盘形槽铣刀简称槽铣刀，它的特点是刀齿的两侧一般没有刃口。有的槽铣刀齿背做成铲齿形，这种切削刃在用钝以后，刃磨时只能磨前面而不磨后面，刃磨后的切削刃形状和宽度都不改变，适宜于加工大批相同尺寸的沟槽。其缺点是，这种铣刀制造复杂，切削性能也较差。

槽铣刀的宽度尺寸精度和键槽铣刀相同，其基本偏差为 k8。宽度大于 25mm 的直角通槽，大都采用立铣刀来加工。图 2-13a 所示压

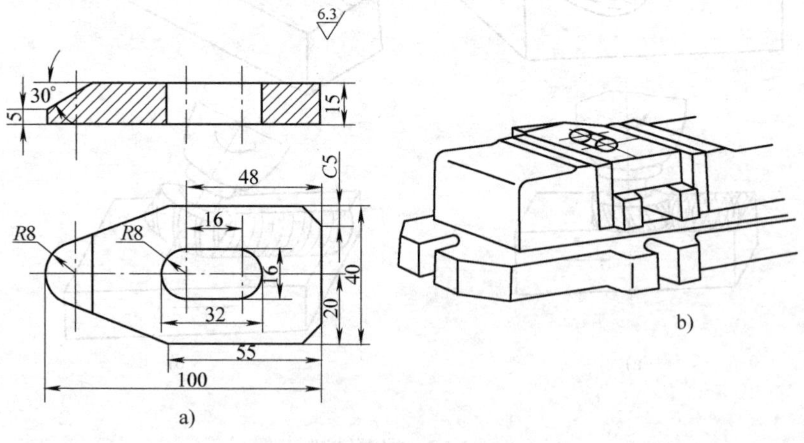

图 2-13　压板工件及其装夹

板工件的封闭槽，则必须用立铣刀或键槽铣刀来加工。立铣刀的尺寸精度较低，其直径的基本偏差为js14，现采用直径为16mm的立铣刀加工。由于此直角槽底部是穿通的，故装夹时应注意沟槽下面不能有垫铁，以免妨碍立铣刀穿通，故应采用两块较窄的平行垫铁，垫在工件下面（图2-13b）。这条封闭槽的长度是32mm，当用直径为16mm的铣刀切入后，工作台实际只需移动16mm。

2）键槽的铣削方法

① 铣通键槽。如车床光杠上的键槽属于通键槽；铣刀轴上的键槽虽属半封闭键槽，由于封闭的一端可以是弧形的，故铣削时也可按通键槽一样加工，这类键槽一般都采用盘形槽铣刀来铣削。这种长的轴类零件，若外圆已经磨准的工件，则可用台虎钳装夹进行铣削（图2-14a）。为了避免因工件伸出钳口太多而产生振动和弯曲，可在伸出端用千斤顶来支承。若工件直径是粗加工时，则应采用三爪自定心卡盘加后顶尖来装夹，中间还应采用千斤顶来支承。

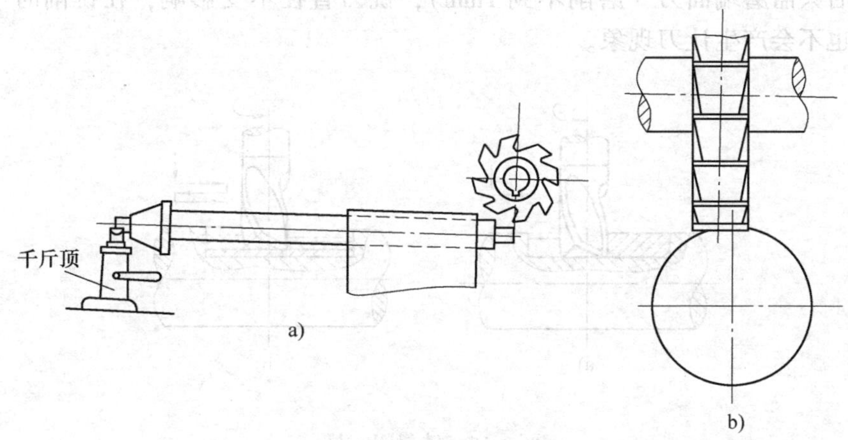

图2-14　铣通键槽

当工件装夹完毕，并把中心对好以后，接着是调整铣削层深度。调整时先使旋转的切削刃和圆柱面接触，然后退出工件，再把工作台上升到键槽的深度，即可开始铣削。当铣刀开始切到工件时，应慢慢移动工作台（手动，而且不浇注切削液），仔细观察。在铣削宽度接近铣刀宽度时，轴的一侧是否有先出现台阶的现象。若有如图2-14b所示的情况，则说明铣刀还没有对准中心，铣刀应向有台阶的一侧移动一段距离，一直到对准为止。

② 铣封闭键槽。以图2-15所示的传动轴为例，介绍其加工方法和步骤。

a. 一次铣准键槽深度的铣削方法（图2-15a）。这种加工方法对铣刀的使用较不利，因为铣刀在用钝时，其切削刃上的磨损长度等于键槽的深度。若刃磨圆柱面切削刃，则因铣刀直径磨小而不能再作精加工。因此，以磨去端面一段较为合理。但对刃磨过的铣刀直径，在使用之前需用千分尺进行检查。

b. 用分层铣削法。如图2-15b所示的方法是每次铣削层深度只有0.5mm左右，以较快的进给量往复进行铣削，一直切到预定的深度为止。这种加工方法的特点是：需在键槽铣床上加工，铣刀用钝后只需磨端面刃（磨削不到1mm），铣刀直径不受影响，在铣削时也不会产生让刀现象。

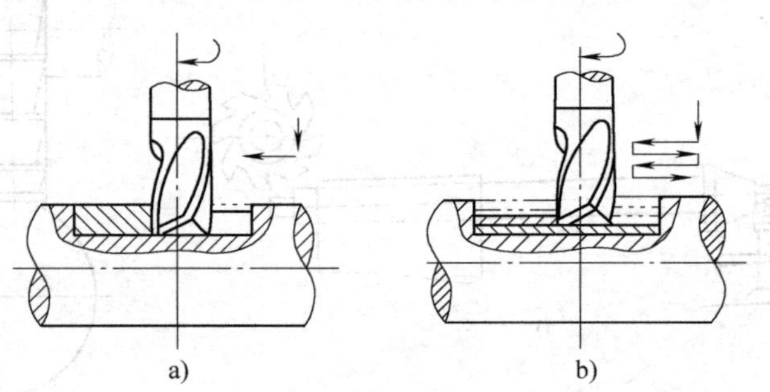

图2-15　铣封闭键槽

3）铣T形槽的铣削。加工如图2-16所示带有T形槽的工件，装夹时，使工件侧面与工作台进给方向一致。

① 铣T形槽的步骤

a. 铣直角槽。在立式铣床上用键槽铣刀（或在卧式铣床上用槽

铣刀）铣出一条宽18H7深30mm的直角槽，如图2-17a所示。

b. 铣T形槽。拆下键槽铣刀，装上直径32mm，厚15mm的T形槽铣刀，接着把T形槽铣刀的端面调整到与直角槽的槽底相接触，然后开始铣削，如图2-17b所示。

c. 槽口倒角。如果T形槽在槽口处有倒角，可拆下T形槽铣刀，装上倒角铣刀倒角，如图2-17c所示。倒角时应注意两边对称。

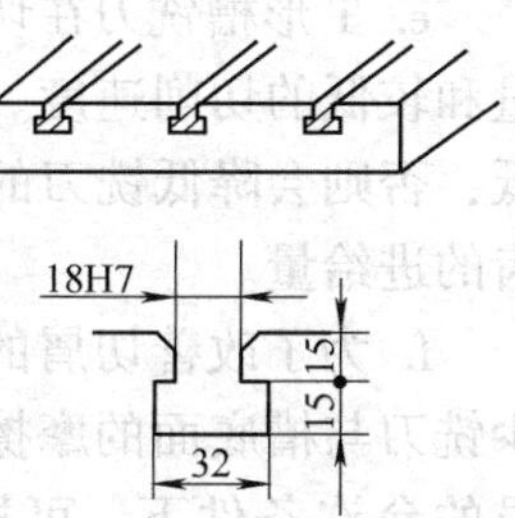

图2-16 T形槽工件

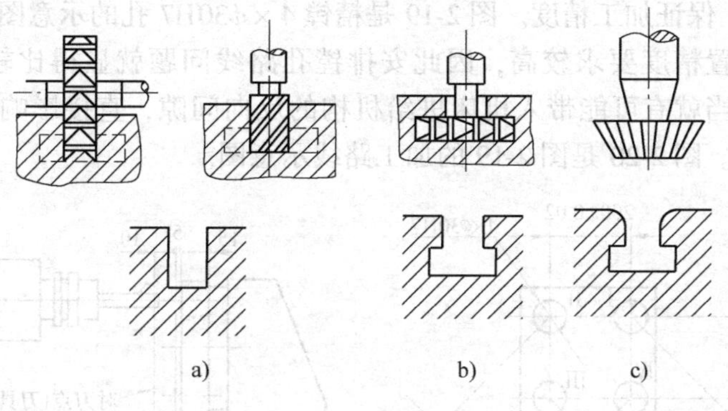

图2-17 T形槽的铣削步骤

② 铣T形槽应注意的事项

a. T形槽铣刀在切削时切屑排出非常困难，经常把容屑槽填满而使铣刀失去切削能力，以致使铣刀折断，所以应经常清除切屑。

b. T形槽铣刀的颈部直径较小，要注意避免铣刀因受到过大的铣削力和突然的冲击力而折断。

c. 由于排屑不畅，切削时热量不易散失，铣刀容易发热，在铣钢件时，应充分浇注切削液。

d. T形槽铣刀不能用得太钝，因钝的刀具其切削能力大为减弱，铣削力和切削热会迅速增加，所以用钝的T形槽铣刀铣削是铣刀折断的主要原因之一。

e. T形槽铣刀在切削时工作条件较差，所以要采用较小的进给量和较低的切削速度。但铣削速度不能太低，否则会降低铣刀的切削性能和增加每齿的进给量。

f. 为了改善切屑的排出条件，以及减少铣刀与槽底面的摩擦，在设计和工艺人员的允许条件下，可把直角槽稍铣深些，这时铣好的T形槽形状如图2-18所示。这种形状的T形槽对实际应用没有多大影响。

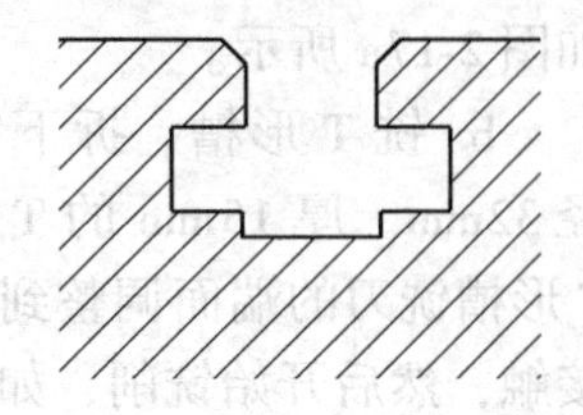

图2-18　槽底不平的T形槽

（3）孔加工的进给路线

1）保证加工精度。图2-19是精镗4×φ30H7孔的示意图。由于孔的位置精度要求较高，因此安排镗孔路线问题就显得比较重要，安排不当就有可能带入机床进给机构的反向间隙，直接影响孔的位置精度。图2-20是图2-19的加工路线示意图。

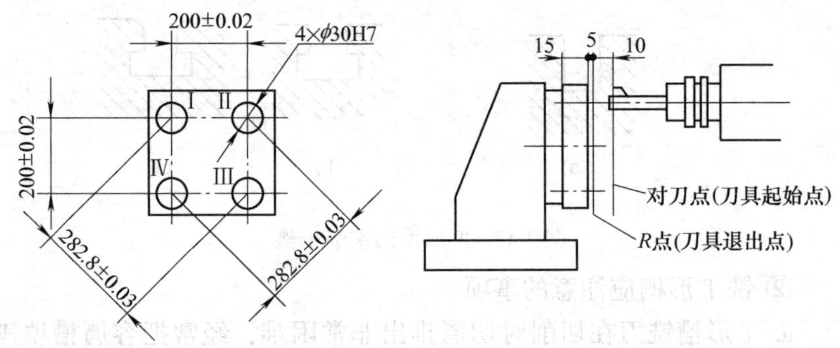

图2-19　镗孔加工示意图

从图2-20中不难看出，方案A由于Ⅳ孔与Ⅰ、Ⅱ、Ⅲ孔的定位方向相反，无疑机床X向进给机构的反向间隙会使定位误差增加，而影响Ⅳ孔与Ⅲ孔的位置精度。方案B是当加工完Ⅲ孔后没有直接在Ⅳ孔处定位，而是多运动了一段距离，然后折回来在Ⅳ孔处进行定位。这样Ⅰ、Ⅱ、Ⅲ和Ⅳ孔的定位方向是一致的，Ⅳ孔就可以避免反向间隙误差的引入。从而提高了Ⅲ孔与Ⅳ孔的孔距精度。

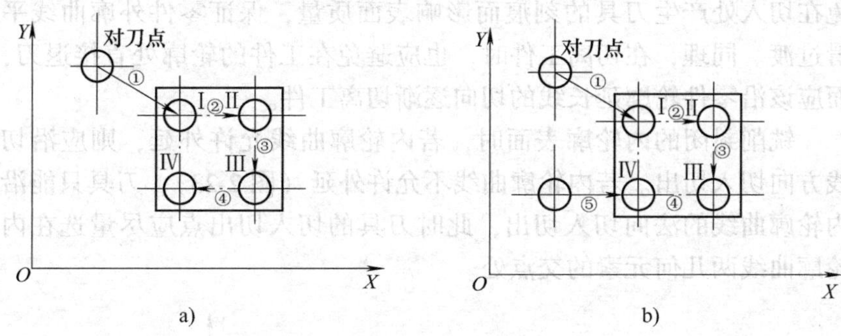

图 2-20　镗孔加工路线示意图

a）方案 A　b）方案 B

2）应使进给路线最短。在保证加工精度的前提下应减少刀具空行程时间，提高加工效率。图 2-21 是正确选择钻孔加工路线的例子。按照一般习惯，总是先加工均布于同一圆周上的 8 个孔，再加工另一圆周上的孔（图 2-21a）。但是对点位控制的数控机床而言，要求定位过程尽可能快、空程最短的进给路线如图 2-21b 所示。

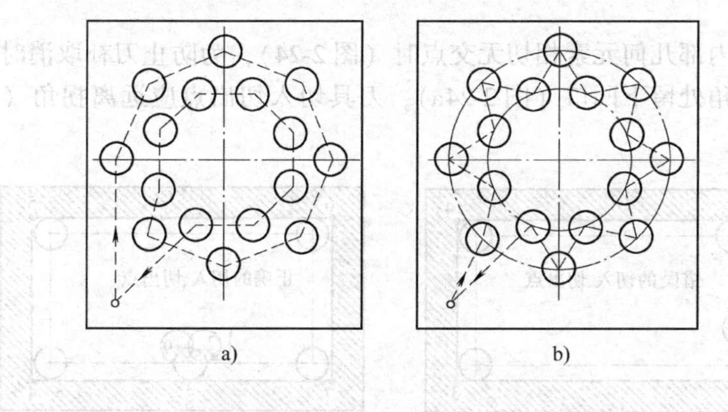

图 2-21　最短进给路线选择

（4）铣削内外轮廓的进给路线　如图 2-22 所示，当铣削平面零件外轮廓时，一般采用立铣刀侧刃切削。刀具切入工件时，应避免沿零件外廓的法向切入，而应沿外廓曲线延长线的切向切入，以避

免在切入处产生刀具的刻痕而影响表面质量，保证零件外廓曲线平滑过渡。同理，在切离工件时，也应避免在工件的轮廓处直接退刀，而应该沿零件轮廓延长线的切向逐渐切离工件。

铣削封闭的内轮廓表面时，若内轮廓曲线允许外延，则应沿切线方向切入切出。若内轮廓曲线不允许外延（图2-23），刀具只能沿内轮廓曲线的法向切入切出，此时刀具的切入切出点应尽量选在内轮廓曲线两几何元素的交点处。

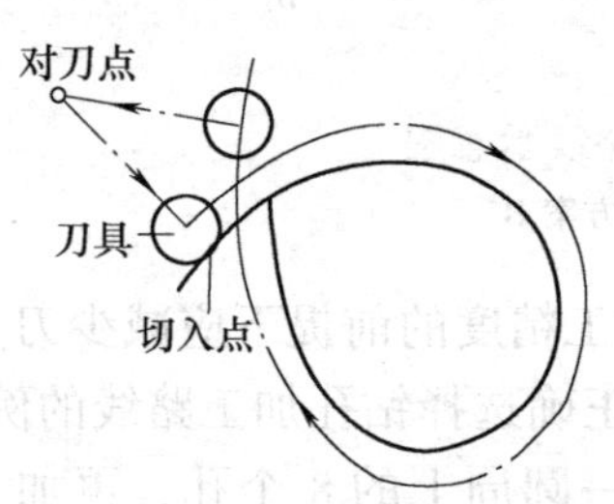

图2-22　外轮廓加工刀具的切入和切出

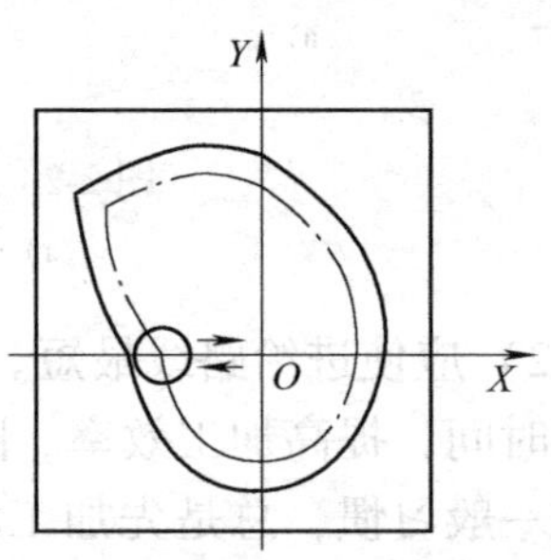

图2-23　内轮廓加工刀具的切入和切出

当内部几何元素相切无交点时（图2-24），为防止刀补取消时在轮廓拐角处留下凹口（图2-24a），刀具切入切出点应远离拐角（图2-24b）。

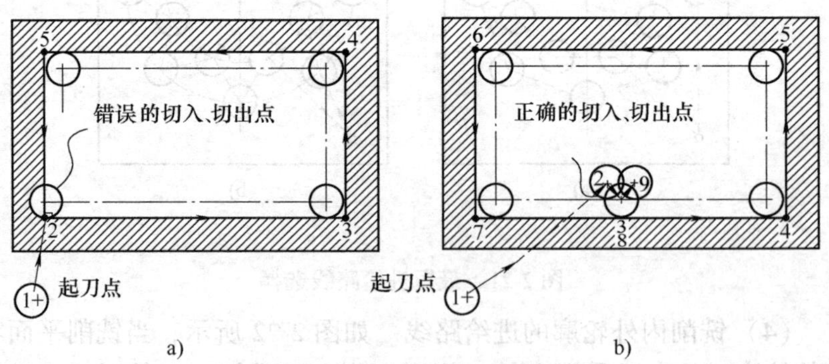

图2-24　无交点内轮廓加工刀具的切入和切出

图 2-25 为圆弧插补方式铣削外整圆时的进给路线图。当整圆加工完毕时，不要在切点处直接退刀，而应让刀具沿切线方向多运动一段距离，以免取消刀补时，刀具与工件表面相碰，造成工件报废。铣削内圆弧时也要遵循从切向切入的原则，最好安排从圆弧过渡到圆弧的加工路线（图 2-26），这样可以提高内孔表面的加工精度和加工质量。

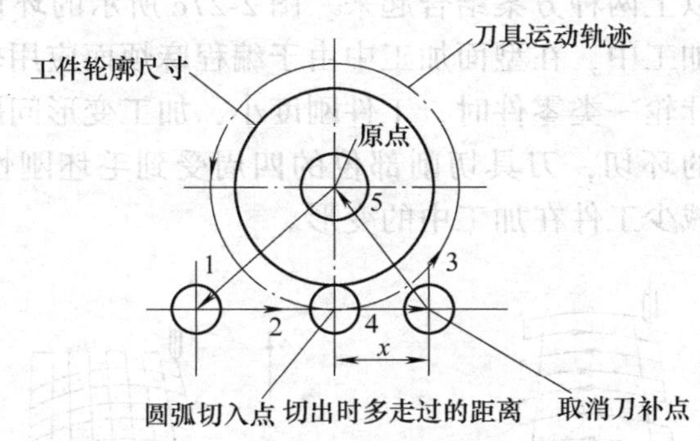

图 2-25　铣削外圆加工路线

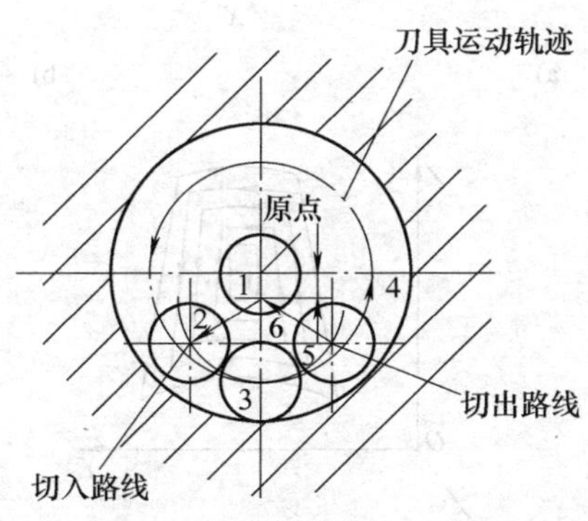

图 2-26　铣削内圆加工路线

（5）曲面轮廓加工　曲面轮廓的加工工艺处理较平面轮廓要复杂得多，加工时要根据曲面形状、刀具形状以及零件的精度要求，选择合理的进给路线。图 2-27 表示了加工一曲面时可能采取的三种进给路线，即沿参数曲面的 U 向参数线行切、沿 W 向参数线行切和环切。对于直母线的翼面类零件，采用图2-27b的方案较为有利。每次沿直线进给，刀位点计算简单，程序段数目少，而且加工过程符合直纹面的形成规律，可以保证母线的直线度。图2-27a方案的优点是便于加工后检验翼型的准确度。因此，实际生产中最好将以上两种方案结合起来。图 2-27c 所示的环切方案一般应用在型腔加工中，在型面加工中由于编程麻烦而应用较少。但在加工螺旋桨叶轮一类零件时，工件刚度小，加工变形问题突出。采用从里到外的环切，刀具切削部位的四周受到毛坯刚性边框的支持，有利于减少工件在加工中的变形。

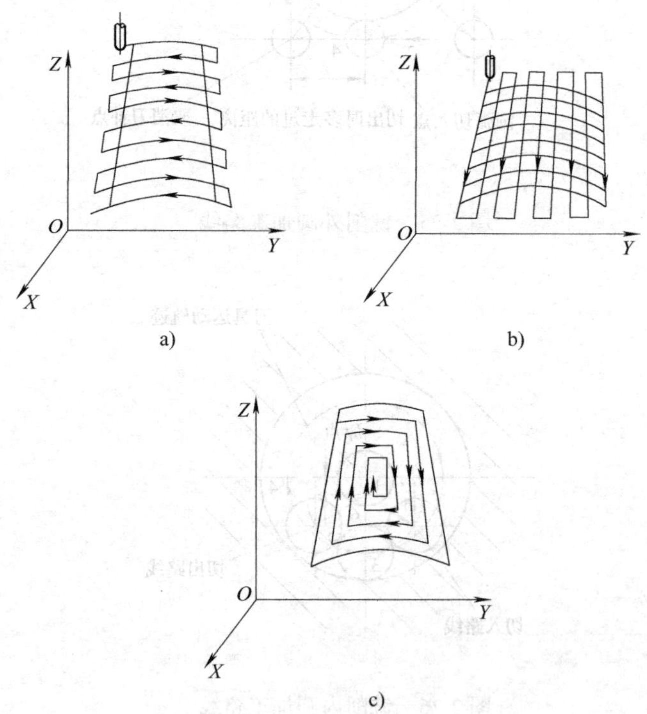

图 2-27　曲面轮廓加工进给路线

当工件的边界开敞时，为保证加工的表面质量，应从工件的边界外进刀和退刀，如图 2-27a 和图 2-27b 所示。

（6）型腔加工　型腔是指以封闭曲线为边界的平底或曲底凹坑。加工平底型腔时一律用平底铣刀，且刀具边缘部分的圆角半径应符合型腔的图样要求。

型腔的切削分两步，第一步切内腔，第二步切轮廓。切轮廓通常又分为粗加工和精加工两步。粗加工的进给路线如图 2-28 中所示，是从型腔轮廓线向里偏置铣刀半径 R 并且留出粗加工余量 y。

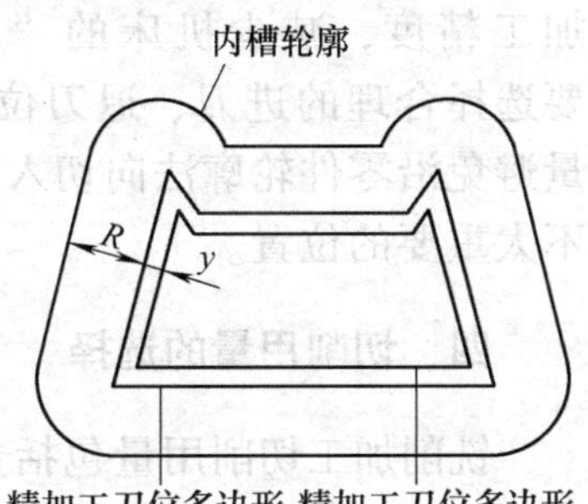

图 2-28　型腔轮廓粗加工图

由此得出的粗加工刀位多边形是计算内腔区域加工进给路线的依据。在切削内腔区域时，环切和行切在生产中都有应用。两种进给路线的共同点是都要切净内腔区域的全部面积，不留死角，不伤轮廓，同时尽量减少重复进给的搭接量。图 2-29a、b 分别为用行切法加工和环切法加工凹槽的进给路线；图 2-29c 为先用行切法，最后环切一刀光整轮廓表面。三种方案中，图 2-29a 方案最差，图 2-29c 方案最好。环切法的刀位点计算稍复杂，需要一次一次向里收缩轮廓线，特别是当型腔中带有局部岛屿时，如图 2-30 所示，通用的环切加工算法的设计比较复杂。而在行切法中，只要增加辅助边界，例如，用图 2-30 中的点画线将一

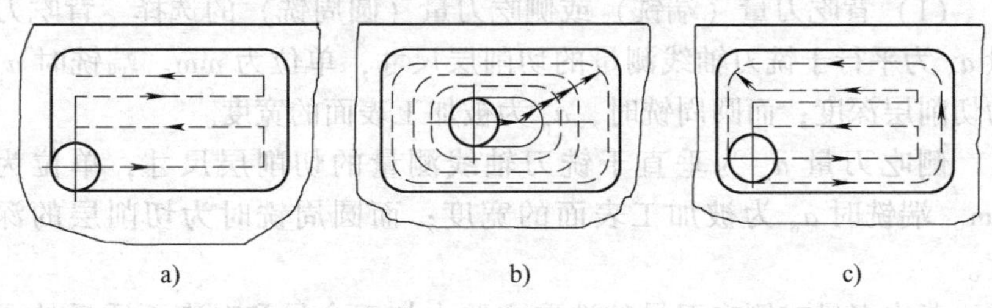

图 2-29　凹槽加工进给路线

个型腔分割成两个，就可以应用原来的算法处理。行切从型腔的一侧开始，采用往复进给即交替变换进给方向。

从进给路线的长短比较，行切法要略优于环切法。但在加工小面积型腔时，环切的程序量要比行切小。此外，在铣削加工零件轮廓时，要考虑尽量采用顺铣加工方式，这样可以提高零件表面质量和加工精度，减少机床的“振颤”。要选择合理的进刀、退刀位置，尽量避免沿零件轮廓法向切入和进给中途停顿。进、退刀位置应选在不太重要的位置。

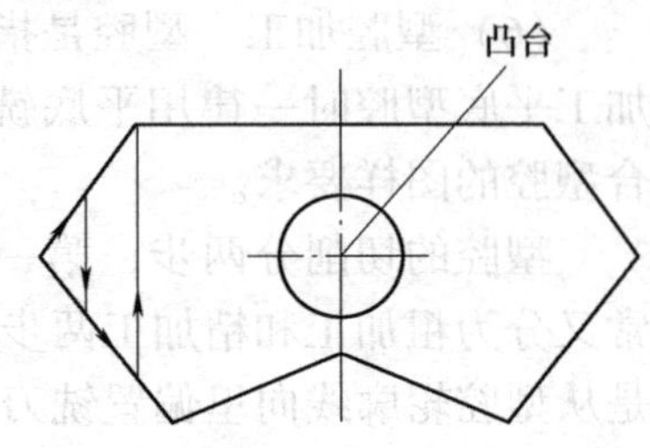

图 2-30　型腔区域加工进给路线

四、切削用量的选择

铣削加工切削用量包括主轴转速、进给速度、背吃刀量和侧吃刀量。铣削加工的进给量是指刀具转一周，工件与刀具沿进给方向的相对位移量，其单位是 mm/r。进给速度是单位时间内工件与铣刀进给方向的相对位移量，其单位是 mm/min。切削用量的大小对切削力、切削功率、刀具磨损、加工质量和加工成本均有显著影响。数控加工中选择切削用量时，就是在保证加工质量和刀具寿命的前提下，充分发挥机床性能和刀具切削性能，使切削效率最高，加工成本最低。

(1) 背吃刀量（端铣）或侧吃刀量（圆周铣）的选择　背吃刀量 a_p 为平行于铣刀轴线测量的切削层尺寸，单位为 mm。端铣时 a_p 为切削层深度；而圆周铣时，a_p 为被加工表面的宽度。

侧吃刀量 a_e 为垂直于铣刀轴线测量的切削层尺寸，单位为 mm。端铣时 a_e 为被加工表面的宽度；而圆周铣时为切削层的深度。

背吃刀量或侧吃刀量的选取主要由加工余量和对表面质量的要求决定。

1) 在工件表面粗糙度值要求较大时，如果圆周铣削的加工余量

小于 5mm，端铣的加工余量小于 6mm，则粗铣一次进给就可以达到要求。但在余量较大，工艺系统刚性较差或机床动力不足时，可多分几次进给完成。

2）在工件表面粗糙度值要求较小时，可分粗铣和半精铣两步进行。粗铣时背吃刀量或侧吃刀量选取同前。粗铣后留 0.5～1.0mm 的余量，在半精铣时切除。

3）在工件表面粗糙度值要求很小时，可分粗铣、半精铣和精铣三步进行。半精铣时背吃刀量或侧吃刀量取 1.5～2mm；精铣时圆周铣侧吃刀量取 0.3～0.5mm，面铣刀背吃刀量取 0.5～1mm。

（2）进给量 f 和进给速度 v_f 的选择　进给量与进给速度是衡量切削用量的重要参数，根据零件的表面粗糙度、加工精度要求、刀具及工件材料等因素，参考有关切削用量手册选取。切削时的进给速度还应与主轴转速和切削深度等切削用量相适应，不能顾此失彼。工件刚性差或刀具强度低时，应取小值。加工精度和表面粗糙度要求较高时，进给量应选得小些，但不能过小，过小的进给量反而会使表面粗糙度值增大。轮廓加工中，选择进给量时还应注意轮廓拐角处的“超程”和“欠程”问题。用圆柱铣刀铣削如图 2-31 所示的轮廓表面时，铣刀由 A 向 B 运动，进给速度较高时，由于惯性在拐角 B 处可能出现超程现象，拐角处的金属被多切去一些。为此要选择变化的进给量，即在接近拐角处应当适当降低进给量，过拐角后再逐渐升高，以保证加工精度。另外，在切削过程中，由于切削力的作用，使机床、工件和刀具的工艺系统产生变形，从而使刀具产生滞后，在拐角处会产生欠程现象，采用增加减速程序段或暂停程序的方法，可以减少由此产生的欠程现象。对于铣削时的进给量可以参考表 2-7 选择。

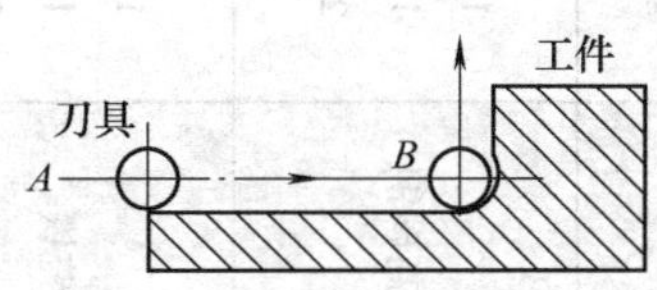

图 2-31　轮廓拐角处的超程现象

表 2-7　每齿进给量 f_z 的推荐值　（单位：mm/齿）

工件材料	工件材料硬度 HBW	硬质合金		高速钢			
		面铣刀	三面刃铣刀	圆柱铣刀	立铣刀	面铣刀	三面刃铣刀
低碳钢	~150	0.20~0.40	0.15~0.30	0.12~0.20	0.04~0.20	0.15~0.30	0.12~0.20
	150~200	0.20~0.35	0.12~0.25	0.12~0.20	0.03~0.18	0.15~0.30	0.10~0.15
中、高碳钢	120~180	0.15~0.50	0.15~0.30	0.12~0.20	0.05~0.20	0.15~0.30	0.12~0.20
	180~220	0.15~0.40	0.12~0.25	0.12~0.20	0.04~0.20	0.15~0.25	0.07~0.15
	220~300	0.12~0.25	0.07~0.20	0.07~0.15	0.03~0.15	0.10~0.20	0.05~0.12
灰铸铁	150~180	0.20~0.50	0.12~0.30	0.20~0.30	0.07~0.18	0.20~0.35	0.15~0.25
	180~220	0.20~0.40	0.12~0.25	0.15~0.25	0.05~0.15	0.15~0.30	0.12~0.20
	220~300	0.15~0.30	0.10~0.20	0.10~0.20	0.03~0.10	0.10~0.15	0.07~0.12
可锻铸铁	110~160	0.20~0.50	0.10~0.30	0.20~0.35	0.08~0.20	0.20~0.40	0.15~0.25
	160~200	0.20~0.40	0.10~0.25	0.20~0.30	0.07~0.20	0.20~0.35	0.15~0.20
	200~240	0.15~0.30	0.10~0.20	0.12~0.25	0.05~0.15	0.15~0.30	0.12~0.20
	240~280	0.10~0.30	0.10~0.15	0.10~0.20	0.02~0.08	0.10~0.20	0.07~0.12

（续）

工件材料	工件材料硬度 HBW	硬质合金		高速钢			
		面铣刀	三面刃铣刀	圆柱铣刀	立铣刀	面铣刀	三面刃铣刀
碳的质量分数<0.3%合金钢	125～170	0.15～0.50	0.12～0.30	0.12～0.20	0.05～0.20	0.15～0.30	0.12～0.20
	170～220	0.15～0.40	0.12～0.25	0.10～0.20	0.05～0.10	0.15～0.25	0.07～0.15
	220～280	0.10～0.30	0.08～0.20	0.07～0.12	0.03～0.08	0.12～0.20	0.07～0.12
	280～320	0.08～0.20	0.05～0.15	0.05～0.10	0.025～0.05	0.07～0.12	0.05～0.10
碳的质量分数>0.3%合金钢	170～220	0.125～0.40	0.12～0.30	0.12～0.20	0.12～0.20	0.15～0.25	0.07～0.15
	220～280	0.10～0.30	0.08～0.20	0.07～0.15	0.07～0.15	0.12～0.20	0.07～0.12
	280～320	0.08～0.20	0.05～0.15	0.05～0.12	0.05～0.12	0.07～0.12	0.05～0.10
	320～380	0.06～0.15	0.05～0.12	0.05～0.10	0.05～0.10	0.05～0.10	0.05～0.10
工具钢	退火状态	0.15～0.50	0.12～0.30	0.07～0.15	0.05～0.10	0.12～0.20	0.07～0.15
	36HRC	0.12～0.25	0.08～0.15	0.05～0.10	0.03～0.08	0.07～0.12	0.05～0.10
	46HRC	0.10～0.20	0.06～0.12	—	—	—	—
	50HRC	0.07～0.10	0.05～0.10	—	—	—	—
铝镁合金	95～100	0.15～0.38	0.125～0.30	0.15～0.20	0.05～0.15	0.20～0.30	0.07～0.20

（3）切削速度的选择　根据已经选定的切削深度、进给量及刀具寿命选择切削速度。可用经验公式计算，也可根据表 2-8 中提供的数据选取。

表 2-8　铣削速度 v_c 的推荐数值　（单位：m/min）

工件材料	硬度（HBW）	铣削速度 v_c	
		硬质合金铣刀	高速工具钢铣刀
低碳钢、中碳钢	<220	80～150	21～40
	225～290	60～115	15～36
	300～425	40～75	9～20
高碳钢	<220	60～130	18～36
	225～325	53～105	14～24
	325～375	36～48	9～12
	375～425	35～45	9～10
合金钢	<220	55～120	15～35
	225～325	40～80	10～24
	325～425	30～60	5～9
工具钢	200～250	45～83	12～23
灰铸铁	100～140	110～115	24～36
	150～225	60～110	15～21
	230～290	45～90	9～18
	300～320	21～30	5～10
可锻铸铁	110～160	100～200	42～50
	160～200	83～120	24～33
	200～240	72～110	15～24
	240～280	40～60	9～21
铝镁合金	95～100	360～600	180～300

五、加工方法的选择

1. 孔加工方法的选择

（1）孔加工方法的选择原则　在数控铣床上内孔表面加工方法主要有钻孔、扩孔、铰孔、镗孔和攻螺纹等（图 2-32），应根据被加工孔的加工要求、尺寸、具体生产条件、批量的大小及毛坯上有无

预制孔等情况合理选用。

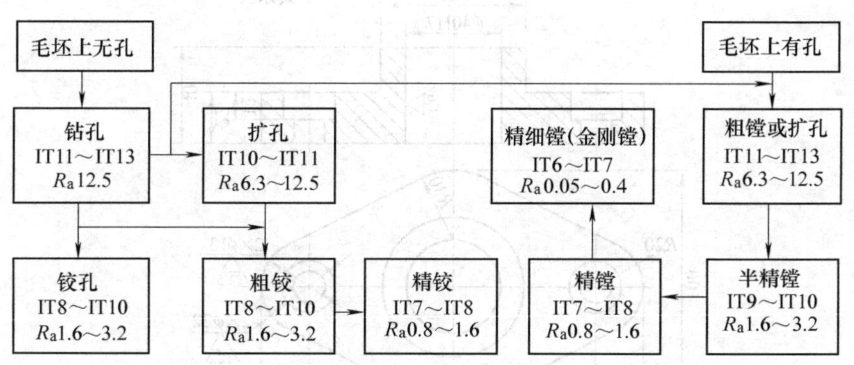

图 2-32　数控铣床加工内孔方案

1）加工精度为 IT9 级的孔，当孔径小于 10mm 时，可采用钻—铰方案；当孔径小于 30mm 时，可采用钻—扩方案；当孔径大于 30mm 时，可采用钻—镗方案。工件材料为淬火钢以外的各种金属。

2）加工精度为 IT8 级的孔，当孔径小于 20mm 时，可采用钻—铰方案；当孔径小于 20mm 时，可采用钻—扩—铰方案，此方案适用于加工淬火钢以外的各种金属，但孔径应在 20 ~ 80mm 之间，此外也可采用最终工序为精镗的方案。

3）加工精度为 IT7 级的孔，当孔径小于 12mm 时，可采用钻—粗铰—精铰方案；当孔径在 12 ~ 60mm 范围时，可采用钻—扩—粗铰—精铰方案。若毛坯上已铸出或锻出孔，可采用粗镗—半精镗—精镗方案。最终工序为铰孔适用于未淬火钢或铸铁，对有色金属铰出的孔表面粗糙度值较大，常用精细镗孔替代铰孔。最终工序为拉孔的方案适用于大批量生产，工件材料为未淬火钢、铸铁和有色金属。

4）加工精度为 IT6 级的孔，最终工序可采用精细镗，工件材料为非淬火钢。

（2）内孔表面加工方法选择实例　如图 2-33 所示零件，要加工内孔 ϕ40H7、阶梯孔 ϕ13 和 ϕ22 等三种不同规格和精度要求的孔，零件材料为 HT200。

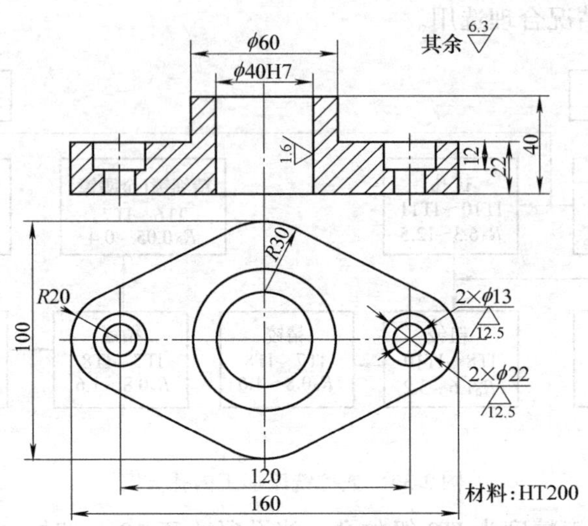

图 2-33　典型零件孔加工方法选择

φ40 内孔的尺寸公差为 H7，表面粗糙度要求较高，为 R_a1.6μm，根据图 2-32 所示孔加工方案，可选择钻孔—粗镗（或扩孔）—半精镗—精镗方案。

阶梯孔 φ13 和 φ22 没有尺寸公差要求，可按自由尺寸公差 IT11～IT12 处理，表面粗糙度要求不高，为 R_a12.5μm，因而可选择钻孔—锪孔方案。

2. 平面加工方法的选择

在数控铣床上加工平面主要采用面铣刀和立铣刀加工。粗铣的尺寸精度和表面粗糙度一般可达 IT11～IT13，R_a6.3～25μm；精铣的尺寸精度和表面粗糙度一般可达 IT8～IT10，R_a1.6～6.3μm。需要注意的是：当零件表面粗糙度值要求较低时，应采用顺铣方式。

3. 平面轮廓加工方法的选择

平面轮廓多由直线和圆弧或各种曲线构成，通常采用 3 坐标数控铣床进行两轴半坐标加工。图 2-34 为由直线和圆弧构成的零件平面轮廓 *ABCDEA*，采用半径为 *R* 的立铣刀沿周向加工，虚线 *A′B′C′D′E′A′* 为刀具中心的运动轨迹。为保证加工面光滑，刀具沿 *PA′* 切

入，沿 $A'K$ 切出。

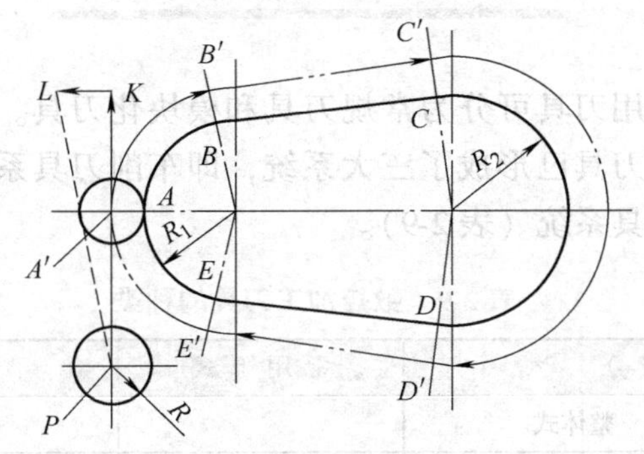

图 2-34　平面轮廓铣削

4. 固定斜角平面加工方法的选择

固定斜角平面是与水平面成一固定夹角的斜面，常用的加工方法如下：

1）当零件尺寸不大时，可用斜垫板垫平后加工；如果机床主轴可以摆角，则可以摆成适当的定角，用不同的刀具来加工（图 2-35）。当零件尺寸很大，斜面斜度又较小时，常用行切法加工，但加工后，会在加工面上留下残留面积，需要用钳修方法加以清除，用三坐标数控立铣加工飞机整体壁板零件时常用此法。当然，加工斜面的最佳方法是采用五坐标数控铣床，主轴摆角后加工，可以不留残留面积。

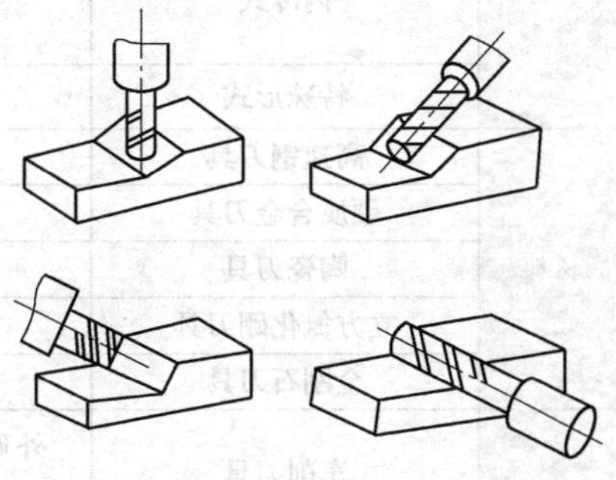

图 2-35　主轴摆角加工固定斜面

2）对于正圆台和斜肋（图 2-35）表面，一般可用专用的角度成形铣刀加工。其效果比采用五坐标数控铣床摆角加工好。

第三节　数控铣削用刀具

数控加工用刀具可分为常规刀具和模块化刀具。由于模块刀具的发展，数控刀具已形成了三大系统，即车削刀具系统、钻削刀具系统和镗铣刀具系统（表2-9）。

表2-9　数控加工刀具的种类

<table>
<tr><th>分类标准</th><th colspan="3">分　类</th><th>常用形式</th><th>备　注</th></tr>
<tr><td rowspan="7">结构</td><td colspan="3">整体式</td><td></td><td></td></tr>
<tr><td rowspan="3">镶嵌式</td><td colspan="2">焊接式</td><td rowspan="3"></td><td rowspan="3"></td></tr>
<tr><td rowspan="2">机夹式</td><td>可转位</td></tr>
<tr><td>不转位</td></tr>
<tr><td colspan="3">减振式</td><td></td><td>当刀具的工作臂长与直径之比较大时，为了减少刀具的振动，提高加工精度，多采用此类刀具</td></tr>
<tr><td colspan="3">内冷式</td><td></td><td>切削液通过刀体内部由喷孔喷射到刀具的切削刃部</td></tr>
<tr><td colspan="3">特殊形式</td><td></td><td></td></tr>
<tr><td rowspan="5">材料</td><td colspan="3">高速钢刀具</td><td></td><td></td></tr>
<tr><td colspan="3">硬质合金刀具</td><td></td><td></td></tr>
<tr><td colspan="3">陶瓷刀具</td><td></td><td></td></tr>
<tr><td colspan="3">立方氮化硼刀具</td><td></td><td></td></tr>
<tr><td colspan="3">金刚石刀具</td><td></td><td></td></tr>
<tr><td rowspan="4">切削工艺</td><td colspan="3">车削刀具</td><td>外圆、内孔、外螺纹、内螺纹，车槽</td><td></td></tr>
<tr><td colspan="3">钻削刀具</td><td>小孔、短孔、深孔、攻螺纹、铰孔</td><td></td></tr>
<tr><td colspan="3">镗削刀具</td><td>粗镗、精镗</td><td></td></tr>
<tr><td colspan="3">铣削刀具</td><td>面铣、立铣、三面刃铣</td><td></td></tr>
</table>

一、常用数控刀具刀柄

常规数控刀具刀柄均采用7:24圆锥工具柄，并采用相应形式的拉钉拉紧结构。目前在我国应用较为广泛的标准有国际标准ISO7388—1983，中国标准GB/T10944—1989（见图2-36、图2-37），日本标准MAS404—1982，美国标准ANSI/ASME B5.50—1994。

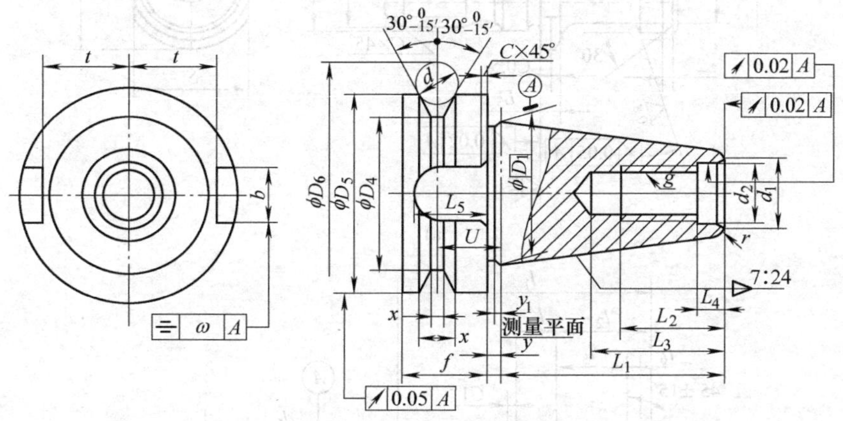

图2-36 中国标准锥柄结构

1. 常规数控刀柄及拉钉结构

我国数控刀柄结构（国家标准GB/T10944—1989）与国际标准ISO7388—1983规定的结构几乎一致，如图2-36所示。相应的拉钉国家标准GB/T10945—1989包括两种形式的拉钉：A型用于不带钢球的拉紧装置，其结构如图2-37a所示；B型用于带钢球的拉紧装置，其结构如图2-37b所示。图2-38和图2-39分别表示了日本和美国标准锥柄及拉钉结构。

2. 典型刀具系统的种类及使用范围

（1）整体式数控刀具系统　整体刀具系统的刀柄系列如图2-40所示。

（2）模块式数控刀具系统　所谓“模块式”是将整体式刀杆分解成柄部（主柄）、中间联接块（连接杆）、工作部（工作头）三个

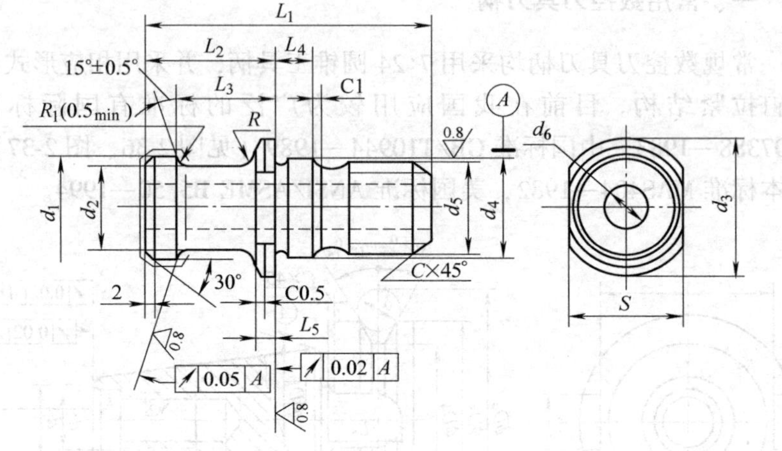

图 2-37　中国标准刀柄拉钉结构

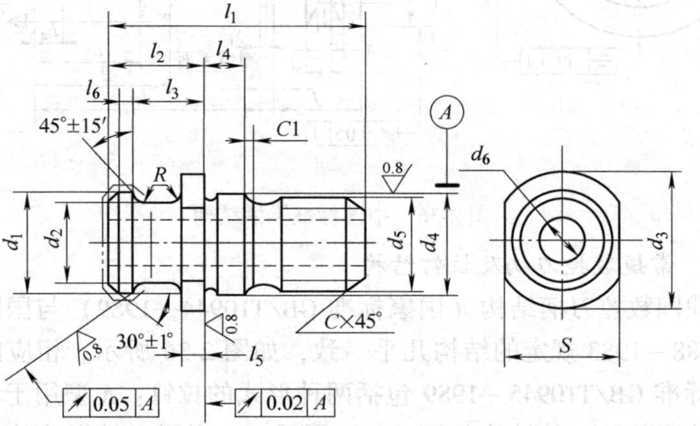

a）A 型拉钉结构　b）B 型拉钉结构

主要部分（即模块)，然后通过各种联接结构，在保证刀杆联接精度、刚性的前提下，将这三部分联接成一整体，如图 2- 41 所示。

使用者可根据加工零件的尺寸、精度要求、加工程序、加工工艺，利用这三部分模块，任意组合成钻、铣、镗、铰及攻螺纹的各

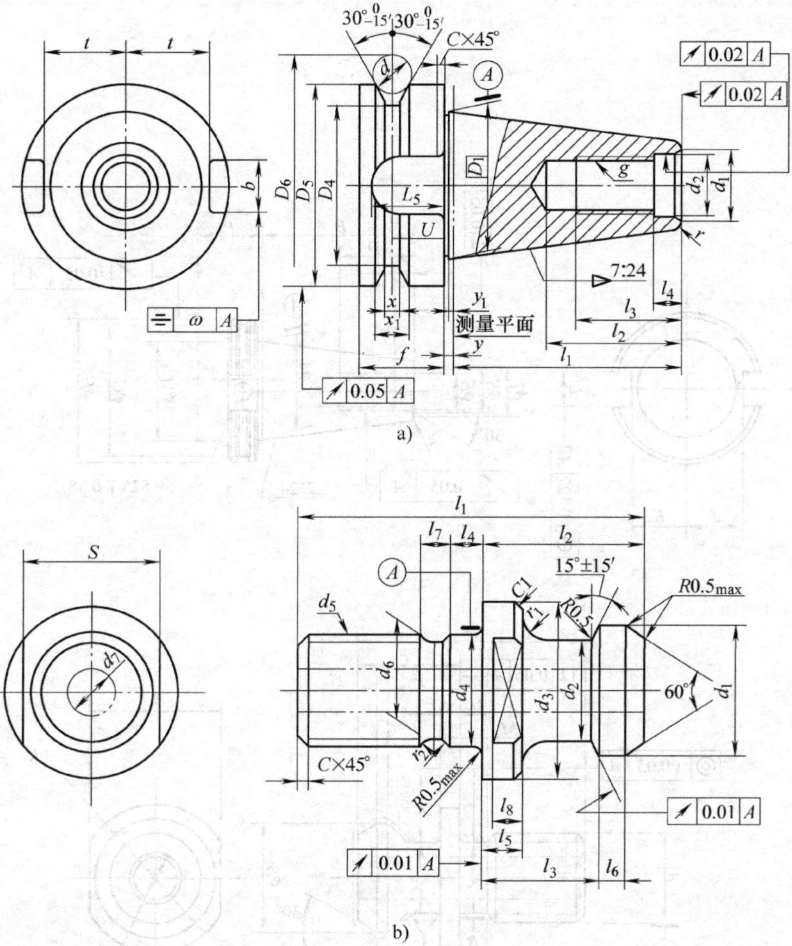

图 2-38　日本标准锥柄及拉钉结构

a）锥柄结构　b）拉钉结构

种工具进行切削加工。模块式工具刀柄克服了整体式工具刀柄功能单一、加工尺寸不易变动的不足，显示出其经济、灵活、快速、可靠的特点。

镗铣类模块式工具系统的型号及表示方式说明如下：

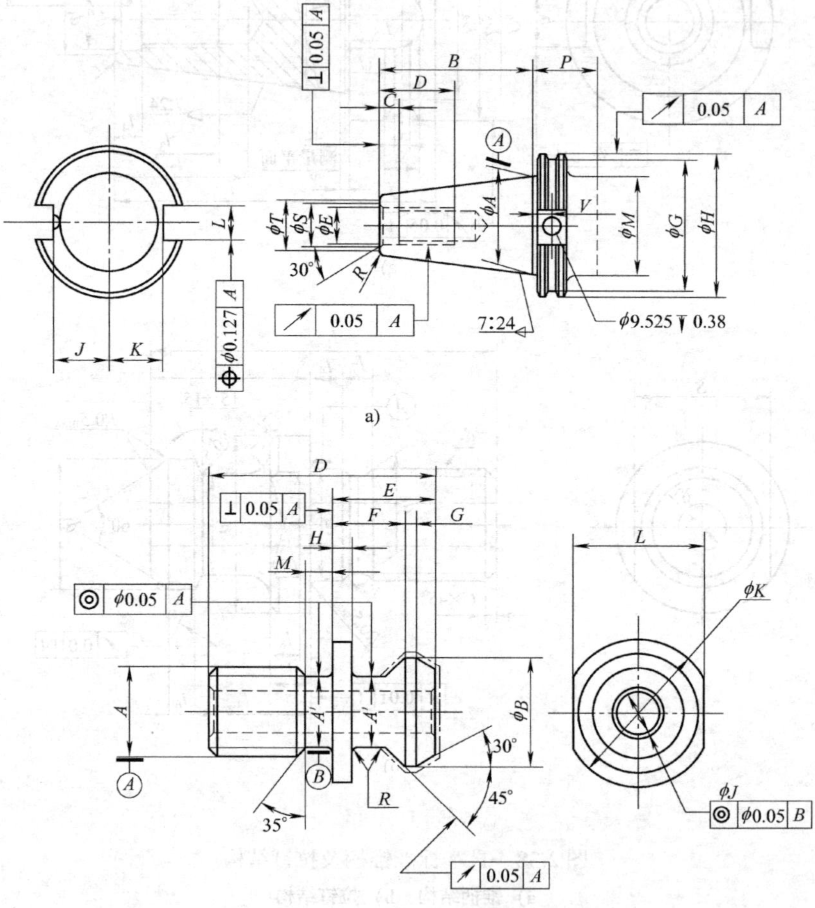

a)

b)

图 2-39　美国标准锥柄及拉钉结构

a）锥柄结构　b）拉钉结构

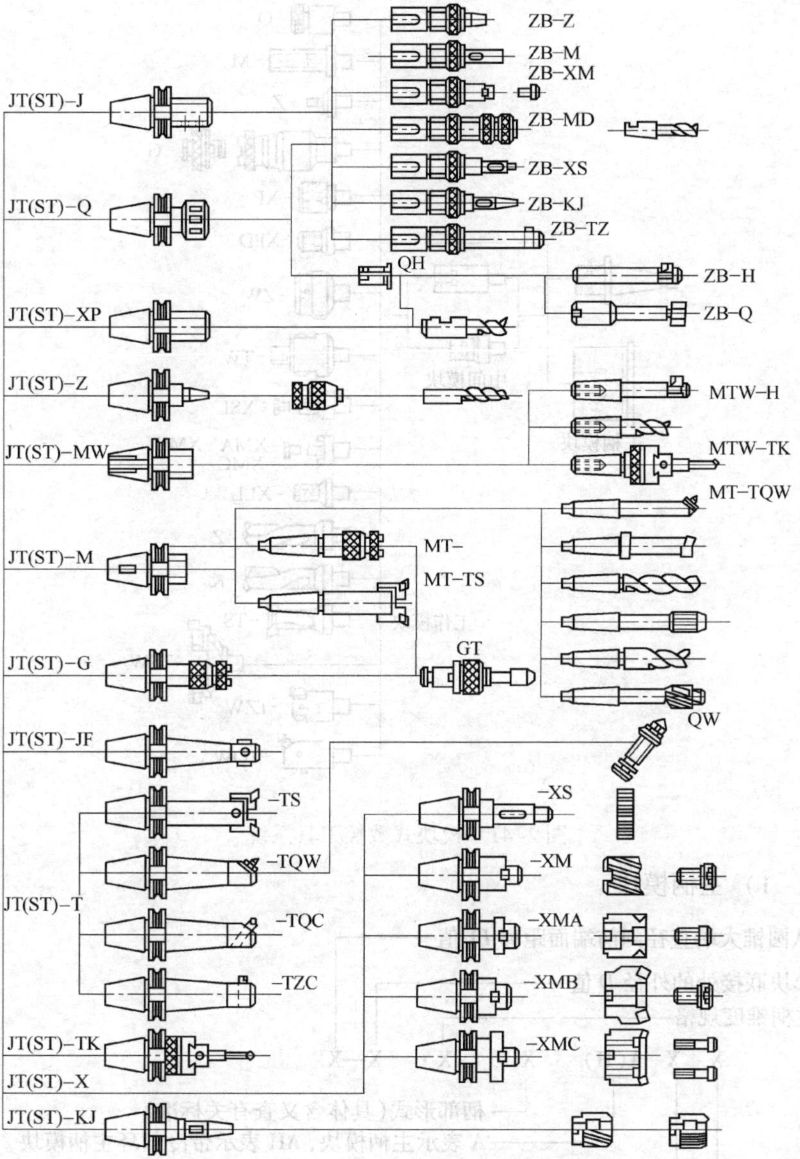

图 2-40　镗铣数控机床刀具系统刀柄系列

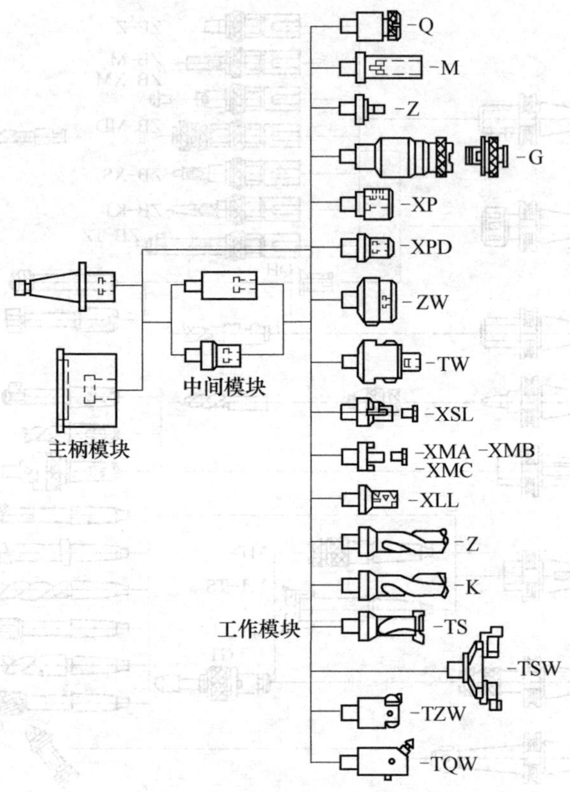

图 2-41　模块式数控刀具系统

1）主柄模块

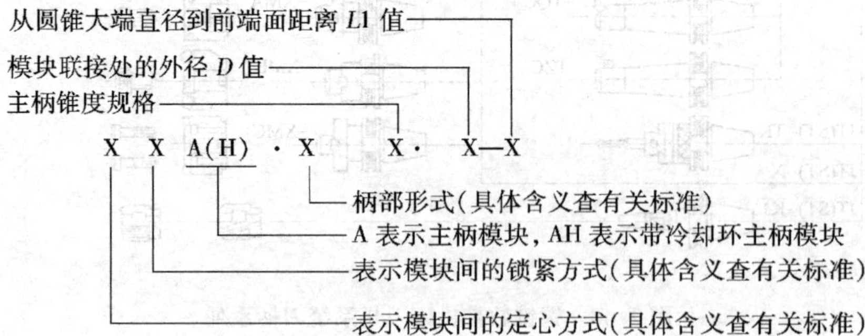

2）中间模块（联接杆）：

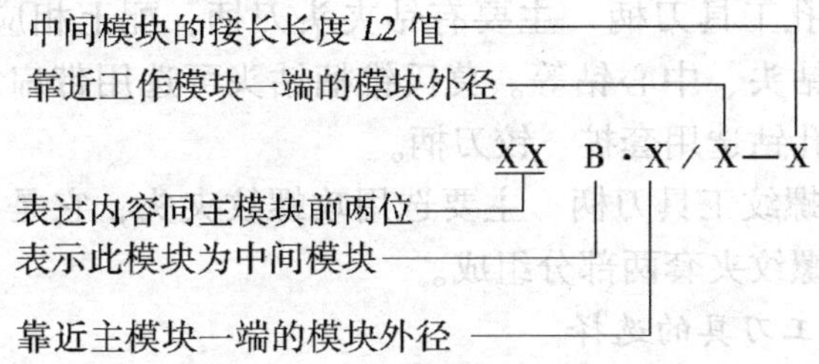

3）工作模块（工作头）：

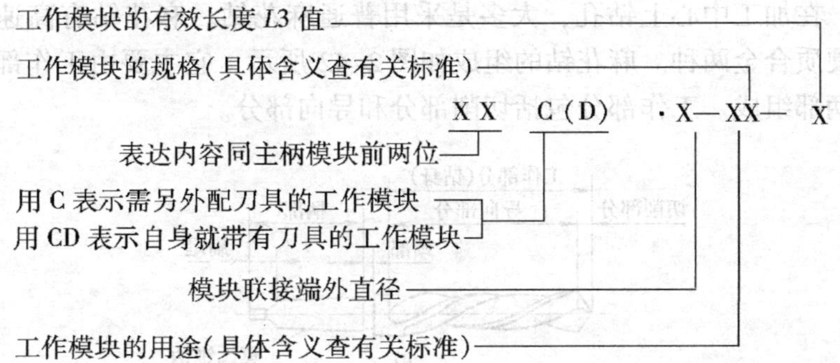

工作头有弹簧夹头、莫氏锥孔、钻夹头、铰刀、立铣刀、面铣刀、镗刀（微调、双刃等）等多种。可根据不同的工艺要求，选用不同功能和规格的工作头。

二、数控刀具选择

1. 数控刀具刀柄的选择方法

（1）直柄工具的刀柄　此类刀柄主要有立铣刀刀柄和弹簧夹头刀柄。立铣刀刀柄的定位精度好，刚性强，能夹持相应规格的直柄立铣刀和其他直柄工具；弹簧夹头刀柄因有自动定心、自动消除偏摆的优点，在夹持小规格的直柄工具时被广泛采用。

（2）各种铣刀刀柄　三面刃铣刀选用三面刃铣刀刀柄（XS）系列，套式立铣刀选用套式立铣刀刀柄（XM）系列，可转位面铣刀选用可转位面铣刀刀柄（XD）系列。刀柄的选用应按铣刀的装刀孔直径来选取刀柄的规格。莫氏柄立铣刀应选用无扁尾莫氏孔刀柄。

（3）钻孔工具刀柄　主要有钻夹头刀柄，配上相应的钻夹头，可夹持直柄钻头、中心钻等。莫氏锥柄钻头可选用带扁尾莫氏孔刀柄。套式扩孔钻选用套扩、铰刀柄。

（4）攻螺纹工具刀柄　主要选用攻螺纹夹头，它是由攻螺纹夹头刀柄和攻螺纹夹套两部分组成。

2. 孔加工刀具的选择

（1）钻孔刀具及其选择　钻孔刀具较多，有普通麻花钻、可转位浅孔钻及扁钻等。应根据工件材料、加工尺寸及加工质量要求等合理选用。

在加工中心上钻孔，大多是采用普通麻花钻。麻花钻有高速钢和硬质合金两种。麻花钻的组成如图 2-42 所示，它主要由工作部分和柄部组成。工作部分包括切削部分和导向部分。

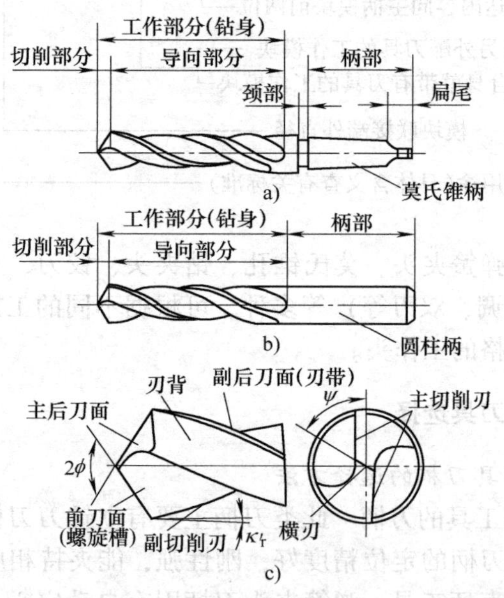

图 2-42　麻花钻的组成

横刃斜角 $\psi=50°\sim55°$；主切削刃上各点的前角、后角是变化的，外缘处前角约为30°，钻心处前角接近0°，甚至是负值；两条主切削刃在与其平行的平面内的投影之间的夹角为顶角，标准麻花钻的顶角 $2\phi=118°$。

根据柄部不同，麻花钻有莫氏锥柄和圆柱柄两种。直径为 $\phi 8 \sim 80$mm 的麻花钻多为莫氏锥柄，可直接装在带有莫氏锥孔的刀柄内，刀具长度不能调节。直径为 $\phi 0.1 \sim 20$mm 的麻花钻多为圆柱柄，可装在钻夹头刀柄上。中等尺寸麻花钻两种形式均可选用。

麻花钻有标准型和加长型，为了提高钻头刚性，应尽量选用较短的钻头，但麻花钻的工作部分应大于孔深，以便排屑和输送切削液。

在加工中心上钻孔，因无夹具钻模导向，受两切削刃上切削力不对称的影响，容易引起钻孔偏斜，故要求钻头的两切削刃必须有较高的刃磨精度（两刃长度一致，顶角 2ϕ 对称于钻头中心线或先用中心钻定中心，再用钻头钻孔）。

钻削直径在 $\phi 20 \sim 60$mm、孔的深径比小于等于 3 的中等浅孔时，可选用图 2-43 所示的可转位浅孔钻，其结构是在带排屑槽及内冷却通道钻体的头部装有一组刀片（多为凸多边形、菱形和四边形），多采用深孔刀片，通过该中心压紧刀片。靠近钻心的刀片用韧性较好的材料，靠近钻头外径的刀片选用较为耐磨的材料，这种钻头具有切削效率高、加工质量好的特点，最适用于箱体零件的钻孔加工。为了提高刀具的使用寿命，可以在刀片上涂镀碳化钛涂层。使用这种钻头钻箱体孔，比普通麻花钻提高效率 4 ~ 6 倍。

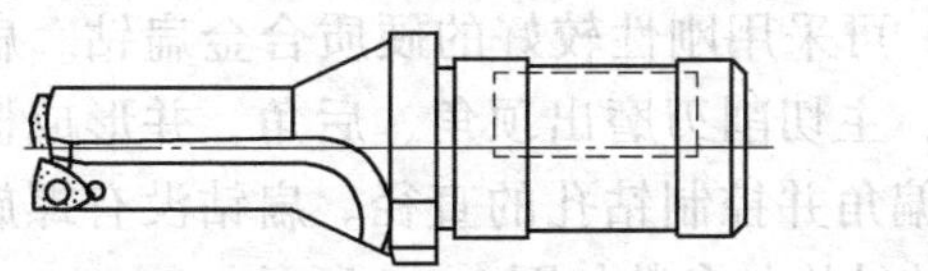

图 2-43　可转位浅孔钻

对深径比大于 5 而小于 100 的深孔，因其加工中散热差，排屑困难，钻杆刚性差，易使刀具损坏和引起孔的轴线偏斜，影响加工精度和生产率，故应选用深孔刀具加工。

图 2-44 为用于深孔加工的喷吸钻。工作时，带压力的切削液从进液口流入联接套，其中三分之一从内管四周月牙形喷嘴喷入内管。由于月牙槽缝隙很窄，切削液喷入时产生喷射效应，能使内管里形成负压区。另外约三分之二切削液流入内、外管壁间隙到切削区，

汇同切屑被吸入内管，并迅速向后排出，压力切削液流速快，到达切削区时雾状喷出，有利于冷却，经喷口流入内管的切削液流速增大，加强“吸”的作用，提高排屑效果。

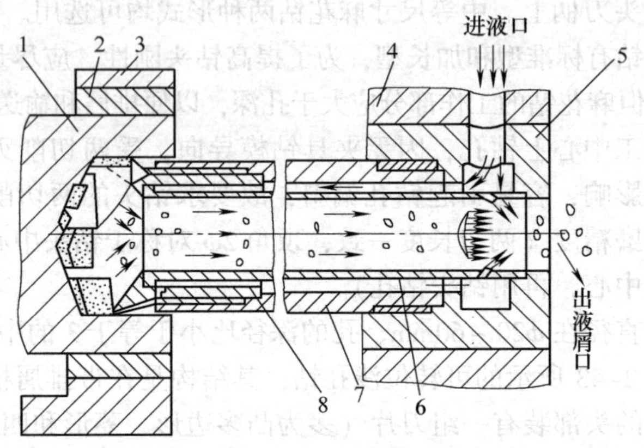

图 2-44　喷吸钻

1—工件　2—夹爪　3—中心架　4—支持座

5—联接套　6—内管　7—外管　8—钻头

喷吸钻一般用于加工直径在 $\phi 65 \sim 180$mm 的深孔，孔的精度可达 IT7 ~ IT10 级，表面粗糙度值可达 $R_a 0.8 \sim 1.6\mu m$。

钻削大直径孔时，可采用刚性较好的硬质合金扁钻。扁钻切削部分磨成一个扁平体，主切削刃磨出顶角、后角，并形成横刃，副切削刃磨出后角与副偏角并控制钻孔的直径。扁钻没有螺旋槽，制造简单、成本低，它的结构与参数如图 2-45 所示。

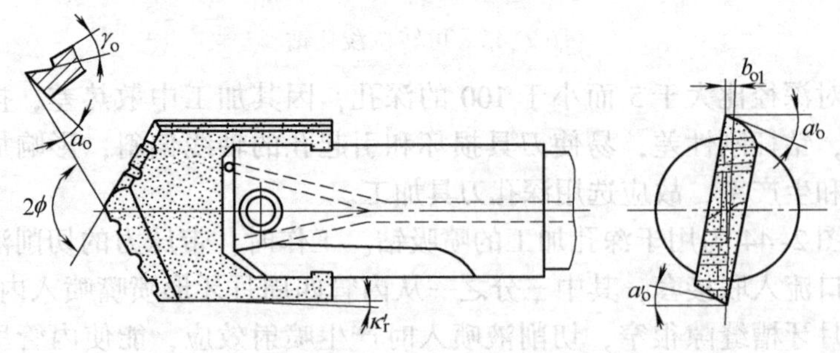

图 2-45　装配式扁钻

（2）扩孔刀具及其选择　扩孔多采用扩孔钻，也有采用镗刀扩孔的。

标准扩孔钻一般有 3 ~4 条主切削刃、切削部分的材料为高速钢或硬质合金，结构形式有直柄式、锥柄式和套式等。图 2-46a、b、c 所示即分别为锥柄式高速钢扩孔钻、套式高速钢扩孔钻和套式硬质合金扩孔钻。在小批量生产时，常用麻花钻改制。

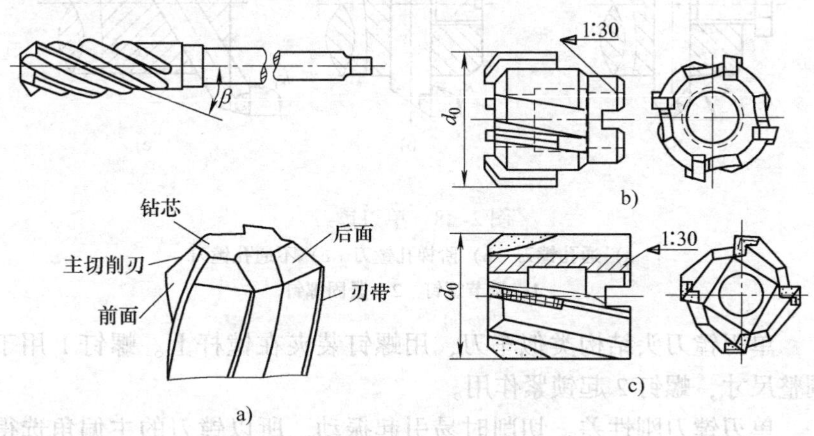

图 2-46　扩孔钻

扩孔直径较小时，可选用直柄式扩孔钻，扩孔直径中等时，可选用锥柄式扩孔钻，扩孔直径较大时，可选用套式扩孔钻。

扩孔钻的加工余量较小，主切削刃较短，因而容屑槽浅、刀体的强度和刚度较好。它无麻花钻的横刃，加之刀齿多，所以导向性好，切削平稳，加工质量和生产率都比麻花钻高。

扩孔直径在 ϕ20 ~60mm 之间时，且机床刚性好、功率大，可选用图 2-47 所示的可转位扩孔钻。这种扩孔钻的两个可转位刀片的外刃位于同一个外圆直径上，并且刀片径向可作微量（±0.1mm）调整，以控制扩孔直径。

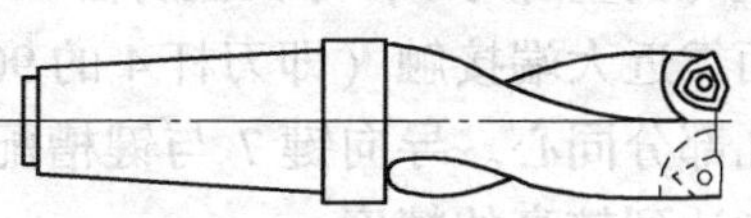

图 2-47　可转位扩孔钻

（3）镗孔刀具及其选择　镗孔所用刀具为镗刀。镗刀种类很多，按切削刃数量可分为单刃镗刀和双刃镗刀。

镗削通孔、阶梯孔和不通孔可分别选用图 2-48a、b、c 所示的单刃镗刀。

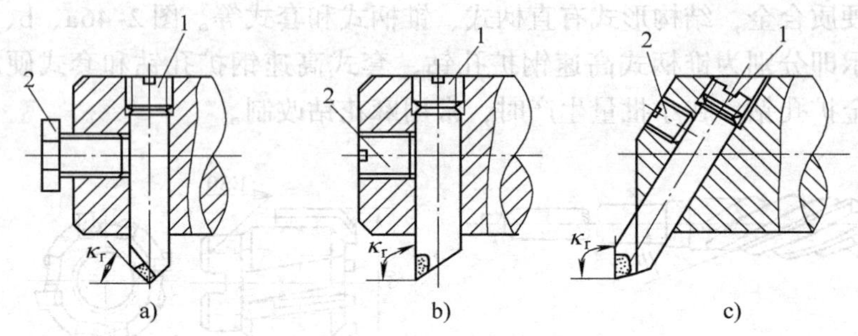

图 2-48　单刃镗刀

a）通孔镗刀　b）阶梯孔镗刀　c）不通孔镗刀

1—调节螺钉　2—紧固螺钉

单刃镗刀头结构类似车刀，用螺钉装夹在镗杆上。螺钉 1 用于调整尺寸，螺钉 2 起锁紧作用。

单刃镗刀刚性差，切削时易引起振动，所以镗刀的主偏角选得较大，以减小径向力。镗铸铁孔或精镗时，一般取 $\kappa_r = 90°$；粗镗钢件孔时，取 $\kappa_r = 60° \sim 75°$，以提高刀具的寿命。

所镗孔径的大小要靠调整刀具的悬伸长度来保证，调整麻烦，效率低，只能用于单件小批生产。但单刃镗刀结构简单，适应性较广，粗、精加工都适用。

在孔的精镗中，目前较多地选用精镗微调镗刀。这种镗刀的径向尺寸可以在一定范围内进行微调，调节方便，且精度高，其结构如图 2-49 所示。调整尺寸时，先松开拉紧螺钉 6，然后转动带刻度盘的调整螺母 3，等调至所需尺寸，再拧紧螺钉 6，制造时应保证锥面靠近大端接触（即刀杆 4 的 90°锥孔的角度公差为负值），且与直孔部分同心。导向键 7 与键槽配合间隙不能太大，否则微调时就不能达到较高的精度。

镗削大直径的孔可选用图 2-50 所示的双刃镗刀。这种镗刀头部可以在较大范围内进行调整，且调整方便，最大镗孔直径可达 1000mm。

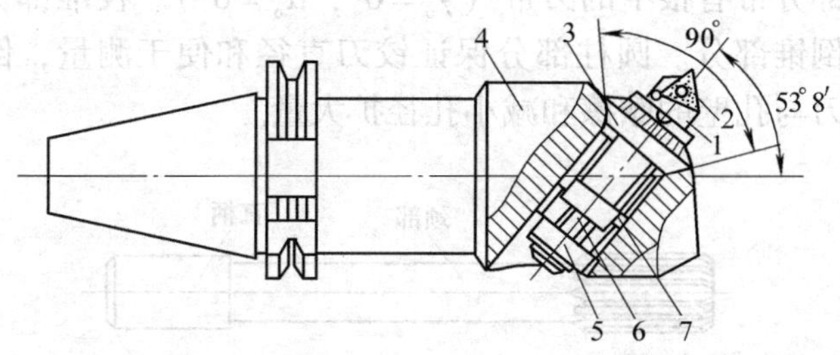

图 2-49　微调镗刀

1—刀体　2—刀片　3—调整螺母　4—刀杆　5—螺母　6—拉紧螺钉　7—导向键

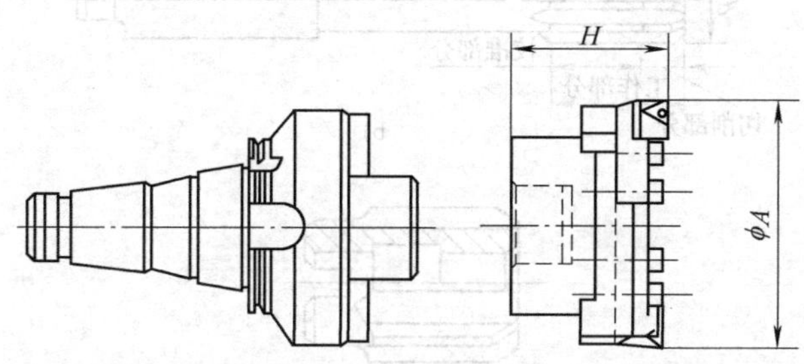

图 2-50　大直径不重磨可调镗刀

双刃镗刀的两端有一对对称的切削刃同时参加切削，与单刃镗刀相比，每转进给量可提高一倍左右，生产效率高。同时，可以消除切削力对镗杆的影响。

（4）铰孔刀具及其选择　加工中心上使用的铰刀多是通用标准铰刀。此外，还有机夹硬质合金刀片单刃铰刀和浮动铰刀等。

加工精度为 IT8 ~ IT9 级、表面粗糙度值为 $R_a0.8 \sim 1.6\mu m$ 的孔时，多选用通用标准铰刀。

通用标准铰刀如图 2-51 所示，有直柄、锥柄和套式三种。锥柄铰刀直径为 $\phi10 \sim 32mm$，直柄铰刀直径为 $\phi6 \sim 20mm$，小孔直柄铰刀直径为 $\phi1 \sim 6mm$，套式铰刀直径为 $\phi25 \sim 80mm$。

铰刀工作部分包括切削部分与校准部分。切削部分为锥形，担负主要切削工作。切削部分的主偏角为 5° ~ 15°，前角一般为 0°，后角一般为 5° ~ 8°。校准部分的作用是校正孔径、修光孔壁和导向。

为此，这部分带有很窄的刃带（$\gamma_o=0°$，$\alpha_o=0°$）。校准部分包括圆柱部分和倒锥部分。圆柱部分保证铰刀直径和便于测量，倒锥部分可减少铰刀与孔壁的摩擦和减小孔径扩大量。

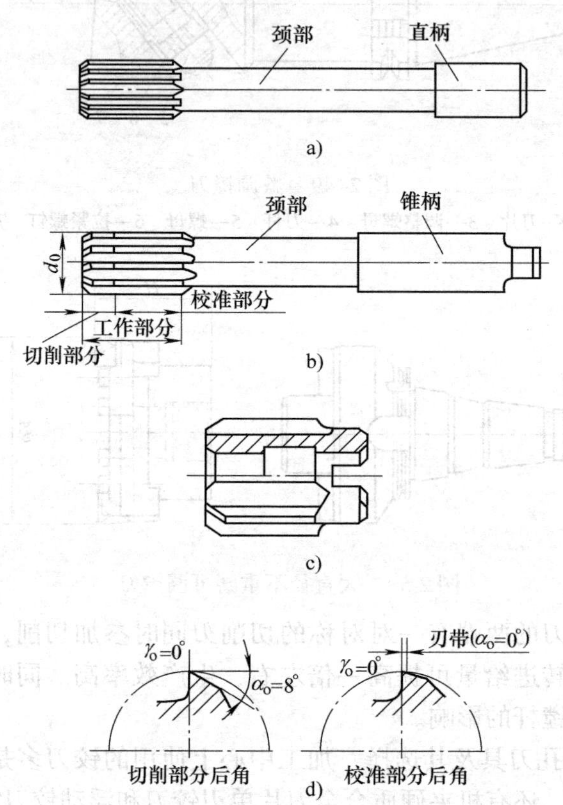

图 2-51　机用铰刀

a）直柄机用铰刀　b）锥柄机用铰刀　c）套式机用铰刀　d）切削校准部分角度

标准铰刀有 4 ~ 12 齿。铰刀的齿数除了与铰刀直径有关外，主要根据加工精度的要求选择。齿数对加工表面粗糙度的影响并不大。齿数过多，刀具的制造重磨都比较麻烦，而且会因齿间容屑槽减小而造成切屑堵塞和划伤孔壁以致使铰刀折断的后果。齿数过少，则铰削时的稳定性差，刀齿的切削负荷增大，且容易产生几何形状误

差。铰刀齿数可参照表 2-10 选择。

应当注意，由工具厂购入的铰刀，需按工件孔的配合和精度等级进行研磨和试切后才能投入使用。

表 2-10　铰刀齿数的选择

铰刀直径/mm		1.5～3	3～14	14～40	>40
齿数	一般加工精度	4	4	6	8
	高加工精度	4	6	8	10～12

加工 IT5～IT7 级、表面粗糙度值为 $R_a0.7\mu m$ 的孔时，可采用机夹硬质合金刀片的单刃铰刀。这种铰刀的结构如图 2-52 所示，刀片 3 通过楔套 4 用螺钉 1 固定在刀体上，通过螺钉 7、销子 6 可调节铰刀尺寸。导向块 2 可采用粘结和铜焊固定。机夹单刃铰刀应有很高的刃磨质量。因为精密铰削时，半径上的铰削余量是在 10μm 以下，所以刀片的切削刃口要磨得异常锋利。

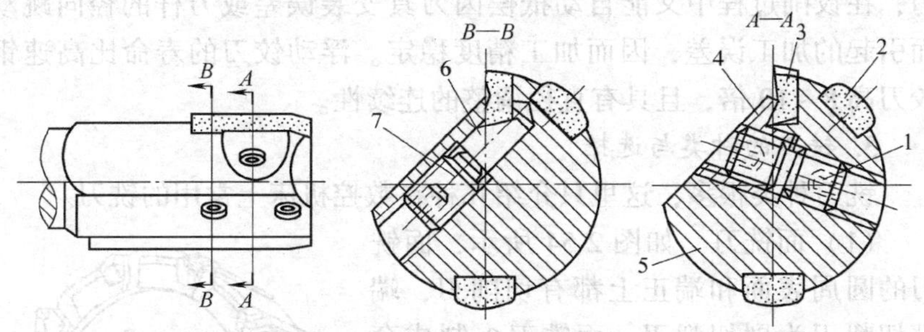

图 2-52　硬质合金单刃铰刀

1、7—螺钉　2—导向块　3—刀片　4—楔套　5—刀体　6—销子

铰削精度为 IT6～IT7 级，表面粗糙度值为 $R_a0.8\sim1.6\mu m$ 的大直径通孔时，可选用如图 2-53 所示的专为加工中心设计的浮动铰刀。在装配时，先根据所要加工孔的大小调节好铰刀体 2，在铰刀体插入刀杆体 1 的长方孔后，在对刀仪上找正两切削刃与刀杆轴的对称度在 0.02～0.05mm 以内，然后，移动定位滑块 5，使圆锥端螺钉 3 的锥端对准刀杆体上的定位窝，拧紧螺钉 6 后，调整圆锥端螺钉，使铰刀体有 0.04～0.08mm 的浮动量（用对刀仪观察），调整好后，将

螺母 4 拧紧。

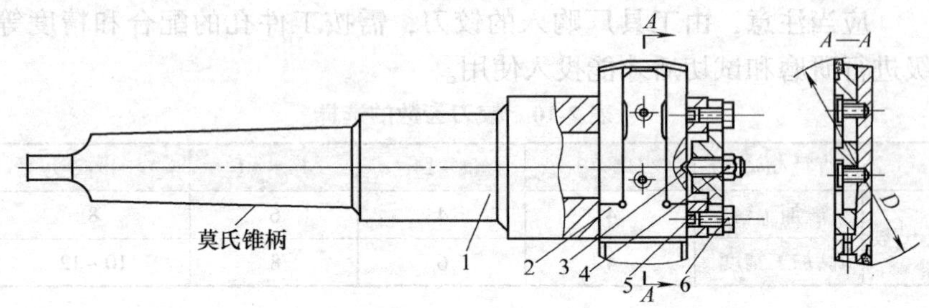

图 2-53　加工中心上使用的浮动铰刀

1—刀杆体　2—可调式浮动铰刀体　3—圆锥端螺钉　4—螺母

5—定位滑块　6—螺钉

浮动铰刀既能保证在换刀和进刀过程中刀片不会从刀杆的长方孔中滑出，又能较准确地定心。它有两个对称刃，能自动平衡切削力，在铰削过程中又能自动抵偿因刀具安装误差或刀杆的径向跳动而引起的加工误差，因而加工精度稳定。浮动铰刀的寿命比高速钢铰刀高 8 ~ 10 倍，且具有直径调整的连续性。

3. 铣刀的种类与选择

铣刀种类很多，这里只介绍几种在数控机床上常用的铣刀。

(1) 面铣刀　如图 2-54 所示，面铣刀的圆周表面和端正上都有切削刃，端部切削刃为副切削刃。面铣刀多制成套式镶齿结构，刀齿为高速钢或硬质合金，刀体为 40Cr。

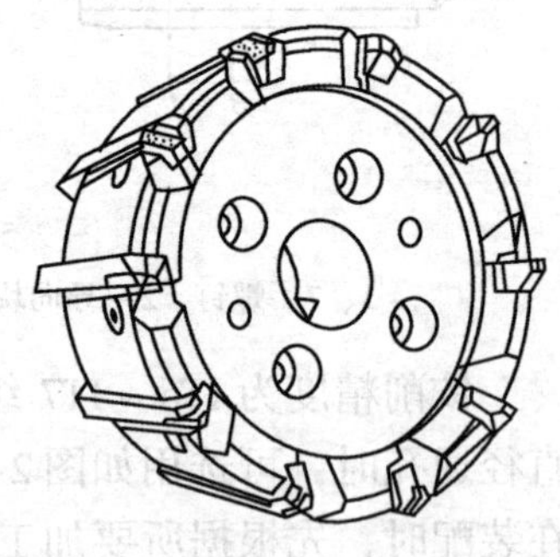

图 2-54　面铣刀

高速钢面铣刀按国家标准规定，直径 $d = 80 \sim 250$mm，螺旋角 $\beta = 10°$，刀齿数 $z = 10 \sim 20$。

硬质合金面铣刀与高速钢铣刀相比，铣削速度较高，加工效率高，加工表面质量也较好，并可加工带有硬皮和淬硬层的工件，故得到广泛应用。硬质合金面铣刀按刀片和刀齿的安装方式不同，可分为整体焊接式、

机夹—焊接式和可转位式三种，如图 2-55 所示。

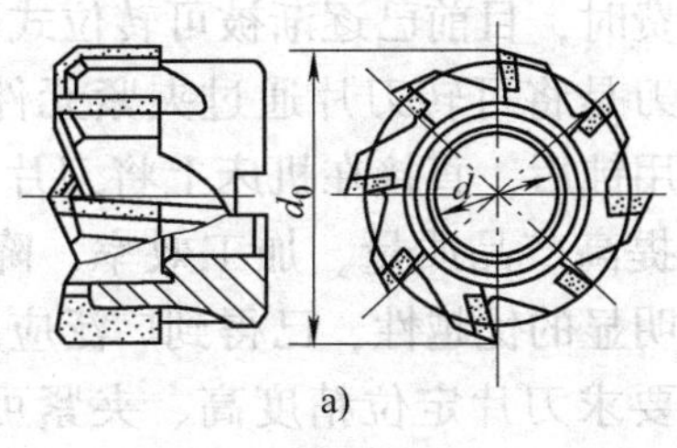

a)

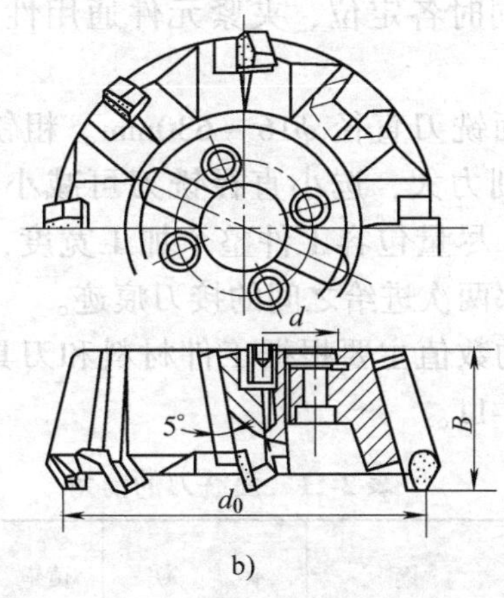

b)

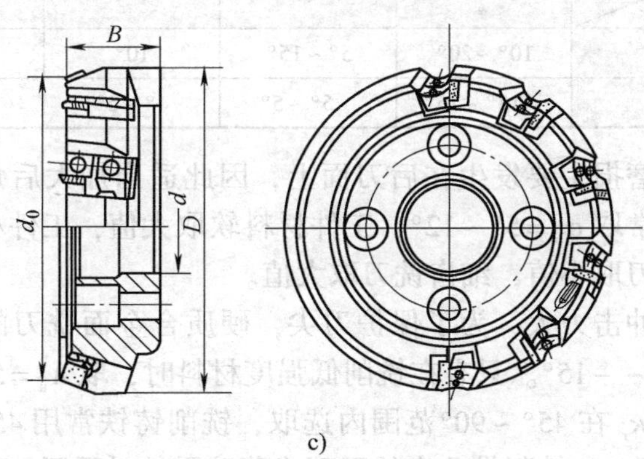

c)

图 2-55　硬质合金面铣刀

a）整体焊接式　b）机夹—焊接式　c）可转位式

由于整体焊接式和机夹—焊接式面铣刀难于保证焊接质量，刀具寿命低，重磨较费时，目前已逐渐被可转位式面铣刀所取代。

可转位式面铣刀是将可转刀片通过夹紧元件夹固在刀体上，当刀片的一个切削刃用钝后，直接在机床上将刀片转位或更换新刀片。因此，这种铣刀在提高产品质量、加工效率，降低成本，操作使用方便等方面都具有明显的优越性，已得到广泛应用。

可转位式铣刀要求刀片定位精度高、夹紧可靠、排屑容易、可快速更换刀片，同时各定位、夹紧元件通用性要好，制造要方便，并且应经久耐用。

标准可转位面铣刀直径 $\phi16\sim630$mm。粗铣时，铣刀直径要小些，因为粗铣切削力大，选小直径铣刀可减小切削转矩。精铣时，铣刀直径要大些，尽量包容工件整个加工宽度，以提高加工精度和效率，并减小相邻两次进给之间的接刀痕迹。

面铣刀前角的数值主要根据工件材料和刀具材料来选择，其具体数值可参考表 2-11。

表 2-11 面铣刀的前角

工件材料 / 刀具材料	钢	铸　铁	黄铜、青铜	铝合金
高速钢	10°~20°	5°~15°	10°	25°~30°
硬质合金	−15°~15°	−5°~5°	4°~6°	15°

铣刀的磨损主要发生在后刀面上，因此适当加大后角，可减少铣刀磨损。常取 $\alpha_o=5°\sim12°$，工件材料软取大值，工件材料硬取小值，粗齿铣刀取小值，细齿铣刀取大值。

铣削时冲击力大，为了保护刀尖，硬质合金面铣刀的刃倾角常取 $\lambda_s=-5°\sim-15°$。只有在铣削低强度材料时，取 $\lambda_s=5°$。

主偏角 κ_r 在 45°~90°范围内选取，铣削铸铁常用 45°，铣削一般钢材常用 75°，铣削带凸肩的平面或薄壁零件时要用 90°。

（2）立铣刀　立铣刀是数控机床上用得最多的一种铣刀，其结构如图 2-56 所示。立铣刀的圆柱表面和端面上都有切削刃，它们可同时进行切削，也可单独进行切削。

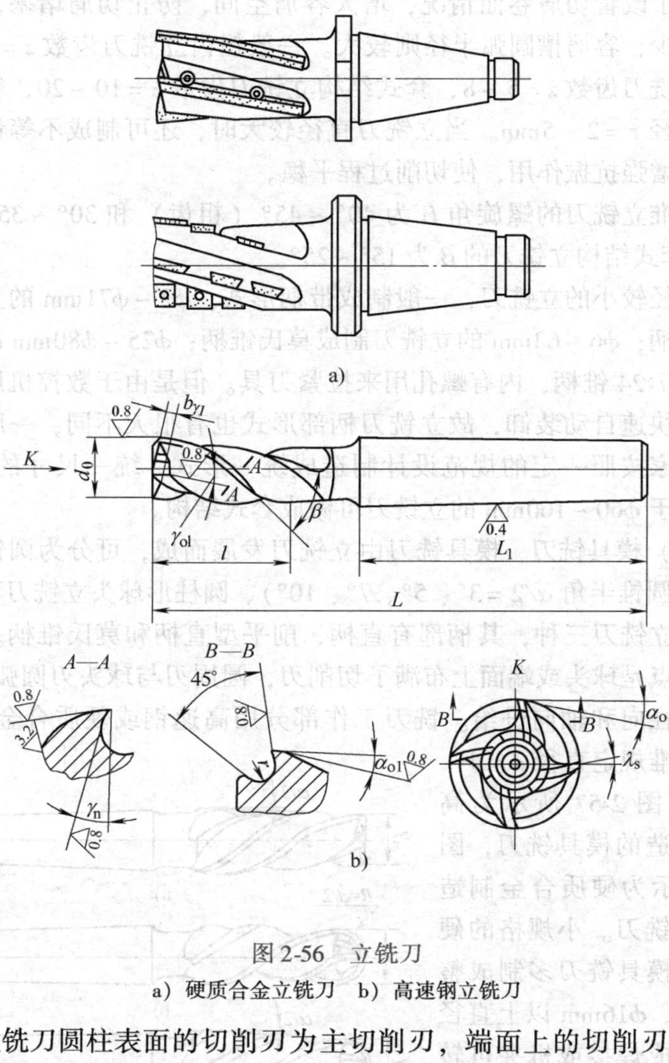

a)

b)

图 2-56　立铣刀

a）硬质合金立铣刀　b）高速钢立铣刀

立铣刀圆柱表面的切削刃为主切削刃，端面上的切削刃为副切削刃。主切削刃一般为螺旋齿，这样可以增加切削平稳性，提高加工精度。由于普通立铣刀端面中心处无切削刃，所以立铣刀不能作轴向进给，端面刃主要用来加工与侧面相垂直的底平面。

为了能加工较深的沟槽，并保证有足够的备磨量，立铣刀的轴向长度一般较长。

为了改善切屑卷曲情况，增大容屑空间，防止切屑堵塞，刀齿数比较少，容屑槽圆弧半径则较大。一般粗齿立铣刀齿数 $z=3\sim4$，细齿立铣刀齿数 $z=5\sim8$，套式结构立铣刀齿数 $z=10\sim20$，容屑槽圆弧半径 $r=2\sim5$mm。当立铣刀直径较大时，还可制成不等齿距结构，以增强抗振作用，使切削过程平稳。

标准立铣刀的螺旋角 β 为 40°～45°（粗齿）和 30°～35°（细齿），套式结构立铣刀的 β 为 15°～25°。

直径较小的立铣刀，一般制成带柄形式。$\phi2\sim\phi71$mm 的立铣刀制成直柄；$\phi6\sim63$mm 的立铣刀制成莫氏锥柄；$\phi25\sim\phi80$mm 的立铣刀做成 7:24 锥柄，内有螺孔用来拉紧刀具。但是由于数控机床要求铣刀能快速自动装卸，故立铣刀柄部形式也有很大不同，一般是由专业厂家按照一定的规范设计制造成统一形式，统一尺寸的刀柄。直径大于 $\phi60\sim160$mm 的立铣刀可做成套式结构。

（3）模具铣刀　模具铣刀由立铣刀发展而成，可分为圆锥形立铣刀（圆锥半角 $\alpha/2=3°$、5°、7°、10°）、圆柱形球头立铣刀和圆锥形球头立铣刀三种，其柄部有直柄、削平型直柄和莫氏锥柄。它的结构特点是球头或端面上布满了切削刃，圆周刃与球头刃圆弧连接，可以作径向和轴向进给。铣刀工作部分用高速钢或硬质合金制造。国家标准规定直径 $d=4\sim63$mm。图 2-57 所示为高速钢制造的模具铣刀，图 2-58所示为硬质合金制造的模具铣刀。小规格的硬质合金模具铣刀多制成整体结构，$\phi16$mm 以上直径的，制成焊接或机夹可转位刀片结构。

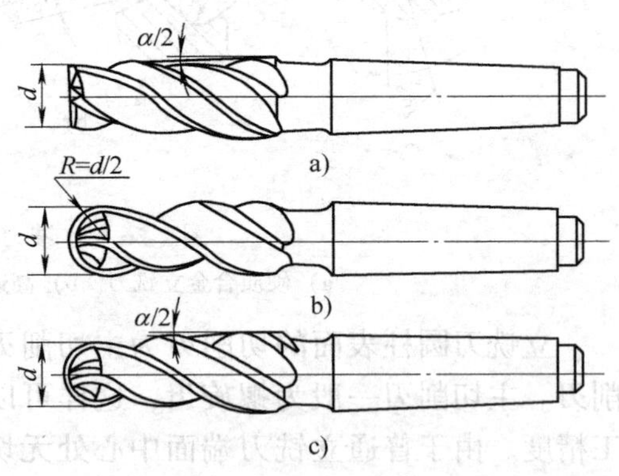

图 2-57　高速钢模具铣刀
a）圆锥形立铣刀　b）圆柱形球头立铣刀
c）圆锥形球头立铣刀

（4）键槽铣刀　键槽铣刀如图 2-59 所示，它有两个刀齿，圆柱面和端面都有切削刃，端面刃延至

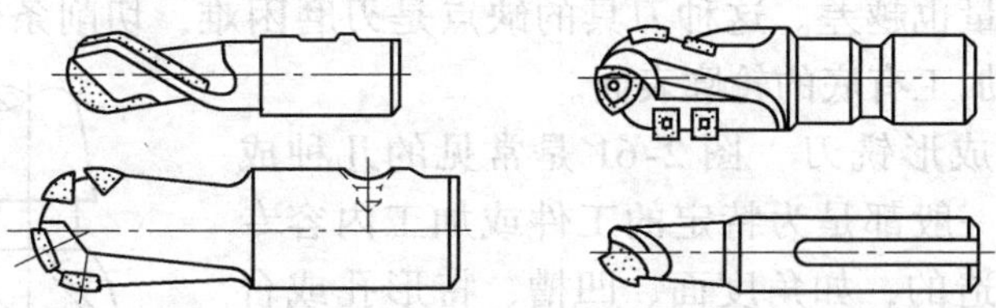

图 2-58　硬质合金模具铣刀

中心既像立铣刀，又像钻头。加工时先轴向进给达到槽深，然后沿键槽方向铣出键槽全长。

按国家标准规定，直柄键槽铣刀直径 $d=2\sim22\mathrm{mm}$，锥柄键槽铣刀直径 $d=14\sim50\mathrm{mm}$。键槽铣刀直径的偏差有 e8 和 d8 两种，键槽铣刀的圆周切削刃仅在靠近端面的一小段长度内发生磨损，重磨时，只需刃磨端面切削刃，因此重磨后铣刀直径不变。

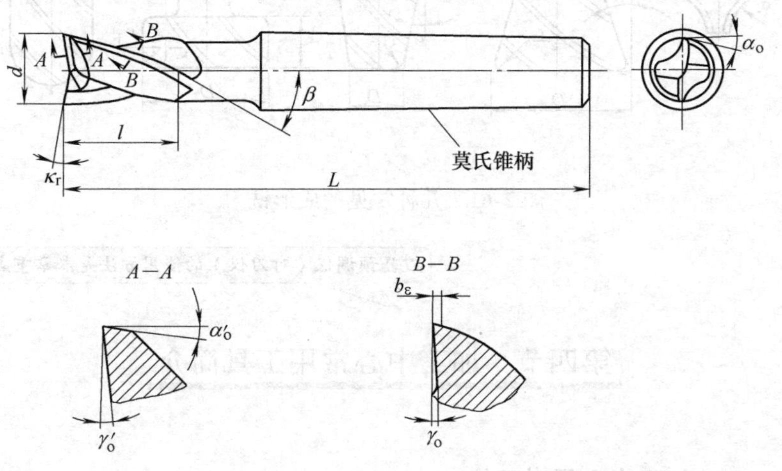

图 2-59　键槽铣刀

（5）鼓形铣刀　图 2-60 所示是一种典型的鼓形铣刀，它的切削刃分布在半径为 R 的圆弧面上，端面无切削刃。加工时控制刀具上下位置，相应改变切削刃的切削部位，可以在工件上切出从负到正的不同斜角。R 越小，鼓形刀所能加工的斜角范围越广，但所获得的表面质量也越差。这种刀具的缺点是刃磨困难，切削条件差，而且不适于加工有底的轮廓表面。

(6) 成形铣刀　图2-61是常见的几种成形铣刀，一般都是为特定的工件或加工内容专门设计制造的，如角度面、凹槽、特形孔或台等。

除了上述类型的铣刀外，数控铣床可使用各种通用铣刀。但因不少数控铣床的主轴内有特殊的拉刀位置，或因主轴内锥孔有别，须配制过渡套和拉钉。

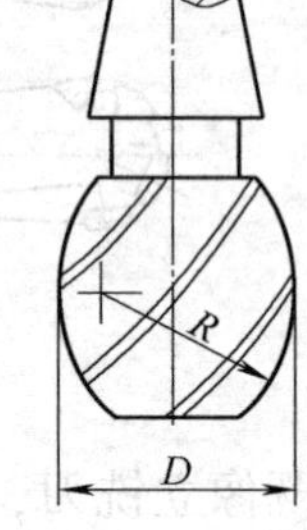

图2-60　鼓形铣刀

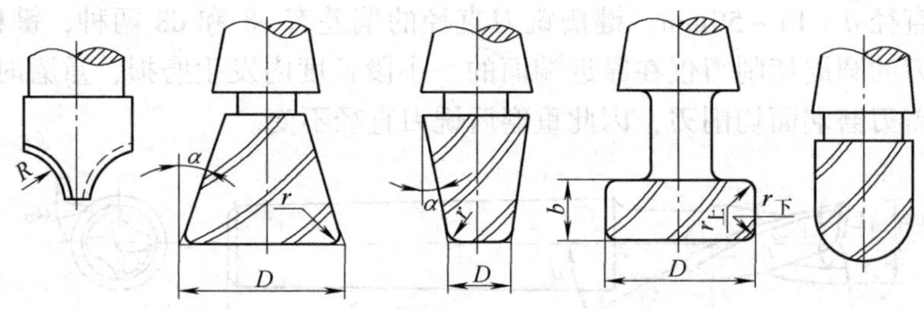

图2-61　几种常见的成形铣刀

刀具预调仪（对刀仪）的使用方法是本章重点。

第四节　加工中心常用工具简介

一、加工中心用对刀仪

常见的对刀仪产品有：机械检测对刀仪、光屏检测对刀仪和综合对刀仪。

加工中心对刀仪有机械式和计算机控制式。

1. 综合对刀仪（图2-62）

(1) 刀柄定位机构　刀柄定位基准是测量的基准，所以有很高

的精度要求，一般都要和机床主轴定位基准的要求接近，这样才能使测量数据接近在机床上使用的实际情况。定位机构包括一个回转精度很高、与刀柄锥面接触面很好、带拉紧刀柄机构的对刀仪主轴。该主轴的轴向尺寸基准面与机床主轴相同，主轴能高精度回转便于找出刀具上刀齿的最高点，对刀仪主轴中心线对测量轴 Z、X 向有很高的平行和垂直度要求。

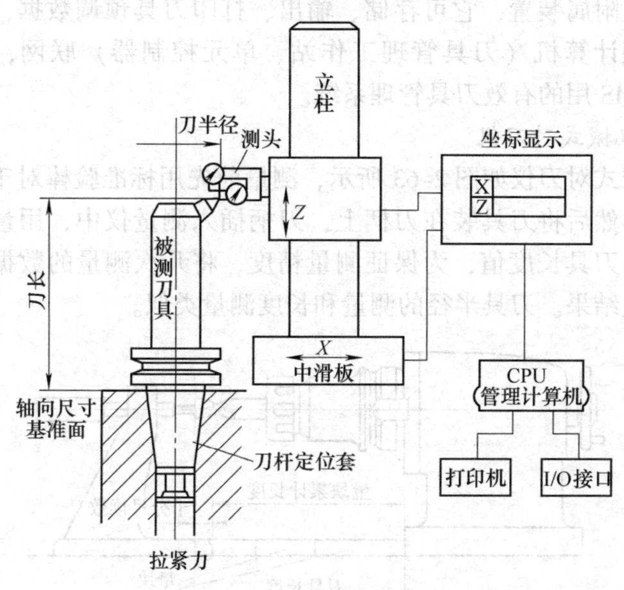

图 2-62　加工中心对刀仪

（2）测头部分　测头部分有接触式测量和非接触式测量之分。接触式测量用百分表（或扭簧仪）直接测刀齿最高点，这种测量方式精度可达 0.002 ~ 0.001mm 左右，它比较直观，但容易损伤表头和切削刃刃部。

非接触式测量用得较多的是投影光屏，投影物镜放大倍数有 8、10、15 和 30 倍等。由于光屏的质量、测量技巧、视觉误差等因素，其测量精度在 0.005mm 左右，这种测量不太直观，但可以综合检查切削刃质量。

（3）Z、X 轴尺寸测量机构　Z、X 轴尺寸测量机构通过带测头

部分两个坐标移动，测得 Z 和 X 轴尺寸，即为刀具的轴向尺寸和半径尺寸。两轴使用的实测元件有许多种：机械式的有游标刻线尺、精密丝杠和刻线尺加读数头；电测量的有光栅数显、感应同步器数显和磁尺数显等。

（4）测量数据处理装置　由于柔性制造技术的发展，对数控机床用刀具的测试数据也需要进行有效管理，因此在对刀仪上再配置计算机及附属装置，它可存储、输出、打印刀具预调数据，并与上一级管理计算机（刀具管理工作站、单元控制器）联网，形成供 FMC、FMS 用的有效刀具管理系统。

2. 机械式对刀仪

机械式对刀仪如图 2-63 所示，测量前先用标准验棒对千分尺进行校准，然后将刀具装在刀柄上，刀柄插入测量仪中，用量块和千分尺读出刀具长度值，为保证测量精度，将几次测量的数据平均值作为测量结果。刀具半径的测量和长度测量类似。

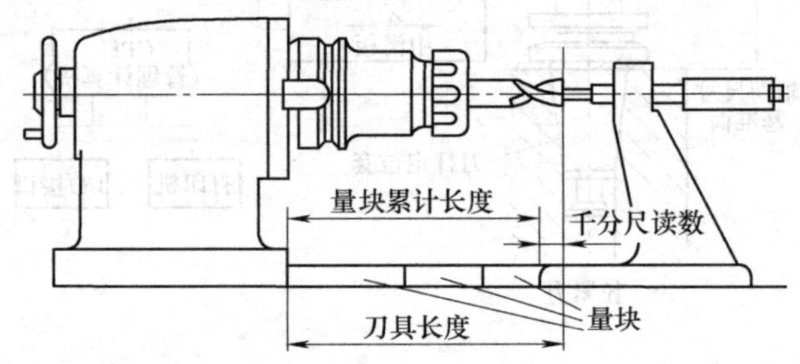

图 2-63　机械式对刀仪

二、加工中心用对刀器

对刀器是用于测定刀具与工件的相对位置仪器。常用的对刀器具有：对刀量块（芯棒），机械式找正器，机械偏心式寻边器（图 2-64a）；电子式对刀器，电子式寻边器（图 2-64b），机械式 Z 向对刀器（图 2-64c）等。在现代加工中心上对刀器与找正器常常集成在一起。

常用的加工中心对刀器有对刀量块和电子式对刀器。对刀量块

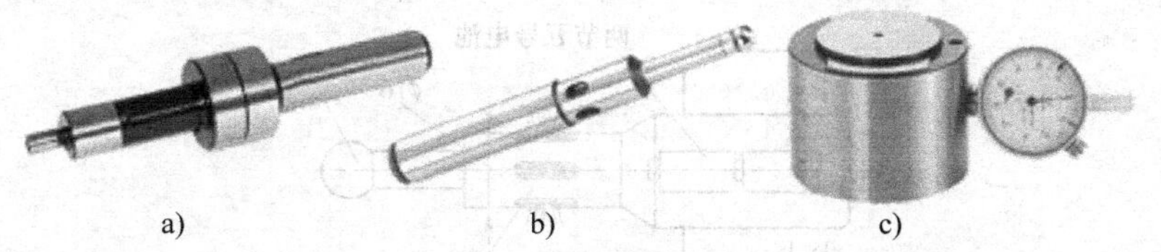

图 2-64　加工中心常用对刀仪器

a）机械偏心式寻边器　b）电子式寻边器　c）机械式 Z 向对刀器

实际上就是由淬火钢、硬质合金或陶瓷材料制成的量块，使用时将它放在对刀面上，刀具和对刀量块对齐，以此来确定刀具相对于工件的位置。电子式对刀器的外部是一个量块，内部装有电子感应电路，当刀具和电子式对刀器接触时，其上的指示灯亮，它的工作过程如图 2-65 所示。

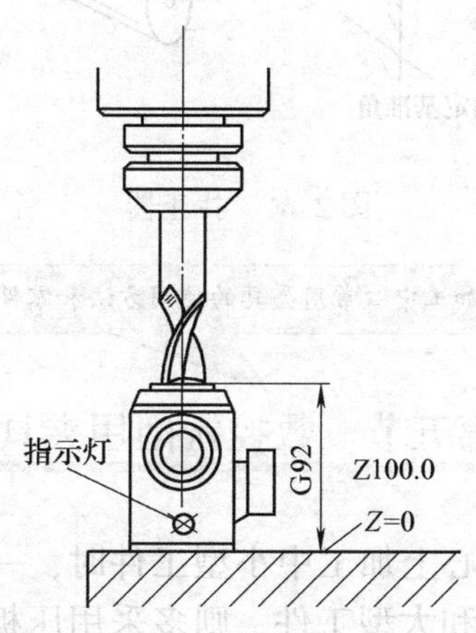

图 2-65　电子式对刀器

三、找正器

找正器的作用是确定工件在机床上的位置，即确定工作坐标系，它有机械式及电子式两种，电子式找正器有内置电池，当其找正球接触到工件时，发光二极管亮，其重复找正精度在 2μm 以内。它的工作过程如图 2-66 所示。

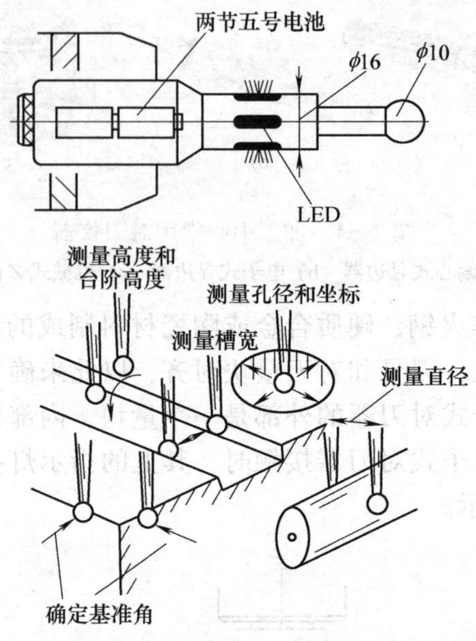

图 2-66　找正器

掌握加工中心常用夹具的使用方法和零件找正的方法，也是重点。

第五节　数控铣削用夹具

在铣床与加工中心上加工中小型工件时，一般都采用机用平口虎钳来装夹；对中型和大型工件，则多采用压板来装夹；在成批大量生产时，应采用专用夹具来装夹。当然还有利用分度头和回转工作台（简称转台）来装夹等。不论用哪种夹具和哪种方法，其共同目的是使工件装夹稳固；不产生工件变形和损坏已加工好的表面。以免影响加工质量、发生损坏刀具与机床和人身事故等。

一、用机用平口虎钳装夹工件

机用平口虎钳又称虎钳（俗称平口钳），常用的机用平口虎钳有回转式和非回转式两种。当装夹的工件需要回转角度时，可按回转

式机用平口虎钳的回转底盘上的刻度线和虎钳体上的零位刻线直接读出所需的角度值。非回转式机用平口虎钳没有下部的回转盘。回转式机用平口虎钳在使用时虽然方便，但由于多了一层结构，其高度增加，刚性较差。所以在铣削平面、垂直面和平行面时，一般都采用非回转式机用平口虎钳。

把机用平口虎钳装到工作台上时，钳口与主轴的方向应根据工件长度来决定，对于长的工件，钳口应与主轴垂直，在立式铣床上应与进给方向一致。对于短的工件，钳口与进给方向垂直较好。在粗铣和半精铣时，希望使铣削力指向固定钳口，因为固定钳口比较牢固。在铣平面时，对钳口与主轴的平行度和垂直度的要求不高，一般目测就可以。在铣削沟槽等工件时，则要求有较高的平行度或垂直度精度，校正方法如下：

1. 利用百分表或划针来校正

用百分表校正的步骤是，先把带有百分表的弯杆，用固定环压紧在刀轴上，或者用磁性表座将百分表吸附在悬梁（横梁）导轨或垂直导轨上，并使虎钳的固定钳口接触百分表测量头（简称测头或触头）。然后利用手动移动纵向或横向工作台，并调整虎钳位置使百分表上指针的摆差在允许范围内（图 2-67a）。对钳口方向的准确度要求不很高时，也可用划针或大头针来代替百分表校正。

2. 利用定位键安装机用平口虎钳

在机用平口虎钳的底面上一般都做有键槽。有的只在一个方向上做有分成两段的键槽，键槽的两端可装上两个键。有的虎钳底面有两条互相垂直的键槽，也都非常准确，如图 2-67b 所示。

在安装时，若要求钳口与工作台纵向垂直，只要把键装在与钳口垂直的键槽内，再使键嵌入工作台的槽中，不需再作任何校正。若要求钳口与工作台纵向平行，则只要把两个键装在与钳口平行的键槽内，再装到工作台上就可以了。键的结构如图 2-67b 右图所示。

3. 把工件装夹在机用平口虎钳内

在把工件毛坯装到机用平口虎钳内时，必须注意毛坯表面的状况，若是粗糙不平或有硬皮的表面，就必须在两钳口上垫纯铜皮。将表面粗糙度值小的平面在夹到钳口内时，垫薄的铜皮。为便于加

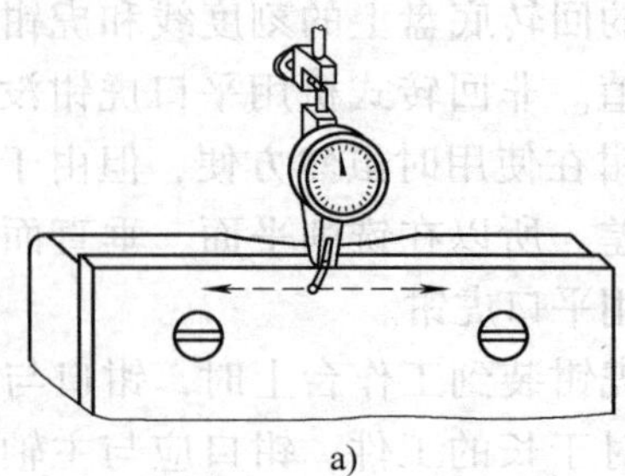

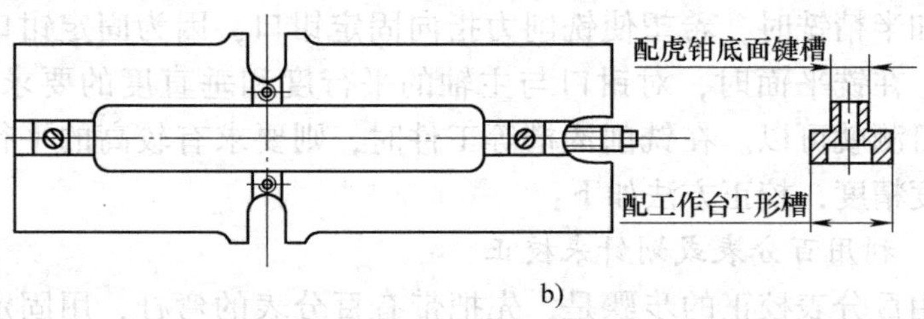

图 2-67　校正虎钳位置

工，还要选择适当厚度的垫铁，垫在工件下面，使工件的加工面高出钳口。高出的尺寸，以能把加工余量全部切完而不致切到钳口为宜。

4. 斜面工件在机用平口虎钳内的安装

两个平面不平行的工件，若用普通虎钳直接夹紧，必定会产生只夹紧大端，夹不牢小端的现象，因此可在钳口内加一对弧形垫铁，如图 2-68 所示。

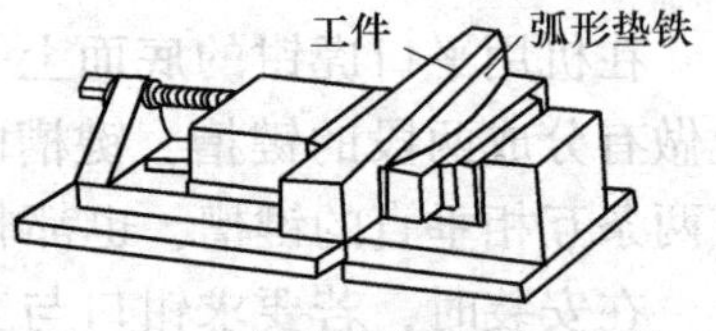

图 2-68　在虎钳内夹斜面工件

二、机用平口虎钳在铣削加工中的应用

1. 铣削垂直面

用机用平口虎钳装夹铣垂直面的情况如图 2-69 所示。铣削时，影响垂直度误差的因素主要有下列几个方面。

(1) 基准面没有与固定钳口贴合　在装夹工件时，即使固定钳

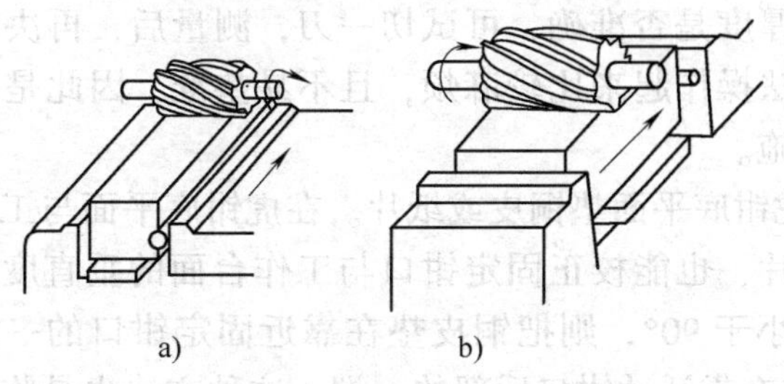

图 2-69　用虎钳装夹铣垂直面

a）钳口与铣床主轴垂直　b）钳口与铣床主轴平行

口与铣床工作台面的垂直度很好，若工件的基准面没有与固定钳口贴合，则铣出的平面与基准面就不垂直。造成不贴合的原因有：

1）工件基准面与固定钳口之间有切屑等杂物，因此在装夹时必须将基准面与固定钳口擦拭清洁。

2）工件的两对面不平行，夹紧时，钳口与工件基准面不是面接触而呈线接触，如图 2-70a 所示。为了避免这种情况的出现，可在活动钳口处轧一圆棒（或窄长的铜皮），圆棒的位置以处在钳口顶至工件底面的中间（图 2-70b）为宜。

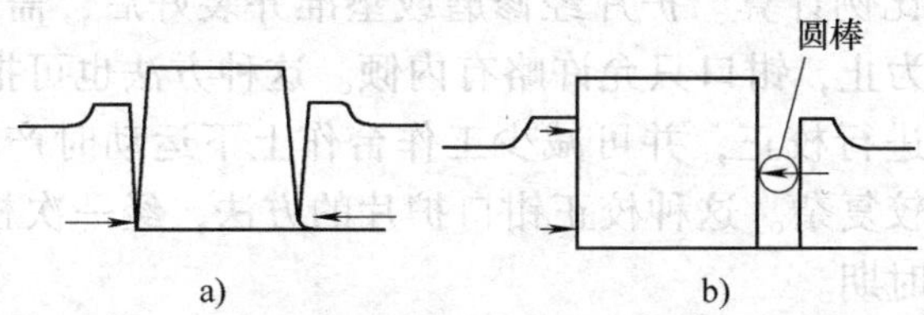

图 2-70　在活动钳口处安放圆棒

（2）固定钳口与工作台面不垂直　机用平口虎钳在制造时固定钳口与底面是垂直的。但在使用过程中，由于钳口磨损和虎钳底座有毛刺或切屑等原因，会造成固定钳口与底面不垂直。在铣削垂直度要求较高的垂直面时，需进行调整。

1）在固定钳口处垫铜皮或纸片。若在预铣时，铣出的平面与基准面的交角小于 90°，则把窄长的铜皮或纸条垫在钳口的上部；若铣出的垂直面夹角大于 90°，则应垫在钳口的下部，但这种情况较少见。垫物的厚度是否准确，可试切一刀，测量后，再决定增添或减少。这种方法操作起来比较麻烦，且不易垫准，因此是在单件生产时的临时措施。

2）在虎钳底平面垫铜皮或纸片。在虎钳底平面与工作台面之间垫铜皮或纸片，也能校正固定钳口与工作台面的垂直度。若铣出的垂直面夹角小于90°，则把铜皮垫在靠近固定钳口的一端；若大于90°，则应垫在靠活动钳口后部的一端。这种方法也是临时措施，但加工一批工件只需垫一次。

3）校正固定钳口的钳口铁（又称护片）。校正时最好用一块表面磨得很平、很光滑的平行铁，使光洁平整的一面紧贴固定钳口，在活动钳口处放置一圆棒或铜条，把平行铁夹牢。用百分表校验贴牢固定钳口的一面，使工作台作垂直运动，在上下移动200mm的长度上，百分表读数的变动应在0.03mm以内为合适（图2-71）。用平行铁辅助的目的是增加幅度，使偏差显著，容易校正。在没有合适的平行铁时，可用杠杆式百分表直接校固定钳口。若发现百分表上的读数变动范围超过要求时，可把固定钳口上的护片拆下来，根据差值的方向进行修磨。也可在护片与固定钳口之间垫薄钢片，钢片的厚度可按比例计算。护片经修磨或垫准并装好后，需进行复校，一直到准确为止，钳口只允许略有内倾。这种方法也可把虎钳放在标准平板上进行校正，并可减少工作台作上下运动时产生的误差，但校正时比较复杂。这种校正钳口护片的方法，经一次校正，可使用很长一个时期。

在操作过程中，安装虎钳时，必须把虎钳底面和工作台面擦拭清洁，并去除虎钳底座的毛刺。

（3）铣刀圆柱度超差　把固定钳口安装成与主轴垂直时（图2-69a）若铣刀切削刃磨成圆锥形（即有锥度），则铣出的平面会与基准面不垂直。然而，若固定钳口安装得与主轴平行（图2-69b），则铣刀的圆柱度超差对铣垂直面影响不大。

2. 铣削平行面

铣平行面时要求铣出的平面与基准面平行，铣平行面时也要求平面具有较好的平面度精度。

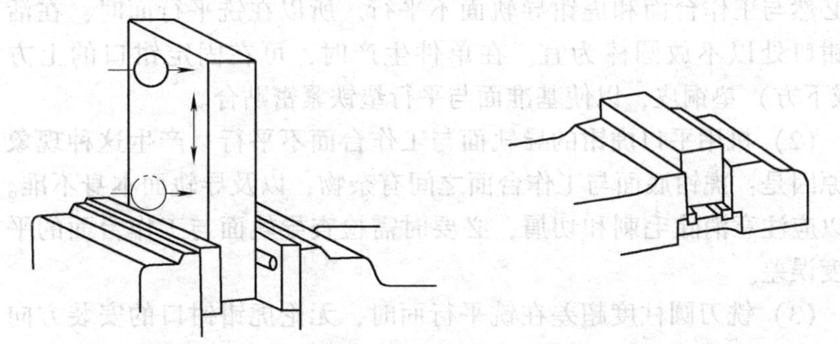

图 2-71　校正固定钳口的垂直度　　图 2-72　用平行垫铁装夹工件铣平行面

用周边铣削法加工平行面，一般都在卧式铣床上用机用平口虎钳装夹进行铣削，工件尺寸也比较小。装夹时主要使基准面与工作台面平行，因此在基准面与虎钳导轨面之间垫两块厚度相等的平行垫铁（图 2-72）。即使对较厚的工件，也最好垫上两条厚度相等的薄铜皮，以便检查基准面是否与虎钳导轨平行。用这种装夹方法加工产生平行度精度不佳的原因有以下三个方面：

（1）基准面与机用平口虎钳导轨面不平行　这是铣平行面质量差的主要原因。造成基准面与虎钳导轨面不平的因素有以下几个方面：

1）平行垫铁的厚度不相等。加工平行面用的两块平行垫铁，应在平面磨床上同时磨出。

2）平行垫铁的上下表面与工件和导轨之间有杂物。在安放平行垫铁和装夹工件时要擦拭清洁。

3）活动钳口在夹紧时产生上挠。活动钳口与导轨之间存在少量的间隙，当活动钳口夹紧工件而受力时，会把活动钳口上挠，使工件靠活动钳口的一边向上抬起。另外，铣刀在靠活动钳口的一端刚铣到工件时，向上的垂直铣削分力，会把工件和活动钳口向上抬起。以上两种情况都会造成基准面与导轨不平行。因此在铣平行面时，工件夹紧后，须用铜锤或木锤轻轻敲击工件顶面，直到两块平行垫铁的四端都没有松动现象为止。

4）工件贴住固定钳口的平面与基准面不垂直。当工件靠向固定钳口的平面与基准面不垂直时，平面与固定钳口紧密贴合，则基准

面必然与工作台面和虎钳导轨面不平行。所以在铣平行面时，在活动钳口处以不放圆棒为宜。在单件生产时，可在固定钳口的上方（或下方）垫铜皮，以使基准面与平行垫铁紧密贴合。

（2）机用平口虎钳的导轨面与工作台面不平行　产生这种现象的原因是：虎钳底面与工作台面之间有杂物，以及导轨面本身不准。所以应注意消除毛刺和切屑，必要时需检查导轨面与工作台面的平行度误差。

（3）铣刀圆柱度超差在铣平行面时，无论虎钳钳口的安装方向是与主轴平行还是垂直，若铣刀的圆柱度超差，都会影响平行面的平行度。刀杆与工作台面不平行，也会影响加工面的平行度。

3. *在立式铣床上铣两端面*

在立式铣床上铣削两端时，工件的装夹方法如图 2-73 所示。装夹时先使基准面与固定钳口紧贴，再用直角尺校正侧面，使侧面与工作台面垂直。经过校正后，铣出的两端面既与基准面又与两侧面垂直。

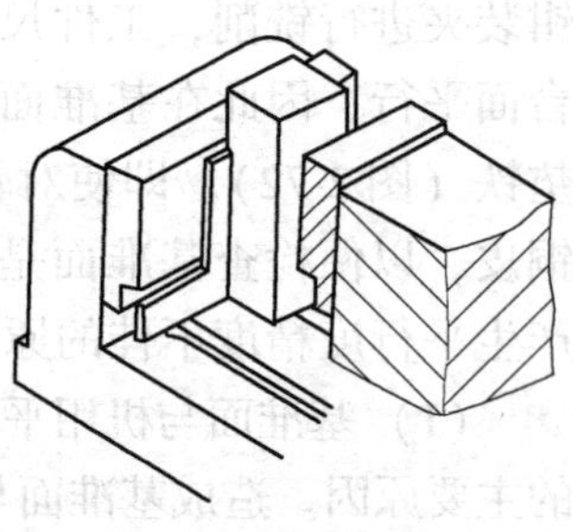

图 2-73　铣两端面

4. *在卧式铣床上铣两端面*

在卧式铣床上铣削两端面的方法如图 2-74 所示。此时只要把固定钳口校正到与纵向进给方向垂直就可以了，加工时就不需每铣两个端面都要用直角尺校正。但对垂直度要求较高的工件，固定钳口必须用百分表校正。

工件长度方向的尺寸调整，可在钳口的另一端固定好一块弯头定位铁，或以钳口端为基准。对两端面之间的尺寸，也只要调整第一件，以后不需每一件都进行调整，因此可节省不少校正时间。

当工件长度及厚度的尺寸不太大时，可用两把三面刃铣刀组合铣削两端面。

5. *铣削沟槽*

用平口虎钳装夹轴类工件时（图 2-75a），当工件直径有变化时，工件中心在左右（水平位置）和上下方向都会产生变动（图 2-75b），影响键槽的对称度和深度。但装夹简便稳固，因此适用于单件生产。

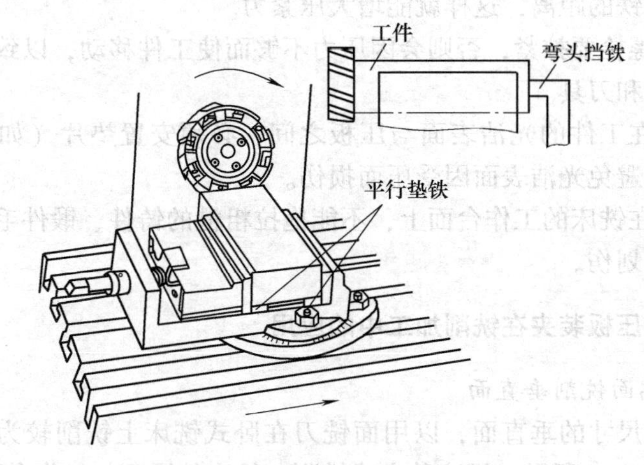

图 2-74　在卧式铣床上端面铣削两端面

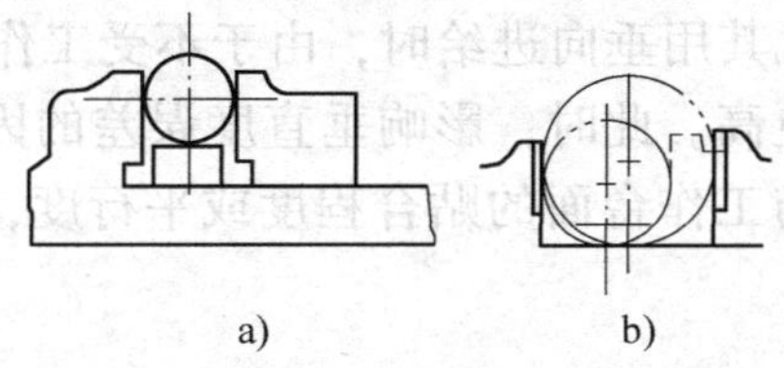

图 2-75　用平口虎钳装夹轴类零件

三、用压板装夹工件

用压板装夹工件是铣床上常用的一种方法，尤其在卧式铣床上，用面铣刀铣削时用的最多。在铣床上用压板安装工件时，所用的工具比较简单，主要有压板、垫铁、T 形螺栓（或 T 形螺母）等，为了满足安装不同形状工件的需要，压板的形状也做成很多种。使用压板时应注意：

1）压板的位置要安排得适当，要压在工件刚性最好的地方，夹紧力的大小也应适当，不然刚性差的工件易产生变形。

2）垫铁必须正确地放在压板下，高度要与工件相同或略高于工件，否则会降低压紧效果。

3）压板螺栓必须尽量靠近工件，并且螺栓到工件的距离应小于螺栓到垫铁的距离，这样就能增大压紧力。

4）螺栓要拧紧，否则会因压力不够而使工件移动，以致损坏工件、机床和刀具。

5）在工件的光洁表面与压板之间，必须安置垫片（如铜片），这样可以避免光洁表面因受压而损伤。

6）在铣床的工作台面上，不能拖拉粗糙的铸件、锻件毛坯，以免将台面划伤。

四、压板装夹在铣削加工中的应用

1. 端面铣削垂直面

较大尺寸的垂直面，以用面铣刀在卧式铣床上铣削较为准确简便，如图2-76所示。用这种方式铣削，铣出的平面与工作台面垂直，所以只要把基准面安装得与工作台面平行和贴合，就能铣出准确度较高的垂直面，尤其用垂向进给时，由于不受工作台“零位”准确度的影响，精度更高。此时，影响垂直度误差的因素，主要是铣床的精度和基准面与工作台面的贴合程度或平行度，从而避免了夹具本身精度的影响。

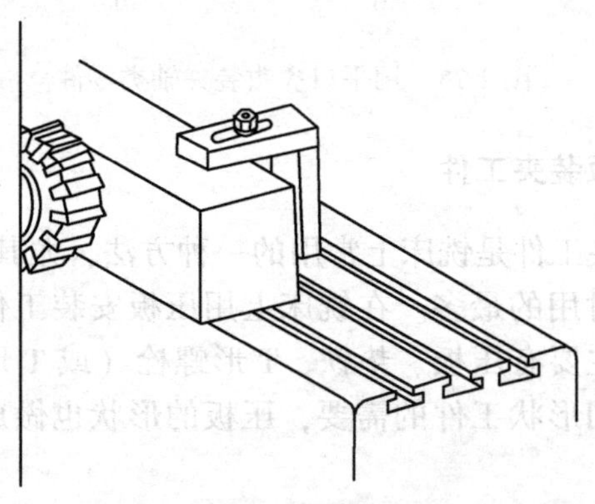

图2-76　在卧式铣床上用面铣刀铣垂直铣面

2. 端面铣削平行面

（1）在立式铣床上铣平行面　若工件上有阶台时，则可直接用压板把工件装夹在立式铣床的工作台面上（图2-77），使基准面与工作台面贴合，随后用面铣刀铣平行面。

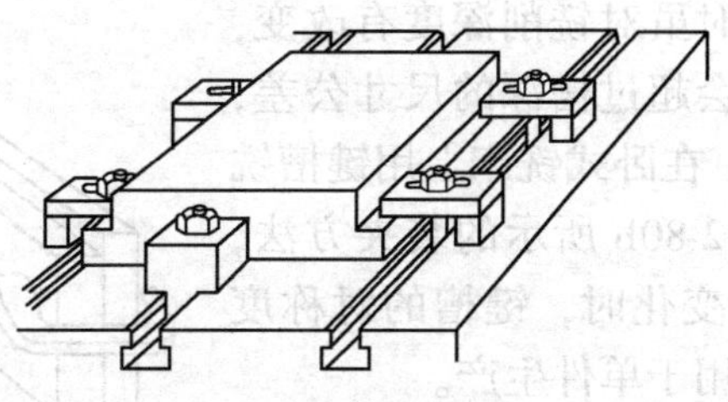

图 2-77　在立式铣床上用面铣刀铣削平行面

（2）在卧式铣床上铣平行面　若工件上没有阶台时，可在卧式铣床上用面铣刀铣平行面，如图 2-78 所示。装夹时，可采用定位键定位，使基准面与纵向平行。若底面与基准面垂直，就不需再作校正。若底面与基准面不垂直，则需垫准或把底面重新铣准，垫准时，需用直角尺对基准面作检查。如精度要求较高时，可把百分表通过表架固定在悬梁上，使工作台作上下移动，把基准面校正。

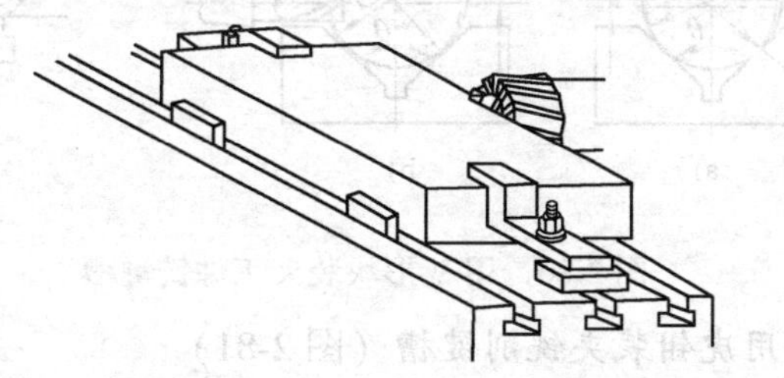

图 2-78　卧式铣床上用面铣刀铣削平行面

五、其他装夹在铣削加工中的应用

1. 以直角铁装夹进行铣削平面

对基准面比较宽而加工面比较窄的工件，在铣削垂直面时，可利用直角铁来装夹（图 2-79）。

2. 用 V 形块装夹铣削键槽（图 2-80）

把圆柱形工件放在 V 形块内，并用压板紧固的装夹方法来铣削键槽，是铣床上常用的方法之一。其特点是工件中心只在 V 形槽的角平分线上，随直径的变化而变动。因此，当键槽铣刀的中心或盘形铣刀的中分线对准 V 形槽的角平分线时。能保证一批工件上键槽的对称度。铣削时虽对铣削深度有改变，但变化量一般不会超过槽深的尺寸公差，如图 2-80a 所示。在卧式铣床上用键槽铣刀铣削，若用图 2-80b 所示的装夹方法，则当工件直径有变化时，键槽的对称度会有影响，故适用于单件生产。

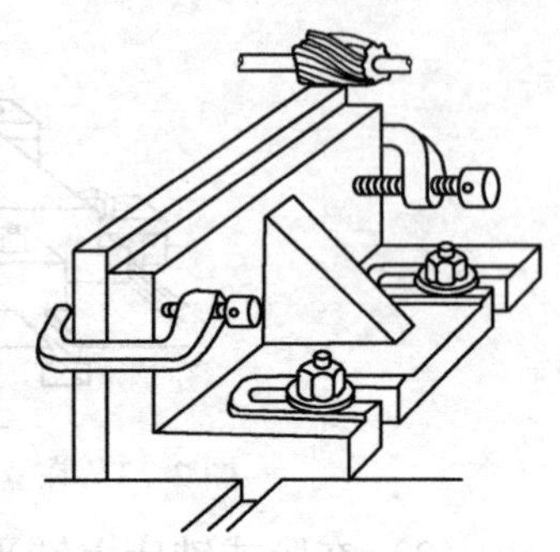
图 2-79　铣宽而薄的垂直面

对直径为 $\phi20\sim60$mm 内的长轴，可直接装夹在工作台的 T 形槽口上。此时，T 形槽口的倒角起到 V 形槽的作用，如图 2-80c 所示。

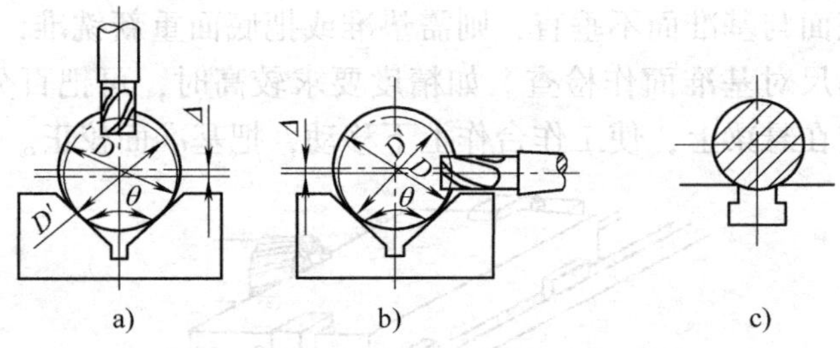

图 2-80　用 V 形块装夹工件铣键槽

3. 用轴用虎钳装夹铣削键槽（图 2-81）

用轴用虎钳装夹轴类零件时，具有用机用虎钳装夹和 V 形块装夹的优点，所以装夹简便迅速。轴用虎钳的 V 形槽能两面使用，其夹角大小不同，以适应直径的变化。

4. 定中心装夹铣削键槽

用三爪自定心卡盘（图 2-82a）、两顶尖等方法装夹时，工件的轴线必在三爪自定心卡盘（或前顶尖）的中心与后顶尖的连心线上，轴线的位置不受工件直径改变的影响，用三爪自定心卡盘装夹时受三爪自定心卡盘精度的影响。若在分度头上没有三爪自定心卡盘而装有前顶尖时，则可

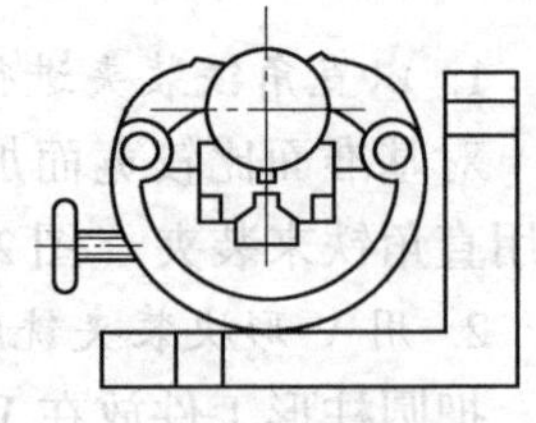
图 2-81　用轴用虎钳装夹轴类零件

利用鸡心夹头把工件紧固在两顶尖之间（图 2-82b）。这种装夹方法与用三爪自定心卡盘装夹相比，工件中心的准确度要高，但刚性要差，且不稳固，装拆也较费时。

5. 用自定心虎钳装夹（图 2-82c）

用这种方法装夹，轴线的位置不受轴径变化的影响。但由于两个钳口都是活动的，故精确度不很高。用这种虎钳装夹轴类零件方便、迅速，也很稳固，键槽位置不受钳口和压板的影响，但工件中心位置的准确度略差些。

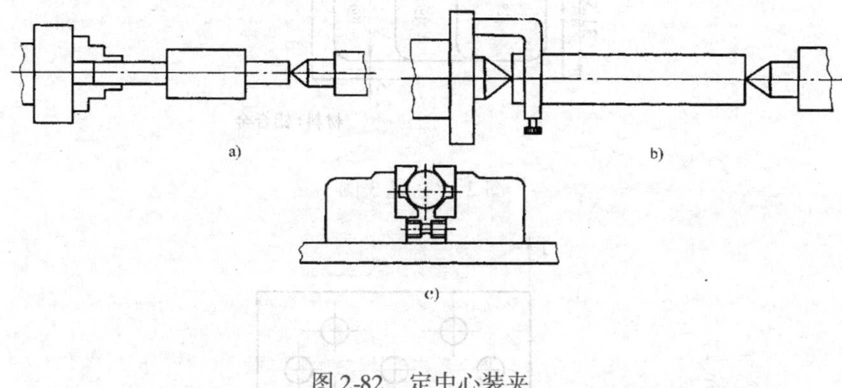

图 2-82　定中心装夹

a）用三爪自定心卡盘装夹　b）用两顶尖装夹　c）用自定心虎钳装夹

复习思考题

1. 数控切削用刀具有哪几种？

2. 怎样选择数控铣削刀具？

3. 加工图 2-83 所示的具有三个台阶的型腔零件。试编制型腔的数控铣削加工工艺（其余表面已加工）。

4. 零件如图 2-84 所示，分别按“定位迅速”和“定位准确”的原则确定 *XY* 平面内的孔加工进给路线。

5. 图 2-85 所示零件的 *A*、*B* 面已加工好，在加工中心上加工其余表面，试确定定位、夹紧方案。

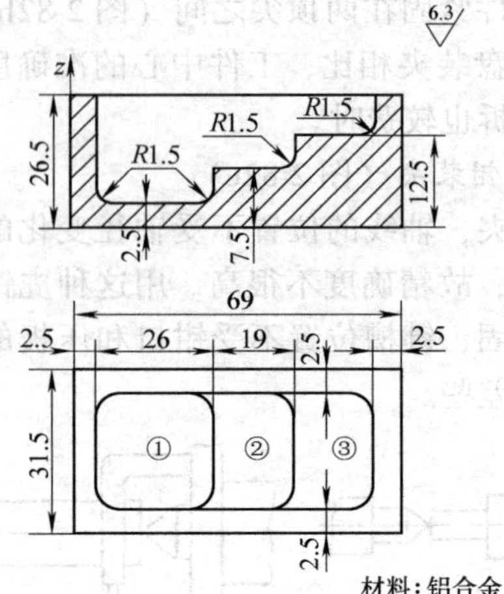

图 2-83　题 3 图

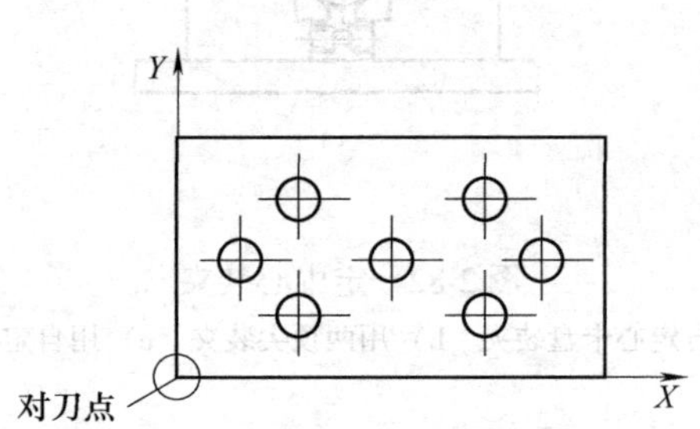

图 2-84　题 4 图

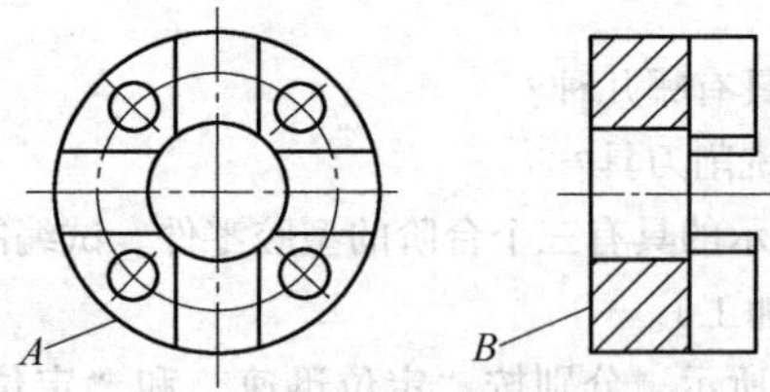

图 2-85　题 5 图

第三章

数控编程的基础

培训学习目标 掌握数控编程的基本知识、数控机床的有关功能、数控机床坐标系的确定；掌握基点的计算方法、刀具补偿的应用、数控机床的有关点；了解数控机床的编程规则与程序段格式。

第一节 数控编程概述

一、数控编程的概念

把零件的加工工艺路线、工艺参数、刀具的运动轨迹、位移量、切削参数（主轴转速、进给量、背吃刀量等）以及辅助功能（换刀、主轴正转和反转、切削液开和关等）按照数控机床规定的指令代码及程序格式编写成的加工程序就是数控程序。数控程序一般制成程序单（其格式见第四节），再把这一程序单中的内容记录在控制介质上，然后输入到数控机床的数控装置中，从而控制机床加工。这种从零件图样的分析到制成控制介质的全部过程叫数控程序的编制。编程人员编制好程序以后，要输入到数控装置中的方法有多种，如通过穿孔纸带、数据磁带、软磁盘输入，也可以手动数据输入（即MDI）和直接通信等。

二、数控编程的方法

数控编程方法可分为手工编程和自动编程两种。

1. 手工编程

手工编程是指主要由人工来完成数控机床程序编制各个阶段的工作。当被加工零件形状不十分复杂和程序较短时，都可以采用手工编程的方法。手工编程的框图如图 3-1 所示。

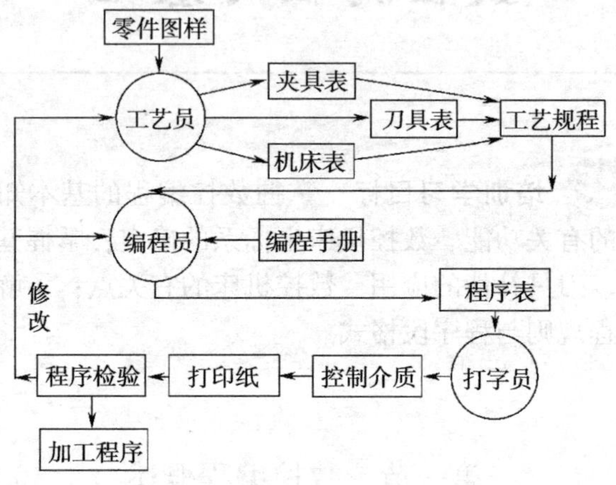

图 3-1　手工编程框图

2. 自动编程

自动编程是指借助数控语言编程系统或图形编程系统，由计算机来自动生成零件加工程序的过程。编程人员只需根据加工对象及工艺要求，借助数控语言编程系统规定的数控编程语言或图形编程系统提供的图形菜单功能，对加工过程与要求进行较简单的描述，而由编程系统自动计算出加工运动轨迹，并输出零件数控加工程序。由于在计算机上可自动地绘出所编程序的图形及进给轨迹，所以能及时地检查程序是否有错，并进行修改，得到正确的程序。

按输入方式的不同，自动编制程序可分为语言数控自动编程、图形交互自动编程、语音提示自动编程、会话自动编程和实物（探针）自动编程等。现在我国应用较广泛的主要是会话自动编程和图形交互式编程。

三、手工编程的步骤

手工编程过程主要包括：分析零件图样，确定加工工艺过程，数值计算，编写零件加工程序，制作控制介质，校对程序及首件试加工，如图 3-2 所示。

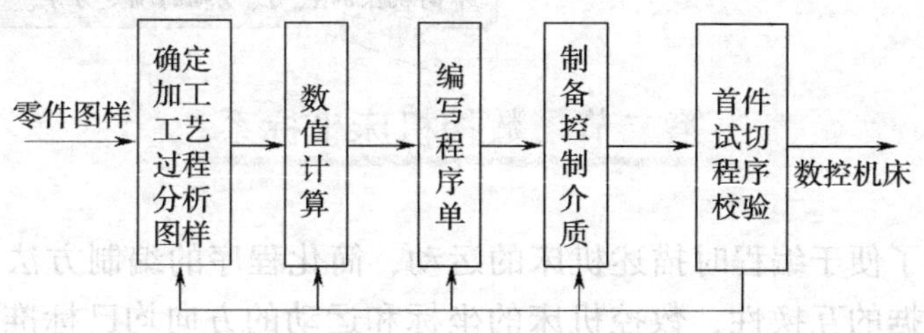

图 3-2　数控编程的步骤

手工编程的具体步骤与要求如下：

1. 分析零件图样和工艺处理

对零件图样进行分析以明确加工的内容及要求，确定加工方案，选择合适的数控机床，设计（选择）夹具，选择刀具，确定合理的进给路线及选择合理的切削用量等。工艺处理涉及的问题很多，详见第二章。

2. 数值处理

在完成了工艺处理的工作之后，下一步需根据零件的几何尺寸、加工路线和刀具半径补偿方式，计算刀具运动轨迹，以获得刀位数据。

3. 编写零件加工程序单

在完成上述工艺处理和数值计算之后，编程员使用数控系统的程序指令，按照要求的程序格式，逐段编写零件加工程序单。编程员应对数控机床的性能、程序指令及代码非常熟悉，才能编写出正确的零件加工程序。

4. 制备控制介质

制备控制介质，即把编制好的程序单上的内容记录在控制介质上，作为数控装置的输入信息。

5. 程序校验与首件试加工

程序单和制备好的控制介质必须经过校验和试加工才能正式使用。当发现有加工误差时，应分析误差产生的原因，找出问题所在，加以修正。

要求能画常用数控机床的坐标系，熟练掌握不同机床的X、Y、Z轴的确定方法。

第二节　数控机床坐标系

为了便于编程时描述机床的运动，简化程序的编制方法及保证记录数据的互换性，数控机床的坐标和运动的方向均已标准化，这里仅作介绍和解释。

一、坐标系的确定原则

我国原机械工业部 1982 年颁布了 JB3051—1982 标准，1999 年对该标准进行了修订，也就是现在执行的 JB/T3051—1999 标准。其中规定的命名原则如下：

1. 刀具相对于静止工件而运动的原则

这一原则使编程人员能在不知道是刀具移近工件还是工件移近刀具的情况下，就可根据零件图样，确定机床的加工过程。

2. 标准坐标（机床坐标）系的规定

在数控机床上，机床的动作是由数控装置来控制的，为了确定机床上的成形运动和辅助运动，必须先确定机床上运动的方向和运动的距离，这就需要一个坐标系才能实现，这个坐标系就称为机床坐标系。

标准的机床坐标系是一个右手笛卡儿直角坐标系，如图 3-3 所示。图中规定了 X、Y、Z 三个直角坐标轴的方向，这个坐标系的各个坐标轴与机床的主要导轨相平行，它与安装在机床上、并且按机床的主要直线导轨找正的工件相关。根据右手螺旋方法，可以很方便地确定出 A、B、C 三个旋转坐标的方向。

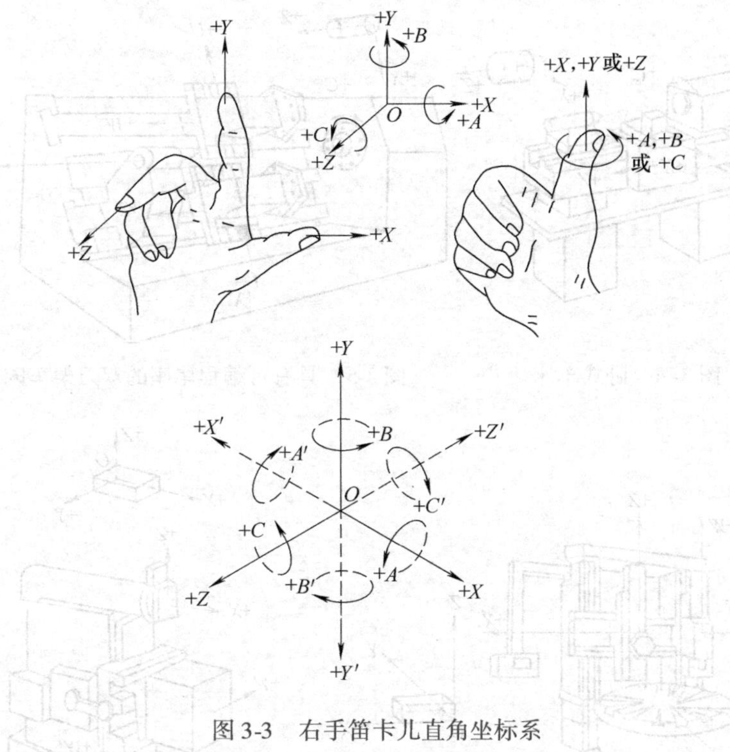

图 3-3 右手笛卡儿直角坐标系

二、运动方向的确定

机床的某一运动部件的运动正方向，规定为增大工件与刀具之间距离的方向。

1. *Z* 坐标的运动

Z 坐标的运动由传递切削力的主轴所决定，与主轴轴线平行的标准坐标轴即为 *Z* 坐标，如图 3-4、图 3-5 所示的车床，图 3-6 所示立式转塔车床或立式镗铣床等。若机床没有主轴（如刨床等），则 *Z* 坐标垂直于工件装夹面，如图 3-7 所示的牛头刨床。若机床有几个主轴，可选择一个垂直于工件装夹面的主要轴作为主轴，并以它确定 *Z* 坐标。

Z 坐标的正方向是增加刀具和工件之间距离的方向。如在钻镗加工中，钻入或镗入工件的方向是 *Z* 的负方向。

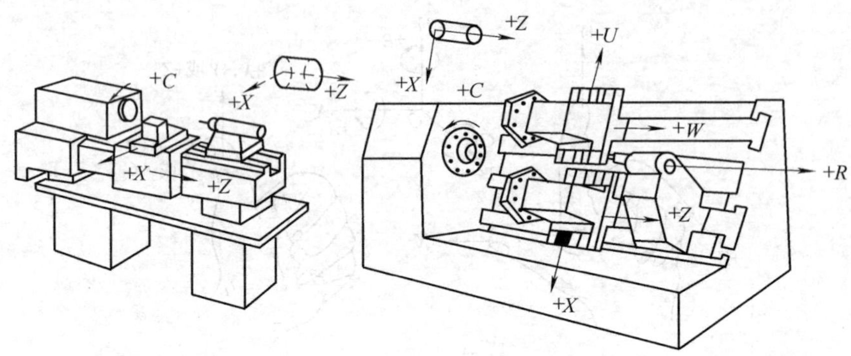

图 3-4　卧式车床　　　　图 3-5　具有可编程尾座的双刀架车床

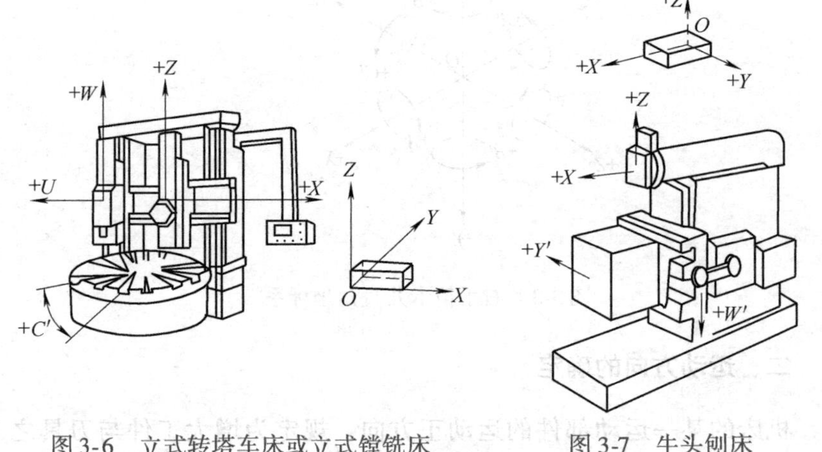

图 3-6　立式转塔车床或立式镗铣床　　　　图 3-7　牛头刨床

2. *X* 坐标的运动

X 坐标运动是水平的，它平行于工件装夹面，是刀具或工件定位平面内运动的主要坐标，如图 3-8 所示。

在没有回转刀具和没有回转工件的机床上（如牛头刨床），*X* 坐标平行于主要切削方向，以该方向为正方向，如图 3-7 所示。

在有回转工件的机床上，如车床、磨床等，*X* 运动方向是径向的，而且平行于横向滑座，*X* 的正方向是安装在横向滑座的主要刀架上的刀具离开工件回转中心的方向（图 3-4、图 3-5）。

在有刀具回转的机床上（如铣床），若 *Z* 坐标是水平的（主轴

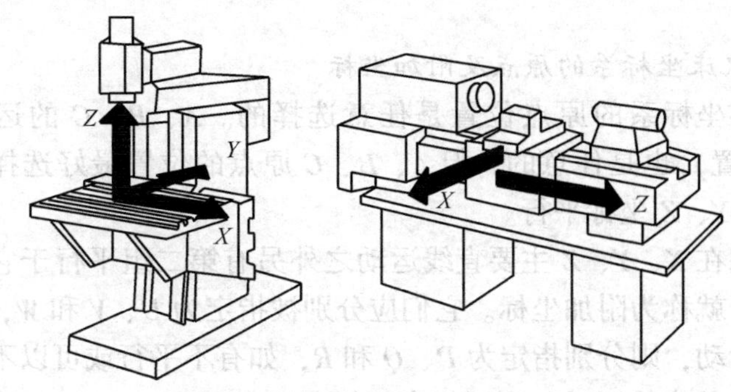

图 3-8　铣床与车床的 X 坐标

是卧式的)，当由主要刀具的主轴向工件看时，X 运动的正方向指向右方，如图 3-9 所示，若 Z 坐标是垂直的（主轴是立式的)，当由主要刀具主轴向立柱看时，X 运动正方向指向右方，如图 3-8 所示的立式铣床。对于桥式龙门机床，当由主要刀具的主轴向左侧立柱看时，X 运动的正方向指向右方，如图 3-10 所示。

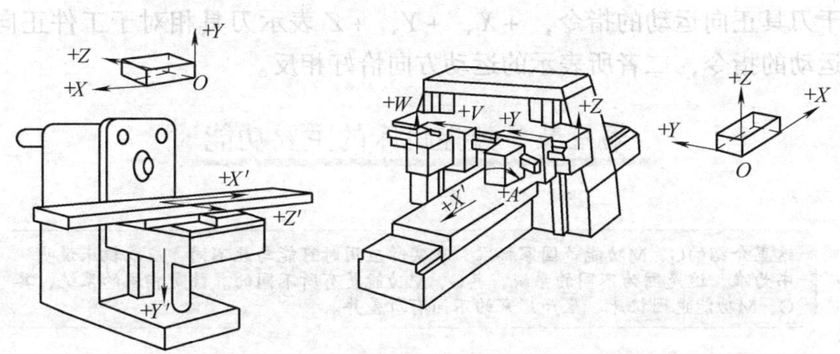

图 3-9　卧式升降台铣床　　　　图 3-10　龙门式轮廓铣床

3. *Y* 坐标的运动

正向 Y 坐标的运动，根据 X 和 Z 的运动，按照右手笛卡儿坐标系来确定。

4. 旋转运动

旋转运动在图 3-3 中，A、B、C 相应的表示其轴线平行于 X、Y、Z 的旋转运动。A、B、C 正向为在 X、Y 和 Z 方向上，右旋螺纹前进的方向。

5. 机床坐标系的原点及附加坐标

标准坐标系的原点位置是任意选择的。*A*、*B*、*C* 的运动原点（0°的位置）也是任意的，但 *A*、*B*、*C* 原点的位置最好选择为与相应的 *X*、*Y*、*Z* 坐标平行。

如果在 *X*、*Y*、*Z* 主要直线运动之外另有第二组平行于它们的坐标运动，就称为附加坐标。它们应分别被指定为 *U*、*V* 和 *W*，如还有第三组运动，则分别指定为 *P*、*Q* 和 *R*，如有不平行或可以不平行于 *X*、*Y*、*Z* 的直线运动，则可相应地规定为 *U*、*V*、*W*、*P*、*Q* 或 *R*。

如果在第一组回转运动 *A*、*B*、*C* 之外，还有平行或不平行于 *A*、*B*、*C* 的第二组回转运动，可指定为 *D*、*E* 或 *F*。

6. 工件的运动

对于移动部分是工件而不是刀具的机床，必须将前面所介绍的移动部分是刀具的各项规定，在理论上作相反的安排。此时，用带“′”的字母表示工件正向运动，如 $+X'$、$+Y'$、$+Z'$ 表示工件相对于刀具正向运动的指令，$+X$、$+Y$、$+Z$ 表示刀具相对于工件正向运动的指令，二者所表示的运动方向恰好相反。

第三节 数控机床的主要功能

这里介绍的G、M功能是国家标准，在实际应用时可能与此不同，应以机床说明书为准，这是因为不同的系统，其G、M功能是有所不同的。就是相同的系统，其G、M功能也因机床、生产厂家的不同有所差异。

一、准备功能

准备功能字的地址符是 G，所以又称为 G 功能、G 指令或 G 代码。它的作用是建立数控机床工作方式，为数控系统插补运算、刀补运算、固定循环等作好准备。

G 指令中的数字一般是两位正整数（包括 00）。随着数控系统功能的增加，G00 ~ G99 已不够使用，所以有些数控系统的 G 功能字中的后续数字已采用 3 位数。G 功能有模态 G 功能和非模态 G 功能

之分。非模态G功能是只在所规定的程序段中有效，程序段结束时被注销；模态G功能是指一组可相互注销的G功能，其中某一G功能一旦被执行，则一直有效，直到被同一组的另一G功能注销为止。根据ISO1056—1975国际标准，我国制定了JB/T3208—1983部颁标准，现在应用的是JB/T 3208—1999标准（见表3-1与表3-2）。

表3-1　准备功能G代码及含义（符合JB/T3208—1999标准）

代码（1）	功能保持到被取消或被同样字母表示的程序指令所代替（2）	功能仅在所出现的程序段内有作用（3）	功能（4）
G00	a		点定位
G01	a		直线插补
G02	a		顺时针方向圆弧插补
G03	a		逆时针方向圆弧插补
G04		*	暂停
G05	#	#	不指定
G06	a		抛物线插补
G07	#	#	不指定
G08		*	加速
G09		*	减速
G10 ~ G16	#	#	不指定
G17	c		*XY*平面选择
G18	c		*ZX*平面选择
G19	c		*YZ*平面选择
G20 ~ G32	#	#	不指定
G33	a		螺纹切削，等螺距
G34	a		螺纹切削，增螺距
G35	a		螺纹切削，减螺距
G36 ~ G39	#	#	永不指定
G40	d		刀具补偿/刀具偏置注销
G41	d		刀具补偿—左

（续）

代码（1）	功能保持到被取消或被同样字母表示的程序指令所代替（2）	功能仅在所出现的程序段内有作用（3）	功能（4）
G42	d		刀具补偿—右
G43	#（d）	#	刀具偏置—正
G44	#（d）	#	刀具偏置—负
G45	#（d）	#	刀具偏置 +/+
G46	#（d）	#	刀具偏置 +/−
G47	#（d）	#	刀具偏置 −/−
G48	#（d）	#	刀具偏置 −/+
G49	#（d）	#	刀具偏置 0/+
G50	#（d）	#	刀具偏置 0/−
G51	#（d）	#	刀具偏置 +/0
G52	#（d）	#	刀具偏置 −/0
G53	f		直线偏移，注销
G54	f		直线偏移 *X*
G55	f		直线偏移 *Y*
G56	f		直线偏移 *Z*
G57	f		直线偏移 *XY*
G58	f		直线偏移 *XZ*
G59	f		直线偏移 *YZ*
G60	h		准确定位 1（精）
G61	h		准确定位 2（中）
G62	h		快速定位（粗）
G63		*	攻螺纹
G64 ~ G67	#	#	不指定
G68	#（d）	#	刀具偏置，内角
G69	#（d）	#	刀具偏置，外角
G70 ~ G79	#	#	不指定

（续）

代码（1）	功能保持到被取消或被同样字母表示的程序指令所代替（2）	功能仅在所出现的程序段内有作用（3）	功能（4）
G80	e		固定循环注销
G81 ~ G89	e		固定循环（见表 3-2）
G90	j		绝对尺寸
G91	j		增量尺寸
G92		*	预置寄存
G93	k		时间倒数，进给率
G94	k		每分钟进给
G95	k		主轴每转进给
G96	i		恒线速度
G97	i		每分钟转数（主轴）
G98 ~ G99	#	#	不指定

注：1. #号：如选作特殊用途，必须在程序格式说明中说明。

2. 如在直线切削控制中没有刀具补偿，则 G43 ~ G52 可指定作其他用途。

3. 在表中左栏括号中的字母（d）表示：可以被同栏中没有括号的字母 d 所注销或代替，亦可被有括号的字母（d）所注销或代替。

4. G45 ~ G52 的功能可用于机床上任意两个预定的坐标。

5. 控制机上没有 G53 ~ G59、G63 功能时，可以指定作其他用途。

表 3-2　准备功能 G（固定循环）**代码及含义**（符合 JB/T 3208—1999 标准）

固定循环代码	进　入	在底部		退出到进给开始处	典型用途
		暂停	主轴		
G81	进给			快速	钻孔，划中心
G82	进给	有		快速	钻孔，扩孔
G83	间断			快速	深孔
G84	前进，主轴进给		反转	进给	攻螺纹
G85	进给			进给	镗孔
G86	起动主轴进给		停止	快速	镗孔
G87	起动主轴进给		停止	手动	镗孔
G88	起动主轴进给	有	停止	手动	镗孔
G89	进给	有		进给	镗孔

二、辅助功能

1. 辅助功能

辅助功能字也称M功能，M指令或M代码。M指令是控制机床在加工时做一些辅助动作的指令，如主轴的正反转、切削液的开关等。辅助功能M代码及含义见表3-3。

表3-3　辅助功能M代码及含义（符合JB/T 3208—1999标准）

代码（1）	功能开始时间		功能保持到被注销或被适当程序指令代替（4）	功能仅在所出现的程序段内有作用（5）	功能（6）
	与程序段指令运动同时开始（2）	在程序段指令运动完成后开始（3）			
M00		*		*	程序停止
M01		*		*	计划停止
M02		*		*	程序结束
M03	*		*		主轴顺时针方向
M04	*		*		主轴逆时针方向
M05		*	*		主轴停止
M06	#	#		*	换刀
M07	*		*		2号切削液开
M08	*		*		1号切削液开
M09		*	*		切削液关
M10	#	#	*		夹紧
M11	#	#	*		松开
M12	#	#	#	#	不指定
M13	*		*		主轴顺时针方向旋转，切削液开
M14	*		*		主轴逆时针方向旋转，切削液开

（续）

代码（1）	功能开始时间		功能保持到被注销或被适当程序指令代替（4）	功能仅在所出现的程序段内有作用（5）	功能（6）
	与程序段指令运动同时开始（2）	在程序段指令运动完成后开始（3）			
M15	*			*	正运动
M16	*			*	负运动
M17 ~ M18	#	#	#	#	不指定
M19		*	*		主轴准停
M20 ~ M29	#	#	#	#	永不指定
M30		*		*	纸带结束
M31	#	#		*	互锁旁路
M32 ~ M35	#	#	#	#	不指定
M36	*		*		进给范围 1
M37	*		*		进给范围 2
M38	*		*		主轴速度范围 1
M39	*		*		主轴速度范围 2
M40 ~ M45	#	#	#	#	如有需要作为齿轮换挡，此外不指定
M46 ~ M47	#	#	#	#	不指定
M48		*	*		注销 M49
M49	*		*		进给率修正旁路
M50	*		*		3 号切削液开
M51	*		*		4 号切削液开
M52 ~ M54	#	#	#	#	不指定
M55	*		*		刀具直线位移，位置 1
M56	*		*		刀具直线位移，位置 2
M57 ~ M59	#	#	#	#	不指定

（续）

代码（1）	功能开始时间		功能保持到被注销或被适当程序指令代替（4）	功能仅在所出现的程序段内有作用（5）	功能（6）
	与程序段指令运动同时开始（2）	在程序段指令运动完成后开始（3）			
M60		*		*	更换工件
M61	*		*		工件直线位移，位置1
M62	*		*		工件直线位移，位置2
M63 ~ M70	#	#	#	#	不指定
M71	*		*		工件角度位移，位置1
M72	*		*		工件角度位移，位置2
M73 ~ M89	#	#	#	#	不指定
M90 ~ M99	#	#	#	#	永不指定

注：1. #号表示：如选作特殊用途，必须在程序说明中说明。

2. M90 ~ M99 可指定为特殊用途。

2. 第二辅助功能

第二辅助功能也称 B 功能，它是用来指令工作台进行分度的功能。B 功能用地址 B 及其后面的数字来表示（将在以后章节中介绍）。

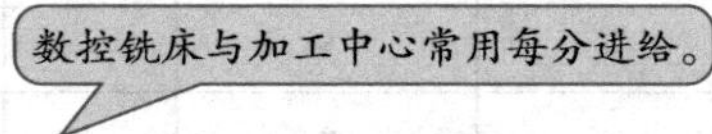

三、进给速度

1. F 功能的分类

（1）每分进给　用 F 指令表示刀具每分钟的进给量，在车床上常用 G98 指令表示（图 3-11b），在加工中心与数控铣床上常用 G94 表示。

（2）每转进给　用 F 指令表示主轴每转的进给量，在车床上通常以 G99 指令表示（图 3-11a），在加工中心与数控铣床上一般用

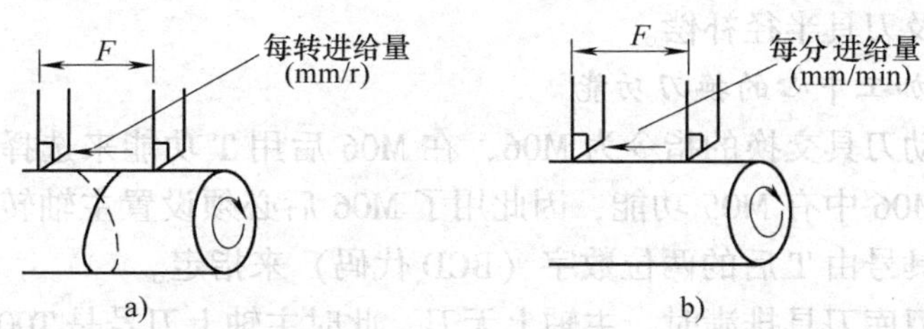

图 3-11　进给模式设置
a）每转进给模式　b）每分钟进给模式

G95 表示。例如，车床以主轴每转进给 0. 2mm 时，亦作 F0. 2 或者 F20（最小指令单位为 0. 01mm/r 时），即主轴每转一周刀具沿其切线方向上移动 0. 2mm。

2. 关于进给速度倍率

在操作面板上有一刻度盘，在相对于控制介质、存储器、手动数据输入运转等所有指令进给量的 10% ~150% 范围内，可以每一级的 10% 调整进给速度。如果把刻度调整在 100% 时，便按程序所设定的速度进给。这个刻度盘在试加工时使用，目的是选取最佳的进给速度。

四、主轴转速功能

主轴转速功能用来指定主轴的转速，单位为 r/min，地址符使用 S，所以又称为 S 功能或 S 指令。中档以上的数控机床，其主轴驱动已采用主轴控制单元，它们的转速可以直接指令，即用 S 后加数字直接表示每分钟主轴转速。例如，要求 1300 r/min，就指令 S1300。

通常，机床面板上设有转速倍率开关，用于不停机手动调节主轴转速。

五、刀具功能

1. 刀具功能字

这是用于指令加工中所用刀具号及自动补偿编组号的地址字，地址符规定为 T。其自动补偿内容主要指刀具的刀位偏差或刀具长

度补偿及刀具半径补偿。

2. 加工中心的换刀功能

自动刀具交换的指令为 M06，在 M06 后用 T 功能来选择所需的刀具。M06 中有 M05 功能，因此用了 M06 后必须设置主轴转速与转向。刀具号由 T 后的两位数字（BCD 代码）来指定。

在刀库刀具排满时，主轴上无刀，此时主轴上刀号是 T00。换刀后，刀库内无刀的刀套上刀号为 T00。例如，T02 号刀换到主轴上，此时刀库中 T02 号的刀变成了 T00，而且刀库中 T02 号刀套上为空刀。

在刀库刀具排满时，如果也在主轴上装一把刀，则刀具总数可以增加一把，也可以把 T00 作为主轴上这把刀的刀号，刀具交换后，刀库内将无空刀套，T00 号刀实际上存在。例如，T05 号刀与主轴上 T00 号刀交换后，T05 号刀换到主轴上成了 T00 号刀，T05 号刀套内放的是原来主轴上的 T00 号刀，即原来的 T00 号刀变成了现在的 T05 号刀。

编程时可以使用两种方法：

（1）N× × × ×　G28　Z____　T× ×

　　……

　　N× × × ×　M06

　　……

执行该程序段后，T× ×号刀由刀库中转至换刀刀位，作换刀准备，此时执行 T 指令的辅助时间与机动时间重合。本次所交换的为前段换刀指令执行后转至换刀刀位的刀具。

例如：

N0110　G01　X____　Y____　Z____　T01

N0120

N0130

N0140　G28 Z____　M06

……

N0200　T02

N0210

N0220　G28　Z ____　M06

……

在N0140段换的是在N0110段选出的T01号刀，即在N0200～N0220（不包括N0220段）段中加工所用的是T01号刀。在N0220段换上的是N0200段选出的T02号刀，即从N0220下段开始用T02号刀加工。在执行N0110与N0220段的T功能时，不占用加工时间。

(2) N××××　G28　Z ____　T××　M06

……

返回参考点时，刀库先将T××号刀具转出，然后进行刀具交换，换到主轴上去的刀具为T××。若回参考点的时间小于T功能执行时间，则要等到刀库中相应的刀具转到换刀刀位以后才能执行M06，因此，这种方法占用机动时间较长。例如：

N0110　G01　X ____　Y ____　Z ____　M03　S

N0120……

N0130　G28　Z ____　T02　M06

……

在执行N0130时，在主轴回参考点的同时，刀库转动，若主轴已回到参考点而刀库还没有转出T02号刀，此时不执行M06，直到刀库转出T02号刀后，才执行M06，将T02号刀换到主轴上去。

3. 刀具管理功能

有的数控系统有刀具使用寿命管理功能，即可预先置入刀具的使用寿命，该刀具的实际切削时间可由计算机累加计算，达到使用寿命时提示更换锋利的刀具或自动更换刀库上的备用刀。

第四节　数控加工程序的格式与组成

一、程序组成

一个数控加工程序由程序开始部分、程序内容、程序结束指令3部分组成。例如：

程序开始　　O0001;

程序内容
```
N10 G92 X0 Y0 Z0;
N20 G90 G00 X20 Y30 T01 S800 M03;
N30 G01 X50 Y10 F200;
N40 X0 Y0;
```

程序结束指令　　N50 M02;

1. 程序开始部分

常用程序号表示程序开始，地址符字母 O（或 P）加表示程序号的数值（最多 4 位，数值没有具体含义）组成，其后可加括号注出程序名或作注释，但不得超过 16 个字符。程序号必须放在程序之首。但是，不同的数控系统程序号地址符不同，例如 SIEMENS 8M 系统，程序号地址符用“%”；FANUC 6M 系统，程序号地址符用“O”。

2. 程序内容部分

程序内容部分是整个程序的核心部分，由若干程序段组成，表示数控机床要完成的全部动作。常用顺序号表示顺序，程序中可以在程序段前任意设置顺序号，可以不写，也可以不按顺序编号，或只在重要程序段前按顺序编号，以便检索。如在不同刀具加工时给出不同的顺序号，顺序号也叫程序段号或程序段序号。顺序号位于程序段之首，它的地址符是 N，后续数字一般 2～4 位。顺序号可以用在主程序、子程序和宏程序中。

3. 程序结束部分

以程序结束指令构成一个最后的程序段。程序结束指令常用 M02 或 M30。

程序段号加上若干个程序字就可组成一个程序段。在程序段中表示地址的英文字母可分为尺寸字地址和非尺寸字地址两种。表示尺寸字地址的有 X、Y、Z、U、V、W、P、Q、I、J、K、A、B、C、D、E、R、H 共 18 个英文字母。表示非尺寸字地址的有 N、G、F、S、T、M、L、O 共 8 个英文字母。其字母的含义见表 3-4。

表 3-4　地址字母表

地址	功　　能	意　　义	地址	功　　能	意　　义
A	坐标字	绕 *X* 轴旋转	N	顺序号	程序段顺序号
B	坐标字	绕 *Y* 轴旋转	O	程序号	程序号、子程序号的指定
C	坐标字	绕 *Z* 轴旋转	P	特殊功能	暂停或程序中某功能的开始使用的顺序号
D	补偿号	刀具半径补偿指令	Q	特殊功能	固定循环终止段号或固定循环中的定距
E	进给速度	第二进给功能	R	坐标字	固定循环中定距离或圆弧半径的指定
F	进给速度	进给速度的指令	S	主轴功能	主轴转速的指令
G	准备功能	指令动作方式	T	刀具功能	刀具编号的指令
H	补偿号	补偿号的指定	U	坐标字	与 *X* 轴平行的附加轴的增量坐标值或暂停时间
I	坐标字	圆弧中心 *X* 轴向坐标	V	坐标字	与 *Y* 轴平行的附加轴的增量坐标值
J	坐标字	圆弧中心 *Y* 轴向坐标	W	坐标字	与 *Z* 轴平行的附加轴的增量坐标值
K	坐标字	圆弧中心 *Z* 轴向坐标	X	坐标字	*X* 轴的坐标值或暂停时间
L	重复次数	固定循环及子程序的重复次数	Y	坐标字	*Y* 轴的坐标值
M	辅助功能	机床开/关指令	Z	坐标字	*Z* 轴的坐标值

程序中有时还会用到一些符号，它们的含义见表 3-5。

表 3-5　程序中所用符号及含义

符　　号	意　　义	符　　号	意　　义
HT 或 TAB	分隔符	—	负号
LF 或 NL	程序段结束	/	跳过任意程序段
%	程序开始	:	对准功能
(	控制暂停	BS	返回
)	控制恢复	EM	纸带终了
+	正号	DEL	注销

二、程序段格式

程序段格式是指在同一个程序段中关于字母、数字和符号等各个信息代码的排列顺序和含义规定的表示方法。数控机床有以下三种程序段格式：固定程序段格式；具有分隔符号 TAB 的固定顺序的程序段格式；字地址程序段格式。

目前，使用最多的就是字地址程序段格式（也称为使用地址符的可变程序段格式）。以这种格式表示的程序段，每一个字之前都标有地址码用以识别地址。因此对不需要的字或与上一程序段相同的字都可省略。一个程序段内的各字也可以不按顺序（但为了编程方便，常按一定的顺序）排列。采用这种格式虽然增加了地址读入，但编程直观灵活，便于检查，可缩短程序段，广泛用于车、铣等数控机床。

第五节　数控铣削类机床上的有关点

在数控机床中，刀具的运动是在坐标系中进行的。在一台机床上，有各种坐标系与零点。理解它们对使用、操作机床以及编程都是很重要的。

一、机床原点

机床原点是指在机床上设置的一个固定的点，即机床坐标系的原点。它在机床装配、调试时就已确定下来了，是数控机床进行加工运动的基准参考点。在数控铣床上，机床原点一般取在 X、Y、Z 三个直线坐标轴正方向的极限位置上，如图 3-12 所示，图中 O_1 即为

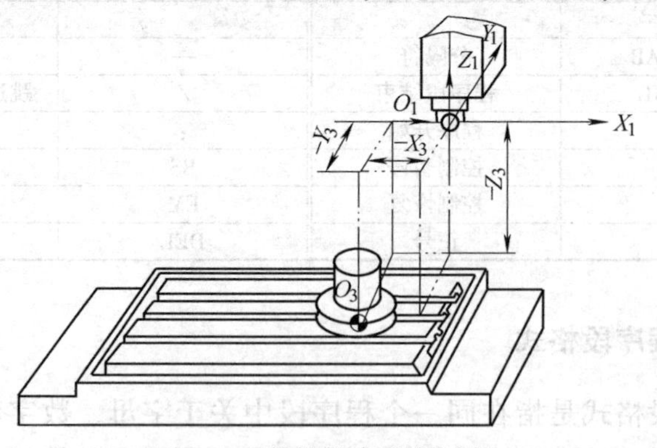

图 3-12　数控铣床机床原点

立式数控铣床的机床原点。

对于加工中心来说，其参考点常与机床原点重合，并以此作为换刀点。要注意G28后边的坐标为中间点坐标。

二、机床参考点

许多数控机床（全功能型及高档型）都设有机床参考点，该点至机床原点在其进给坐标轴方向上的距离在机床出厂时已准确确定，使用时可通过“寻找操作”方式进行确认。它与机床原点相对应，有的机床参考点与原点重合。它是机床制造商在机床上借助行程开关设置的一个物理位置，与机床原点的相对位置是固定的，机床出厂之前由机床制造商精密测量确定。一般来说，加工中心的参考点为机床的自动换刀位置，如图 3-13 所示。当然，有的加工中心的换刀点为第二参考点（图 3-15），与数控车床一样。

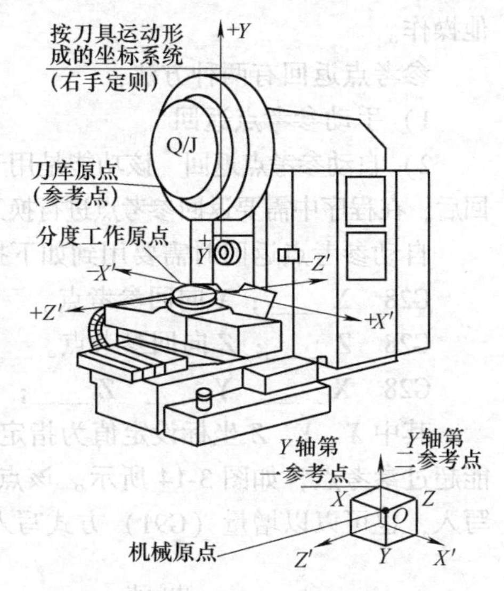

图 3-13　加工中心的机床参考点

机床原点实际上是通过返回（或称寻找）机床参考点来完成确定的。机床参考点的位置在每个轴上都是通过减速行程开关粗定位，然后由编码器零位电脉冲（或称栅格零点）精定位的。数控机床通电后，必须首先使各轴均返回各自参考点，从而确定了机床坐标系后，才能进行其他操作。机床参考点相对机床原点的值是一个可设定的参数值。它由机床厂家测量并输入至数控系统中，用户不得改变。当返回参考点的工作完成后，显示器即显示出机床参考点在机床坐标系中的坐标值，此表明机床坐标系已经建立。

值得注意的是不同数控系统返回参考点的动作、细节不同，因此当使用时，应仔细阅读其有关说明。

1. 返回参考点

参考点是 CNC 机床上的固定点，可以利用返回参考点指令将刀架移动到该点，可以设置多个参考点，其中第一参考点与机床参考点一致，第二、第三和第四参考点与第一参考点的距离利用参数事先设置。接通电源后必须先进行第一参考点返回，否则不能进行其他操作。

参考点返回有两种方法：

1）手动参考点返回

2）自动参考点返回　该功能是用于接通电源已进行手动参考点返回后，在程序中需要返回参考点进行换刀时使用自动参考点返回功能。

自动参考点返回时需要用到如下指令：

G28　X____；X 向回参考点。

G28　Z____；Z 向回参考点。

G28　X____　Y____　Z____；主轴回参考点。

其中 X、Y、Z 坐标设定值为指定的某一中间点，但此中间点不能超过参考点，如图 3-14 所示。该点可以以绝对值（G90）的方式写入，也可以以增量（G91）方式写入。

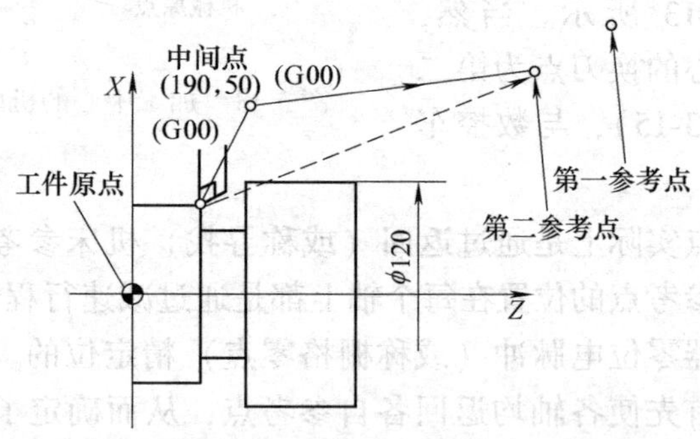

图 3-14　中间点设置

系统在执行 G28　X____；时，X 向快速向中间点移动，到达中间点后，再快速向参考点定位，到达参考点，X 向参考点指示灯亮，说明参考点已到达。

G28　Z____；的执行过程与 X 向回参考点完全相同，只是 Z 向到达参考点时，Z 向参考点的指示灯亮。

G28　X____　Y____　Z____；是 X、Y、Z 同时各自回其参考点，最后以 X 向参考点与 Z 向参考点的指示灯都亮而结束。

返回机床这一固定点的功能用来在加工过程中检查坐标系的正确与否和建立机床坐标系，以确保精确的控制加工尺寸。

G30　P2　X____　Y____　Z____；第二参考点返回，P2 可省略

G30　P3　X____　Y____　Z____；第三参考点返回

G30　P4　X____　Y____　Z____；第四参考点返回

第二、第三和第四参考点返回中的 X、Y、Z 的含义与 G28 中的相同。

2. *参考点返回校验 G27*

G27 用于加工过程中，检查是否准确地返回参考点。指令格式如下：

G27　X____；　　X 向参考点校验

G27　Z____；　　Z 向参考点校验

G27　X____　Y____　Z____；参考点校验

执行 G27 指令的前提是机床在通电后必须返回过一次参考点（手动返回或用 G28 返回）。

执行完 G27 指令以后，如果机床准确地返回参考点，则面板上的参考点返回指示灯亮，否则，机床将出现报警。

3. *从参考点返回 G29*

G29 指令使刀具以快速移动速度，从机床参考点经过 G28 指令设定的中间点，快速移动到 G29 指令设定的返回点，如图 3-15 所示，其程序段格式为：

G29　X____　Y____　Z____；

其中，X、Y、Z 值可以以绝

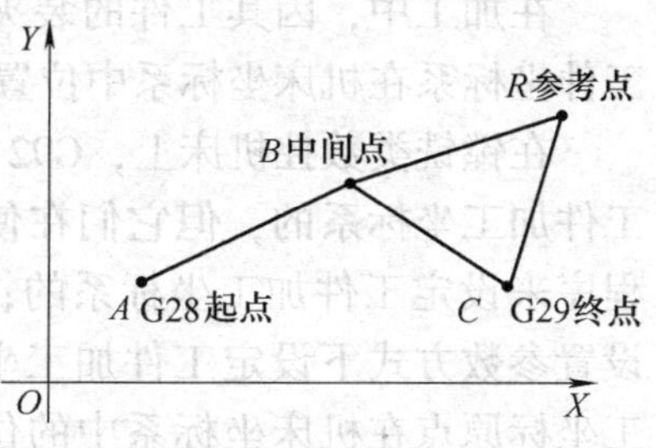

图 3-15　G28、G29 与 G00（G01）的关系

G28 的轨迹为 $A \to B \to R$

G29 的轨迹为 $R \to B \to C$

G00（G01）的轨迹为 $R \to C$

对值（G90）的方式写入，也可以以增量方式（G91）写入。当然，在从参考点返回时，可以不用G29而用G00或G01，但此时，不经过G28设置的中间点，而直接运动到返回点。

在铣削类数控机床上，G28、G29后面可以跟X、Y、Z中的任一轴或任二轴的坐标，亦可以三轴都跟，其意义与以上介绍的相同。

三、刀架相关点

从机械上说，所谓寻找机床参考点，就是使刀架相关点与机床参考点重合，从而使数控系统得知刀架相关点在机床坐标系中的坐标位置。所有刀具的长度补偿量均是刀尖相对该点长度尺寸，即为刀长。例如对车床类有$X_{刀长}$、$Z_{刀长}$，对铣床类有$Z_{刀长}$。可采用机内或机外刀具测量的方法测得每把刀具的补偿量。

有些数控机床使用某把刀具作为基准刀具，其他刀具的长度补偿均以该刀具做为基准，对刀则直接用基准刀具完成。这实际上是把基准刀尖作为刀架相关点，其含义与上相同。但采用这种方式，当基准刀具出现误差或损坏时，整个刀库的刀具要重新设置。

四、工件坐标系原点

在工件坐标系上，确定工件轮廓的编程和计算原点，称为工件坐标系原点，简称为工件原点，亦称编程零点。

在加工中，因其工件的装夹位置是相对于机床而固定的，所以工件坐标系在机床坐标系中位置也就确定了。

在镗铣类数控机床上，G92指令与G54～G59指令都是用于设定工件加工坐标系的，但它们在使用中是有区别的，G92指令是通过程序来设定工件加工坐标系的；G54～G59指令是通过CRT/MDI在设置参数方式下设定工件加工坐标系的，工件坐标系一经设定，加工坐标原点在机床坐标系中的位置是不变的，它与刀具的当前位置无关，除非再通过CRT/MDI方式更改。G92指令程序段只是设定加工坐标系，而不产生任何动作；G54～G59指令程序段则可以和G00、G01指令组合在选定的加工坐标系中进行位移。

1. 用 G92 确定工件坐标系

在编程中，一般是选择工件或夹具上的某一点作为编程零点，并以这一点作为零点，建立一个坐标系，这个坐标系是通常所讲的工件坐标系。这个坐标系的原点与机床坐标系的原点（机床零点）之间的距离用 G92（EIA 代码中用 G50）指令进行设定，即确定工件坐标系原点距刀具现在位置多远的地方，也就是以程序的原点为准，确定刀具起始点的坐标值，并把这个设定值存于程序存储器中，作为零件所有加工尺寸的基准点。因此，在每个程序的开头都要设定工件坐标系，其标准编程格式如下：

G92　X____　Y____　Z____;

图 3-16 所示为立式加工中心工件坐标系设定的例子。图中机床坐标系原点（机械原点）是指刀具退到机床坐标系最远的距离点，在机床出厂之前已经调好，并记录在机床说明书或编程手册之中，供用户编程时使用。

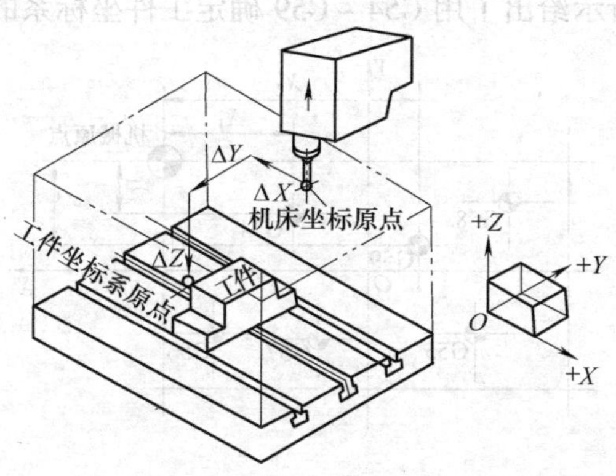

图 3-16　立式加工中心工件坐标系的建立

图 3-17 所示给出了用 G92 确定工件坐标系的例子。

N1　G90;

N2　G92　X6.0　Y6.0　Z0;

……

N8　G00　X0　Y0;

N9　G92　X4.0　Y3.0;

……

N13 G00 X0 Y0；

N14 G92 X4.5 Y－1.2；

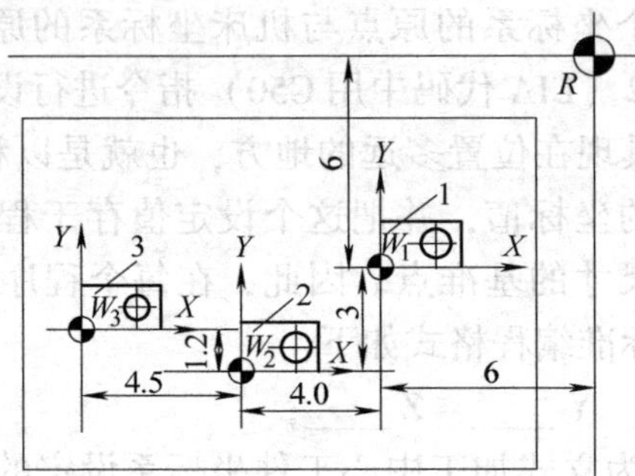

图 3-17 工件坐标系原点的确定

2. 用 G54～G59 确定工件坐标系

图 3-18 所示给出了用 G54～G59 确定工件坐标系的方法。

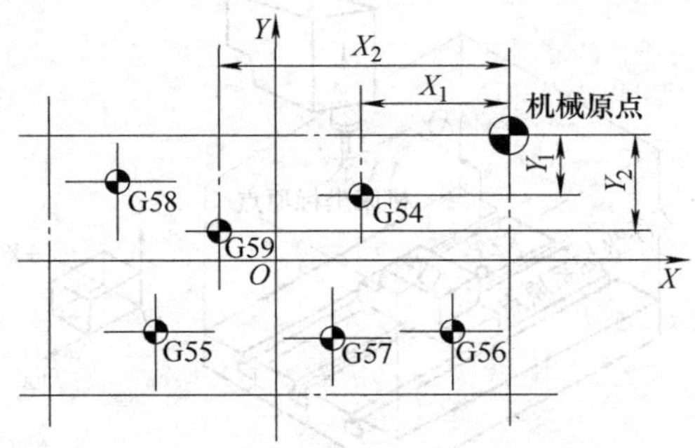

图 3-18 工件坐标系及设定

工件坐标系的设定可采用输入每个坐标系距机械原点的 *X*、*Y*、*Z* 轴的距离（*X*，*Y*，*Z*）来实现。在图 3-16 中分别设定 G54 和 G59 时可用下列方法：

G54 时	G59 时
X－X_1	X－X_2
Y－Y_1	Y－Y_2
Z－Z_1	Z－Z_2

当工件坐标系设定后，如果在程序中写成：G90 G54 X30.0 Y40.0 时，机床就会向预先设定的 G54 坐标系中的 *A* 点（30.0，40.0）处移动。同样，当写成 G90 G59 X30.0 Y30.0 时，机床就会向预先设定的 G59 中的 B 点（30.0，30.0）处移动（图 3-19）。

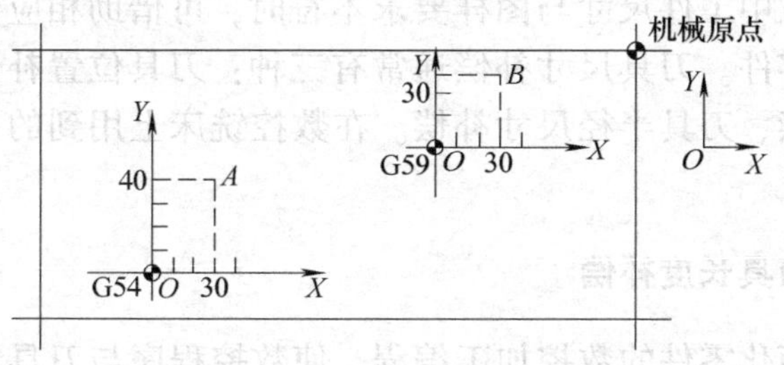

图 3-19　工件坐标系的使用

另外，在用 G54 ~ G59 方式时，通过 G92 指令编程后，也可建立一个新的工件加工坐标系。如图 3-20 所示，在 G54 方式时，当刀具定位于 *XOY* 坐标平面中的（200，160）点时，执行程序段：G92 X100.0 Y100.0 就由向量 *A* 偏移产生了一个新的工件坐标系 *X′O′Y′*坐标平面。

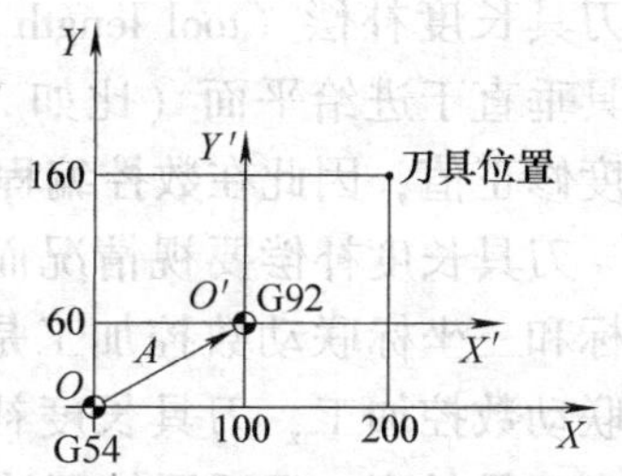

图 3-20　重新设定 *X′O′Y′*坐标平面

这是本章的重点，对于数控铣床与加工中心来说，一般情况下都要应用刀具补偿来编程。现代数控机床的刀具半径补偿常应用C类型的，在老式（或经济型）的数控机床上采用B类型的。

第六节　刀具补偿功能

数控机床在切削过程中不可避免地存在刀具磨损问题，譬如钻头长度变短，铣刀半径变小等，这时加工出的工件尺寸也随之变化。如果系统功能中有刀具尺寸补偿功能，可在操作面板上输入相应的修正值，使加工出的工件尺寸仍然符合图样要求，否则就得重新编

写数控加工程序。有了刀具尺寸补偿功能后，使数控编程大为简便，在编程时可以完全不考虑刀具中心轨迹计算，直接按零件轮廓编程。起动机床加工前，只需输入使用刀具的参数，数控系统会自动计算出刀具中心的运动轨迹坐标，为编程人员减轻了劳动强度。另外，试切和加工中工件尺寸与图样要求不符时，可借助相应的补偿加工出合格的零件。刀具尺寸补偿通常有三种：刀具位置补偿、刀具长度尺寸补偿、刀具半径尺寸补偿。在数控铣床上用到的刀具补偿为后两种。

一、刀具长度补偿

为了简化零件的数控加工编程，使数控程序与刀具形状和刀具尺寸尽量无关。现代数控系统除了具有刀具半径补偿功能外，还具有刀具长度补偿（tool length compensation）功能。刀具长度补偿使刀具垂直于进给平面（比如 *XY* 平面，由 G17 指定）偏移一个刀具长度修正值，因此在数控编程过程中，一般无需考虑刀具长度。

刀具长度补偿要视情况而定。一般而言，刀具长度补偿对于二坐标和三坐标联动数控加工是有效的，但对于刀具摆动的四、五坐标联动数控加工，刀具长度补偿则无效，在进行刀位计算时可以不考虑刀具长度，但后置处理计算过程中必须考虑刀具长度。

刀具长度补偿在发生作用前，必须先进行刀具参数的设置。设置的方法有机内试切法、机内对刀法、机外对刀法和编程法。

有的数控系统补偿的是刀具的实际长度与标准刀具的差，如图 3-21a 所示。有的数控系统补偿的是刀具相对于相关点的长度，如图 3-21b、c 所示，其中 3-21c 是球形刀的情况。

1. 刀具长度补偿的建立

$$\left.\begin{matrix}\text{G43}\\\text{G44}\end{matrix}\right\}\ \text{Z\_\_\_\_ H\_\_\_\_ 或}\quad \left.\begin{matrix}\text{G43}\\\text{G44}\end{matrix}\right\}\ \text{H\_\_\_\_}$$

根据上述指令，把 *Z* 轴移动指令的终点位置加上（G43）或减去（G44）补偿存储器设定的补偿值。由于把编程时设定的刀具长度的值和实际加工所使用的刀具长度值的差设定在补偿存储器中，无需变更程序便可以对刀具长度值的差进行补偿，这里的补偿又称

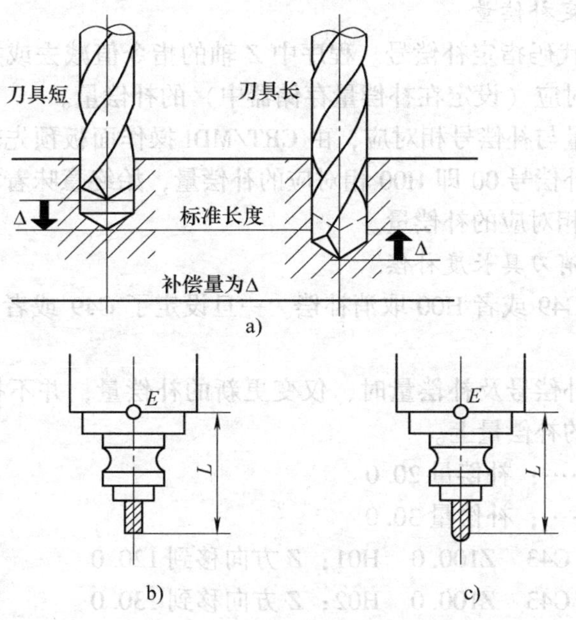

图 3-21　刀具长度补偿

为偏移，即进行补偿，以下皆同。

由 G43、G44 指令指明补偿方向，由 H 代码指定设定在补偿存储器中的补偿量。

2. 补偿方向

G43 表示正方向一侧补偿；G44 表示负方向一侧补偿。无论是绝对值指令还是增量值指令，在 G43 时程序中 Z 轴移动指令终点的坐标（设定在补偿存储器中）中加上用 H 代码指定的补偿量，其最终计算结果的坐标值为终点。Z 轴的移动被省略时，可认为是下述的指令，补偿值的符号为"+"时，G43 时是在正方向移动一个补偿量，G44 是在负方向移动一个补偿量。

$$\left.\begin{matrix}\text{G43}\\\text{G44}\end{matrix}\right\}\ \text{Z0H}\underline{\qquad}$$

补偿值的符号为负时，分别变为反方向。G43、G44 为模态 G 代码，直到同一组的其他 G 代码出现之前均有效。

3. 指定补偿量

由 H 代码指定补偿号。程序中 Z 轴的指令值减去或加上与指定补偿号相对应（设定在补偿量存储器中）的补偿量。

补偿量与补偿号相对应，由 CRT/MDI 操作面板预先输入在存储器中。与补偿号 00 即 H00 相对应的补偿量，始终意味着零。不能设定与 H00 相对应的补偿量。

4. 取消刀具长度补偿

指令 G49 或者 H00 取消补偿。一旦设定了 G49 或者 H00，立刻取消补偿。

变更补偿号及补偿量时，仅变更新的补偿量，并不把新的补偿量加到旧的补偿量上。

H01……；补偿量 20.0

H02……；补偿量 30.0

G90　G43　Z100.0　H01；Z 方向移到 120.0

G90　G43　Z100.0　H02；Z 方向移到 130.0

二、刀具半径补偿

1. 刀具半径补偿 C（G40～G42）

二维刀具半径补偿仅在指定的二维进给平面内进行，进给平面由 G17（$X-Y$ 平面）、G18（$Y-Z$ 平面）和 G19（$Z-X$ 平面）指定，刀具半径或刀尖半径值则通过调用相应的刀具半径补偿寄存器号码（用 H 或 D 指定）来取得。

（1）刀具半径补偿的目的　在数控铣床上进行轮廓的铣削加工时，由于刀具半径的存在，刀具中心（刀心）轨迹和工件轮廓不重合。如果数控系统不具备刀具半径自动补偿功能，则只能按刀心轨迹进行编程，即在编程时给出刀具中心运动轨迹，如图 3-22 所示的点划线轨迹，其计算相当复杂，尤其当刀具磨损、重磨或换新刀而使刀具直径变化时，必须重新计算刀心轨迹，修改程序，这样既繁琐，又不易保证加工精度。当数控系统具备刀具半径补偿功能时，数控编程只需按工件轮廓进行，如图 3-22 中的粗实线轨迹，数控系统会自动计算刀心轨迹，使刀具偏离工件轮廓一个半径值，即进行

刀具半径补偿。

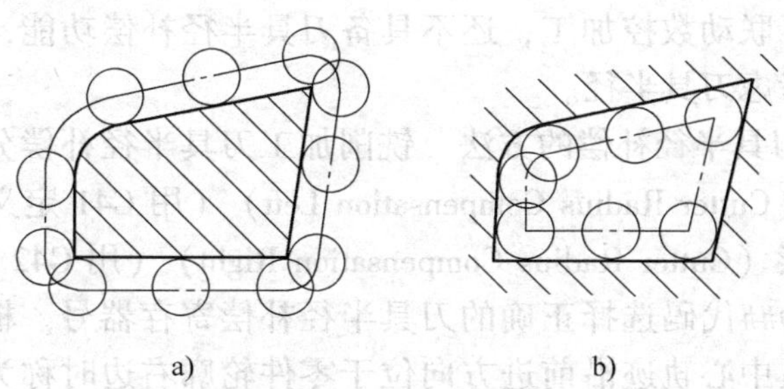

图 3-22　刀具半径补偿
a）外轮廓加工　b）内轮廓加工

（2）刀具半径补偿功能的应用

1）刀具因磨损、重磨、换新刀而引起刀具直径改变后，不必修改程序，只需在刀具参数设置中输入变化后刀具直径。如图 3-23 所示，1 为未磨损刀具，2 为磨损后刀具，两者值不同，只需将刀具参数表中的刀具半径 r_1 改为 r_2，即可适用同一程序。

2）用同一程序、同一尺寸的刀具，利用刀具半径补偿，可进行粗精加工。如图 3-24 所示，刀具半径 r，精加工余量 Δ。粗加工时，输入刀具直径 $D=2(r+\Delta)$，则加工出细点画线轮廓；精加工时，用同一程序，同一刀具，但输入刀具直径 $D=2r$，则加工出实线轮廓。

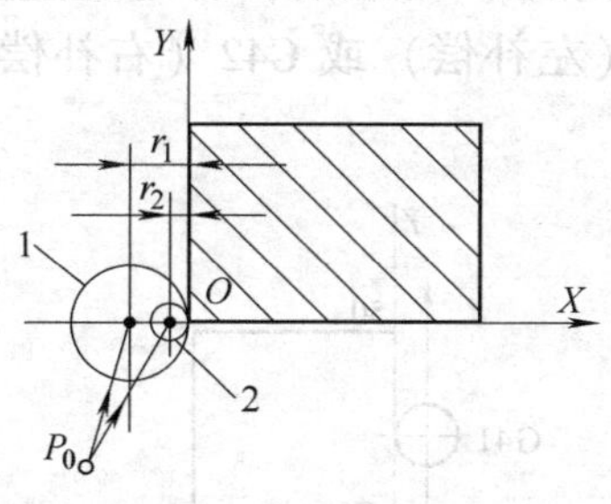

图 3-23　刀具直径变化，加工程序不变
1—未磨损刀具　2—磨损后刀具

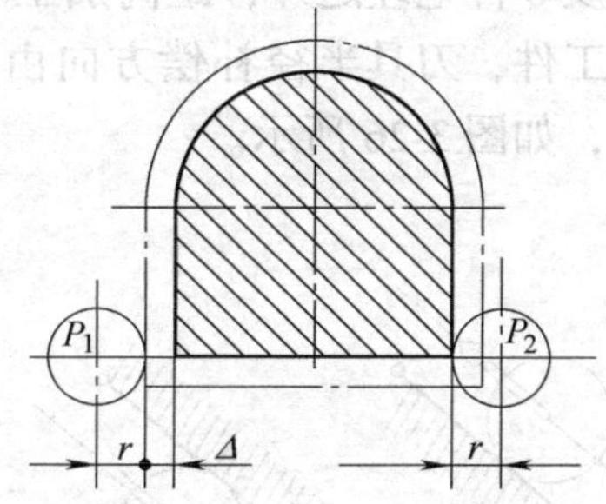

图 3-24　利用刀具半径补偿进行粗精加工
P_1—粗加工刀心位置　P_2—精加工刀心位置

在现代数控系统中，有的已具备三维刀具半径补偿功能。对于四、五坐标联动数控加工，还不具备刀具半径补偿功能，必须在刀位计算时考虑刀具半径。

（3）刀具半径补偿的方法　铣削加工刀具半径补偿分为刀具半径左补偿（Cutter Radius Compensation Left）（用 G41 定义）和刀具半径右补偿（Cutter Radius Compensation Right）（用 G42 定义），使用非零的 D##代码选择正确的刀具半径补偿寄存器号。根据 ISO 标准，当刀具中心轨迹沿前进方向位于零件轮廓右边时称为刀具半径右补偿，反之称为刀具半径左补偿，如图 3-25 所示；当不需要进行刀具半径补偿时，则用 G40 取消刀具半径补偿。根据参数的设定，可用 D 代码指令刀具半径补偿号。G40，G41，G42 后边一般只能跟 G00，G01，而不能跟 G03，G02 等。补偿方向由刀具半径补偿的 G 代码（G41，G42）和补偿量的符号决定，见表 3-6。

表 3-6　补偿量符号

补偿量符号 / G 代码	+	−
G41	补偿左侧	补偿右侧
G42	补偿右侧	补偿左侧

1）刀具半径补偿建立。刀具由起刀点（Start Point）（位于零件轮廓及零件毛坯之外，距离加工零件轮廓切入点较近）以进给速度接近工件，刀具半径补偿方向由 G41（左补偿）或 G42（右补偿）确定，如图 3-26 所示。

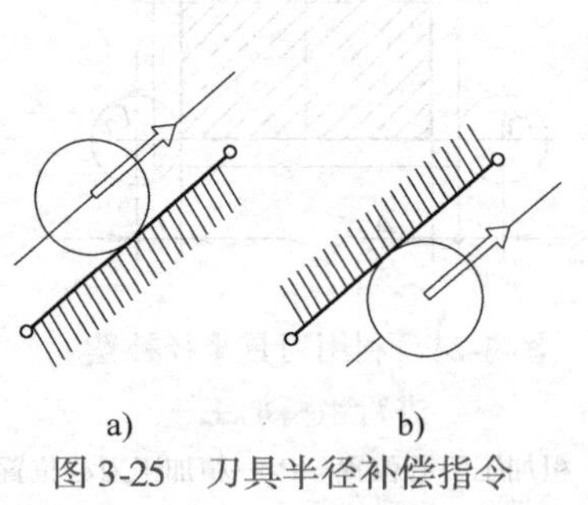

图 3-25　刀具半径补偿指令

a）刀具半径左补偿　b）刀具半径右补偿

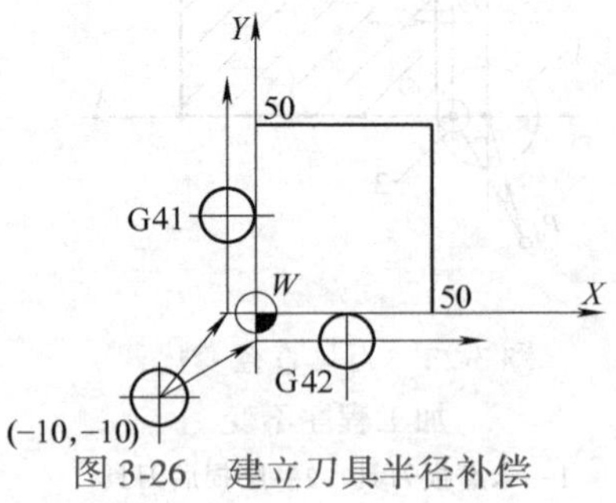

图 3-26　建立刀具半径补偿

在图 3-26 中，建立刀具半径左补偿的有关指令如下：

N10　G90　G92　X－10. Y－10.0　Z0；	定义程序原点，起刀点坐标为（－10，－10）
N20　S900　M03；	起动主轴
N30　G17　G01　G41　X0 Y0　D01；	建立刀具半径左补偿，刀具半径补偿寄存器号为 D01
N40　Y50.0；	定义首段零件轮廓

其中 D01 为调用 D01 号刀具半径补偿寄存器中存放的刀具半径值。建立刀具半径右补偿的有关指令如下：

N30　G17　G01　G42　X0　Y0　D01；

N40　X50.0；

2）刀具半径补偿取消。刀具撤离工件，回到退刀点，取消刀具半径补偿。与建立刀具半径补偿过程类似，退刀点也应位于零件轮廓之外，退出点距离加工零件轮廓较近，可与起刀点相同，也可以不相同。如图 3-26 所示，假如退刀点与起刀点相同的话，其刀具半径补偿取消过程的命令如下：

N100　G01　X0　Y0；	加工到工件原点
N110　G01　G40　X－10.0 Y－10.0；	取消刀具半径补偿，退回到起刀点

N110 也可以这样写：N110　G01　G41　X－10.0　Y－10.0　D00；或

N110　G01　G42　X－10.0　Y－10.0　D00；　D00 中的补偿量永远为 0。

2. 刀具半径补偿 B（G39～G42）

（1）刀具半径补偿功能　与该补偿有关的 G 功能见表 3-7。

表 3-7　关于 B 功能的刀具半径补偿

G 代码	组　别	功　能
G39	00	拐角补偿圆弧插补
G40	07	取消刀具半径补偿
G41	07	刀具半径补偿左
G42	07	刀具半径补偿右

一旦运行指令 G41、G42，则变为补偿方式。若运行指令 G40，则变为取消方式。在刚接通电源时，变为取消方式。由于不是模态 G 代码（G39），因此刀具半径补偿方式无变化。

（2）拐角补偿圆弧插补（G39）　用 G01、G02 或者 G03 的状态指定，根据以下指令，可以把拐角中的刀具半径作为半径补偿进行圆弧插补。

G39　X ____　Y ____；或 G39　I ____　J ____；

如图 3-27 所示，从终点看（X，Y）的方向与（X，Y）成直角，在左侧（G41）或右侧（G42）作成新的矢量。刀具从旧矢量的始点沿圆弧移向新的矢量的始点。

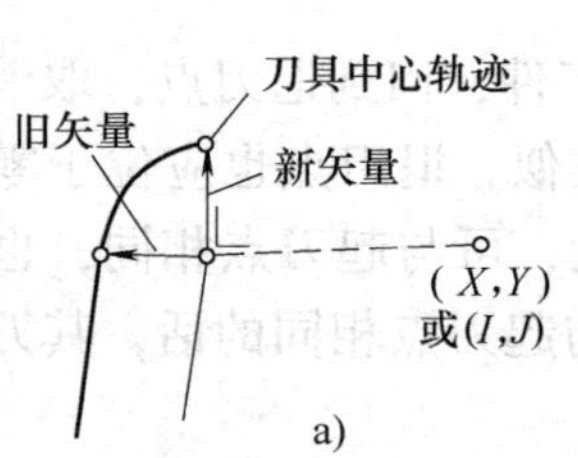

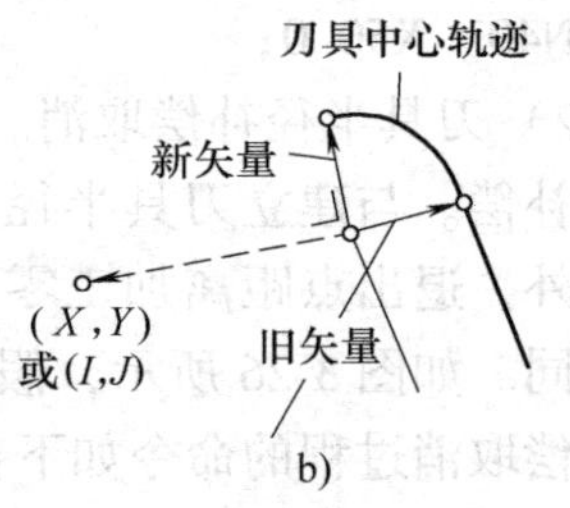

图 3-27　拐角补偿圆弧插补

（X，Y）为适应 G90 或 G91，用绝对值或增量值表示；（I，J）始终用增量值表示。

G39 的指令在补偿方式中，仅在 G41 或 G42 已指令时才给出，圆弧顺时针或逆时针由 G41 或 G42 指令。该指令不是模态的，01 组的 G 功能不会由于该指令而遭到破坏，可继续存储。

（3）G39 的应用　图 3-28 所示零件廓形 ABC 的加工程序为：

G90　G00　G41　X100.0　Y50.0　H01；$O \rightarrow A$，偏移 R_1

G01　X200.0　Y100.0　F150；$A \rightarrow B$，偏移 R_2

G39　X300.0　Y50.0；拐角偏移 R_3

G01　X300.0　Y50.0：$B \rightarrow C$

3. 补偿量（D 代码）

补偿量由 CRT/MDI 操作面板设定，与程序中指定的 D 代码后面的数字（补偿号）相对应。与补偿号 00，即 D00 相对应的补偿量，

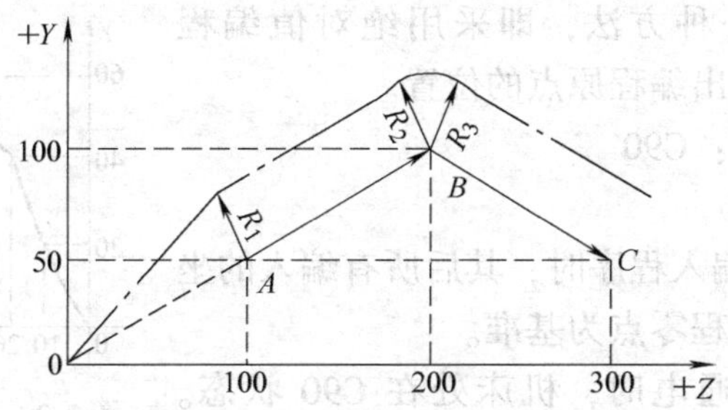

图 3-28 G39 指令的应用

始终意味着等于 0。可以设定与其他补偿号相对应的补偿量。

4. 补偿的一般注意事项

1）用 H 或 D 代码指定补偿量的号码，如果是从开始取消补偿方式移到刀具半径补偿方式以前，H 或 D 代码在任何地方指令都可以。若进行一次指令后，只要在中途不变更补偿量，则不需要重新指定。

2）从取消补偿方式移向刀具半径补偿方式时的移动指令，必须是点位（G00）或者是直线（G01）插补，不能用圆弧（G02，G03）插补。

3）从刀具半径补偿方式移向取消补偿方式时的移动指令，必须是点位（G00）或者是直线（G01）插补，不能用圆弧（G02，G03）插补。

4）从左向右或者从右向左切换补偿方向时，通常要经过取消补偿方式。

5）补偿量的变更通常是在取消补偿方式换刀时进行的。

6）若在刀具半径补偿中进行刀具长度补偿，刀具半径的补偿量也被变更了。

第七节 数控机床的编程规则

一、绝对值编程

绝对值编程是根据预先设定的编程原点计算出绝对值坐标尺寸

进行编程的一种方法，即采用绝对值编程时，首先要指出编程原点的位置。

书写格式：G90

说明：

1）G90 编入程序时，其后所有编入的坐标值全部以编程零点为基准。

2）系统通电时，机床处在 G90 状态。

图 3-29 绝对值编程

图 3-29 所示刻线程序如下：

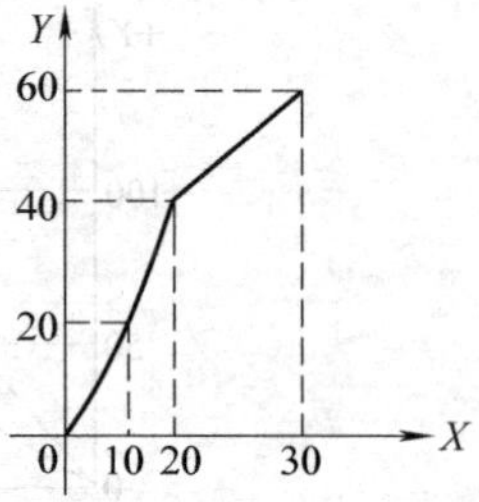

```
N0010  G00  Z5.0  T01  M03  S1000;
N0020  G00  X0  Y0;
N0030  G90  G01  Z-1.0  F100;
N0050  G01  X20.0  Y40.0;
N0060       X30.0  Y60.0;
N0070  G00  Z5.0;
N0080       X0  Y0;
N0090  M02;
```


二、增量值编程

增量值编程是根据与前一个位置的坐标值增量来表示位置的一种编程方法，即程序中的终点坐标是相对于起点坐标而言的。

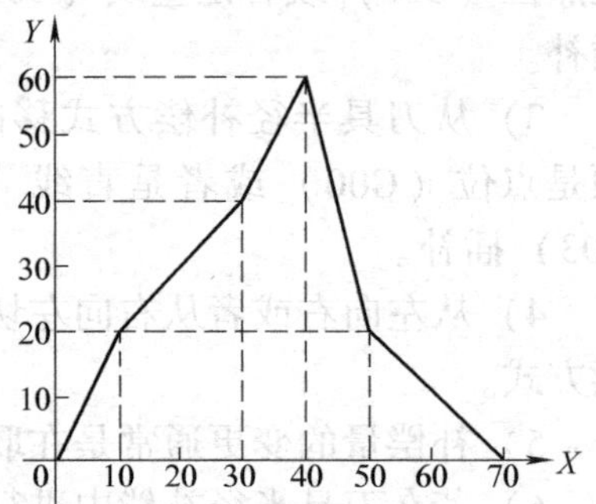

图 3-30 增量值编程

书写格式：G91

说明：G91 编入程序时，以后所有编入的坐标值均以前一个坐标位置作为起始点来计算运动的位置矢量。图 3-30 所示的刻线程序如下：

```
N0010  G00  Z5.0  T01  M03  S1000;
N0020  G00  X0  Y0;
N0030  G01  Z-1.0  F100;
N0040  G91  X10.0  Y20.0;
```

```
N0050         X20.0   Y20.0;
N0060         X10.0   Y20.0;
N0070         X10.0   Y-40.0;
N0080         X20.0   Y-20.0;
N0090  G90   G00   Z5.0;
N0100  G00   X0   Y0;
N0110  M02;
```

三、极坐标编程

有的系统可以使用极坐标系。编程时以 R 表示极半径，以 A 表示极角，极坐标编程只能描述平面上的坐标点。如图 3-31 所示，其坐标点见表 3-8、表 3-9，有的数控系统以 X 表示极半径，以 Y 表示极角。

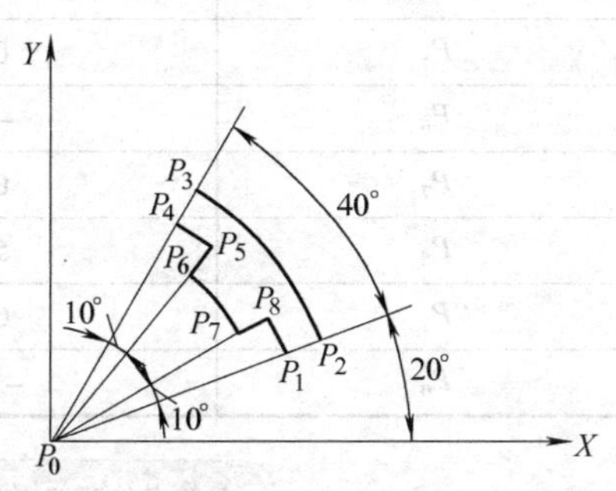

图 3-31　G90、G91 实例（极坐标）

表 3-8　G90 时极坐标值

点	R	A
P_0	0	0
P_1	35	20
P_2	40	20
P_3	40	60
P_4	35	60
P_5	35	50
P_6	30	50
P_7	30	30
P_8	35	30
P_1	35	20
P_0	0	0

表 3-9　G91 时极坐标值

点	R	A
P_0	0	0
P_1	35	20
P_2	5	0
P_3	0	40
P_4	-5	0
P_5	0	-10
P_6	-5	0
P_7	0	-20
P_8	5	0
P_1	0	-10
P_0	-35	-20

小数点编程只是有的FANUC系统（这样的数控机床在我国还有很多）与少数国产的系统应用，其他系统一般不用。现代的FANUC系统中也不用了。

四、小数点编程

一般的 FANUC 数控系统允许使用小数点输入数值，也可以不用。小数点可用于距离、时间和度等单位。

1）对于距离，小数点的位置单位是 mm 或 in；对于时间，小数点的位置单位是 s。如：

X35.0 即 X（坐标）为 35mm 或 35in；

F1.35 即 F 为 1.35mm/r 或 1.35mm/min（米制）；1.35in/r 或 1.35in/min（英制）。

G04　X2.0 表示暂停 2s。

2）程序中有无小数点的含义根本不同。无小数点时，与参数设定的最小输入增量有关。例如：

G21　X1.0 即为 X1mm；

G21　X1 即为 X0.001mm 或 0.01mm（因参数设定而异）；

G20　X1.0 即为 X1in；

G20　X1 即为 X0.0001in 或 0.001in（因参数设定而异）。

3）在程序中，小数点的有无可混合使用。例如：

S1000　Z5.7

X10.0　Z4256

4）在暂停指令中，小数点输入只允许用于地址 X 和 U，不允许用于地址 P。

5）最小命令增量以下的值因无效将被舍去。例如：

G21　X1.23456 则只接受 X1.234，其余 0.00056 被舍去。

G20　X1.23456 则只接受 X1.2345，其余 0.00006 被舍去。

当然，有的数控系统没有这种规定，不用小数点时单位也是 mm 或 in。例如，X35 即为 X35mm 或 35in。

第八节　手工编程中的数学处理

一、数学处理的内容

1. 数值换算

（1）标注尺寸换算　图样上的尺寸基准与编程所需要的尺寸基准不一致时，应将图样上的尺寸基准、尺寸换算为编程坐标系中的尺寸，再进行下一步数学处理工作。

（2）尺寸链解算　在数控加工中，除了需要准确地得到其编程尺寸外，还需要掌握控制某些重要尺寸的允许变动量，这就需要通过尺寸链解算才能得到，故尺寸链解算是数学处理中的一个重要内容。

2. 坐标值计算

编制加工程序时，需要进行的坐标值计算工作有：基点的直接计算、节点的拟合计算及刀具中心轨迹的计算等。

（1）基点的直接计算

1）基点的含义　构成零件轮廓的不同几何素线的交点或切点称为基点，它可以直接作为其运动轨迹的起点或终点。

2）基点直接计算的内容　根据直接填写加工程序段时的要求，

该内容主要有：每条运动轨迹（线段）的起点或终点在选定坐标系中的各坐标值和圆弧运动轨迹的圆心坐标值。

基点直接计算的方法比较简单，一般根据零件图样所给已知条件人工完成。

（2）节点的拟合计算

1）节点的含义　当采用不具备非圆曲线插补功能的数控机床加工非圆曲线轮廓的零件时，在加工程序的编制工作中，常常需要用直线或圆弧去近似代替非圆曲线，称为拟合处理。拟合线段的交点或切点就称为节点。

2）节点拟合计算的内容　节点拟合计算的难度及工作量都较大，故宜通过计算机完成；有时，也可由人工计算完成，但对编程者的数学处理能力要求较高。拟合结束后，还必须通过相应的计算，对每条拟合段的拟合误差进行分析。

在实际应用的过程中可以采用其他方法计算基点，不一定用本书介绍的方法。

二、基点的计算

基点一般采用联立方程组求解。

1）如图 3-32 所示，已知直线 $y=k_1x+b_1$ 与直线 $y=k_2x+b_2$ 相交，求其交点（x_K，y_K），利用直线与直线方程联立，得联立方程

$$\begin{cases} y=k_1x+b_1 \\ y=k_2x+b_2 \end{cases}$$

求出交点(x_K，y_K)即可。

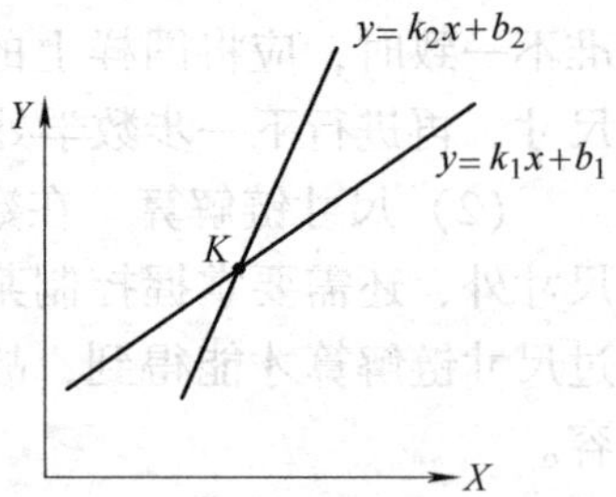

图 3-32　直线与直线相交

2）如图 3-33 所示，直线 $y=kx+b$ 与以点(x_0，y_0)为圆心，半径为 R 的圆弧相交，求圆弧与直线的交点 C 坐标(x_C，y_C)。

直线方程与圆方程联立，得联立方程组 $\begin{cases} (x-x_0)^2+(y-y_0)^2=R^2 \\ y=kx+b \end{cases}$

经推算后可得计算公式如下

$$A = 1 + k^2$$
$$B = 2[k(b - y_0) - x_0]$$
$$C = x_0^2 + (b - y_0)^2 - R^2$$

$$x_C = \frac{-B \pm \sqrt{B^2 - 4AC}}{2A}$$（求 x_C 较大时取"+"号）

$$y_C = kx_C + b$$

上式也可用于求解直线与圆相切时的切点坐标。当直线与圆相切时，取 $B^2 - 4AC = 0$，此时 $x_C = -\dfrac{B}{2A}$

其余计算公式不变。

3）如图 3-34 所示，已知两相交圆的圆心坐标及半径分别为（x_1，y_1），R_1 和（x_2，y_2），R_2，求其交点坐标(x_C，y_C)。

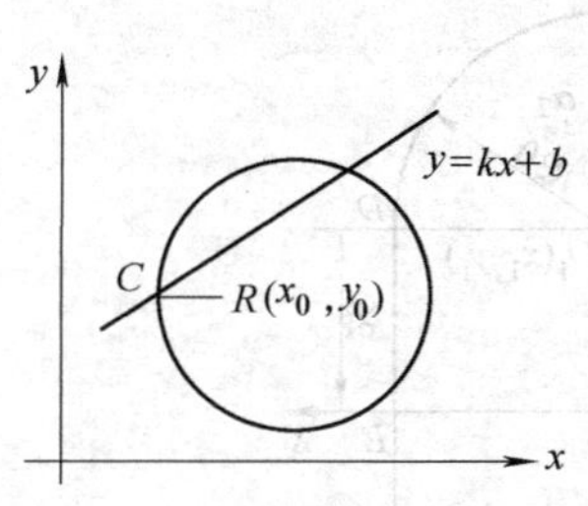

图 3-33 直线与圆弧相交

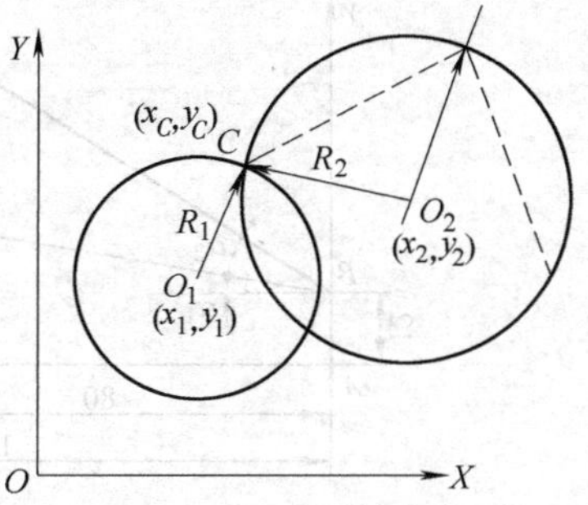

图 3-34 圆弧与圆弧相交

联立两圆方程

$$\begin{cases}(x - x_1)^2 + (y - y_1)^2 = R_1^2 \\ (x - x_2)^2 + (y - y_2)^2 = R_2^2\end{cases}$$

经推算后可得计算公式如下：

令
$$\Delta x = x_2 - x_1$$
$$\Delta y = y_2 - y_1$$

$$D = \frac{(x_2^2 + y_2^2 - R_2^2) - (x_1^2 + y_1^2 - R_1^2)}{2}$$

$$A = 1 + \left(\frac{\Delta x}{\Delta y}\right)^2$$

$$B = 2\left[\left(y_1 - \frac{D}{\Delta y}\right)\frac{\Delta x}{\Delta y} - x_1\right]$$

$$C = \left(y_1 - \frac{D}{\Delta y}\right)^2 + x_1^2 - R_1^2$$

则

$$x_C = \frac{-B \pm \sqrt{B^2 - 4AC}}{2A}\text{（求 } x_C \text{ 较大时取“+”号）} \quad y_C = \frac{D - x_C\Delta x}{\Delta y}$$

当两圆相切时，取 $B^2 - 4AC = 0$ 即可。

例 1 求图 3-35 中求 C 点坐标。

解 过 C 点作 X 轴的垂线与过 O_1 点作 Y 轴的垂线相交于 G 点。

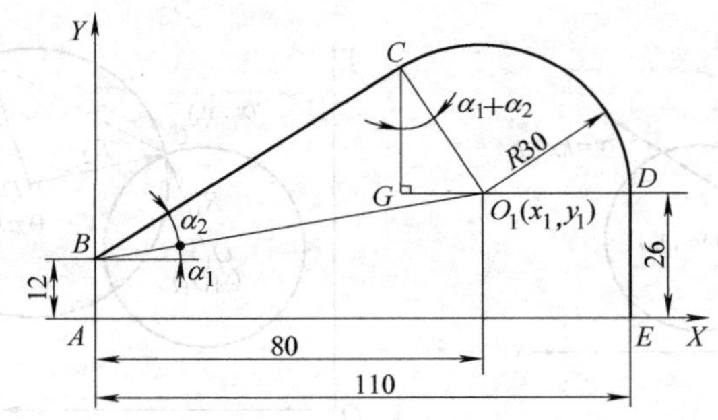

图 3-35 零件轮廓的基点坐标计算

1）解析法

根据图 3-35 中各坐标位置关系可知

$$\begin{cases}\Delta x = x_1 - x_B = 80 - 0 = 80 \\ \Delta y = y_1 - y_B = 26 - 12 = 14\end{cases}$$

则 $\begin{cases}\alpha_1 = \arctan\left(\dfrac{\Delta y}{\Delta x}\right) = 9.92625° \\ \alpha_2 = \arcsin\left(\dfrac{R}{\sqrt{\Delta x + \Delta y}}\right) = 21.67778°\end{cases}$ 用 k 表示 $\overline{BC}$ 直线的斜率

$$k=\tan(\alpha_1+\alpha_2)=0.6153$$

该直线对 Y 轴的截距 $b=12$，圆心为 O_1 的圆方程与直线$\overline{BC}$的方程联立求解

$$\begin{cases}(x-80)^2+(y-26)^2=30^2\\ y=0.6153x+12\end{cases}$$

$$A=1+k^2=1.3786$$

$$B=2[k(b-y_1)-x_1]=2[0.615\times(12-26)-80]=-177.23$$

$$x_C=\frac{-B}{2A}=\frac{-(-177.23)}{2\times1.3786}=64.279$$

$$y_C=kx_C+b=0.6153\times64.279+12=51.551$$

2）三角法

由图 3-35 可知，当已知 α_1 和 α_2 后，可利用三角函数关系得

$$80-x_C=\sin(\alpha_1+\alpha_2)R$$

$$y_C-26=\cos(\alpha_1+\alpha_2)R$$

$$x_C=80-\sin(\alpha_1+\alpha_2)\times30=64.27$$

$$y_C=\cos(\alpha_1+\alpha_2)\times30+26=51.55$$

由此可见，直接利用图形间的几何三角关系求解基点坐标，计算过程相对于联立方程求解会简单一些。但用这种方法求解时，必须考虑组成轮廓的直线、圆的方向性，只有这样，在多数情况下解才是惟一的。例如在图 3-36 中，为求得两圆的公切线，按作图法应该有四条，这就需要对图形中的直线和圆赋予方向性，这样解才是惟一的。

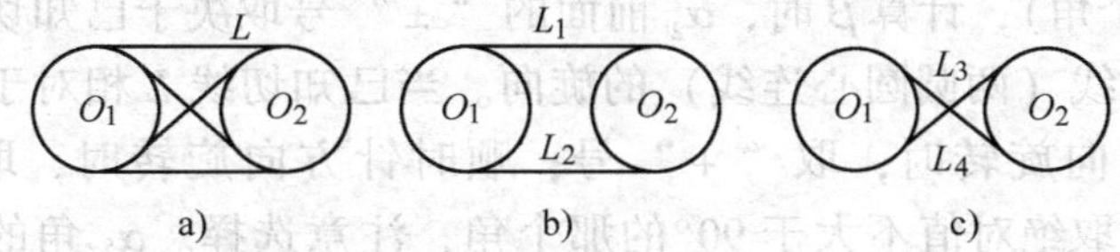

图 3-36　两圆的公切线

例如在图 3-36b 中，假设 O_1 和 O_2 因都是顺时针走向，则按照带轮法则，从 O_1 到 O_2 的公切线只能是 L_1，而从 O_2 到 O_1 的公切线只能是 L_2。图 3-36c 表示了其他两种情况。下面利用这种定向关系

采用三角函数法求解公切线上两圆的公切点，如图 3-37 所示。

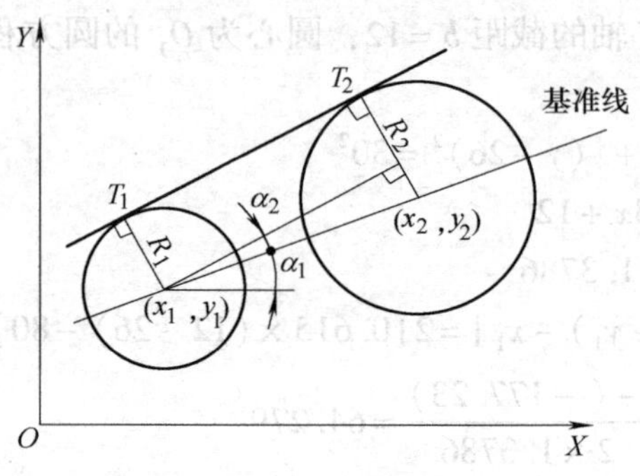

图 3-37　公切点的计算

已知两圆的圆心坐标及半径分别为（x_1，y_1），R_1 和（x_2，y_2），R_2，一直线与两圆圆弧相切，求切点坐标 T_1（x_{T1}，y_{T1}），T_2（x_{T2}，y_{T2}）。

令　$\Delta x = x_2 - x_1$，$\Delta y = y_2 - y_1$

则 $\tan\alpha_1 = \dfrac{\Delta y}{\Delta x}$，$\sin\alpha_2 = \dfrac{R_2 \pm R_1}{\sqrt{\Delta x^2 + \Delta y^2}}$

注：求内公切线切点坐标用“+”，求外公切线切点坐标用“-”。R_2 表示较大圆的半径，R_1 表示较小圆的半径。

$\beta = |\alpha_1 \pm \alpha_2|$，$x_{T1} = x_1 \pm R_1\sin\beta$，$y_{T1} = y_1 \pm R_1|\cos\beta|$

同理：$x_{T2} = x_2 \pm R_2\sin\beta$，$y_{T2} = y_2 \pm R_2|\cos\beta|$

说明：β 角为公切线与水平线的夹角（角度值取绝对值不大于 90°的那个角），计算 β 时，α_2 前面的“±”号取决于已知切线 L 相对于基准线（两圆圆心连线）的旋向。当已知切线 L 相对于基准线逆时针方向旋转时，取“+”号；顺时针方向旋转时，取“-”号，角度取绝对值不大于 90°的那个角，注意选择。α_2 角的旋向在计算时至关重要。

计算切点 $T(x_T, y_T)$时，其“±”号的选取取决于 $T(x_T, y_T)$相对于该切点所在圆的圆心坐标(x_i, y_i)所处的象限位置，如果 x_T 在 x_i 右边时取“+”号，反之取“-”号；如果 y_T 在 y_i 上边时取“+”号，反之取“-”号。

例 2　计算用四心法加工 $a=150$，$b=100$ 的近似椭圆所用数值。

解　（1）数值计算的基础　用四心法加工椭圆工件时，一般选椭圆的中心为工件零点（如图 3-38 所示）。

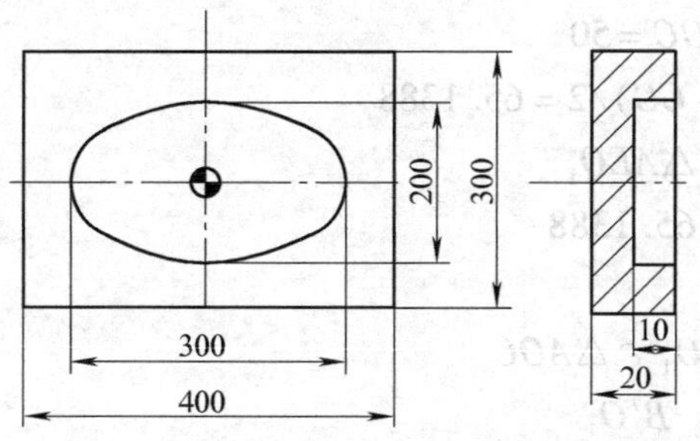

图 3-38　工件零点

用四心法加工椭圆工件时，数值计算的基础就是用四心法作近似椭圆的画法（如图 3-39 所示）。

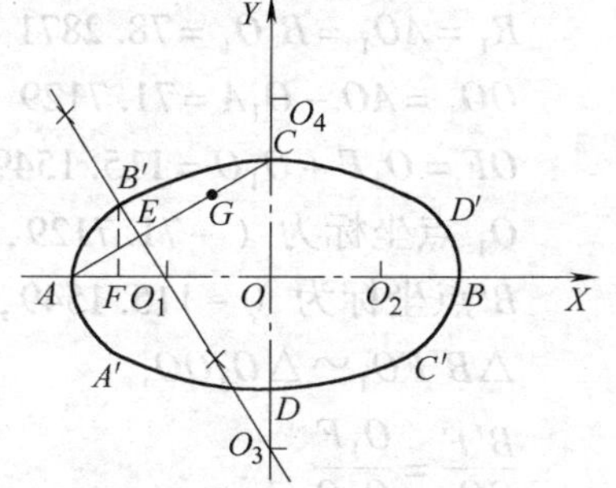

图 3-39　椭圆的近似作法

1）做相互垂直平分的线段 AB 与 CD 交于 O，其中 $AB=2a=300\text{mm}$ 为长轴，$CD=2b=200\text{mm}$ 为短轴。

2）连接 AC，取 $CG=AO-OC=50$。

3）作 AG 的垂直平分线分别交 AG、AO、OD 的延长线于 E、O_1、O_3。

4）作 O_1、O_3 的对称点 O_2、O_4。

5）分别以 O_1、O_2、O_3、O_4 为圆心，O_1A、O_2B、O_3C、O_4D 为半径作圆，分别相切于 B'、A'、D'、C'，即得一近似椭圆。

（2）数值计算　用四心法加工椭圆工件时，数值计算就是求 B'、A'、D'、C'。以及 O_1、O_2、O_3、O_4 的坐标，由用四心法作椭圆的画法可知：

B'与 A'、D'、C'是对称的，O_1、O_3 与 O_2、O_4 也是对称的，因此只要求出 B'、O_1、O_3 点的坐标，其他点的坐标也迎刃而解了。

$AO = 150 \quad OC = 100$

$AC = \sqrt{150^2 + 100^2} = 180.2776$

由用四心法作椭圆的画法可知：

$GC = AO - OC = 50$

$AE = (AC - GC)/2 = 65.1388$

$\triangle B'FO_1 \cong \triangle AEO_1$

$B'F = AE = 65.1388$

$AO_1 = B'O_1$

又：$\triangle B'FO_1 \backsim \triangle AOC$

$\frac{B'F}{AO} = \frac{O_1F}{CO} = \frac{B'O_1}{AC}$

$O_1F = 43.4258$

$B'O_1 = \sqrt{B'F^2 + O_1F^2} = 78.2871$

$R_1 = AO_1 = B'O_1 = 78.2871$

$OO_1 = AO - O_1A = 71.7129$

$OF = O_1F + O_1O = 115.1549$

O_1 点坐标为（-71.7129，0）

B'点坐标为（-115.1549，65.1388）

$\triangle B'FO_1 \backsim \triangle O_3OO_1$

$\frac{B'F}{OO_3} = \frac{O_1F}{O_1O}$

$OO_3 = 107.5695$

$R_3 = O_3C = 207.5695$

O_3 点的坐标为（0，-107.5695）。当然，这些点的坐标亦可以用解析法求得，即：

由 $\lambda = \frac{AE}{EC} = \frac{AE}{EG + GC} = 0.5655$ 与定比分点定理可得：

E 点坐标为（-95.816，36.1226）

又：直线 AC 的斜率为 $k_{AC} = 100/150 = 0.6667$

且 $B'O_3 \perp AC$

直线 $B'O_3$ 的方程为：$y - 36.1226 = -1.5(x + 95.816)$即

$1.5x + y + 107.6014 = 0$

O_1、O_3 点的坐标为（−71.7129，0），（0，−107.5695）

圆 O_1、O_3 的方程为：

$$(x + 71.7129)^2 + y^2 = 78.2871^2$$

$$x^2 + (y + 107.5695)^2 = 207.5695^2$$

B'点的坐标为（−115.1549，65.1388）

由 O_1、O_3、B'点的坐标就可以很容易地求出 O_2、O_4、A'、C'、D'点的坐标了。

复习思考题

1. 什么是数控编程？数控编程有哪几个步骤？
2. 有哪几种数控编程的方法？它们各自的定义是什么？
3. 请画出下列机床的机床坐标系：

（1）卧式车床　（2）立式铣床　（3）牛头刨床　（4）卧式铣床

4. 在数控机床上，X、Y、Z 坐标是怎样定义的？
5. 什么是模态？
6. 进给速度有哪几种表示方法？
7. 在加工中心上的换刀方法有哪几种？请用指令表示出来。
8. 数控程序由哪几部分组成？
9. 简述数控机床上各种点的含义。
10. 数控镗铣类机床上工件零点是怎样确定的？
11. 什么是长度补偿？请写出指令。
12. 刀具半径补偿的目的是什么？怎样应用？请写出刀具半径补偿的指令。

第四章

FANUC 系统的编程与操作

培训学习目标 掌握 FANUC 系统的钻、扩、铰、镗等孔类、平面铣削、含直线插补、圆弧插补二维轮廓等加工程序的编制。能在 FANUC 系统的数控铣与加工中心上加工平面、型腔、曲面、孔系、槽类等工件；熟练掌握程序输入与编辑、对刀、程序调试与运行、刀具管理等操作功能。

第一节 FANUC 系统加工中心的基本指令简介

一、FANUC 数控系统介绍

FANUC 公司生产的 CNC 产品主要有 FS3、FS6、FS0、FS10/11/12、FS15、FS16、FS18、FS21/210 等系列。目前我国用户主要使用的有 FS0、FS15、FS16、FS18、FS21/210 等系列。

1. FS0 系列

FS0 系列是一种面板装配式的 CNC 系统。它有许多规格，例如 FS0-T、FS0-TT、FS0-M、FS0-ME、FS0-G、FS0-F 等型号。T 型 CNC 系统用于单刀架单主轴的数控车床，TT 型 CNC 系统用于单主轴双刀架或双主轴双刀架的数控车床，M 型 CNC 系统用于数控铣床或加工中心，G 型 CNC 系统用于数控磨床，F 型是对话型数控 CNC 系统。

2. FS10/11/12 系列

FS10/11/12 系列多种品种，可用于各种机床，它的规格型号有：

M 型、T 型、TT 型、F 型。

3. FS15 系列

FS15 系列是 FANUC 公司开发的较新的 32 位 CNC 系统，被称为人工智能 CNC 系统。该系统是按功能模块结构构成的，可以根据不同的需要组合成最小至最大系统，控制轴数从 2 根到 15 根，同时还有 PMC 的轴控制功能，可配制备有 7、9、11 和 13 个槽的控制单元母板，在控制单元上插入各种印制电路板，采用了通信专用微处理器和 RS422 接口，并有远程缓冲功能。在硬件方面采用了模块式多组总线结构，为多微处理控制系统，主 CPU 为 68020，同时还有一个子 CPU，所以该系统适用于大型机床、复合机床的多轴控制和多系统控制。

4. FS16/ FS18 系列

FS16 系列是在 FS15 之后开发的产品，其性能介于 FS15 和 FS0 之间，在显示方面，FS16 系列采用了彩色液晶显示等新技术。

5. FS21/ FS210 系列

FS21/ FS210 系列是 FANUC 公司最新推出的系统，该系统有 FS21MA/MB、FS21TA/TB、FS210MA/MB 和 FS210TA/TB 等型号。本系列的数控系统适用于中小型数控机床。

二、三部分介绍的是FANUC0系统的G、M功能，其他的系统可能与此有所差异，以机床说明书为准。

二、FANUC 系统加工中心的准备功能

1. FANUC 系统加工中心的准备功能（表 4-1）概述

表 4-1　FANUC 数控系统的准备功能表

G 代码	组　别	说　明	附　注
◢ G00	01	快速定位	模态
◢ G01		直线插补	模态
G02		顺时针圆弧插补	模态
G03		逆时针圆弧插补	模态

（续）

G 代码	组 别	说 明	附 注
G04	01	暂停	非模态
G05.1		AI 先行控制	非模态
G08		先行控制	非模态
G09		准确停止	非模态
G10		数据设置	模态
G11		数据设置取消	模态
◢ G15	17	极坐标指令取消	模态
G16		极坐标指令	模态
◢ G17	02	*XY* 平面选择（默认状态）	模态
◢ G18		*ZX* 平面选择	模态
◢ G19		*YZ* 平面选择	模态
G20	06	英制（in）	模态
G21		米制（mm）	模态
◢ G22	04	行程检查功能打开	模态
G23		行程检查功能关闭	模态
G27	00	参考点返回检查	非模态
G28		参考点返回	非模态
G30		第 2、3、4 参考点返回	非模态
G31		跳步功能	非模态
G33	01	螺纹切削	模态
G37	00	自动刀具测量	非模态
G39		拐角偏置圆弧插补	非模态
◢ G40	07	刀具半径补偿取消	模态
G41		刀具半径左补偿	模态
G42		刀具半径右补偿	模态
G43	08	刀具长度正补偿	模态
G44		刀具长度负补偿	模态

（续）

G 代码	组　别	说　明	附　注
G45	00	刀具偏置增加	非模态
G46		刀具偏置减小	非模态
G47		2 倍刀具偏置增加	非模态
G48		2 倍刀具偏置减小	非模态
◢ G49	08	刀具长度补偿取消	模态
◢ G50	11	比例缩放取消	模态
G51		比例缩放有效	模态
◢ G50. 1	22	可编程镜像取消	模态
G50. 1		可编程镜像有效	模态
G52	00	局部坐标系设置	非模态
G53		机床坐标系设置	非模态
◢ G54	14	第一工件坐标系设置	模态
G54. 1		选择附加工件坐标系	模态
G55		第二工件坐标系设置	模态
G56		第三工件坐标系设置	模态
G57		第四工件坐标系设置	模态
G58		第五工件坐标系设置	模态
G59		第六工件坐标系设置	模态
G60	00/01	单方向定位	非模态
G61	15	准确停止方式	模态
G62		自动拐角倍率	模态
G63		攻螺纹方式	模态
◢ G64		切削方式	模态
G65	00	宏程序调用	非模态
G66	12	宏程序模态调用	模态
◢ G67		宏程序模态调用取消	模态

（续）

G 代码	组　别	说　明	附　注
G73	09	高速深孔排屑钻	模态
G74		左旋攻螺纹循环	模态
G76		精镗循环	模态
◢ G80		钻孔固定循环取消	模态
G81		钻孔循环	模态
G82		钻孔循环	模态
G83		深孔排屑钻	模态
G84		右旋攻螺纹循环	模态
G85		镗孔循环	模态
G86		镗孔循环	模态
G87		背镗循环	模态
G88		镗孔循环	模态
G89		镗孔循环	模态
◢ G90	03	绝对坐标编程	模态
◢ G91		增量坐标编程	模态
G92	00	工件坐标原点设置或限制最高主轴转速	非模态
G92. 1		工件坐标系预置	非模态
◢ G94	05	每分进给	模态
G95		每转进给	模态
G96	13	恒表面速度控制	模态
◢ G97		恒表面速度取消	模态

（续）

G 代码	组　别	说　明	附　注
◢ G98	10	固定循环中，返回到初始点	模态
G99		固定循环中，返回到 R 点	模态

注：1. 如果设定参数（No. 3402 的第六位 CLR），使用电源接通或复位时 CNC 进入清除状态，此时 G 代码的状态如下：

1）当机床电源打开或按复位键时，标有“◢”符号的 G 代码被激活，即默认状态。

2）由于电源打开或复位，使系统被初始化，已指定的 G20 或 G21 代码保持有效。

3）用参数 No. 3402#7（G23）设置电源接通时是 G22 还是 G23。另外将 CNC 复位为清除状态时，已指定的 G22 或 G23 代码保持有效。

4）通过设定参数 No. 3402#0（G01），可以使机床在复位时选择 G01 还是 G00 有效。

5）通过设定参数 No. 3402#3（G91），可以使机床在复位时选择 G90 还是 G91 有效。

6）通过设定参数 No. 3402#1（G18）和#2（G19），使机床在复位时可以选择 G17、G18 或 G19 有效。

2. 当指令了 G 代码中未列出的 G 代码或指令了一个未选择功能的 G 代码时，输出 P/S 报警 No. 010。

3. 不同组的 G 代码可以在同一程序段中指定：如果在同一程序段中指定同组 G 代码，最后指定的 G 代码有效。

4. 如果在固定循环中指令了 01 组的 G 代码，则固定循环被取消，与 G80 相同。但 01 组的 G 代码不受固定循环的影响。

5. 根据参数 No. 5431#0（MDL）的设定，G60 的组别可以转换（当 MDL = 0 时，G60 为 00 组 G 代码，当 MDL = 1 时为 01 的 G 代码。）

2. FANUC 系统加工中心的基本指令简介

（1）快速点定位（G00）　书写格式：

G00 X____ Y____ Z____ S____ B____ M____；

其中：X、Y、Z 为快速点定位的目标点；S 是主轴转数；B 是第二辅助功能；M 是辅助功能。

经常使用的格式：

G00 X____ Y____ Z____；

G00 的实际速度受机床面板上的倍率开关控制。G00 的运动轨迹一般为折线，如 G00 X50. 0 Y100. 0；的运动轨迹如图 4-1 所示。

（2）直线插补（G01）书写格式：

G01 X ____ Y ____ Z ____ C/R ____ F ____ E ____ S ____ B ____ M ____;

其中：X、Y、Z 为直线插补线段的终点坐标；C/R 中，C 为两直线段间倒棱的数据地址，R 为两直线段间倒圆角的数据地址；F 是进给量；E 是倒棱或倒圆角处的进给量，若不写则用 F 值；S、B、M 与 G00 定义同。

经常使用的格式：G01 X ____ Y ____ Z ____ F ____；

有的数控系统 G00 和 G01 后可以跟 X、Y、Z、A、B、C 等的任意组合，其中旋转轴的进给速度用（°）/min 表示（图 4-2）。

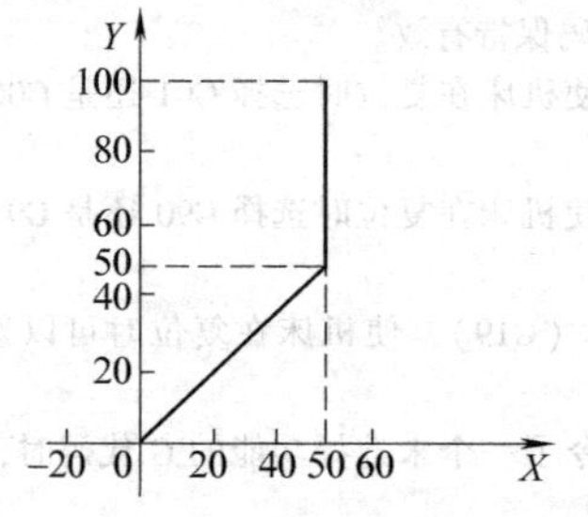

图 4-1　G00 X50. 0 Y 100. 0 的轨迹

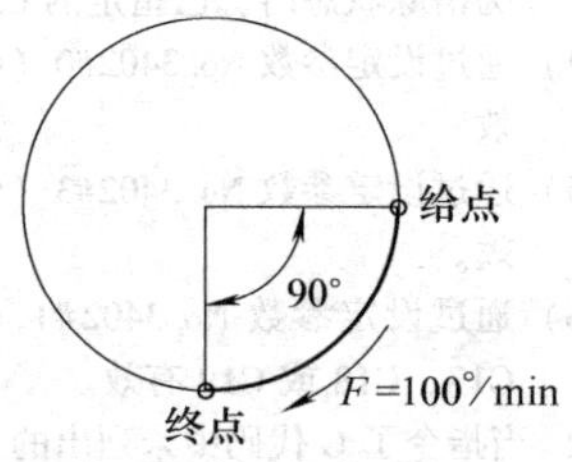

图 4-2　旋转轴的进给速度

（3）英/米制转换（G20/G21）书写格式：

G20/G21

说明：1）这是个信息指令，以单独程序段设定，为模态指令。

2）G20 为英制，G21 为米制。

3）程序格式：

G20/G21；

（4）存储行程极限　机床有两种行程极限：第一种行程极限是由机床行程范围决定的最大行程范围，用户不得改变，该范围由参数设定，也是机床的软件超程保护范围。第二种行程极限的限制区用 G22 来设定，限制区要事先用参数（RWL）指定其禁止作用是在设定的范围外面还是在设定的范围里面。

1）限制区用参数设定

书写格式：

G22；

⋮

G23；

说明：① G22 指定后，限制区起作用。

② G23 指定后，限制区不起作用，但不清除原设定的限制区。

③ 机床在通电后，必须在返回参考点后限制区才起作用。

④ G22 与 G23 指令在编程时均应自成一个程序段。

⑤ 坐标轴移动进入限制区界线停止后，可以反向运动，使之退出限制区。

2）限制区不用参数设定

书写格式：

G22 X____Y____Z____I____J____K____；

说明：① 用 G22 可以设定亦可以改变限制区范围。

② 所设定的限制区如图 4-3 所示。其中数值必须满足下述关系：$X>I$，$Y>J$，$Z>K$；$(X-I)>2\text{mm}$，$(Y-J)>2\text{mm}$，$(Z-K)>2\text{mm}$。

数值均以参考点为坐标原点，以最小设定单位为计算单位。

（5）圆弧插补（G02、G03）　对于加工中心来说，编制圆弧加工程序与在数控铣床上类似，也要先选择平面，G02、G03 的判断方法为：逆着圆弧所在平面外的第三轴正方向看，顺时针圆弧插补用 G02，逆时针圆弧插补用 G03，如图 4-4 所示。

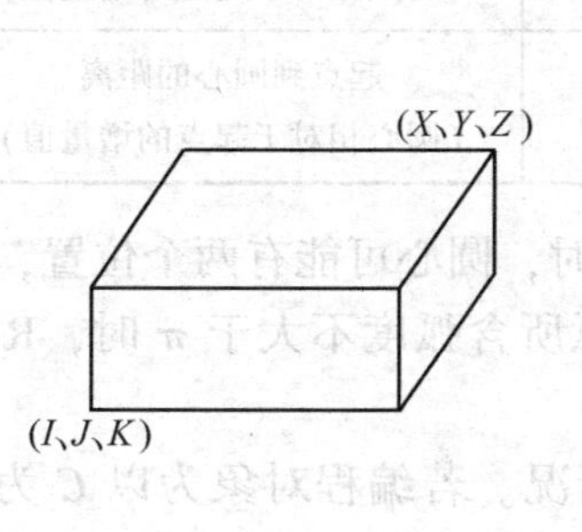

图 4-3　G22 所设定的限制区

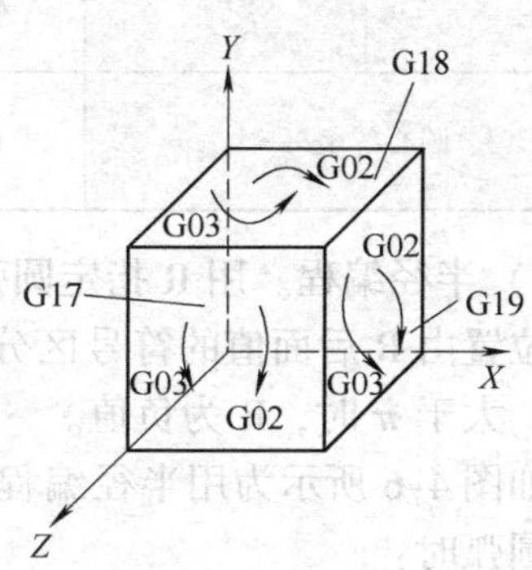

图 4-4　圆弧插补

程序的编制程序段有两种书写方式，一种是圆心法，另一种是半径法。

1）书写格式：

XY 平面圆弧为 G17 G02/G03 X____ Y____ $\left\{\begin{matrix} R\_\_\_\_ \\ I\_\_\_\_ J\_\_\_\_ \end{matrix}\right\}$ F____；

ZX 平面圆弧为 G18 G02/G03 X ____ Z ____ $\left\{\begin{matrix} R\_\_\_\_ \\ I\_\_\_\_ K\_\_\_\_ \end{matrix}\right\}$ F
____；

YZ 平面圆弧为 G19 G02/G03 Y ____ Z ____ $\left\{\begin{matrix} R\_\_\_\_ \\ J\_\_\_\_ K\_\_\_\_ \end{matrix}\right\}$ F ____；

2）圆心编程。与圆弧加工有关的指令及其说明见表 4-2。用圆心编程的情况如图 4-5 所示。

表 4-2 圆心编程指令及其说明

条件		指令	说明
平面选择		G17	圆弧在 *XY* 平面上
		G18	圆弧在 *ZX* 平面上
		G19	圆弧在 *YZ* 平面上
旋转方向		G02	顺时针方向
		G03	逆时针方向
终点位置	G90 时	X、Y、Z	终点数据是工件坐标系中的坐标值
	G91 时	X、Y、Z	指定从起点到终点的距离（终点相对于起点的增量值）
圆心的坐标		I、J、K	起点到圆心的距离（圆心相对于起点的增量值）

3）半径编程。用 R 指定圆弧插补时，圆心可能有两个位置，这两个位置由 R 后面值的符号区分，圆弧所含弧度不大于 π 时，R 为正值；大于 π 时，R 为负值。

如图 4-6 所示为用半径编程时的情况。若编程对象为以 *C* 为圆心的圆弧时：

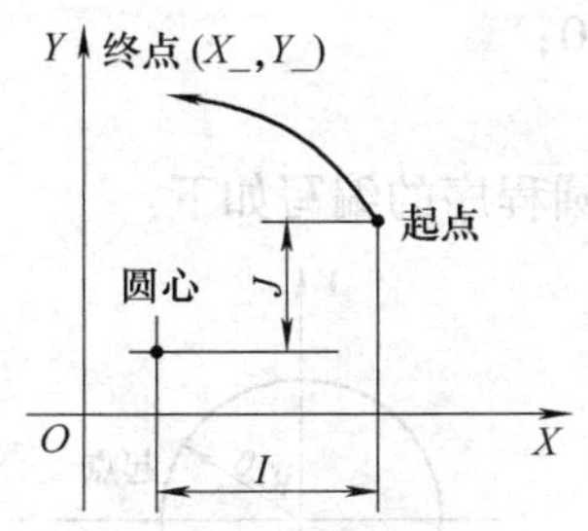

图 4-5　圆心编程

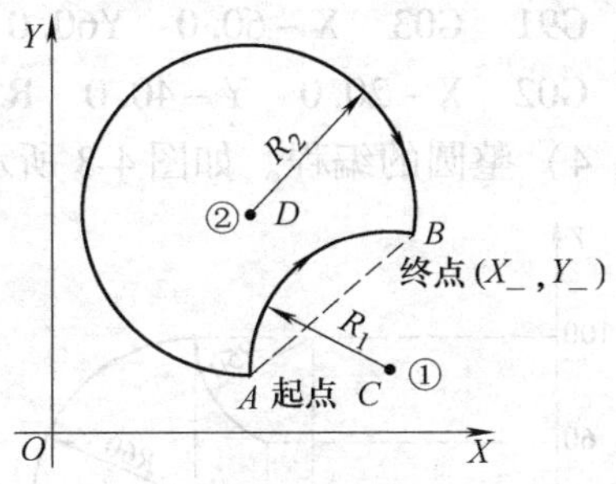

图 4-6　半径编程

G17 G02 X ____ Y ____ R + R_1;

若编程对象为以 D 为圆心的圆弧时：

G17 G02 X ____ Y ____ R – R_2;

其中 R_1、R_2 为半径值。

如图 4-7 所示，圆弧程序的编写如下：

① 绝对值编程

圆心法

G92　X200. 0　Y40. 0　Z0. 0;

G90　G03　X140. 00　Y100. 0　I – 60. 0　F300;

G02　X120. 0　Y60. 0　I – 50. 0;

半径法

G92　X200. 0　Y40. 0　Z0. 0;

G90　G03　X140. 0　Y100. 0　R60. 0　F300;

G02　X120. 0　Y60. 0　R50. 0;

② 增量值编程

圆心法

G92　X200. 0　Y40. 0　Z0. 0;

G91　G03　X – 60. 0　Y60. 0　I – 60. 0　F300;

G02　X – 20. 0　Y – 40. 0　I – 50. 0;

半径法

G92　X200. 0　Y40. 0　Z0. 0;

G91　G03　X－60.0　Y60.0　R60.0；

G02　X－20.0　Y－40.0　R50.0；

4）整圆的编程。如图 4-8 所示，整圆程序的编写如下：

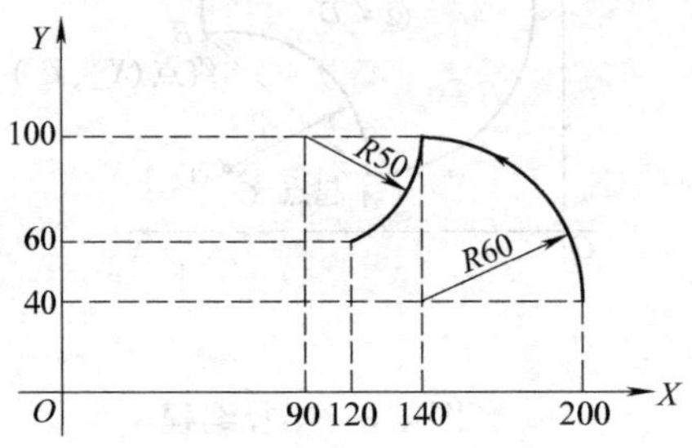

图 4-7　圆弧程序的编写

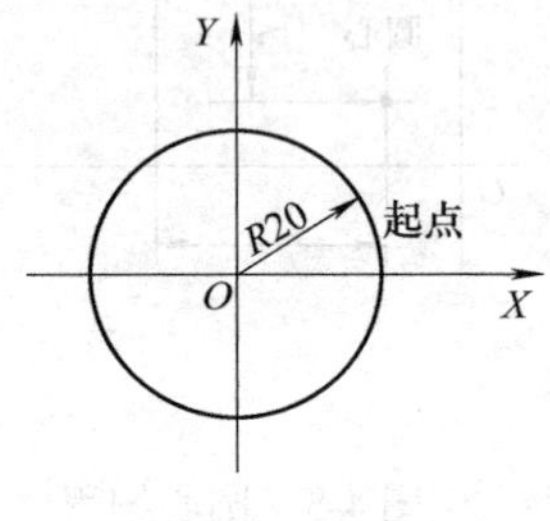

图 4-8　整圆程序的编写

绝对值编程：

G90　G02　I－20.0；

增量值编程：

G91　G02　I－20.0；

在圆弧插补时，I0、J0、K0 可省略。

注意：① 在编写整圆程序时，仅用 I、J、K 指定圆心即可。

例如：G02 I____（整圆）。若仅写入 R 时，则为 0°圆弧。

例如：G02 R ____（机床不运动）。

② 若写入的半径 R 为 0 时，机床报警（N023）。

③ 实际刀具移动速度与指令速度的相对误差在 ±2% 以内。但是这个指定速度是使用刀具半径补偿后的沿工件圆弧的速度。

（6）任意角度倒棱角 C、倒圆弧 R　可在任意的直线插补和直线插补、直线插补和圆弧插补、圆弧插补和直线插补、圆弧插补和圆弧插补间自动插入倒棱角与倒圆弧。

直线插补（G01）及圆弧插补（G02、G03）程序段最后附加 C 则自动插入倒棱，附加 R 则自动插入倒圆。上述指令只在平面选择（G17、G18、G19）指定的平面有效。

C 后的数值为假设未倒角时，指令由假想交点到倒角开始点、终止点的距离，如图 4-9 所示。

N0010　G91　G01　X100. 0　C10. 0；

N0020　X100. 0　Y100. 0；

R 后的数值指令倒圆 R 的半径值如图 4-10 所示。

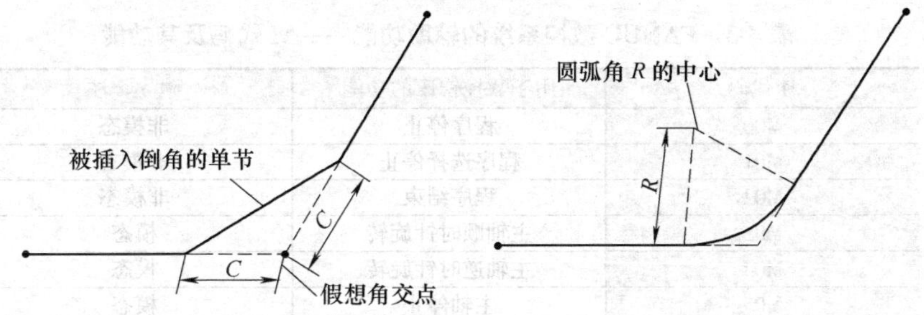

图 4-9　自动倒棱角　　　图 4-10　自动倒圆弧角

N0010　G91　G01　X100. 0　R10. 0；

N0020　X100. 0　Y100. 0；

但上述倒棱 C 及倒圆 R 程序段之后的程序段，须是直线插补（G01）或圆弧插补（G02 G03）的移动指令。若为其他指令，则出现 P/S 报警，报警号 52。

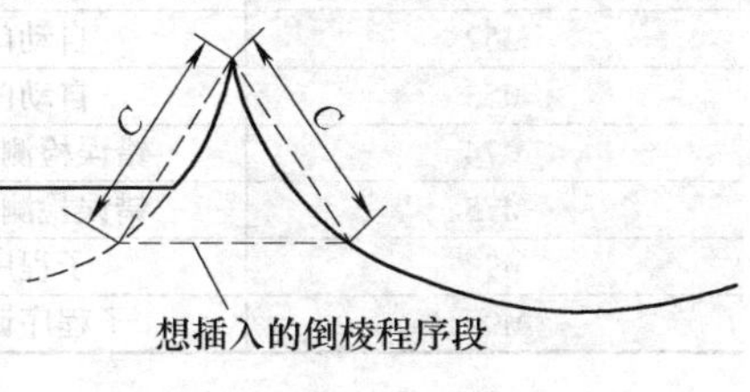

图 4-11　出现报警的情况

倒棱 C 及倒圆 R 可在 2 个以上的程序段中连续使用。

说明：1）倒棱 C 及倒圆 R 只能在同一插补平面能插入。

2）插入倒棱 C 及倒圆 R 若超过原来的直线插补范围，则出 P/S55 报警（图 4-11）。

3）变更坐标系的指令（G92、G52 ~ G59）及回参考点（G28 ~ G30）后，不可写入倒棱 C 及倒圆 R 指令。

4）直线与直线、直线和交点圆弧的切线以及两交点圆弧的切线间的夹角在 ± 1° 以内时，倒棱及倒圆的程序段都当做移动量为 0。

三、FANUC 系统加工中心的辅助功能

1. FANUC 系统加工中心的辅助功能（表4-3）概述

表 4-3 FANUC 数控系统的辅助功能——M 代码及其功能

M 代码	用于数控铣床的功能	附　注
M00	程序停止	非模态
M01	程序选择停止	非模态
M02	程序结束	非模态
M03	主轴顺时针旋转	模态
M04	主轴逆时针旋转	模态
M05	主轴停止	模态
M06	换刀	非模态
M08	切削液打开	模态
M09	切削液关闭	模态
M19	主轴准停	模态
M30	程序结束并返回	非模态
M31	旁路互锁	非模态
M52	自动门打开	模态
M53	自动门关闭	模态
M74	错误检测功能打开	模态
M75	错误检测功能关闭	模态
M98	子程序调用	模态
M99	子程序调用返回	模态

2. 主要辅助功能简介

（1）M00 程序暂停　执行 M00 功能后，机床的所有动作均被切断，机床处于暂停状态。重新按程序起动按钮后，系统将继续执行后面的程序段。

例如：

N10　G00　X100. 0　Z200. 0；

N20　M00；

N30　X50. 0　Z110. 0；

执行到 N20 程序段时，进入暂停状态，重新启动后将从 N30 程序段开始继续进行。

如进行尺寸检验，排屑或插入必要的手工动作时，用此功能很方便。

说明：1）M00 须单独设一程序段。

2）如在 M00 状态下，按复位键，则程序将回到开始位置。

（2）M01 程序选择停止　在机床的操作面板上有一“任选停止”开关，当该开关打到“ON”位置时，程序中如遇到 M01 代码时，其执行过程与 M00 相同，当上述开关打到“OFF”位置时，数控系统对 M01 不予理睬。

例如：N10　G00　X100.0　Z200.0；

N20　M01 ；

N30　X50.0　Z110.0；

如“任选停止”开关打到断开位置，则当系统执行到 N20 程序段时，不影响原有的任何动作，而是接着往下执行 N30 程序段。

此功能通常用来进行尺寸检验，而且 M01 应作为一个程序段单独设定。

（3）M02 程序结束　主程序结束，切断机床所有动作，并使程序复位。

说明：必须单独作为一个程序段设定。

（4）M03 主轴正转　此代码起动主轴正转（顺时针）如图4-12a 所示。

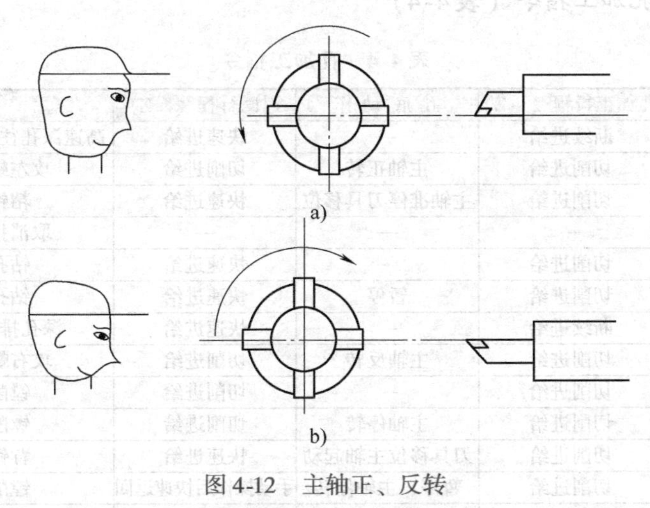

图 4-12　主轴正、反转

a）主轴正转　b）主轴反转

（5）M04 主轴反转　此代码起动主轴反转（逆时针）如图4-12b所示。

（6）M05 主轴停止　此代码使主轴停止转动。

（7）M06 换刀。

（8）M08 切削液开。

（9）M09 切削液关。

注意：M00、M01 和 M02 也可以将切削液关掉。

（10）M30 程序结束并返回。

说明：1）在记忆（MEMORY）方式下操作时，此指令表示程序结束，机床停止运行，并且程序自动返回开始位置。

2）在记忆重新启动（MEMORY ESETART）方式下操作时，机床先是停止自动运行，而后又从程序的开头再次运行。

第二节　孔加工的固定循环功能

一、孔的固定循环功能概述

1. 孔加工指令（表4-4）

表 4-4　孔加工指令

G代码	孔加工行程（-Z）	孔底动作	返回行程（+Z）	用　途
G73	断续进给	—	快速进给	高速深孔往复排屑钻
G74	切削进给	主轴正转	切削进给	攻左螺纹
G76	切削进给	主轴准停刀具移位	快速进给	精镗
G80	—	—	—	取消指令
G81	切削进给	—	快速进给	钻孔
G82	切削进给	暂停	快速进给	钻孔
G83	断续进给	—	快速进给	深孔排屑钻
G84	切削进给	主轴反转	切削进给	攻右螺纹
G85	切削进给	—	切削进给	镗削
G86	切削进给	主轴停转	切削进给	镗削
G87	切削进给	刀具移位主轴起动	快速进给	背镗
G88	切削进给	暂停、主轴停转	手动操作后快速返回	镗削
G89	切削进给	暂停	切削进给	镗削

2. 固定循环动作的组成

固定循环动作的组成如图 4-13 所示，固定循环一般由六个动作组成，动作说明见表 4-5。

表 4-5　固定循环动作说明

动　作	说　明	备　注
①	X、Y 坐标快速定位	在图 4-13 中③段的进给率由 F 决定，⑤段的进给率按固定循环方式的规定决定 在固定循环中，刀具偏置 G45 ~ G48 无效。刀具长度补偿 G43、G44、G49 有效，它们在动作②中执行
②	快进到 R 点	
③	孔加工	
④	孔底动作	
⑤	返回到 R 点	
⑥	返回到初始点	

3. 固定循环的代码组成

组成一个固定循环，要用到以下三组 G 代码：

（1）数据格式代码　G90/G91。

（2）返回点代码　G98（返回初始点）/G99（返回 R 点）。

（3）孔加工方式代码　G73 ~ G89。

在使用固定循环编程时一定要在前面程序段中指定 M03（或 M04），使主轴起动。

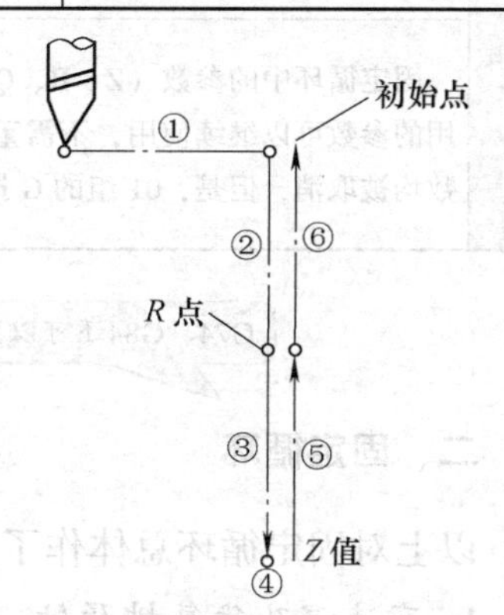

图 4-13　固定循环动作的组成

4. 固定循环指令组的书写格式（表 4-6）

表 4-6　固定循环指令组的书写格式

<table>
<tr><td rowspan="2">书写格式</td><td colspan="2">G×× X ___ Y ___ Z ___ R ___ Q ___ P ___ F ___ K ___；</td></tr>
<tr><td>G90</td><td>G91</td></tr>
<tr><td>G××</td><td colspan="2">G73 ~ G89</td></tr>
<tr><td>X、Y</td><td>孔在 X、Y 平面的坐标位置，相对于编程坐标系统的坐标原点</td><td>孔在 X、Y 平面的坐标位置，相对于前一点的增量值</td></tr>
<tr><td>Z</td><td>孔底坐标值，是孔底的 Z 坐标值</td><td>孔底相对于 R 点的增量值</td></tr>
<tr><td>R</td><td>R 点的 Z 坐标值</td><td>R 点相对于起始点的增量值</td></tr>
</table>

（续）

书写格式	G××X____Y____Z____R____Q____P____F____K____;	
	G90	G91
Q	在G73、G83中用来指定每次进给的深度；在G76、G87中指定刀具的退刀量	
P	指定暂停的时间，最小单位为1ms	
F	进给速度	
K	指定固定循环的重复次数，如果不指定K，则只进行一次循环。K=0时，机床不动作，有的系统也用L表示	
说明	G73～G89是模态指令，因此，多孔加工时该指令只需指定一次，以后的程序段只给孔的位置即可	
	固定循环中的参数（Z、R、Q、P、F）是模态的，所以当变更固定循环时，可用的参数可以继续使用，不需重设。但中间如果隔有G80或01组G指令，则参数均被取消，但是，01组的G指令，不受固定循环的影响	

G74、G84还可以完成刚性攻螺纹功能，这在高级工中介绍。

二、固定循环

以上对固定循环总体作了介绍，现分别介绍每条指令。

1. 高速深孔往复排屑钻

书写格式：

G73 X____ Y____ Z____ R____ Q____ F____;

动作示意图如图4-14所示。图中---→表示快速进给，→表示切削进给。

退刀量d是用参数（No. 5114）设定。设定一个小的退刀量，在钻深孔时使钻头作间歇进给，便于排屑，退刀是以快速进给速度执行。

2. 攻左旋螺纹

书写格式：

G74 X____ Y____ Z____ R____ F____ P____;

动作示意图如图 4-15 所示。在孔底位置主轴正转执行攻左旋螺纹。

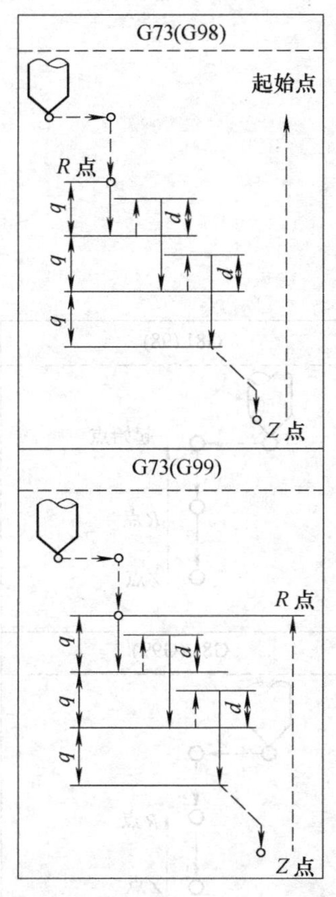

图 4-14　G73 循环

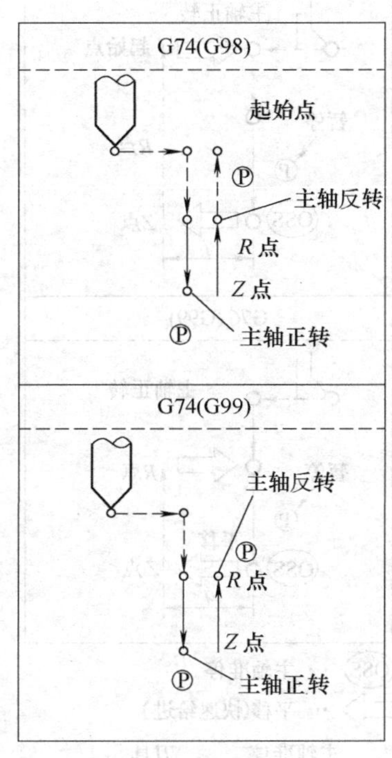

图 4-15　G74 循环

注：在 G74 指定攻左旋螺纹时，进给率调整无效。即使用进给暂停，在返回动作结束之前，循环不会停止。

3. 精镗

书写格式：

G76 X ____ Y ____ Z ____ R ____ Q ____ P ____ F ____；

动作示意见图 4-16。主轴在孔底位置准停，刀具让刀快速退回。

说明：平移量用 Q 指定。Q 值是正值。如果指定负值则负号无效。平移方向可用参数 RD1（No. 5101 #4）、RD2（No. 5101 #5）设定如下方向之一。

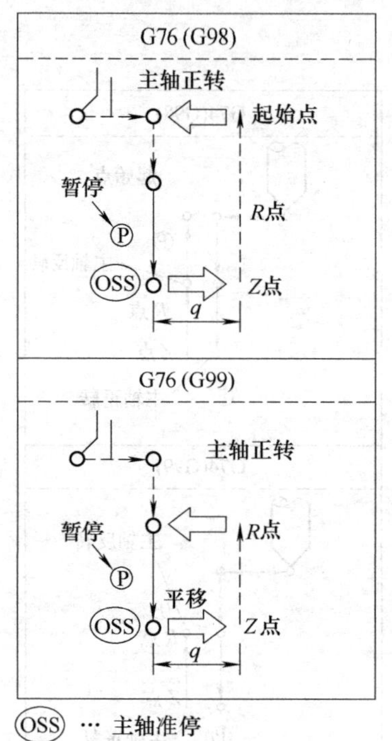

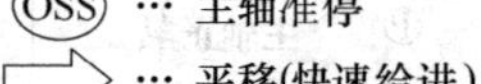

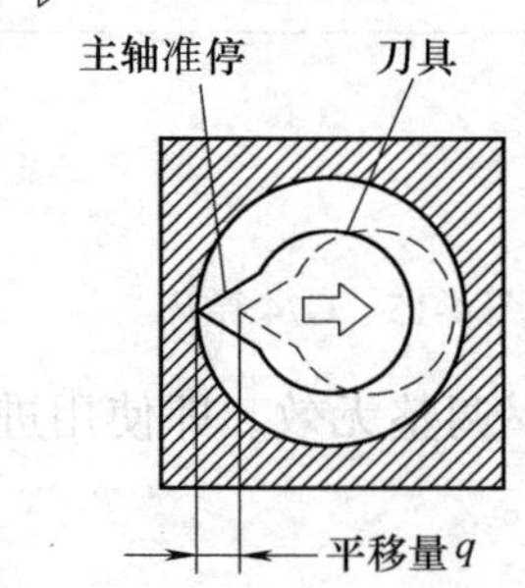

图 4-16　G76 循环

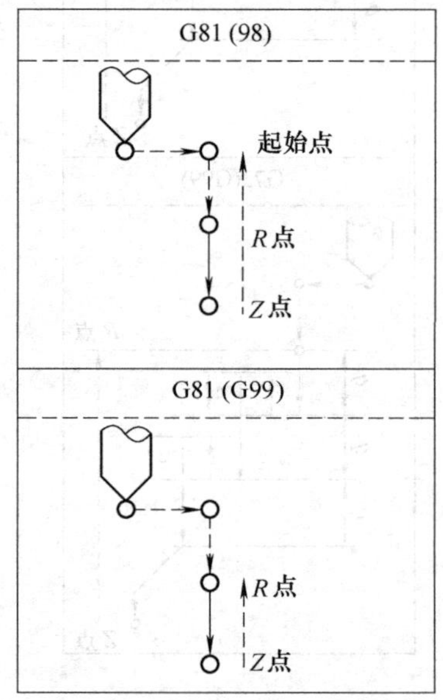

图 4-17　G81 循环

G17（*XY* 平面）：+X、-X、+Y、-Y

G18（*ZX* 平面）；+Z、-Z、+X、-X

G19（*YZ* 平面）：+Y、-Y、+Z、-Z

4. 钻孔（G81）

书写格式：

G81 X ____ Y ____ Z ____ R ____ F ____;

动作示意见图 4-17。G81 指令 *X*、*Y* 轴定位，快速进给到 *R* 点。接着 *R* 点到 *Z* 点进行孔加工。孔加工完，则刀具快速进给退到 *R* 点或返回到起始点。

5. 钻孔（G82）

书写格式：

G82 X ____ Y ____ Z ____ R ____ P ____ F ____;

动作示意见图 4-18。与 G81 相同，只是刀具在孔底位置执行暂停及光切后退回。以改善孔底的表面粗糙度和精度。

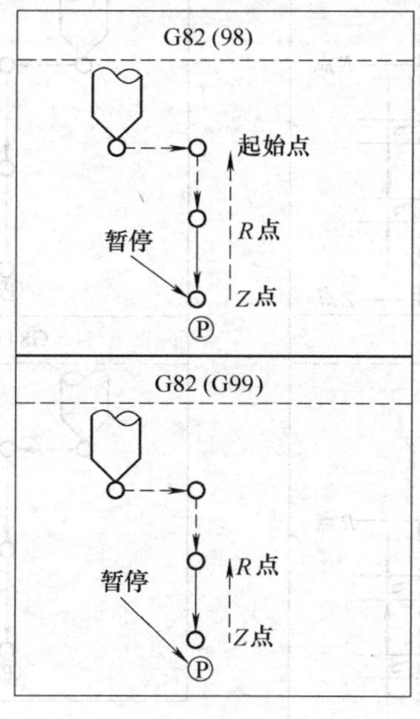

图 4-18　G82 循环

6. 深孔排屑钻（G83）

书写格式：

G83 X ____ Y ____ Z ____ Q ____ R ____ F ____;

动作示意图见图 4-19。Q 是每次切削量，用增量值指定。在第二次及以后切入执行时，在切入到 d 的位置，快速进给转换成切削进给。指定的 Q 值是正值。如果指令负值，则负号无效。d 值用参数（No. 5115）设定。

7. 攻右旋螺纹

书写格式：

G84 X ____ Y ____ Z ____ R ____ F ____ P ____;

动作示意图 4-20。在孔底位置主轴反转退刀。

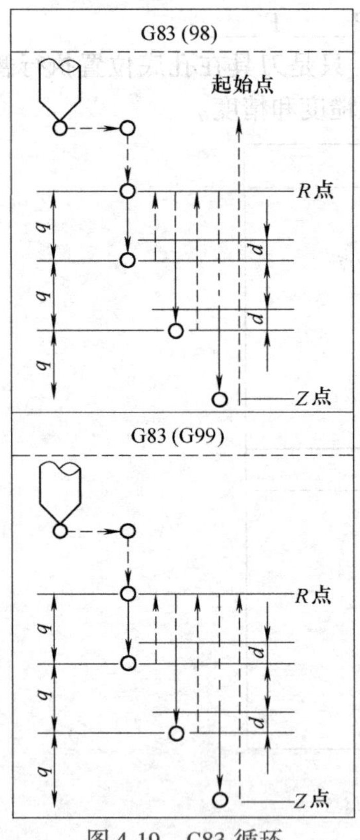

图 4-19　G83 循环

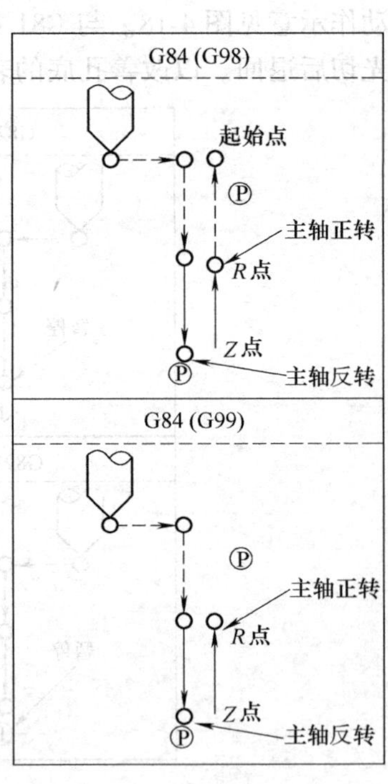

图 4-20　G84 循环

注：在 G84 指定的攻螺纹循环中，进给率调整无效，即使使用进给暂停，在返回动作结束之前，循环不会停止。

8. 镗削（G85）

书写格式：

G85 X ____ Y ____ Z ____ R ____ F ____;

与 G81 类似，但返回行程中，从 *Z* 点到 *R* 点为切削进给，如图 4-21 所示。

9. 镗削

书写格式：

G88 X ____ Y ____ Z ____ R ____ P ____ F ____;

动作示意见图 4-22。G88 指令 *X*、*Y* 轴定位后，以快速进给移动到*R*点。接着由*R*点进行钻孔加工。钻孔加工完，则暂停后停止主

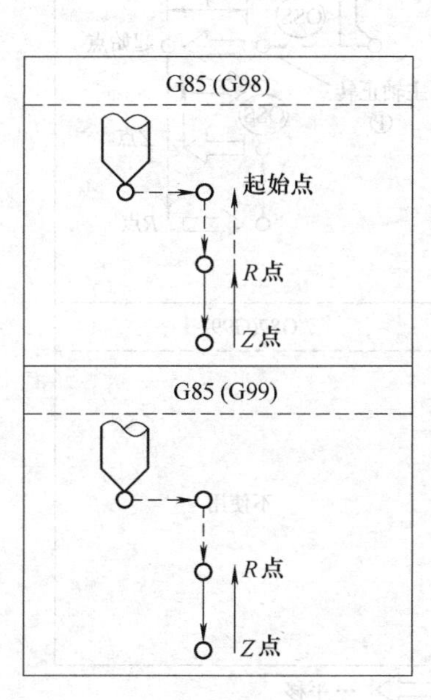

图 4-21　G85 循环

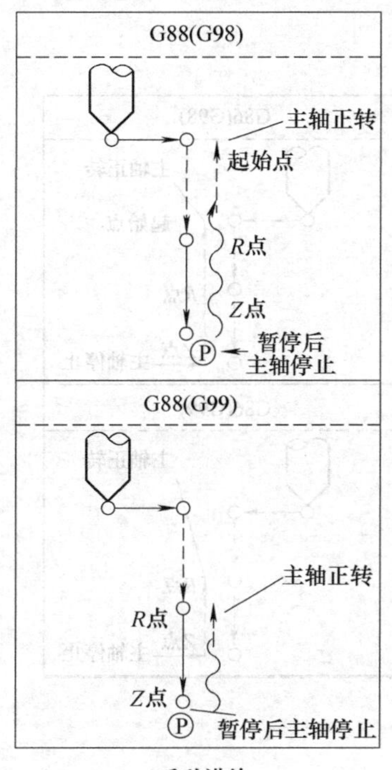

图 4-22　G88 循环

轴，以手动方式由 *Z* 点向 *R* 点退出刀具。由 *R* 点向起始点，主轴正转快速进给返回。

10. 镗削（G86）

书写格式：

G86 X____ Y____ Z____ R____ F____；

G86 与 G81 类似，但进给到孔底后，主轴停转，返回到 *R* 点（G99 方式）或初始点（G98）后主轴再重新起动。动作示意见图 4-23。

11. 背镗（G87）

书写格式：

G87 X____ Y____ Z____ R____ Q____ F____；

动作示意见图4-24。刀具沿*X*及*Y*轴定位后，主轴准停。主轴

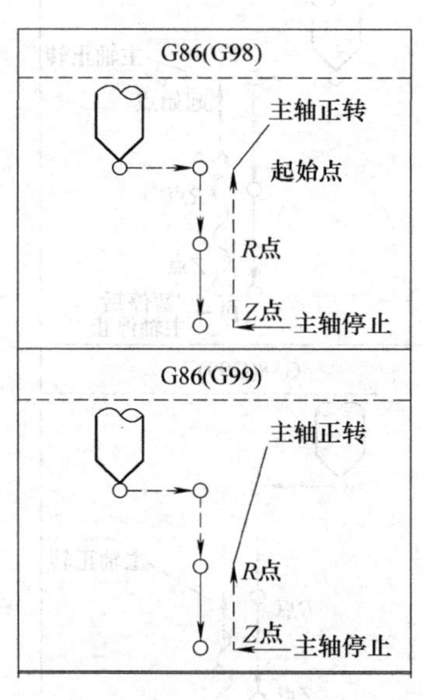

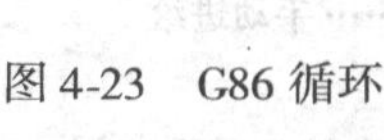

图 4-23　G86 循环

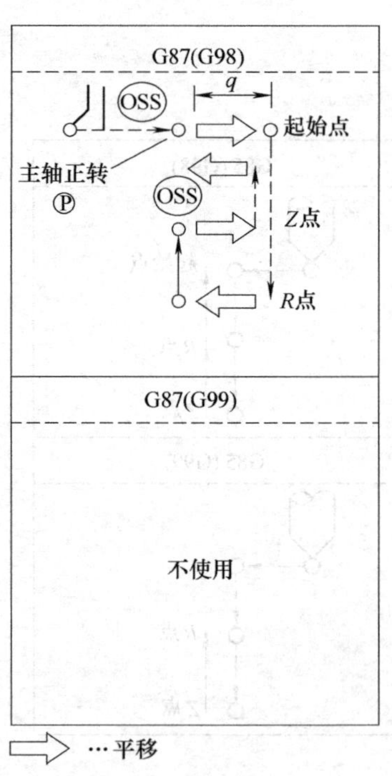

图 4-24　G87 循环

让刀以快速进给率在孔底位置定位（*R* 点），主轴正转。沿 *Z* 轴的方向到 *Z* 点进行加工。在这个位置，主轴再度准停，刀具退出。刀具返回到起始点后进刀。主轴正转，刀具执行下一个程序段。该让刀量及方向与 G76 相同（G76 和 G87 的方向设定相同）。

12. 镗削（G89）

书写格式：

G89 X____ Y____ Z____ R____ P____ F____；

G89 与 G85 类似，从 *Z* 点到 *R* 点为切削进给，但在孔底时有暂停动作、动作示意见图 4-25。

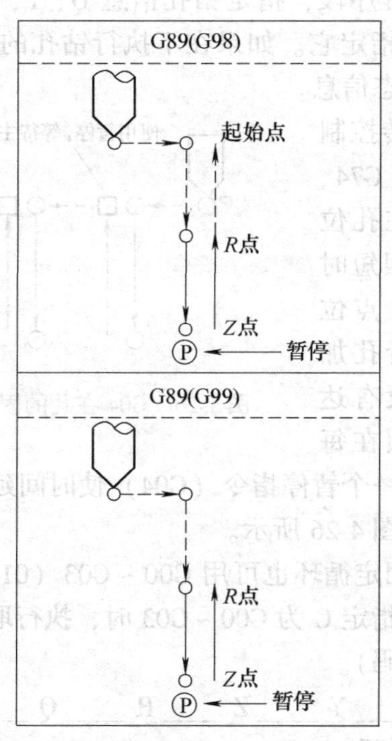

图 4-25　G89 循环

三、孔的固定循环取消（G80）

取消固定循环（G73、G74、G76、G81 ~ G89），以后执行其他

指令，*R* 点、*Z* 点也取消（即增量指令 R = 0、Z = 0），其他孔加工信息也全部取消。

四、使用孔的固定循环信息的注意事项

1）在固定循环指定前，必须用辅助机能（M 码）使主轴旋转。

2）如果程序段包含 X、Y、Z、R 等信息，固定循环钻孔。如果程序段不包含 X、Y、Z、R 等信息，不执行钻孔。但是当指定 G04X；不钻孔。

3）在钻孔的程序段，指定钻孔信息 Q、P，即在 X、Y、Z、R 等信息的程序段中指定它。如果在不执行钻孔的程序段中指定这些信息，不保存为模态信息。

4）当主轴旋转控制使用在固定循环（G74、G84、G86）时，在孔位置（X、Y）间距很短时或起始点位置到 *R* 点位置很短时，在进行孔加工时，主轴可能没有达到正常转速，必须在每个钻孔动作间插入一个暂停指令（G04）使时间延长。此时，不用 K 指定重复次数，如图 4-26 所示。

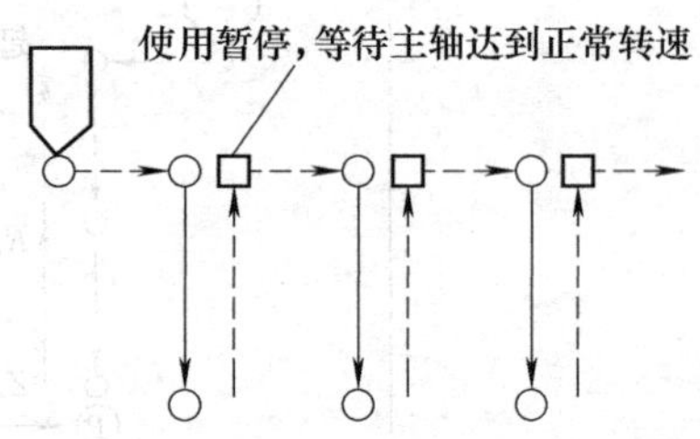

图 4-26　G04 在孔的固定循环中的应用

5）如前述，固定循环也可用 G00 ~ G03（01 组 G 代码）取消。如果在同一程序段指定 G 为 G00 ~ G03 时，执行取消。（#表示 0 ~ 3，× ×表示固定循环码）。

G#G × × X ____ Y ____ Z ____ R ____ Q ____ F ____ P ____ K ____；(执行固定循环)。

G × ×G# X ____ Y ____ Z ____ R ____ Q ____ F ____ P ____ K ____；（X、Y、Z 按 G#移动，R、P、Q 被忽视，F 被记忆）

6）固定循环指令和辅助功能在同一程序段中，在定位前执行 M 功能。进给次数指定（K）时，只在初次送出 M 码，以后不

送出。

7）在固定循环模式中刀具半径补偿无效。

8）在固定循环模式指定刀具长度补偿（G43、G44、G49）时，当刀具位于 *R* 点时（动作 2）生效。

9）操作注意事项

① 在单步进给模式执行固定循环时，在图 4-13 的动作 1、2、6 结束时停止。所以钻 1 个孔必须起动 3 次。在动作 1 及 2 结束时，进给暂停灯会亮。在动作 6 结束后有重复次数时，进给暂停，如果没有重复次数，进给停止。

② 在固定循环 G74、G84 的动作 3 至 5 之间使用进给暂停时，进给暂停灯立刻会亮，继续运行到动作 6 后停止。如果在动作 6 时再度使用进给暂停，会立刻停止。

③ 在固定循环 G74、G84 的动作中，进给倍率调整假设为 100%。

五、固定循环中重复次数的使用方法

在固定循环指令最后，用 K 地址指定重复次数。在增量方式（G91）时，如果有孔距相同的若干相同孔，采用重复次数来编程是很方便的。在编程时要采用 G91、G99 方式。例如：

当指令为 G91 G81 X50. 0 Z－20. 0 R－10. 0 K6 F200 时，其运动轨迹如图 4-27 所示。如果是在绝对值方式中，则不能钻出六个孔，仅仅在第一孔处往复钻六次，结果是一个孔。

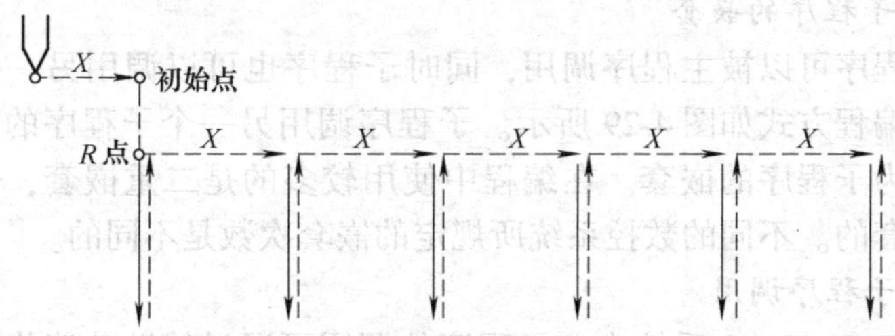

图 4-27　重复次数的使用

第三节　子程序与螺旋线类加工指令简介

一、子程序

1. 概述

程序分为主程序和子程序。在正常情况下，数控机床是按主程序的指令工作的。在程序中把某些固定顺序或重复出现的程序单独抽出来，编成一个程序供调用，这个程序就是常说的子程序。这样做可以简化主程序的编制。

当程序段中有调用子程序的指令时，数控机床就按子程序进行工作。当遇到子程序返回到主程序的指令时，机床才返回主程序，继续按主程序的指令进行工作。子程序的调用与返回如图 4-28 所示。

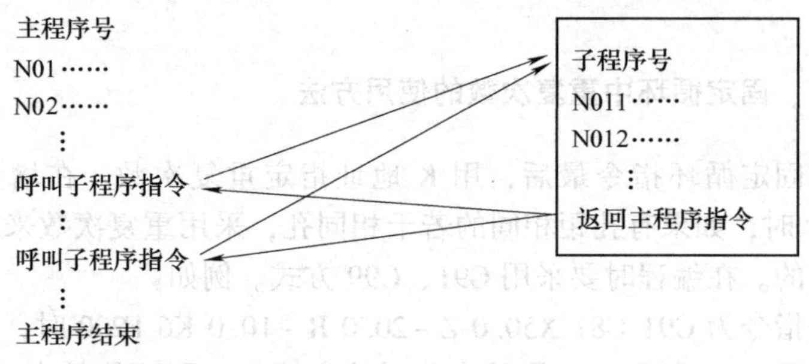

图 4-28　子程序调用

2. 子程序的嵌套

子程序可以被主程序调用，同时子程序也可以调用另一个子程序，其编程方式如图 4-29 所示。子程序调用另一个子程序的编程方式，称为子程序的嵌套。在编程中使用较多的是二重嵌套，也有用多重嵌套的。不同的数控系统所规定的嵌套次数是不同的。

3. 子程序调用

在 FANUC－0 系统中，子程序的调用可通过辅助功能代码 M98 指令进行，且在调用格式中将子程序的程序号地址改为 P，其常用的子程序调用格式有两种。

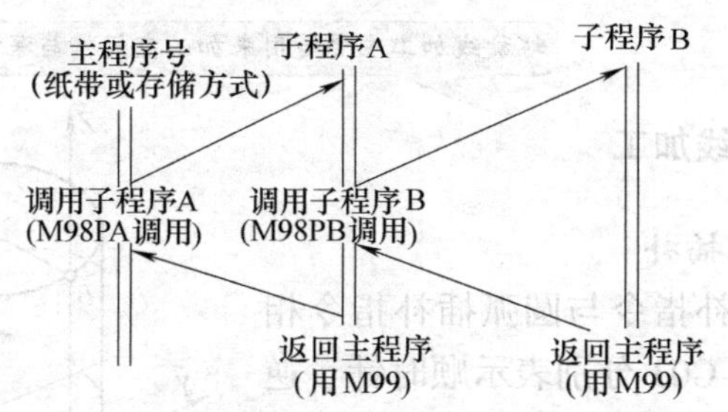

图 4-29 子程序嵌套方式

格式一：M98P××××L××××；

如：M98P200L3；表示调用子程序 0200 有 3 次

如：M98P100；表示调用子程序 0100 只 1 次

其中地址 P 后面的四位数字为子程序序号，地址 L 的数字表示重复调用的次数，子程序号及调用次数前的 0 可省略不写。如果只调用子程序一次，则地址 L 及其后的数字可省略。

格式二：M98P××××××××；

如：M98P050010；调用子程序 0010 有 5 次

如：M98P0510；调用子程序 0510 只 1 次

地址 P 后面的八位数字中，前四位表示调用次数，后四位表示子程序序号，采用此种调用格式时，调用次数前的 0 可以省略不写，但子程序号前的 0 不可省略。

主程序可以多次调用和重复调用某一子程序，重复调用时要用 L 及后面的数字指示调用次数，重复调用方式如图 4-30 所示。

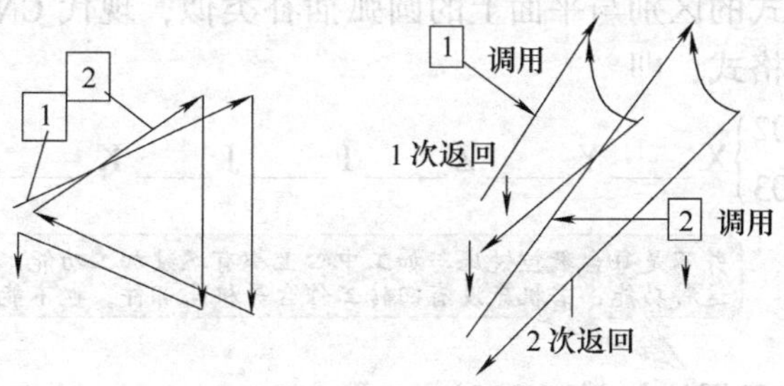

图 4-30 子程序重复调用

> 螺旋线加工主要是用来加工空间槽与深槽

二、螺旋线加工

1. 螺旋线插补

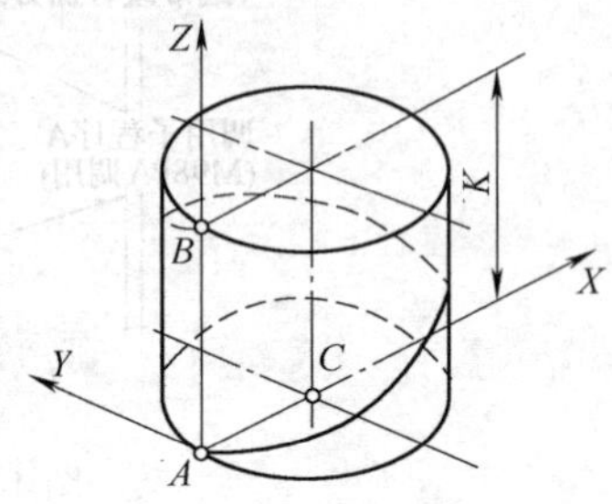

图 4-31　螺旋线插补

A—起点　*B*—终点

C—圆心　*K*—导程

螺旋线插补指令与圆弧插补指令相同，即 G02 和 G03 分别表示顺时针、逆时针螺旋线插补，顺、逆时针的定义与圆弧插补相同。在进行圆弧插补时，垂直于插补平面的坐标同步运动，构成螺旋线插补运动，如图 4-31 所示。

格式：

$$G17\left\{\begin{matrix}G02\\G03\end{matrix}\right\}X\_\_\_\ Y\_\_\_\ Z\_\_\_\left\{\begin{matrix}I\_\_\_\ J\_\_\_\\R\_\_\_\end{matrix}\right\}K\_\_\_;$$

$$G18\left\{\begin{matrix}G02\\G03\end{matrix}\right\}X\_\_\_\ Y\_\_\_\ Z\_\_\_\left\{\begin{matrix}I\_\_\_\ K\_\_\_\\R\_\_\_\end{matrix}\right\}J\_\_\_;$$

$$G19\left\{\begin{matrix}G02\\G03\end{matrix}\right\}X\_\_\_\ Y\_\_\_\ Z\_\_\_\left\{\begin{matrix}J\_\_\_\ K\_\_\_\\R\_\_\_\end{matrix}\right\}I\_\_\_;$$

在 $G17\left\{\begin{matrix}G02\\G03\end{matrix}\right\}X\_\_\_\ Y\_\_\_\ Z\_\_\_\left\{\begin{matrix}I\_\_\_\ J\_\_\_\\R\_\_\_\end{matrix}\right\}K\_\_\_$ 语句中，X、Y、Z 为螺旋线的终点坐标；I、J 为圆心在 *X*、*Y* 轴上相对于螺旋线起点的坐标；R 为螺旋线在 *XY* 平面上的投影半径；K 为螺旋线的导程（单头即为螺距），取正值。另外 2 个语句中的参数意义类同。

两种格式的区别与平面上的圆弧插补类似，现代 CNC 系统一般采用第一种格式，即

$$G17\left\{\begin{matrix}G02\\G03\end{matrix}\right\}X\_\_\_\ Y\_\_\_\ Z\_\_\_\ I\_\_\_\ J\_\_\_\ K\_\_\_;$$

> 并不是每台数控铣床与加工中心上都有螺纹加工功能，就是系统有这种功能，若机床没有回转工作台等机床部件，也不能加工。

2. 等导程螺纹切削（G33）

G33 指令可以加工等导程螺纹。见如下指令格式，F 代码后续数

值，可以直接指定等导程螺纹切削的导程。

G33 LP ____ F ____ Q ____;

F 为长轴方向的导程，其决定方法如图 4-32 所示：如果 $\alpha \leqslant 45°$，导程是 LZ；如果 $\alpha > 45°$，导程是 LX；其中 Q 为螺纹切削初始角度的变换角（0°～360°）。

螺纹切削开始和结束部分，一般因伺服的迟滞等原因，会造成导程误差，因此，要适当考虑切入、切出量。多头螺纹切削可以用改变螺纹切削初始角来实现。有关螺纹切削实例如图 4-33 所示，其程序示例如下：

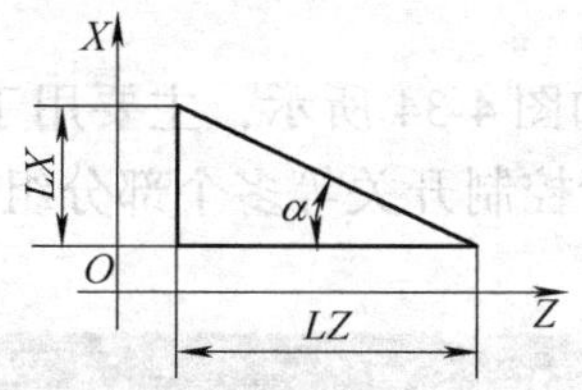

图 4-32　长度方向导程示意图

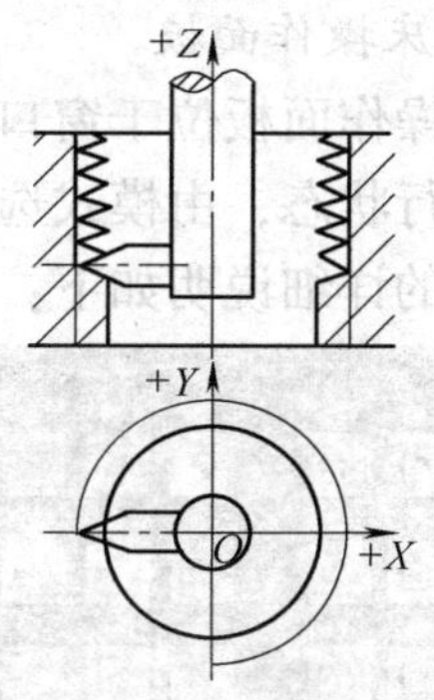

图 4-33　螺纹切削实例

```
N20  G90  G00  X100.0  Y0  S45  M03;
N21  Z200.0;
N22  G33  Z120.0  F5.0;
N23  M19;
N24  G00  X105.0;
N25  Z200.0  M00;
N26  X100.0  M03  S45;
N27  G04  X2.0;
N28  G33  Z120.0  F5.0;
……
```

本章的重点：学习时应以本单位使用的数控铣床与加工中心为准，因为由于机床不同，其操作略有差异。

第四节 FANUC系统加工中心的操作

一、操作面板简介

操作面板可分为上下两个部分，其中上部为CRT/MDI面板或称为编辑键盘，下部为机械操作面板也称控制面板。

1. 机床操作面板

机床操作面板位于窗口的右下侧，如图4-34所示，主要用于控制机床运行状态，由模式选择按钮、运行控制开关等多个部分组成，每一部分的详细说明如下：

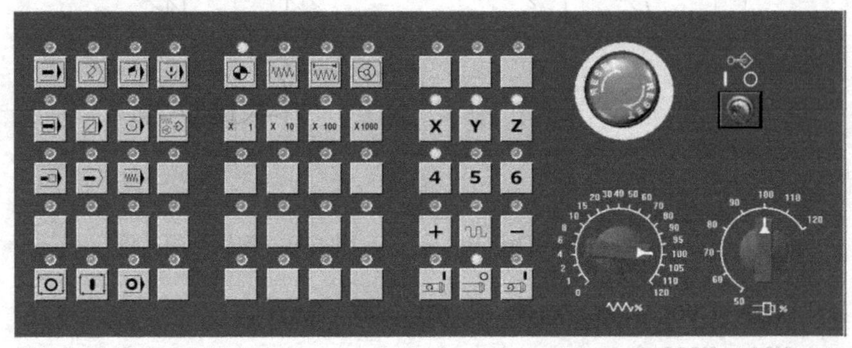

图4-34 FANUC 0i（铣床）操作面板

（1）电源

1）NC电源接通（绿色按钮）。用于启动NC单元（即对NC单元通电），位于CRT左侧。

2）NC 断电按钮（红色按钮）。用于断开 NC 单元电源，位于 CRT 左侧。

（2）方式选择键

AUTO：自动加工模式。

EDIT：编辑模式。

MDI：手动数据输入。

DNC：用 RS232 电缆线连接 PC 机和数控机床，选择程序传输加工。

REF：回机床参考点 。

JOG：手动模式，手动连续移动机床。

INC：增量（点动）进给。

HND：手轮（手摇脉冲发生器）模式移动机床。

（3）程序运行控制开关

程序运行开始，模式选择旋钮在“AUTO”和“MDI”位置时按下有效，其余位置按下无效。

程序运行停止，在程序运行中，按下此按钮停止程序运行。

（4）机床主轴手动控制开关

手动主轴正转

手动主轴反转

手动停止主轴

(5) 手动移动机床各轴按钮

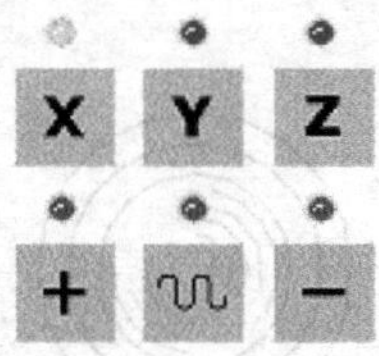

(6) 增量（点动）进给选择按钮　选择移动机床轴时，每一步的距离：×1 为 0.001 毫米，×10 为 0.01 毫米，×100 为 0.1 毫米，×1000 为 1 毫米。

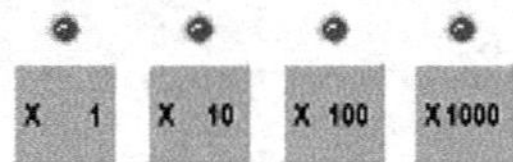

(7) 进给（F）倍率选择旋钮　调节程序运行中的进给速度，调节范围从 0 ~ 120% 。

(8) 主轴倍率选择旋钮　调节主轴转速，调节范围从 0 ~ 120% 。

(9) 手脉（手摇脉冲发生器）　在手轮模式下，选择坐标轴及移动倍率，手轮顺时针转，相应轴往正方向移动，手轮逆时针转，

相应轴往负方向移动。

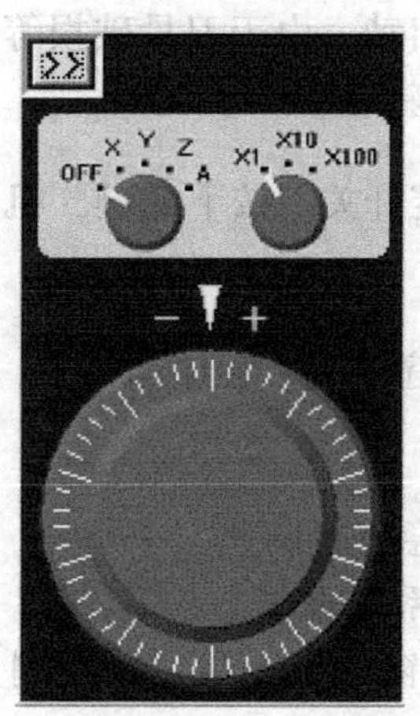

(10) 单步执行开关　每按一次程序启动执行一条程序指令。

(11) 程序段跳读自动方式　按下此键，跳过程序段开头带有“/”程序段。

(12) 程序选择停止　自动方式下，遇有 M01 程序停止。

(13) 机床空运行　按下此键，各轴以固定的速度运动。

(14) 手动示教。

(15) COOL 冷却液开关　按下此键，冷却液开；再按一下，冷却液关。

(16) TOOL 在刀库中选刀　按下此键，刀库中选刀。

(17) 程序编辑锁定开关　置于“ ”位置，可编辑或修改程序。

（18）程序重启动　由于刀具破损等原因自动停止后，程序可以从指定的程序段重新启动。

（19）机床锁定开关　按下此键，机床各轴被锁住，只能程序运行。

（20）M00 程序停止　程序运行中，M00 停止。

（21）紧急停止旋钮。

2. FANUC 0i 数控系统操作

系统操作键盘在视窗的右上角，其左侧为显示屏，右侧是编程面板（如图 4-35 所示）。

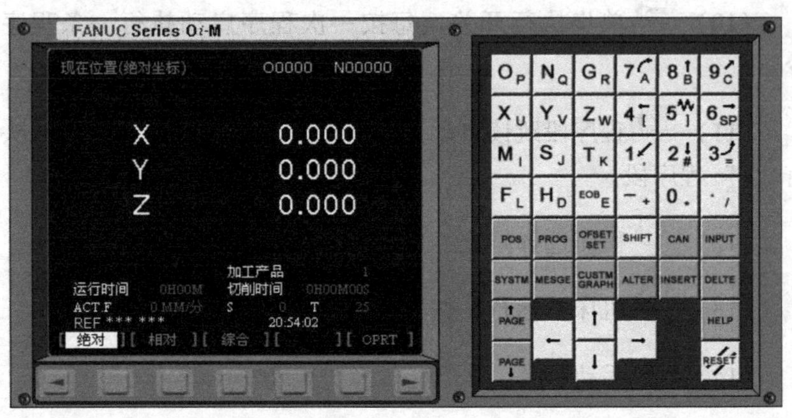

图 4-35　FANUC 0i（铣床）编程面板

（1）按键介绍　数字/字母键（图 4-36a）用于输入数据到输入区域（图 4-36b），系统自动判别取字母还是取数字。字母和数字键通过 SHIFT 键切换输入，如：O～P，7～A。

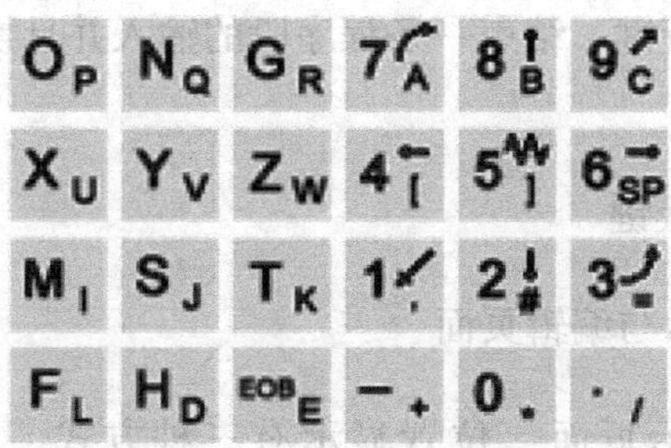

a）

b）

图 4-36　FANUC 0i－M（铣床）数字及符号输入画面

a）数字字母键　b）输入画面

（2）编辑键

ALTER 替换键　用输入的数据替换光标所在的数据。

DELTE 删除键　删除光标所在的数据；或者删除一个程序或者删除全部程序。

INSERT 插入键　把输入区之中的数据插入到当前光标之后的位置。

CAN 取消键　消除输入区内的数据。

EOB E 回车换行键　结束一条程序段的输入并且换行。

SHIFT 上挡键。

(3) 页面切换键

PROG 程序显示与编辑页面

POS 位置显示页面　位置显示有三种方式，用 PAGE 按钮选择。

OFSET SET 参数输入页面　按第一次进入坐标系设置页面，按第二次进入刀具补偿参数页面。进入不同的页面以后，用 PAGE 按钮切换。

SYSTM 系统参数页面

MESGE 信息页面，如“报警”

CUSTM GRAPH 图形参数设置页面

HELP 系统帮助页面

RESET 复位键

(4) 翻页按钮（PAGE）

↑ PAGE 向上翻页 PAGE ↓ 向下翻页

(5) 光标移动（CURSOR）

↑ 向上移动光标 ← 向左移动光标

↓ 向下移动光标 → 向右移动光标

(6) 输入键

INPUT 输入键　把输入区内的数据输入参数页面。

二、加工中心的基本操作

1. 手动返回机床参考点

由于机床采用增量式反馈元件，在断电后，数控系统就失去了对机床参考点的记忆。因此在接通数控电源后，必须首先进行返回参考点的操作。另外，机床解除紧急停止信号后和超程报警信号后，也必须重新进行返回机床参考点的操作。

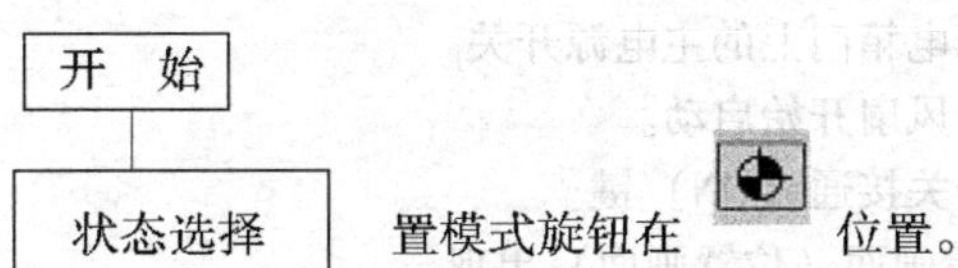

滑板上的挡块离参考点开关触头的距离不足30mm以上时，应首先用JOG按钮使滑板向参考点的负方向移动，使其超过30mm。

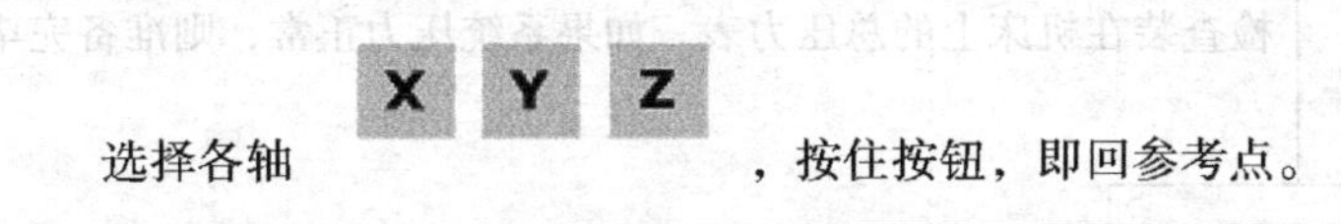

① *Z*、*X*、*Y*轴应按顺序进行操作。

② 在滑板移动过程中手应一直按着按钮，直至减速时（压上参考点开关）。在两轴参考点附近，滑板会自动减速。

③ 返回参考点的轴，参考点位置指示灯亮。

结 束

2. 手动操作

(1) 开始操作的流程

电源接通前的检查

① 看机床上各处的门（防护、强电箱、操作箱等）是否关闭。
② 检查液压油箱及润滑装置上油标的液面位置。
③ 检查切削液的液面。
④ 检查是否遵守了安全操作规程。
⑤ 检查气源是否接通。

接通电源

① 打开安装于机床电箱门上的主电源开关。
② 机床工作灯亮，风扇开始启动。
③ 按下数控电源开关接通（ON）键。
④ 在 CRT 上，初始画面（位置画面）出现。
⑤ 润滑泵，液压泵起动。

压力表的检查

检查装在机床上的总压力表，如果系统压力正常，则准备完毕。

手动操作

（2）手动移动机床轴的方法有三种

1）快速移动，这种方法用于较长距离的工作台移动。

① 置模式在“JOG”模式位置。

② 选择各轴，点击方向键 + −，机床各轴移动，松开后停止移动。

③ 同时按键，各轴快速移动。

2）增量移动，这种方法用于微量调整，如用在对基准操

作中。

① 置模式在[图]位置：选择 X 1、X 10、X 100、X1000 步进量。

② 选择各轴，每按一次，机床各轴移动一步。

（3）手动顺序

1）快速移动：快速移动是为了装刀及手动操作时，使刀具能够快速接近或离开工件。按[图][图]机床主轴正反转，按[图]主轴停转，以选择主轴状态。

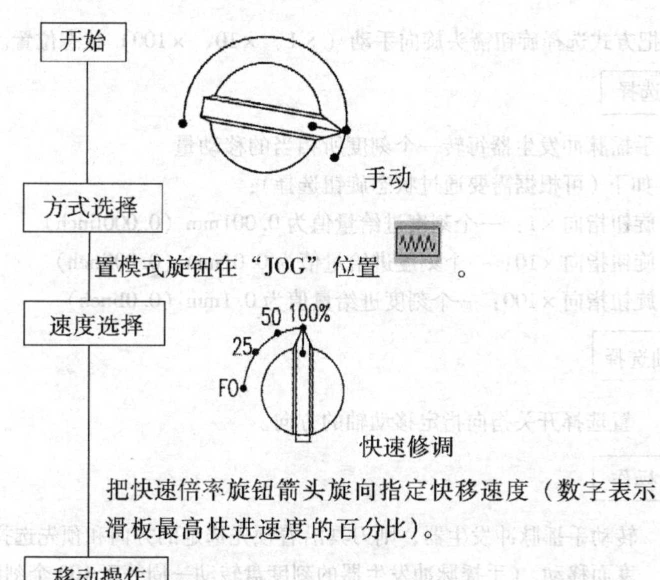

2）手摇脉冲发生器进给：调整刀具确定刀尖位置或试切削工件时，一边微调进给速度，一面观察切削情况。

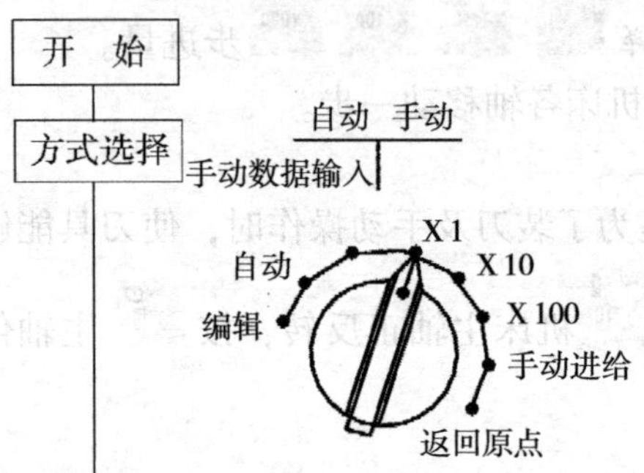

把方式选择旋钮箭头旋向手动（×1、×10、×100）状态位置。

速度选择

手摇脉冲发生器每转一个刻度所相当的移动量
如下（可根据需要通过状态旋钮选择）：
旋钮指向×1：一个刻度进给量值为0.001mm（0.0001inch）
旋钮指向×10：一个刻度进给量值为0.01mm（0.001inch）
旋钮指向×100：一个刻度进给量值为0.1mm（0.01inch）

移动轴选择

置选择开关指向指定移动轴的方向。

移动操作

转动手摇脉冲发生器，则刀具沿着预先选定的方向和预先选择的速度而移动。（手摇脉冲发生器的刻度盘转动一周等于100个刻度）

结 束

说明：操纵“手脉（手摇脉冲发生器）”，这种方法用于微量调整。在实际生产中，使用手脉可以让操作者容易控制和观察机床移动。

3. 刀具数据的设定与补偿

加工中心在加工工件时，必须对刀具的长度、半径等数值进行设置与补偿。刀具长度、半径等数据，可以通过机外对刀的方法取得，也可依据工艺卡上刀具表中数据获得，刀具磨损后的补偿可以从工件实际加工误差测量之中获得。以下仅介绍其输入和修改方法。

1）按 OFSET SET 键进入参数设定页面（图 4-37），按“【补正】”。

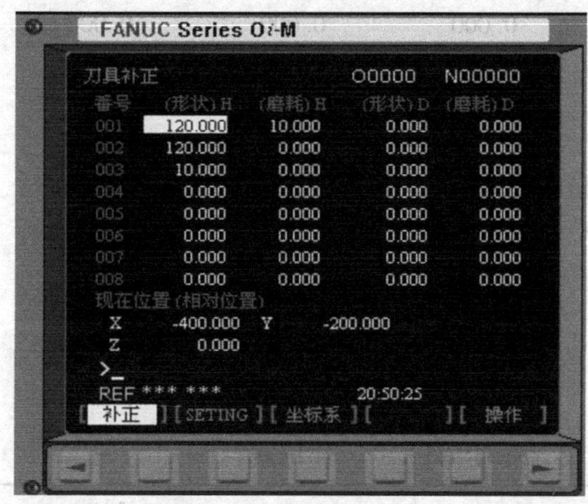

图 4-37　找 *X* 轴坐标

2）用 PAGE↓ 和 PAGE↑ 键选择长度补偿、半径补偿。

3）用 CURSOR ↓ 和 ↑ 键选择补偿参数编号。

4）输入补偿值到长度补偿 H 或半径补偿 D。

5）按 INPUT 键，把输入的补偿值输入到所指定的位置。

例：在刀具补偿号为 No. 008 的刀具直径上输入补偿值 11. 213 时的显示画面如下：

工具补正			O0001	N00027
番号	形状（H）	摩耗（H）	形状（D）	摩耗（D）
001	0.000	0.000	0.000	0.000
002	0.000	0.000	0.000	0.000
003	0.000	0.000	0.000	0.000
004	0.000	0.000	0.000	0.000
005	0.000	0.000	0.000	0.000
006	0.000	0.000	0.000	0.000
007	0.000	0.000	0.000	0.000
008	0.000	0.000	11.213	0.000
现在位置（相对坐标）				
X－300.000	Y100.000			
Z350.000				
>____			S800	L 0%
HND	＊＊＊＊	＊＊＊	＊＊＊	08:40:00
[补正]	[SETING]	[坐标系]	[　　]	[操作]

4．工件坐标系的设定

工件在安装找正后，必须正确地测量出工件编程坐标系原点在机床坐标系中的位置，并输入到系统内存，便于在加工中用G54、G55、G56、G57等原点偏置调用指令进行调用。

（1）*X*、*Y*轴坐标值的测量

1）主轴上装入中心指示器。

2）进入手动模式并把屏幕切换到机床坐标显示状态。

3）手动慢速使中心指示器靠近工件侧面，分别找*X*1、*X*2坐标并记录，如图4-38所示。

4）计算*X*值＝(*X*1＋*X*2)/2。

5）手动慢速使中心指示器靠*Y*轴工件侧面分别找出*Y*1、*Y*2坐标并记录，如图4-39所示。

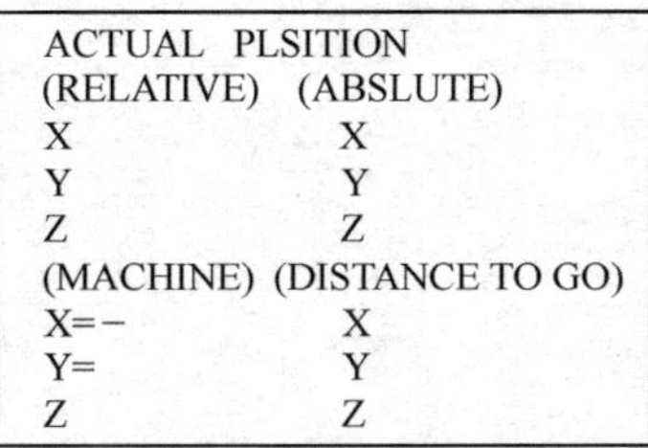
ACTUAL PLSITION
(RELATIVE) (ABSLUTE)
X X
Y Y
Z Z
(MACHINE) (DISTANCE TO GO)
X=− X
Y= Y
Z Z

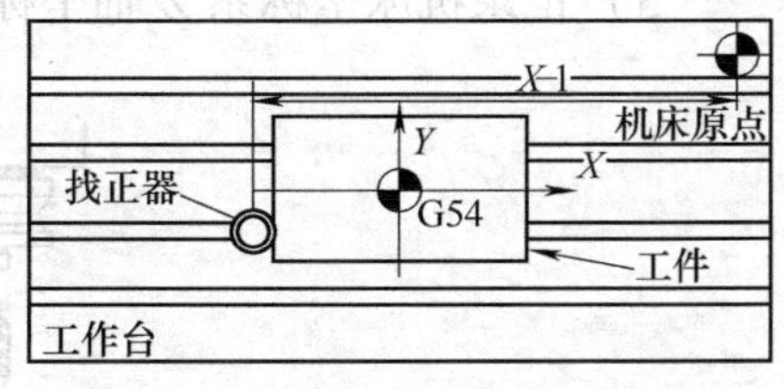

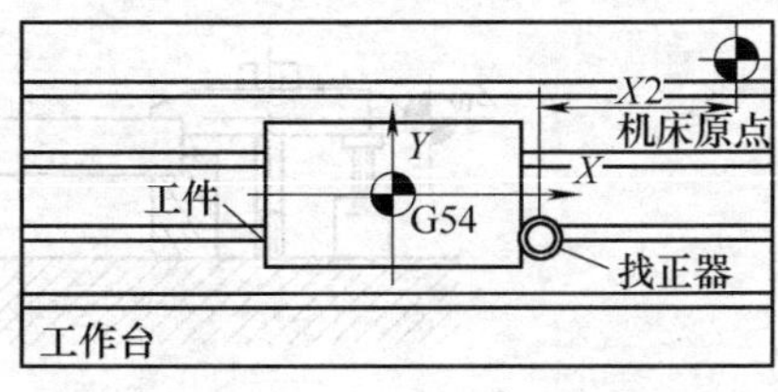

ACTUAL PLSITION
(RELATIVE) (ABSLUTE)
X X
Y Y
Z Z
(MACHINE) (DISTANCE TO GO)
X=− X
Y= Y
Z Z

图 4-38 找 *X* 轴坐标

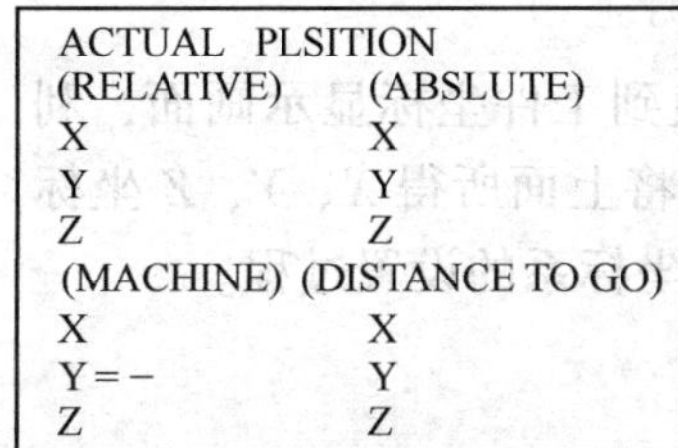
ACTUAL PLSITION
(RELATIVE) (ABSLUTE)
X X
Y Y
Z Z
(MACHINE) (DISTANCE TO GO)
X X
Y=− Y
Z Z

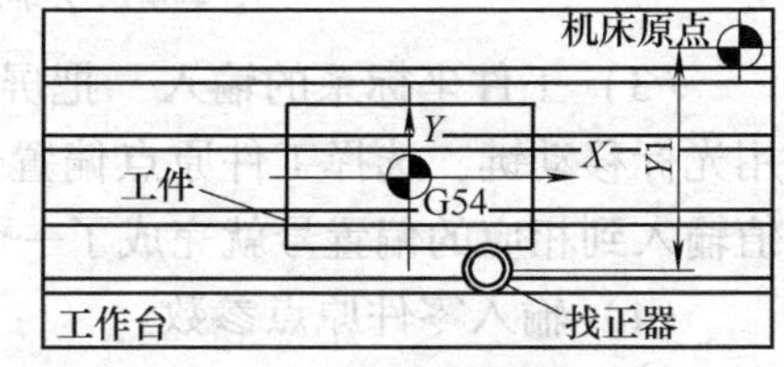

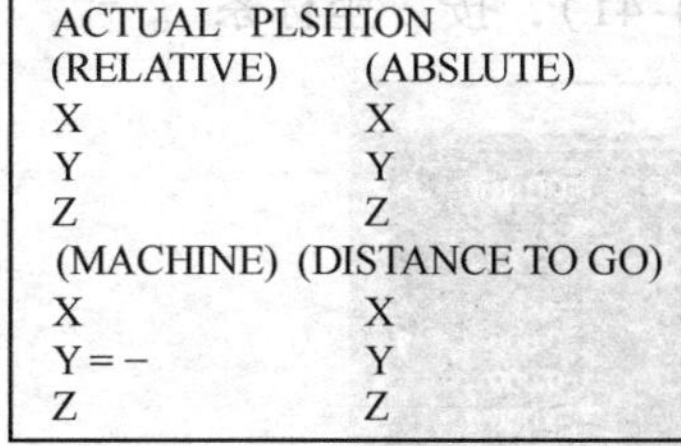
ACTUAL PLSITION
(RELATIVE) (ABSLUTE)
X X
Y Y
Z Z
(MACHINE) (DISTANCE TO GO)
X X
Y=− Y
Z Z

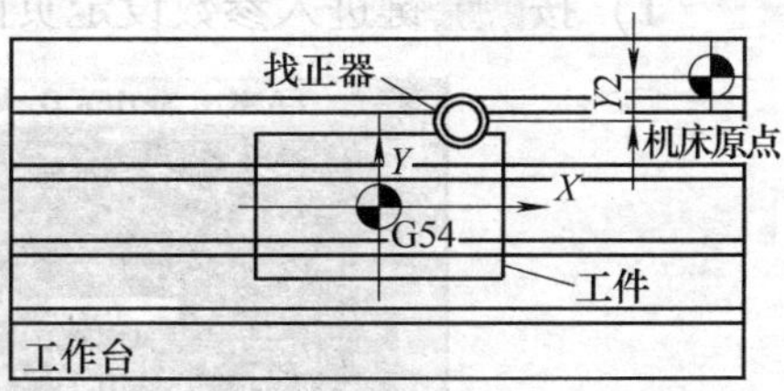

图 4-39 找 *Y* 轴坐标

6）计算 *Y* 值 = (*Y*1 + *Y*2) /2。

（2）测量 *Z* 轴坐标

1）将刀库中的基准刀调入主轴。

2）利用 MDI 方式，使其刀具长度补偿有效。

3）进入手动模式，屏幕切换至机床坐标显示状态。

4）手动慢速移动 *Z* 轴使刀具接触工件编程原点表面，如图4-40所示。

5）记录机床坐标系 Z 轴坐标数值。

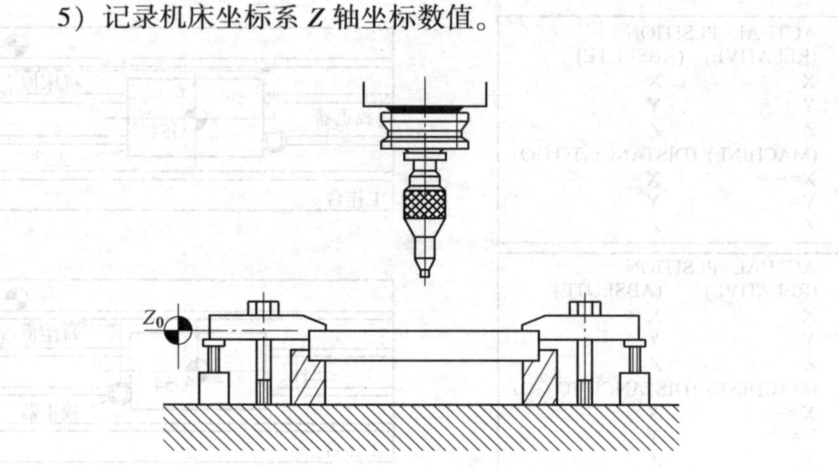

图 4-40　Z 轴坐标的测量

（3）工件坐标系的输入　把屏幕切换到工件坐标显示画面，利用光标移动键，选择工件原点偏置号后，将上面所得 X、Y、Z 坐标值输入到相应的偏置号就完成了一个工件坐标系的设置过程。

（4）输入零件原点参数

1）按 OFSET SET 键进入参数设定页面（图 4-41），按“坐标系”。

图 4-41　FANUC 0i – M（铣床）刀具补偿页面

2）用 PAGE↓ PAGE↑ 或 ↓ ↑ 选择坐标系。

输入地址字（X/Y/Z）和数值到输入域。

3）按 INPUT 键，把输入域中间的内容输入到所指定的位置。

三、程序编辑

程序编辑是数控机床操作中经常用到的以加工程序为对象的有关操作。主要操作内容包括程序的录入、检索、修改、删除、插入等编辑方式，以及程序的计算机输入输出操作。

1. 选择一个程序（以选择 O7 为例）

（1）按程序号搜索

1）选择模式放在“EDIT”。

2）按 PROG 键输入字母“O”。

3）按 7A 键输入数字“7”，输入搜索的号码：“O7”。

4）按 CURSOR： ↓ 开始搜索；找到后，“O7”显示在屏幕右上角程序号位置，“O7”数控程序显示在屏幕上。

（2）选择模式 AUTO 位置

1）按 PROG 键入字母“O”。

2）按 7A 键入数字“7”，键入搜索的号码：“O7”。

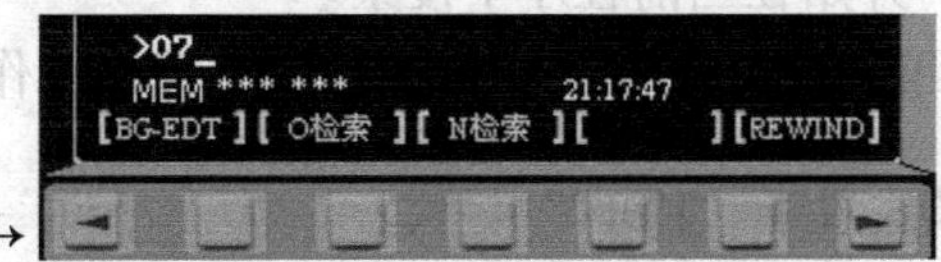

3）按 操作 → [O检索]

“O7”显示在屏幕上。

4）可输入程序段号“N30”，按 [N检索] 搜索程序段。

（3）删除一个程序

1）选择模式在“EDIT”。

2）按 PROG 键输入字母“O”。

3）按 7A 键输入数字“7”，输入要删除的程序的号码：“O7”。

4）按 DETE，“O7”数控程序被删除。

（4）删除全部程序

1）选择模式在“EDIT”。

2）按 PROG 键输入字母“O”。

3）输入“-9999”。

4）按 DETE 全部程序被删除。

（5）搜索一个指定的代码

一个指定的代码可以是：一个字母或一个完整的代码。例如：“N0010”，“M”，“F”，“G03”等。搜索应在当前程序内进行。操作步骤如下：

1）在“AUTO”或“EDIT”模式。

2）按 PROG。

3）选择一个数控程序。

4）输入需要搜索的字母或代码，如：“M”，“F”，“G03”。

5）按 [BG-EDT][O检索][检索↓][检索↑][REWIND] 检索 [检索↓]，开始在当前程序中搜索。

（6）编辑数控程序（删除、插入、替换操作）

1）模式置于“EDIT”。

2）选择 PROG。

3）输入被编辑的数控程序名如“O7”，按 INSERT 即可编辑。

4）移动光标：

① 按 PAGE：[PAGE ↑] 或 [PAGE ↓] 翻页，按 CURSOR：[↓] 或 [↑] 移动光标。

② 用搜索一个指定的代码的方法移动光标。

5）输入数据。点击数字/字母键，数据被输入到输入域。[CAN] 键用于删除输入域内的数据。

6）自动生成程序段号输入。按 [OFSET SET] →【SETING】如图 4-42 所示，在参数页面顺序号中输入"1"，所编程序自动生成程序段号（如：N10…N20…）。

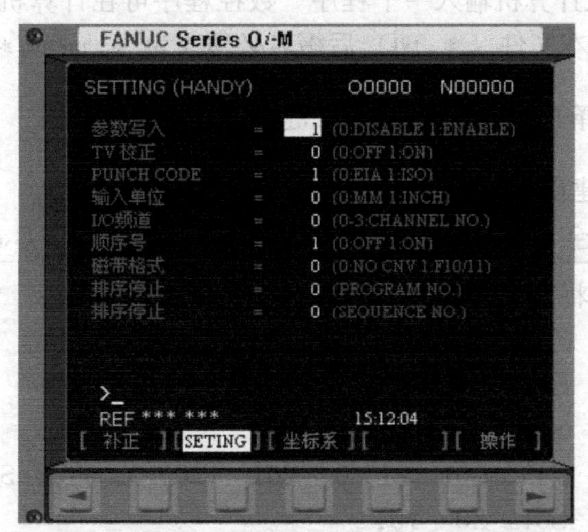

图 4-42 自动生成程序段号

7）编辑数控程序（删除、插入、替代）

按 [DELTE] 键，删除光标所在的代码。

按 [INSERT] 键，把输入区的内容插入到光标所在代码后面。

按 [ALTER] 键，把输入区的内容替代光标所在的代码。

2. 程序的输入

（1）通过操作面板手工输入数控程序

1）置模式开关在“EDIT”。

2）按PROG键，再按DIR进入程序页面。

3）输入“O7”程序名（输入的程序名不可以与已有程序名重复）。

4）按INSERT键，开始程序输入。

5）按EOB E→INSERT键，换行后再继续输入。

（2）从计算机输入一个程序　数控程序可在计算机上建文本文件编写，文本文件（＊.txt）后缀名必须改为＊.nc或＊.cnc。

1）选择EDIT模式，按PROG键切换到程序页面。

2）新建程序名“OXXXX”按INSERT进入编程页面。

3）按打开计算机目录下的文本文件，程序显示在当前屏幕上。

例如：将下面的程序输入系统内存：

```
O0001
N0010  G54  G90  G49  G21  T01;
N0020  M06;
N0030  G43  G01  Z10.0  H01  F200.0  M03  S1000;
N0040  G01  X0  Y0;
N0050  G01  Z-5.0;
N0060  G01  X50.0  Y50.0;
N0070  G49  G00  Z100.0  M05;
M0080  M30;
```

在编辑方式选取PROGRAM画面，程序保护开关关闭（OFF），键入顺序为：

O0001　按INSRT键；

N0010　G54　G90　G49　G21　T01按EOB INSRT键；

N0020　M06按EOB INSRT键；

N0030 G43 G01 Z10.0 H01 F200.0 M03 S1000 按EOB INSRT键；

N0040 G01 X0 Y0按EOB INSRT键；

N0050 G01 Z-5.0 按EOB INSRT键；

N0060 G01 X50.0 Y50.0按EOB INSRT键；

N0070 G49 G00 Z100.0 M05按EOB INSRT键；

N0080 M30按EOB INSRT键。

输入结束，打开程序保护开关。

四、自动运行方式

加工中心在完成机床启动、工件安装、程序编辑、刀具安装测量、刀偏设置、工件坐标系等一系列操作后，便可进入自动加工状态，完成工件最终的实际切削加工。循环运行启动时，还可以利用机床的相关功能，对加工程序、数据设置等进行进一步全面的检查校验，以确保自动加工时零件的质量和机床的安全运行。

1. 试运行程序

试运行程序时，机床和刀具不切削零件，仅运行程序。

1）置在模式。

2）选择一个程序如O0001后，按调出程序。

3）按程序启动按钮。

2. 单步运行

1）置单步开关于“ON”位置。

2）程序运行过程中，每按一次执行一条指令。

3. 启动程序加工零件

1）置模式旋钮在“AUTO”位置。

2）选择一个程序（参照前面介绍选择程序方法）。

3）按程序启动按钮。

4. 自动运行的停止

在自动运行过程中，除程序指令中的暂停（M00）、选择停（M01）、程序结束（M02、M30）等指令可以使自动运行停止外，操作者还可以用进给保持按钮、急停按钮及复位键中断或停止机床的自动运行。其使用方法可参照操作面板上按钮的用途。

5. 自动运行的再启动

自动运行的过程中，由于刀具磨损和出现其他故障而引起的运行中断，在更换刀具或排除故障后，经常需要从程序运行断点开始继续运行程序自动加工。由故障而引起的停机的情况较为复杂，这里仅介绍因刀具损坏引起停机后的再启动。

1）按下进给保持按钮（运行停止）。

2）使刀具退出，换新的刀具，如有需要可变更刀具补偿量。

3）接通机床操作面板上的程序再启动按钮。

4）按功能键 PROG 显示要用的程序。

5）找到程序头。

6）输入要重新启动的程序段顺序号，然后按［P 型］软键。

7）检索顺序号，并在 CRT 上出现程序再启动画面。

```
PROGRAM RESTART                                 O0001        N0100

  DESTINATION              M                      1           2
    X 51.000                                      1           2
    Y 34.012                                      1           2
    Z 23.323                                      1           2
                                                  1………………

     DISTANCE TO GO                     ………………………
    1 X1.357                            T……… ………
    2 Y3.472                            S……
    3 Z7.583
                                               S 0          T0100
    MEM …  …  …
   ［RSIR］   ［    ］   ［FL. SDL］   ［    ］   ［(OPRT)］
```

DESTINATION 显示程序要重新启动的位置。

DISTANCE TO GO 显示从当前刀具位置到加工重新启动位置之间的距离。

在每一轴左边的数字显示了轴的顺序（根据参数设置决定），按这一顺序刀具移动到重新启动位置。

要重新启动程序的坐标和移动的距离可最多显示 4 轴（程序重新启动屏幕只显示 CNC 控制轴的数据，而不显示 PMC 或 I/O LINK 控制轴）。

M 十四个最近指定的 M 代码。

T 两个最近指定的 T 代码。

S 最近指定的 S 代码。

B 最近指定的 B 代码。

代码是按照它们指定的顺序显示的，所有代码用程序重新启动或复位状态的循环启动消除。

8）关闭程序重新启动开关，这时在 DISTANCE TO GO 项目中，各轴名称之前的数字启动闪烁。

9）检查将要执行的 M、S、T 和 B 代码屏幕，如果发现了这些代码，进入 MDI 方式执行 M、S、T 和 B 功能，执行后恢复到以前的方式中，这些代码并不显示在程序的重新启动屏幕上。

10）检查在 DISTANCE TO GO 中显示的距离是否正确，同时检查在刀具移动到程序重新启动位置时，是否可能与工件或其他物体发生干涉，如果存在这种可能，将刀具手动移动到不与任何障碍物发生干涉，亦可以移动到程序重新启动点的某个位置。

11）按下循环启动按钮，刀具按照参数 7310 号中指定的顺序沿这些轴以空运行的速度移动到程序的重新启动位置，然后重新开始加工。

五、手动数据输入（MDI）操作

1）按键，切换到“MDI”模式。

2）按 PROG 键，再按 MDI → EOB E 分程序段号“N10”，输入程序如：G0X50。

3）按 INSERT “N10G0X50”程序被输入。

4）按［程序启动］程序启动按钮。

六、其他功能

1. 图形模拟加工

FANUC 0i – MA 系统具有强大的动态图形显示功能。动态图形显示能够在机床不动作的状态下，用彩色（或单色）CRT 描绘出程序中刀具轨迹的移动情况和工件加工过程的进展及最终形状。该功能对完成加工程序的检验和工件的试制大有帮助，是加工中心使用过程中常用的操作方法之一。下面简要介绍刀具轨迹动态图形显示的操作方法。

1）按功能键 CUSTOM GRAPH，则显示如下绘图参数画面（如不显示该画面，按软键［PARAM］）。

```
GRAPHIC PARAMETER                      O0020          N0010
     AXES            P =      4
        (XY = 0 YZ = 1 ZY = 2 XZ = 3 XYZ = 4 ZXY = 5 )
     RANGE (MAX)
        X = 810000        Y = 41000       Z = 0
     RANGE (MIN)
        X = 0        Y = 0       Z = 0
     SCALE          K = 50
     GRAPHIC CENTER
        X = 405000       Y = 20500         Z = 0
     PROGRAM STOP              N = 0
     AUTO ERASE                A = 1
MDI …… … …                                 13:32:01
[PARAM]     [ GRAPH]     [      ]     [      ]     [      ]
```

2）将光标移动到要设定的参数处。

3）输入数据按键。

4）重复 2）、3）步直到所有的参数被设定。

5）按软键［GRAPH］。

2. 工作参数的设定

为了最大限度的满足用户需求，数控系统供应商在设计系统时，设置了许多工作参数，方便机床的调试、维修及使用。工作参数设定得正确与否，可直接影响机床的精度及功能。大多数的工作参数已由机床制造商设定完成，最终用户不得随意修改。

在机床厂提供给用户的技术文件中，有一份文件为《电气原理图及参数表》，文件中对最终用户可以修改的参数作了详细的说明。以下介绍这部分参数的设定方法。

（1）用户数据的设定方法

1）选择 MDI 工作方式或急停状态。

2）用以下步骤使参数处于可写入状态。

① 按功能键 OFFSET SETTING 一次或几次，可显示如下设定画面（显示设定画面第一页）。

② 将光标移至“PARAMETER WRITE”处。

```
SETTING（HANDY）                         O0001          N0100

PARAMETER WRITE    = 0    （0：可   1：不可）
CHECK              = 0    （0：OFF   1：ON）
PUNCH CODE         = 0    （0：EIA   1：ISO）
INPUT UNIT         = 0    （0：mm 1：INCH）
I/O CHANNEL        = 0    （0-2：CHANNEL）



>

MDI STOP   …… … …        13:21:02
［NO. 搜索］  ［ON:1］  ［OFF:0］  ［+输入］  ［输入］
```

③ 设定“PARAMETER WRITE”=1，按软键［ON:1］，或者输入1，再按软键［输入］，这样参数成为可写入状态。同时 CNC 发

生 P/S100 报警（允许参数写入）。

3）按功能键 SYSTEM 几次，或按功能键 SYSTEM 一次后，再按软键［参数］，显示参数画面。

① 显示包括想要设定的参数所在的页面，光标放在想设定参数的位置。

② 输入数据，然后按［输入］软键，输入的数据被设定到光标指示的参数中。

（2）设定用户宏程序变量

用户宏程序的变量需输入到系统内存时，可按功能键 OFFSET SETTING，然后按菜单继续键“>”和［MACRO］，显示出公共变量，画面如下所示：

```
VARIABLE                          O0002         N0101
NO          DATA          NO          DATA
100         100.000       108         0.000
101           0.000       109         0.000
102         500.000       110         5.000
103           0.000       111         0.000
104        1000.000       112         0.000
105          10.000       113         0.000
106           0.000       114        10.000
107           0.000       115         0.000
ACTUAL      POSITION (RELATIVE)
X     0.000        Y      0.000
Z     0.000
>_                      S  0     T  0101
MDI  ……  …  …                  11:43:09
[NO. SRH ]   [    ]   [INP. C. ]   [    ]   [INPUT]
```

1）键入变量号并按软键［NO. SRH］。

2）用数字键键入数据并按软键［INPUT］。

3）为了将相对坐标值设入变量中，先按 X、Y 或 Z 键，然后按软键［INP. C. ］。

4）为某一变量设定为“空”值，只需按［INPUT］键，则变量

的值域保持为“空”。

3. 位置显示

按 POS 键切换到位置显示页面。用 PAGE↓ 和 PAGE↑ 键或者软键切换。

4. 镜像功能

1）按 OFSET SET →【SETING】→ PAGE↓，出现如图 4-43 所示的参数页面。

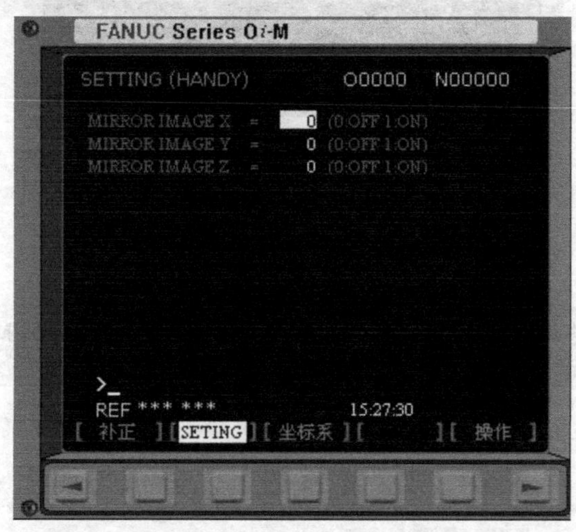

图 4-43　镜像功能

2）在参数页面中 MIRROR IMAGE X、MIRROR IMAGE Y、MIRROR IMAGE Z 分别表示 *X* 轴、*Y* 轴和 *Z* 轴镜像功能。

3）如输入“1”镜像启动。

5. 零件坐标系（绝对坐标系）位置（图 4-44）

（1）绝对坐标系　显示当前刀位点在工件坐标系中的位置。

（2）相对坐标系　显示当前刀位点在相对坐标系中的位置。

（3）综合显示　同时显示机床在以下坐标系中的位置。

1）绝对坐标系中的位置（ABSOLUTE）。

2）相对坐标系中的位置（RELATIVE）。

3）机床坐标系中的位置（MACHINE）。

4）当前运动指令的剩余移动量（DISTANCE TO GO）。

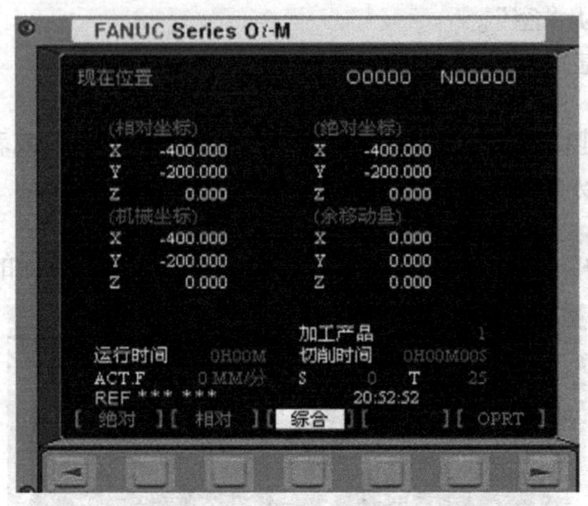

图 4-44　FANUC 0i – M（铣床）坐标系统画面

这些程序是应用FANUC数控铣床与加工中心上的程序，机床型号不同，在运行时可能要进行略微改动，这里的加工程序仅作参考。

第五节　典型零件的工艺分析与编程

一、平面加工

例 1　平面加工

(1) 零件图分析　如图 4-45 所示的某模板，其材料为 45 钢，表面基本平整。需要做上表面的平面加工，加工表面有一定的精度和表面粗糙度要求。

(2) 工艺分析　该模板的平面加工选用可转位硬质合金面铣刀，刀具直径为 ϕ120mm，刀具镶有 8 片八角形刀片，使用该刀具可以获得较高的切削效率和表面加工质量。

为方便加工，确定该工件的下刀点在工件右下角，用铣刀试切上表面，碰到后向 *X* 轴正方向移动，移出工件区域，从该位置开始加工。

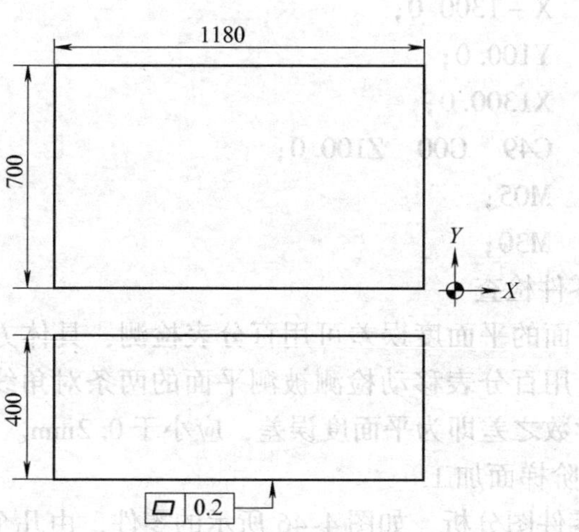

图 4-45　模板平面的数控加工

（3）编写加工程序

```
O0005
N0010   S800   M03;
N0015   G43   G90   G00   Z0   H01;
N0020   G91   G01   Z-0.05   F500;
N0030   X-1300.0;
N0040   Y100.0;
N0050   X1300.0;
N0060   Y100.0;
N0070   X-1300.0;
N0080   Y100.0;
N0090   X1300.0;
N0100   Y100.0;
N0110   X-1300.0;
N0120   Y100.0;
N0130   X1300.0;
```

N0140　Y100.0;

N0150　X－1300.0;

N0160　Y100.0;

N0170　X1300.0;

N0180　G49　G00　Z100.0;

N0190　M05;

N0200　M30;

（4）零件检查

模板平面的平面度误差可用百分表检测，具体方法为：平面加工完成后，用百分表移动检测被测平面的两条对角线，百分表的最大与最小读数之差即为平面度误差，应小于0.2mm。

例2　阶梯面加工

（1）零件图分析　如图4-46所示的零件，由几个台阶组成。本例将做此台阶平面及侧面的精加工，其材料为45钢。

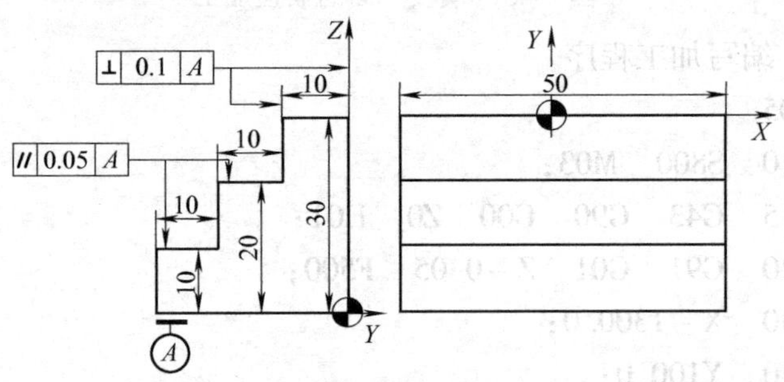

图4-46　台阶形工件的数控加工

（2）工艺分析　该零件的台阶面加工选用直径为ϕ20mm的立铣刀，每一个台阶做一刀加工。

（3）确定加工坐标原点

*X*向取该零件的长度方向的中心；*Y*向取该零件的高的一方的侧边；*Z*向零件底面。

（4）编写加工程序

O0006;

G54　G90　T03　M06;

```
G00   X31.0   Y-5.0;
S600  M3;
G43   G00   Z32.0   H03;
G01   Z30.0   F50;
G01   X-36.0   F800;
G01   Y-20.0;
G01   Z20.0   F50;
G01   X36.0   F800;
G01   Y-30.0;
G01   Z10.0   F50;
G01   X-36.0   F800;
G01   Y-40.0;
G01   Z0.0   F50;
G01   X36.0   F800;
G49   G00   Z100.0;
M05;
M30;
```

（5）零件检查

1）平行度误差的检测

① 用深度游标卡尺或深度千分尺检测。如图 4-47 所示，将工件放在检测平台上，测量尺寸 *A* 与 *A′*、*B* 与 *B′*，是否符合平行度要求，即两者之差应小于 0.05mm。

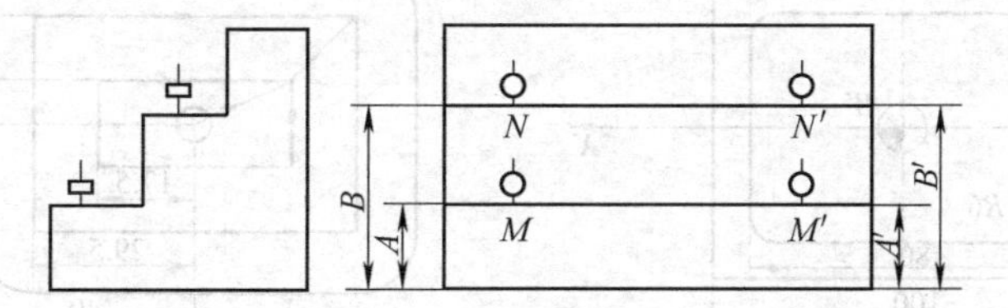

图 4-47　平行度误差检测

② 用百分表检测。用百分表比较测量 *M* 与 *M′* 点、*N* 与 *N′* 点，看两点的计读数差是否符合平行度公差要求。

2）垂直度误差的检测

用杠杆百分表检测。如图 4-48 所示，将工件放在检测平台上，分别测量 A 与 A'、B 与 B' 的读数，两点之差即为垂直度误差，应小于 0.1mm。

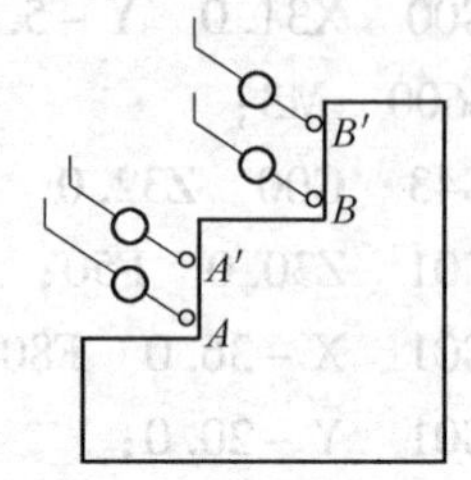

图 4-48　垂直度误差检测

二、型腔加工

例 3　型腔的加工

（1）零件图分析　图 4-49a 为某内轮廓型腔零件图，要求对该型腔进行粗、精加工。

（2）工艺分析

1）装夹定位：采用机用平口虎钳。

2）加工路线：粗加工分四层切削加工，底面和侧面各留 0.5mm 的精加工余量，粗加工从中心工艺孔垂直进刀，向周边扩展，如图 4-49b 所示，所以，应在腔槽中心钻好 ϕ20mm 工艺孔。

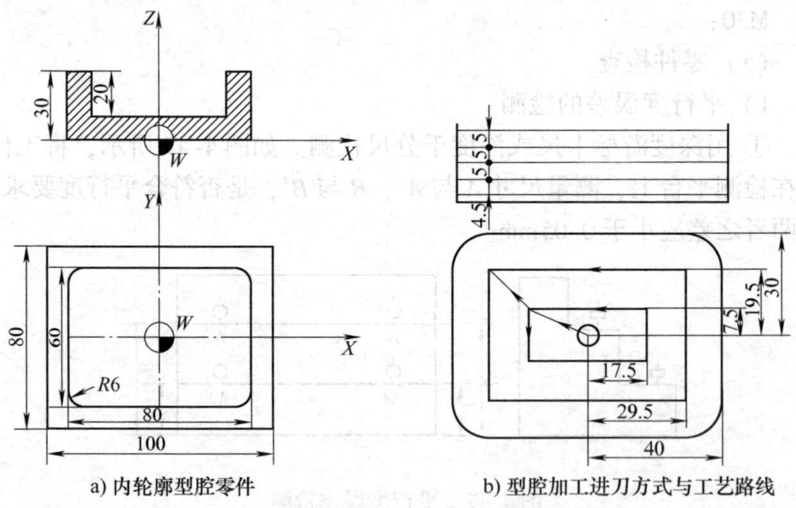

a) 内轮廓型腔零件　　b) 型腔加工进刀方式与工艺路线

图 4-49　内轮廓型腔的数控加工

3）加工刀具：粗加工采用 ϕ20mm 的立铣刀，精加工采用 ϕ10mm 的键槽铣刀。

（3）确定加工坐标原点　根据零件图，可设置程序原点为工件的下表面中心。

（4）编写加工程序

```
O0008
N10  T01  M06;
N20  G54  G90;
N30  G43  G00  Z40.0  S275  M03  H01;
N35  G00  X0.0  Y0.0;
N40  M08;
N50  G01  Z25.0  F20;
N60  M98  P0030;
N70  Z20.0  F20;
N80  M98  P0030;
N90  Z15.0  F20;
N100  M98  P0030;
N110  Z10.5  F20;
N120  M98  P0030;
N130  G00  Z40.0;
N135  G49  Z300.0
N137  G28  Z305.0
N140  T02  M06;
N145  G43  G90  G00  Z40.0  H02
N150  S500  M03;
N160  M08;
N170  G01  Z10.0  F20;
N180  X-11.0  Y1.0  F100;
N190  Y-1.0;
N200  X11.0;
N210  Y1.0;
```

```
N220 X-11.0;
N230 X-19.0 Y9.0;
N240 Y-9.0;
N250 X19.0;
N260 Y9.0;
N270 X-19.0;
N280 X-27.0 Y17.0;
N290 Y-17.0;
N300 X27.0;
N310 Y17.0;
N320 X-27.0;
N330 X-34.0 Y25.0;
N340 G03 X-35.0 Y24.0 I0.0 J-1.0;
N350 G01 Y-24.0;
N360 G03 X-34.0 Y-25.0 I1.0 J0.0;
N370 G01 X34.0;
N380 G03 X35.0 Y-24.0 I0.0 J1.0;
N390 G01 Y24.0;
N400 G03 X34.0 Y25.0 I-1.0 J0.0;
N410 G01 X-35.0;
N420 G00 X-30.0 Y10.0;
N430 G00 Z40.0;
N435 G49 Z300.0;
N437 G28 Z305.0;
N440 M05;
N450 M30;
O0030;
N10 X-17.5 Y7.5 F60;
N20 Y-7.5;
N30 X17.5;
N40 Y7.5;
```

```
N50  X-17.5;
N60  X-29.5  Y19.5;
N70  Y-19.5;
N80  X29.5;
N90  Y19.5;
N100  X-29.5;
N110  X0  Y0;
N120  M99;
```

三、轮廓加工

例4 外轮廓加工实例（如图4-50所示）

刀具：T02 为 ϕ20mm 的立铣刀，长度补偿号为 H12，半径补偿号为 D22。

说明：两个 ϕ30mm 的孔用来装夹工件。

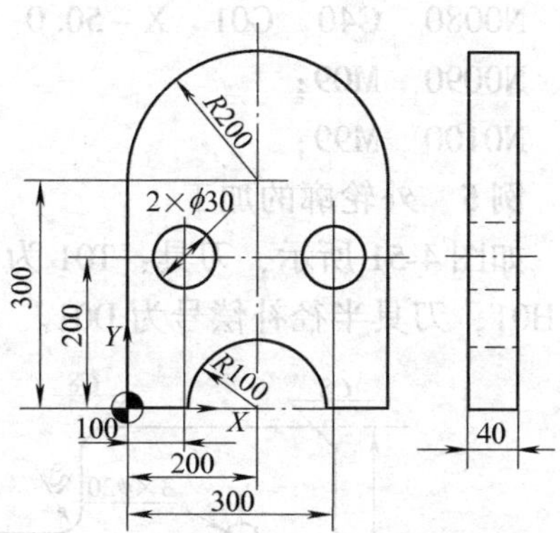

图 4-50 外轮廓加工实例

```
O0070
N0010  G17  G21  G49  G40  G54  G90  T02;
N0020  M06;
N0030  M03  S800;
N0040  G43  G00  Z5.0  H12;
N0050  G00  X-50.0  Y-50.0;
N0060  G01  Z-20.0  F300;
N0070  M98  P1010;
N0080  G01  Z-43.0  F300;
N0090  M98  P1010;
N0100  G49  G00  Z300.0;
N0110  G28  Z300.0;
N0120  M30;
01010
```

```
N0010  G42  G01  X-30.0  Y0.0  F300  D22  M08;
N0020  X100.0;
N0030  G02  X300.0  Y0.0  R100.0;
N0040  G01  X400.0;
N0050  Y300.0;
N0060  G03  X0.0  Y300.0  R200.0;
N0070  G01  Y-30.0;
N0080  G40  G01  X-50.0  Y-50.0;
N0090  M09;
N0100  M99;
```

例 5　外轮廓的加工

如图 4-51 所示，刀具：T01 为 ϕ16mm 的铣刀，刀具长度补偿号为 H01，刀具半径补偿号为 D01。

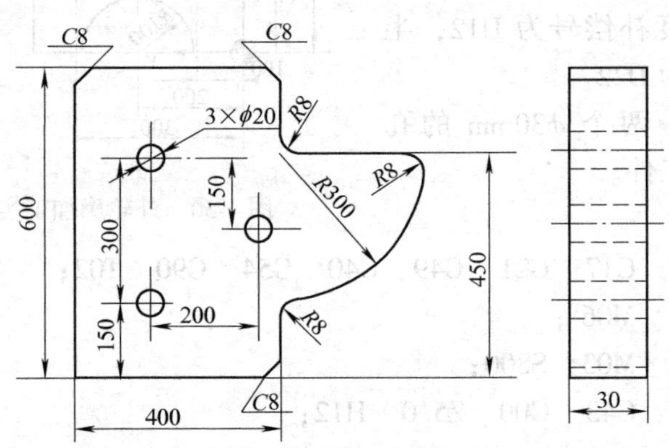

图 4-51　外轮廓的加工

程序如下：

```
O0010
N0010  G54  G90  G21  G17  G40  G49  T01;
N0020  M06;
N0030  M03  S800;
N0040  G43  G00  Z30.0  H01;
N0050  X-30.0  Y-30.0;
```

```
N0060   G42   G01   X-30.0   Y0   D01   F110.0   M08;
N0070   Z-33.0;
N0080   X400.0, C8.0;
N0090   Y150.0, R8.0;
N0100   G03   X700.0   Y450.0   R300.0, R8.0;
N0110   G01   X400.0, R8.0;
N0120   Y600.0, C8.0;
N0130   X0, C8.0;
N0140   Y-30.0   M09;
N0150   G40   G01   X-30.0   Y-30.0;
N0160   G49   Z300.0;
N0170   G28   X-30.0   Y-50.0   M05;
N0180   M30;
```

注意：有的 FANUC 系统的倒棱、倒圆前的“,”可以省略。

例 6　外轮廓的加工

（1）零件图分析　如图 4-52 所示某凸轮零件，要求精铣该凸轮的外形。该凸轮由 4 段不同半径的圆弧所组成。凸轮厚度为 5mm，材料为 45 钢，经过调质处理，硬度为 30HRC。

（2）工艺分析　用 ϕ10mm 的立铣刀加工，采用刀具半径左补偿，顺铣加工。

数值计算：使用 AutoCAD 等软件将图形绘制出来，查出基点坐标如下。

A（20，0），*B*（-10，0），*C*（-2.10526，18.2321），*D*（2.85714，19.79458）。

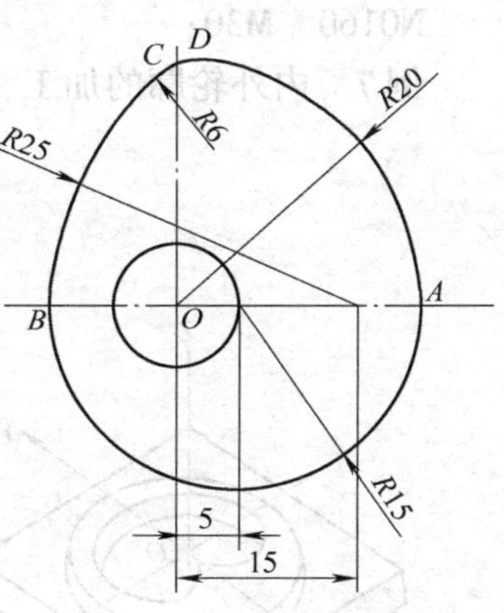

图 4-52　平面凸轮零件图

（3）确定加工坐标原点　加工坐标原点为凸轮的轴心孔中心 *O*，*Z* 向零点为凸轮的底平面。机床坐标系设在 G54。

（4）编写加工程序

```
O0004;
N0005  G54  G17  G40  G49  G90;
N0010  G43  G00  Z100.0  H01;
N0020  S1200  M3;
N0030  G00  X30.0  Y25.0;
N0040  G00  Z1.0;
N0050  G41  D01  X20.0  Y10.0;
N0060  G01  Z0  F100;
N0070  G01  X20.0  Y0;
N0080  G02  X-10.0  R15.0;
N0090  X-2.105  Y18.232  R25.0;
N0100  X2.857  Y19.795  R6.0;
N0110  X20.0  Y0  R20.0;
N0120  G01  Y-10.0;
N0130  G00  Z100.0;
N0140  G40  X0  Y0;
N0145  G49  G00  Z150.0
N0150  M05;
N0160  M30;
```


例 7　内外轮廓的加工（图 4-53）

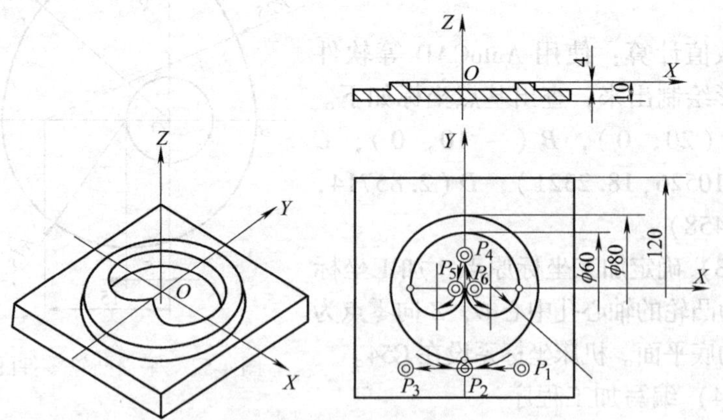

图 4-53　内轮廓的加工

工艺分析　刀具 T03 为 ϕ8mm 的铣刀，半径补偿号为 D03，长度补偿号为 H03。外轮廓加工采用刀具半径左补偿，沿圆弧切线方向切入 $P_1 \to P_2$，切出时也沿切线方向 $P_2 \to P_3$。内轮廓加工采用刀具半径右补偿，$P_4 \to P_5$ 为切入段，$P_6 \to P_4$ 为切出段。外轮廓加工完毕取消刀具半径左补偿，待刀具至 P_4 点，再建立半径右补偿。数控程序如下：

```
O0010;
N0010  G54  G17  G21  G90  G40  G49  T03;
N0020  M06;
N0030  M03  S800;
N0040  G43  G00  Z50.0  H02;
N0050  G00  X100.0  Y100.0;
N0060  G41  G01  X20.0  Y-40.0  F100  D03;
N0070  G01  Z-4.0;
N0080  X0  Y-40.0;
N0090  G02  X0  Y-40.0  I0  J40.0;
N0100  G01  X-20.0;
N0110  G00  Z50.0;
N0120  G40  G01  X0  Y15.0  F110.0;
N0150  G42  G01  X0  Y0  D03;
N0160  G01  Z-4.0;
N0170  G02  X-30.0  Y0  I-15.0  J0;
N0180  G02  X30.0  Y0  I30.0  J0;
N0190  G02  X0  Y0  I-15.0  J0;
N0200  G00  G40  X0  Y15.0;
N0210  G28  Z100.0  M05;
N0220  M02;
```

四、孔系加工

例 8　孔系的加工（图 4-54）

材料为 40Cr。刀具：T01 号为 ϕ20mm 的钻头，长度补偿号为 H01；T02 号为 ϕ17.5mm 的钻头，长度补偿号为 H02；T03 号为 M20

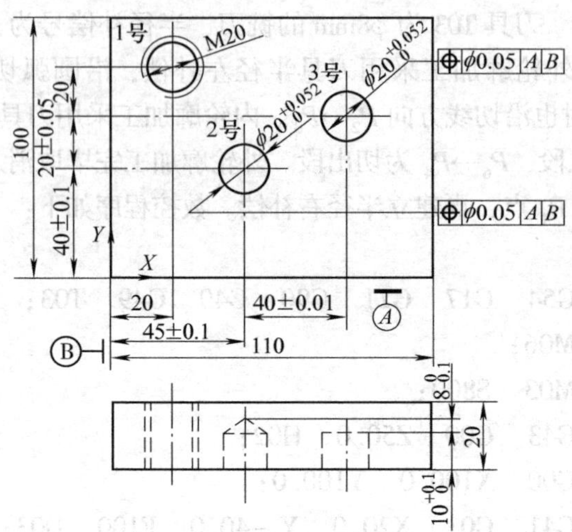

图 4-54　孔系的加工

的丝锥，长度补偿号为 H03；T04 号为 ϕ20mm 的键槽铣刀，长度补偿号为 H04。

说明：由于特殊工艺要求，要求 3 号孔先钻再铣。

编程如下：

```
O0020
N0010  G17  G21  G40  G49  G90  G80  G54  T02;
N0020  M06;
N0030  M03  S800;
N0040  G00  X20.0  Y80.0  T03;
N0050  G43  G00  Z3.0  H02  M08;
N0060  G01  Z-24.0  F300;
N0070  G01  Z3.0;
N0080  G00  X85.0  Y60.0;
N0090  G01  Z-10.0  F280;
N0100  G01  Z3.0  M09;
N0105  G49  G00  Z300.0;
N0110  G28  Z303.0  M06;
```

```
N0120  M03  S200;
N0130  G29  X20.0  Y80.0;
N0135  G43  G00  Z30.0  H03  M08;
N0140  G01  Z-24.0  F500;
N0150  M05;
N0160  G04  P3000;
N0170  M04  S200;
N0180  G01  Z3.0  F500  M09  T04;
N0185  G49  G00  Z300.0;
N0190  G28  Z300.0  M06;
N0200  M03  S800;
N0210  G29  X85.0  Y60.0;
N0215  G43  G00  Z3.0  H04  M08;
N0220  G01  Z-10.0  F300  T01;
N0230  G04  X3.5;
N0240  G00  Z3.0  M09;
N0245  G49  G00  Z300.0;
N0250  G28  Z303.0  M06;
N0260  M03  S800;
N0270  G00  X45.0  Y40.0;
N0280  G43  G00  Z3.0  H01  M08;
N0290  G01  Z-12.0  F300:
N0300  G01  Z3.0  M09;
N0305  G49  G00  Z300.0;
N0310  G28  Z300.0  M05;
N0320  M30;
```

零件检查

1）用游标卡尺或 20H9 的塞规检测两孔的直径 $\phi20^{+0.052}_{0}$ mm。

2）用深度游标卡尺检测孔的深度尺寸 $10^{+0.10}_{0}$ mm。

3）位置尺寸的检测（以 2 号孔的检查为例）：

① 用游标卡尺分别测量 2 号孔到基准面 *A* 和 *B* 的尺寸。该尺寸

应符合（45±0.01）mm、（40±0.01）mm 的要求。

② 将标准心轴装入 2 号孔内，用深度游标卡尺或深度千分尺分别测量心轴上素线与基准面 *A* 的距离和心轴侧素线至基准面 *B* 的距离，就很容易地得到 2 号孔的位置尺寸。

3 号孔的检查与 2 号孔一样，就不再赘述了。

4）位置度误差的检查：

将标准心轴装入 2、3 号孔内，用百分表测量心轴上素线至基准面 *A* 与侧素线至基准面 *B* 的距离，在 20mm 的长度上允差为 0.025mm。

例 9 孔系零件的加工（图 4-55）

编写在加工中心上加工的程序，其中 12～13 号孔已粗加工。

在补偿号 No. 11 设定补偿量 +200.0，在补偿号 No. 15 设定补偿量 +190.0，在补偿号 No. 31 中设定补偿量 +150.0。程序如下：

```
O0010
N0010  G92  X0  Y0  Z0;
N0020  G90  G00  Z250.0  T11  M06;
N0030  G43  Z0  H11;
N0040  S300  M3;
N0050  G99  G81  X400.0  Y-350.0  Z-153.0  R-97.0
F120;
N0060  Y-550.0;
N0070  G98  Y-750.0;
N0080  G99  X1200.0;
N0090  Y-550.0;
N0100  G98  Y-350.0;
N0110  G49  G00  Z250.0;
N0120  G28  Z350.0  T15  M06;
N0130  G43  Z0  H15;
N0140  S200  M3;
N0150  G99  G82  X550.0  Y-450.0  Z-130.0  R-97.0
 P300  F300;
N0160  G98  Y-650.0;
```

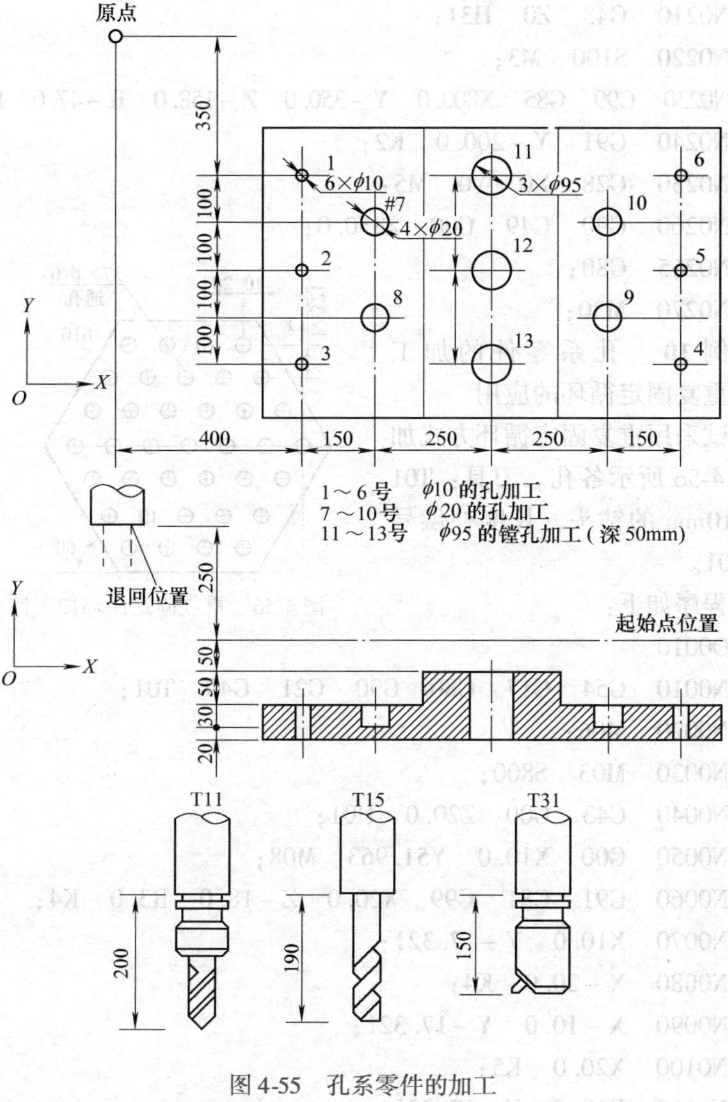

图 4-55　孔系零件的加工

N0170　G99　X1050.0；

N0180　G98　Y－450.0；

N0190　G49　G00　Z250.0；

```
N0200  G28  Z350.0  T31  M06;
N0210  G43  Z0  H31;
N0220  S100  M3;
N0230  G99  G85  X800.0  Y-350.0  Z-158.0  R-47.0  F50;
N0240  G91  Y-200.0  K2;
N0250  G28  X0  Y0  M5;
N0260  G90  G49  G00  Z350.0;
N0265  G80;
N0270  M30;
```

例 10　孔系零件的加工——重复固定循环的应用

试采用重复固定循环方式加工图 4-56 所示各孔。刀具：T01 为 ϕ10mm 的钻头，长度补偿号为 H01。

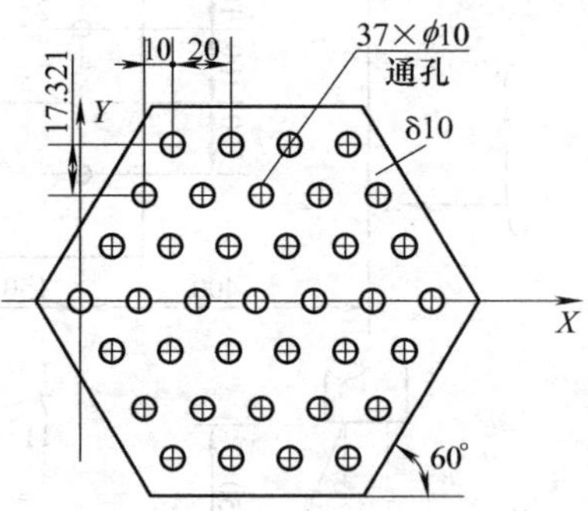

图 4-56　重复固定循环加工例

程序如下：

```
O0010
N0010  G54  G17  G80  G90  G21  G49  T01;
N0020  M06;
N0030  M03  S800;
N0040  G43  G00  Z20.0  H01;
N0050  G00  X10.0  Y51.963  M08;
N0060  G91  G81  G99  X20.0  Z-18.0  R3.0  K4;
N0070  X10.0  Y-17.321;
N0080  X-20.0  K4;
N0090  X-10.0  Y-17.321;
N0100  X20.0  K5;
N0110  X10.0  Y-17.321;
N0120  X-20.0  K6;
N0130  X10.0  Y-17.321;
N0140  X20.0  K5;
```

```
N0150  X-10.0  Y-17.321;
N0160  X-20.0  K4;
N0170  X10.0  Y-17.321;
N0180  X20.0  K3;
N0190  G80  M09;
N0200  G49  G90  G00  Z300.0;
N0210  G28  X0  Y0  M05;
N0220  M30;
```

五、槽的加工

例 11　方槽加工实例

零件如图 4-57 所示，刀具 T01 为 ϕ8mm 的键槽铣刀，长度补偿号为 H01，半径补偿号为 D01，每次 Z 轴方向的切深为 2.5mm。

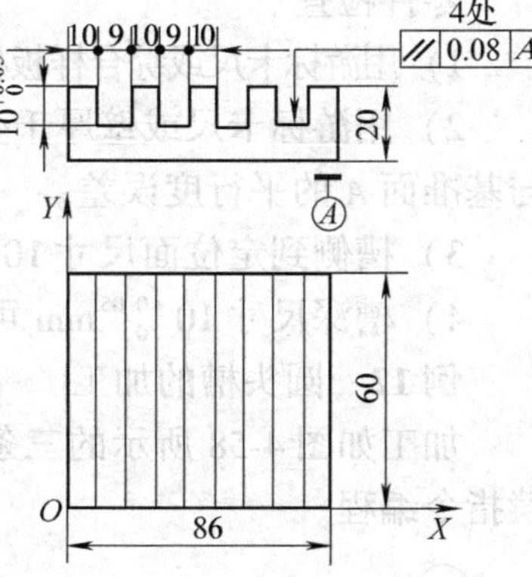

图 4-57　方槽加工

程序编写如下：

```
O0100
N0010  G54  G90  G17  G21  G49  G40  T01;
N0020  M06;
N0030  M03  S800;
N0040  G90  G00  X-4.5  Y-10.0  M08;
N0050  G43  G01  Z0  H01;
N0060  M98  P110  L4;
N0070  G49  G90  G00  Z300.0  M05;
N0090  X0  Y0  M09;
N0100  M30;
O0110
N0010  G91  G01  Z-2.5  F80;
N0020  M98  P120  L4;
N0030  G00  X-76.0  M99;
O0120
```

```
N0010  G91  G00  X19.0;
N0020  G41  G01  X4.5  D01  F80;
N0030  Y75.0;
N0050  X-9.0;
N0060  Y-75.0;
N0070  G40  G01  X4.5  M99;
```

零件检查

1）用游标卡尺或综合样板检测直角槽的宽度9mm及间距尺寸10mm。

2）用游标卡尺或壁厚千分尺，也可以用杠杆百分表检测直角槽与基准面 *A* 的平行度误差。

3）槽侧到定位面尺寸10mm，可用游标卡尺或壁厚千分尺检测。

4）槽深尺寸 $10^{+0.05}_{0}$mm 可用深度游标卡尺检测。

例12　圆头槽的加工

加工如图4-58所示的三条槽，槽深均为2mm，试用刀具长度补偿指令编程。

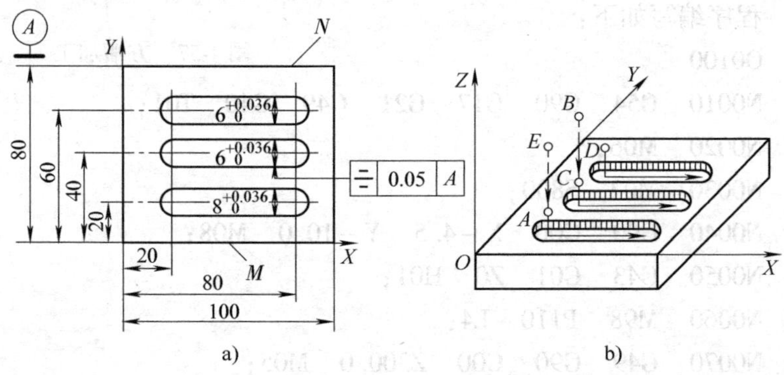

图4-58　圆头槽的加工

选择 ϕ8mm 铣刀为1号刀，ϕ6mm 铣刀为2号刀。

参考程序如下：

N10 G92 X0 Y0 Z20.0;	建立工件坐标系
N20 G90 G00 Z100.0 M00 T01;	退至 *O* 点上方100mm处，装1号刀

N30 G43 G00 Z20.0 H01；	进刀至 O 点上方 20mm，建立 1 号刀补
N40 G00 X20.0 Y20.0 Z2.0；	进刀至 A 槽上方
N50 M03 S1500；	主轴开启
N60 G01 Z－2.0 F150；	切削下刀－2mm
N70 X80.0；	铣 A 槽
N90 G49 G00 Z100.0 M05 M00 T02；	退至 A 槽上方 100mm 处，取消 1 号刀补，装 2 号刀
N100 G43 G00 Z20.0 H02；	进刀至零件上方 20mm，建立 2 号刀补
N110 G00 X20.0 Y40.0 Z2.0；	进刀至 C 槽上方
N115 M03 S1500 ；	主轴开启
N120 G01 Z－2.0 F150；	切削下刀－2mm
N130 X80.0；	铣 C 槽
N140 G01 Z2.0；	切削抬刀
N150 G00 X20.0 Y60.0；	进刀至 D 槽上方
N155 G01 Z－2.0 F150；	切削下刀－2mm
N160 X80.0；	铣 D 槽
N170 G49 G00 Z100.0 M05；	退至 D 槽上方 100mm 处，取消 2 号刀补
N180 M30；	程序结束

零件检查

1）长度尺寸的检查：

① 用游标卡尺或 ϕ6H9、ϕ8H9 的塞规检测槽宽尺寸 $6^{+0.036}_{0}$ mm、$8^{+0.036}_{0}$mm。

② 槽 $8^{+0.036}_{0}$ mm 中心到定位面的尺寸 20mm 及槽 $6^{+0.036}_{0}$ mm 到定位面的尺寸 40mm，用游标卡尺或壁厚千分尺检测。

③ 可用游标卡尺检测槽长及定位尺寸 20mm。

2）中间槽 $6^{+0.036}_{0}$ mm 对基准面 A 的对称度误差检测方法如下：

① 用游标卡尺分别测量两槽侧到对边 M、N 的尺寸进行比较，

以检查其对称度。

② 卸下零件，分别以 *M*、*N* 面紧贴平板（或工作台面），用杠杆百分表测出两槽侧到 *M*、*N* 的读数，比较读数差也可得对称度。

例 13 平面凸轮槽的加工

（1）零件图分析 如图 4-59 所示某平面凸轮槽，槽宽为 12mm，深度为 15mm。如果使用普通机床加工，不仅效率低，而且很难保证其加工精度。使用加工中心可以快速地完成此凸轮槽的加工。

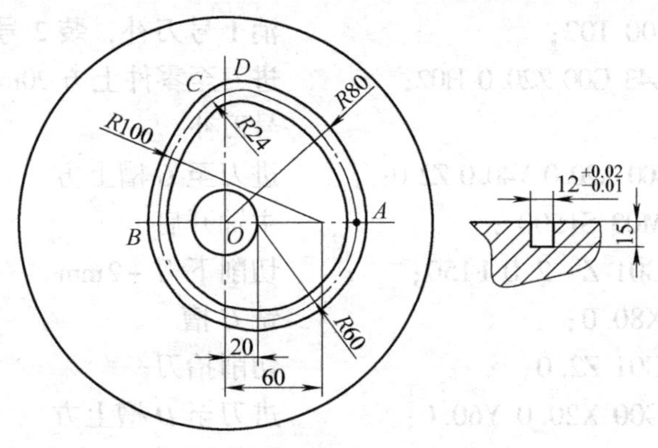

图 4-59 平面凸轮槽零件

（2）工艺分析 该凸轮加工使用 ϕ12mm 的立铣刀进行加工，在铣削加工前先用 ϕ10.5mm 的钻头钻铣刀引入孔，引入孔位置在 *A* 点，再用 ϕ11.5mm 平顶钻锪孔，孔底留余量为 0.5mm。立铣刀为 1 号铣刀，设置主轴转速为 600r/min，进给速度为 120mm/min；钻头为 2 号刀，设置主轴转速为 500r/min，进给速度为 80mm/min；平顶钻为 3 号刀，设置主轴转速为 300r/min，进给速度为 50mm/min。

基点坐标值的查询：使用 AutoCAD 等软件将图形绘制出来，查出基点坐标如下：

A（80，0），*B*（−40，0），*C*（−8.42，72.929），*D*（11.428，79.18）。

（3）确定加工坐标原点 加工坐标原点为如图 4-59 所示凸轮的圆心 *O* 点，*Z* 向零点为凸轮的上平面。机床坐标系设在 G54。

（4）编写加工程序

```
O0010;
G54  G49  G80  G90  T02;
M06;
S500  M3;
G43  H02  Z50.0;
G98  G81  X80.0  Y0  Z-15.0  R5.0  F80;
G00  G49  Z200.0  M5;
G30  G91  Z0;
M06  T03;
S300  M03;
G90  G43  H03  Z50.0;
G98  G82  X80.0  Y0  Z-14.57  R5.0  F50  P2000;
G00  G49  Z200.0  M05;
G30  G91  Z0;
M06  T01;
S600  M03;
G90  G43  H01  Z50.0;
G00  X80.0  Y0;
Z2.0;
G01  Z-15.0  F60;
G02  X-40.0  R60.0  F120;
X-8.42  Y72.929  R100.0;
X11.428  Y79.18  R24.0;
X80.0  Y0  R80.0;
G00  Z100.0;
G00  G49  Z150.0  M5;
M30;
```

例 14　曲面槽的加工

（1）零件图分析　如图 4-60 所示的零件，平面已加工完，在数控铣床上铣削曲面槽，用刀具直径为 ϕ16mm 的球头铣刀，编制数控加工程序。

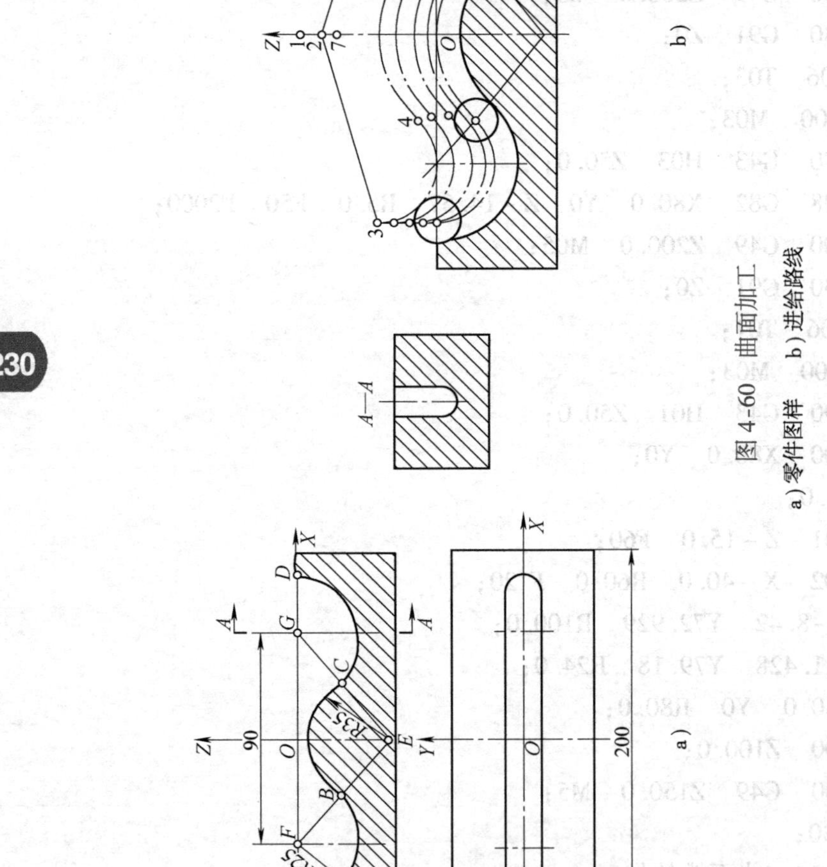

图 4-60 曲面加工
a) 零件图样 b) 进给路线

(2) 工艺分析

1) 采用机用平口虎钳装夹工件，按图 4-60a 所示设定编程坐标系，O 点为坐标原点。选用刀具直径 ϕ16mm 的球头铣刀。在 ZX 面内插补切削，采用半径补偿功能。Z 向分层切削，刀具轨迹见图 4-60b，即“1→2→3→4→5→6→2”为一个循环单元，每循环一次切削一层，每层刀具 Z 向背吃刀量 $a_p=5$mm，循环 5 次即完成加工。

2) 数据处理。由计算得到，如图 4-60a 所示凹槽曲线轮廓的基点坐标如下：

A（-70，0），B（-26.25，-16.536），C（26.25，-16.536），D（70，0），　E（0，-39.686），　F（-45，0），G（45，0）。

(3) 确定加工坐标原点　按图 4-60a 所示设定编程坐标系，O 点为坐标原点。

(4) 编写加工程序

```
O0014
T01   M06;
G40   G90   G54   G90   G00   X0   Y0   Z45.0;
S1000   M03;
M98   P50040;
G90   G17   G00   X0   Y0   Z100.0   M05;
M30;
O0040;
G91   G01   Z-5.0   F80.0;
G18   G42   X-70.0   Z-20.0   D01;
G02   X43.75   Z-16.536   I25.0   K0;
G03   X52.5   Z0   I26.25   K-23.150;
G02   X43.75   Z16.536   I18.75   K16.536;
G40   G01   X-70.0   Z20.0   F300;
M99;
```

例 15　螺旋槽的加工

图 4-61 所示螺旋槽由两个螺旋面组成，前半圆 AmB 为左旋螺旋面，后半圆 AnB 为右旋螺旋面。螺旋槽最深处为 A 点，最浅处为 B

点。要求用 ϕ8mm 的立铣刀进行加工该螺旋槽，编制数控加工程序。刀具半径补偿号为 D01，长度补偿号为 H01。

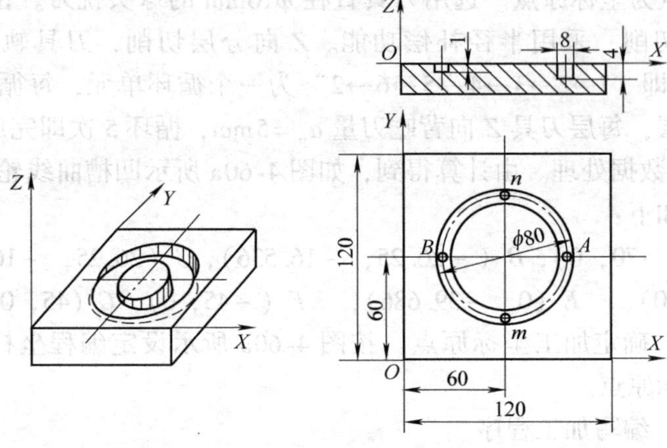

图 4-61　螺旋槽加工

程序如下：

```
O0050
N0010   G54   G90   G40   G90   G21   G17   T01;
N0020   M06;
N0030   G00   G43   Z50.0   H01;
N0040   G00   X24.0   Y60.0;
N0050   G00   Z2.0;
N0060   M03   S1500;
N0070   G01   Z-1.0   F50.0   M08;
N0080   G03   X96.0   Y60.0   Z-4.0   I36.0   J0;
N0090   G03   X24.0   Y60.0   Z-1.0   I-36.0   J0;
N0100   G01   Z1.5   M09;
N0110   G49   G00   Z150.0   M05;
N0120   X0   Y0;
N0130   M30;
```

注意：对于螺旋线加工，在有的 FANUC 系统中要写上螺距（或

导程)，即以上程序的 N0080，N0090 程序段变为：

```
N0080  G03  X96.0  Y60.0  Z-4.0  I36.0  J0  K6.0
N0090  G03  X24.0  Y60.0  Z-1.0  I-36.0  J0  K6.0
```

六、其他零件的加工

1. 螺纹加工

例 16　如图 4-62 所示，孔径已加工完成，使用可调式镗刀，配合 G33 指令切削 M60×1.5 的内螺纹。

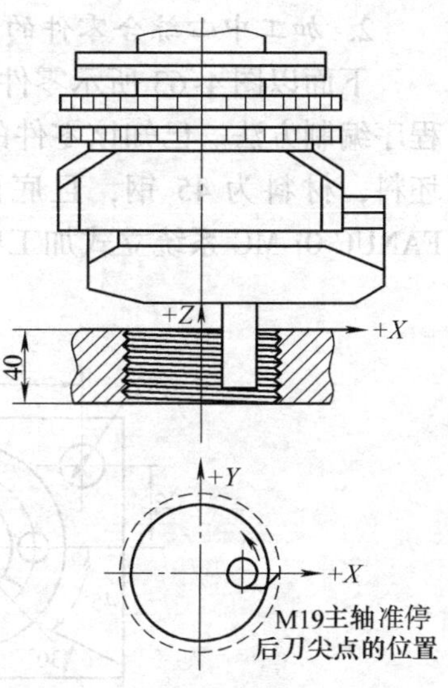

图 4-62　螺纹加工

程序如下：

```
O5008;
G90  G00  G17  G40  G49;
G54  X0  Y0;
M03  S400;
G43  Z10.0  H01;
G33  Z-45.0  F1.5;
M19;
G00  X-5.0;
Z10.0;
X0  M00;
M03;
G04  X2.0;
G33  Z-45.0  F1.5;
M19;
G00  X-5.0;
Z10.0;
X0  M00;
M03;
G04  X2.0;
G33  Z-45.0  F1.5;
……
```

```
M19;
G00  X-5.0;
Z10.0
G28  G91  Z0;
M30;
```

2. 加工中心综合零件的加工

下面以图4-63所示零件为例，介绍其在立式加工中心上加工的程序编制方法。已知该零件的毛坯为100mm×80mm×27mm的方形坯料，材料为45钢，且底面和四个轮廓面均已加工好，要求在FANUC 0i-MC系统立式加工中心上加工顶面、孔及沟槽。

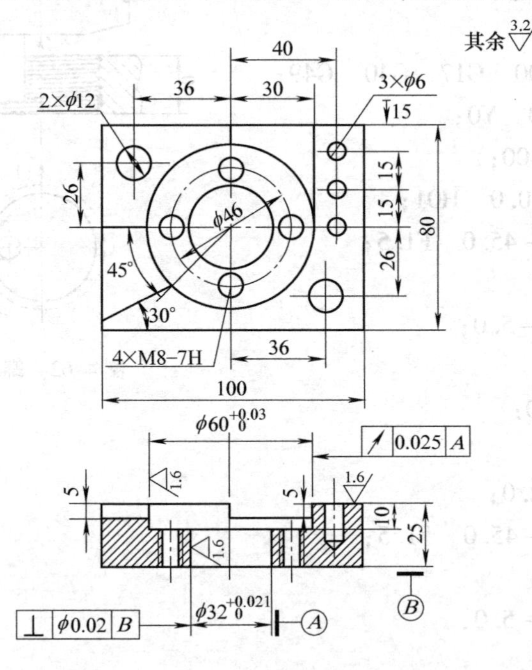

图4-63　零件简图

3. 工艺方案制定

该零件在加工中心工序前已将轮廓和底面加工完成，在加工中心上加工的内容是：

① 加工顶面；

② 加工 ϕ32mm 孔；

③ 加工 ϕ60mm 沉孔及沟槽；

④ 加工 3 × ϕ6mm 及 2 × ϕ12mm 孔；

⑤ 加工 4 × M8—7H 螺孔。

如图 4-64 所示，根据该零件的结构和加工特点，选择机用虎钳把工件装夹在机床工作台上。

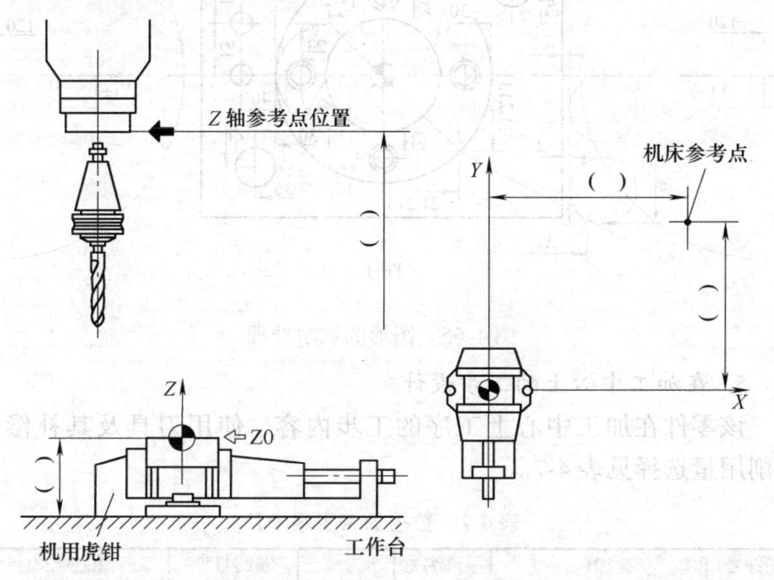

图 4-64 工件装夹简图

4. 图形的数学处理

对图形的数学处理一般包括两个方面：一是根据零件图样给出的形状、尺寸和公差等条件直接计算出编程时所需的有关各点的坐标值；当按照零件图样给出的条件还不能直接计算出编程时所需的所有坐标值时，就必须根据所采用的具体工艺方法、工艺装备等条件，对零件图形及有关尺寸进行必要的数学处理或改动，才可以进行各点的坐标计算和编程工作。

在作数学处理前首先要选定工件原点，这里选择工件精加工后的顶面中心为工件原点。原点选定后，就应对图样中各点的尺寸进行换算，即把各点的尺寸换算成从工件原点开始的坐标值，并重新标注。

对该零件图形进行数学处理后，各点的坐标值如图 4-65 所示。

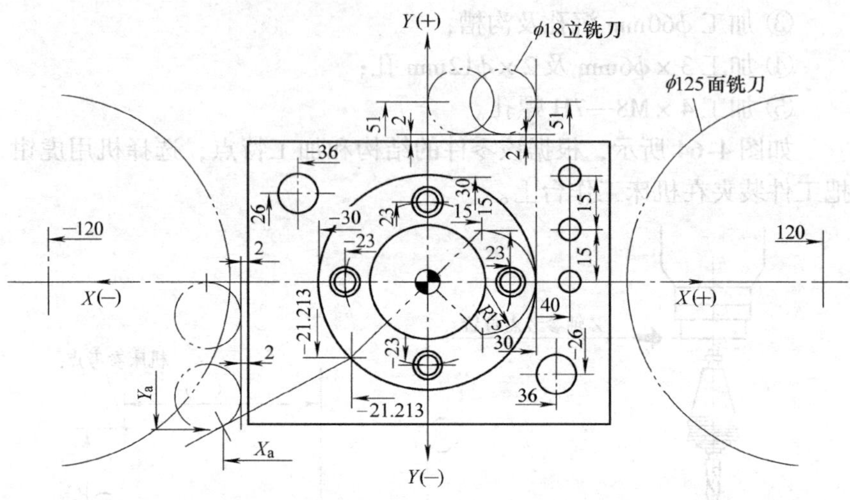

图 4-65　图形的数学处理

5. 在加工中心上的工步设计

该零件在加工中心上工序的工步内容、使用刀具及其补偿号、切削用量选择见表 4-7。

表 4-7　数控加工工序卡片

零件号		101	零件名称			编制日期	2003/2/1	
程序号		O1011				编　制		
工步号	程序段号	工步内容	使用刀具名称			切削用量		
			刀具号	刀长补偿	半径补偿	S 功能	F 功能	背吃刀具 a_p/mm
1	N11	粗铣顶面	面铣刀（ϕ125mm）			$v=90$m/min	$f=0.2$mm/齿	2.5
			T01	H01		S240	F300	
2	N12	钻 ϕ32mm、ϕ12mm 孔的中心孔	中心钻（ϕ2mm）					2.5
			T02	H02		S1000	F100	
3	N13	钻 ϕ32mm、ϕ12mm 孔至 ϕ11.5mm	麻花钻（ϕ11.5mm）			$v=20$m/min	$f=0.2$mm/r	
			T03	H03		S550	F110	
4	N14	扩 ϕ32mm 孔至 ϕ30mm	麻花钻（ϕ30mm）			$v=25$m/min	$f=0.3$mm/r	
			T04	H04		S280	F85	
5	N15	钻 3×ϕ6mm 孔至尺寸	麻花钻（ϕ6mm）			$v=20$m/min	$f=0.2$mm/r	
			T05	H05		S1100	F220	

（续）

零件号		101	零件名称			编制日期	2003/2/1	
程序号		O1011				编 制		
工步号	程序段号	工步内容	使用刀具名称			切削用量		
			刀具号	刀长补偿	半径补偿	S 功能	F 功能	背吃刀具 a_p/mm
6	N16	粗铣 ϕ60mm 沉孔及沟槽	立铣刀（ϕ18mm，3 刃）			v =20m/min	f =0.15mm/齿	5
			T06	H06	D26	S370	F110	
7	N17	钻 4×M8 底孔至 ϕ6.8mm	麻花钻（ϕ6.8mm）			v = 20m/min	f = 0.15mm/r	
			T07	H07		S950	F140	
8	N18	镗 ϕ32mm 孔至 ϕ31.7mm	镗刀（ϕ31.7mm）			v = 80m/min	f = 0.15mm/r	1.7
			T08	H08		S830	F120	
9	N19	精铣顶面	面铣刀（ϕ125mm）			v = 120m/min	f =0.15mm/齿	0.5
			T01	H01		S320	F280	
10	N20	铰 ϕ12mm 孔至尺寸	铰刀（ϕ12mm）			v = 6m/min	f = 0.25mm/r	
			T10	H10		S170	F42	
11	N21	精镗 ϕ32mm 孔至尺寸	微调精镗刀（ϕ32mm）			v =90m/min	f =0.08mm/r	0.3
			T11	H11		S940	F75	
12	N22	精铣 ϕ60mm 沉孔及沟槽至尺寸	立铣刀（ϕ18.4mm 刃）			v =25m/min	f =0.08mm/齿	0.3
			T12	H12	D32	S460	F150	
13	N23	ϕ12mm 孔口倒角	倒角刀（ϕ20mm）			v = 20m/min	f = 0.2mm/r	
			T13	H13		S550	F110	
14	N24	3×ϕ6，M8 孔口倒角	麻花钻（ϕ11.5mm）			v = 20m/min	f = 0.15mm/r	
			T03	H03		S830	F120	
15	N25	攻 4×M8 螺纹成	丝锥（M8）			v = 8m/min		
			T15	H15		S320	F400	

6. 绘制数控加工进给路线图

在数控加工中，常常要注意并防止刀具在运动中与夹具、工件等发生意外的碰撞，为此，必须设法告诉操作者程序中的刀具进给路线（如从哪里下刀，在哪里让刀等），使操作者在加工前就有所了解，计划好夹紧位置及控制好夹紧元件的高度，这样就可以避免上述事故的发生；同时进给路线图也有利于程编人员编程和进行程序分析。在绘制进给路线图时往往还需进行必要的坐标值计算。图 4-66 为铣削工件顶面的进给路线图，图 4-67 为加工 ϕ60mm 沉孔及沟槽的进给路线图。

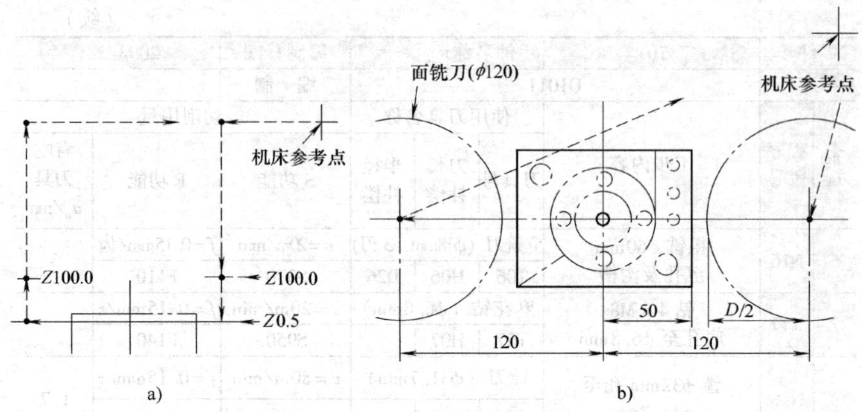

图 4-66　铣削工件顶面进给路线图

a）Z 轴方向进给路线　b）X、Y 轴方向进给路线

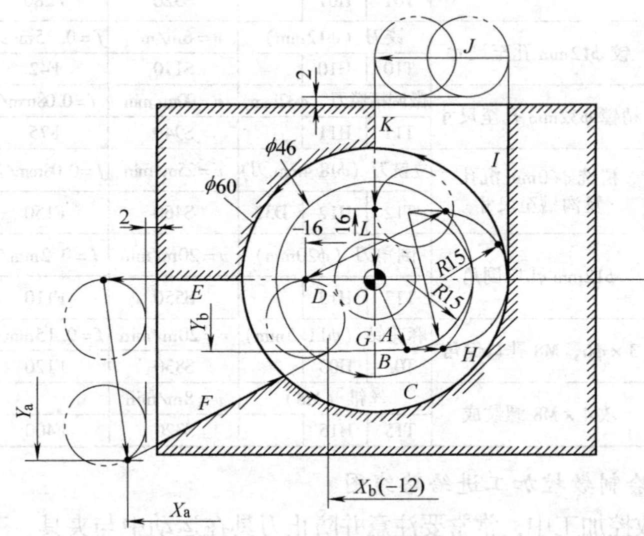

图 4-67　φ60 沉孔及沟槽加工进给路线图

在图 4-67 中：

O：加工开始点

A：建立刀具半径左补偿

B：φ60mm 沉孔粗加工——第一次进给

C：φ60mm 沉孔粗加工——第二次进给

D：深 4.7mm（留 0.3mm 精加工余量）

$E \sim F$：30°沟槽加工

$G \sim K$：30mm 宽直沟槽加工

L：取消刀具半径补偿

O：加工终点

注意：在本例中，粗、精加工使用的立铣刀直径均为 ϕ18mm，可以用同一程序，通过改变刀具补偿值实现 ϕ60mm 沉孔及沟槽的粗、精加工。在粗加工时刀具半径补偿值 H09 = 9.3，这样，按照图中刀具轨迹编程粗加工后，将留有 0.3mm 精加工余量，精加工时刀具半径补偿值 H12 = 9.0，即可完成轮廓精加工。

图 4-68 中 X_a、Y_a、X_b、Y_b 坐标值计算如图 4-67 所示。

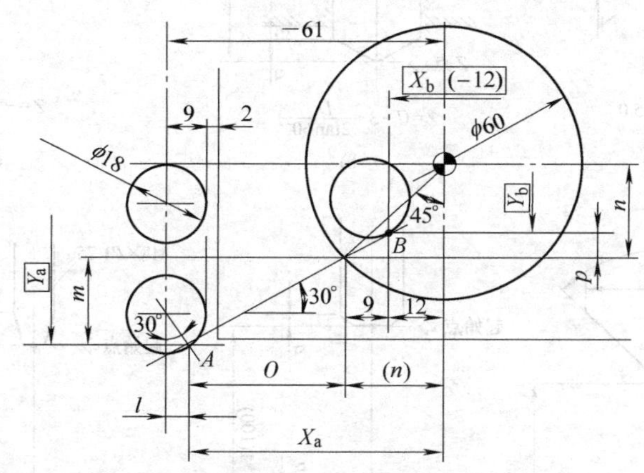

图 4-68　坐标值计算

图中：

$$l = 9\sin 30° = 4.5$$

$$n = 30\cos 45° = 21.213$$

$$m = q\tan 30° = (56.5 - 21.213)\tan 30° = 20.373$$

$$X_a = -(61 - l) = -(61 - 4.5) = -56.5$$

$$Y_a = -(n + m) = -(21.213 + 20.373) = -41.586$$

$$X_b = -12.0$$

$$Y_b = -(n - p) = -(21.213 - 5.319) = -15.894$$

图 4-69 为孔加工固定循环起始点、R 点和 Z 点位置图。

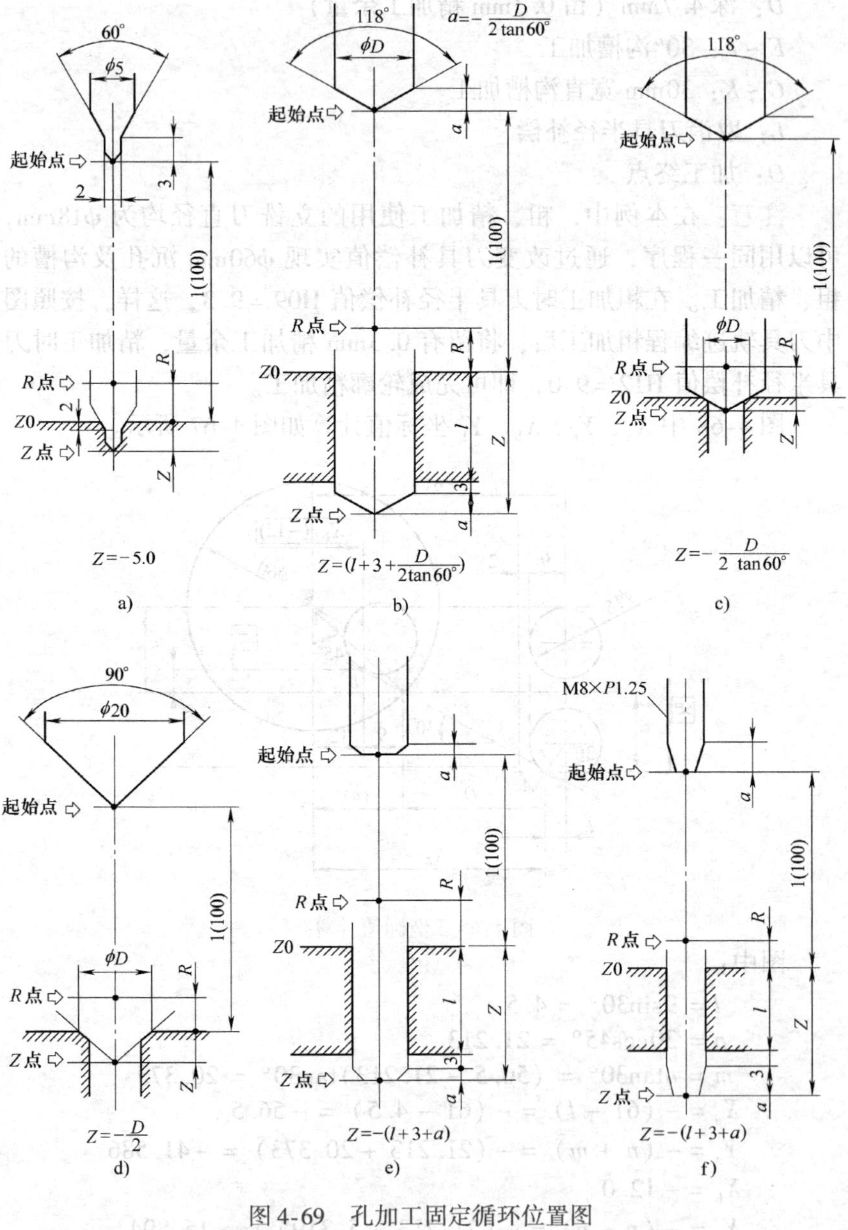

$Z=-5.0$

a)

$Z=(l+3+\frac{D}{2\tan60°})$

b)

$Z=-\frac{D}{2\tan60°}$

c)

$Z=-\frac{D}{2}$

d)

$Z=-(l+3+a)$

e)

$Z=-(l+3+a)$

f)

图 4-69　孔加工固定循环位置图

a）钻中心孔　b）钻孔　c）用钻头倒角　d）用倒角刀倒角　e）铰孔　f）攻螺纹

7. 程序设计

加工程序（部分）见表4-8。表中的程序说明有助于操作者理解程序内容。

表 4-8　数控加工程序单

零件号	101	零件名称		编制日期	2003/2/5
程序号	O1011			编　制	

序号	程 序 内 容	程 序 说 明
1	O1011；	程序号
2	N10	初始设定
3	G17 G90 G40 G80 G49 G21；	· G 代码初始状态
4	T01；	· 选 T01 号刀
5	M06；	· 主轴换上最初使用的 T01 号刀
6	N11（FACE MILL）；	粗铣顶面程序
7	T02；	· 选 T02 号刀
8	G90 G54 G00 X120. 0 Y0；	· 工件坐标系设定，刀具快速至 X120，Y0
9	M03 S240；	· 主轴正转
10	G43 Z100. 0 H01；	· 刀具长度补偿，至安全高度
11	Z0. 5；	· 切入下刀
12	G01 X－120. 0 F300；	· 切削
13	G00 Z100. 0 M05；	· 退刀，主轴停止
14	G91 G28 Z0；	· *Z* 轴回参考点
15	（G49；）	· 取消刀具长度补偿（可省略）
16	M06；	· 主轴换上 T02 号刀
17	N12（CENTER HOLE DRILL）；	钻 ϕ32mm，ϕ12mm 孔中心孔程序
18	T03；	· 选 T03 号刀
19	G90 G54 G00 X0 Y0；	· 建立工件坐标系，刀具至 ϕ32mm 孔位
20	M03 S1000；	· 主轴正转
21	G43 Z100. 0 H02；	· 刀具长度补偿，至安全高度
22	G99 G81Z－5. 0 R5. 0 F100；	· 钻孔循环，刀具返回 *R* 点
23	X－36. 0 Y26. 0；	· 钻孔循环，刀具返回 *R* 点

（续）

零件号	101	零件名称		编制日期	2003/2/5
程序号	O1011			编　　制	

序号	程 序 内 容	程 序 说 明
24	G98 X 36.0 Y –26.0；	·钻孔循环，刀具返回起始点
25	G80 G91 G28 Z0；	·取消循环，Z 轴回参考点
26	（G49；）	·取消刀具长度补偿（可省略）
27	M06；	·主轴换上 T03 号刀
28	N13（DRILLϕ11.5）；	钻 ϕ32mm、ϕ12mm 孔至 ϕ11.5mm 程序
29	T04；	·选 T04 号刀
30	G90 G54 G00 X0 Y0；	·建立工件坐标系，刀具至 ϕ32mm 孔位
31	M03 S550；	·主轴正转
32	G43 Z100.0 H03；	·刀具长度补偿，至安全高度
33	G99 G81 Z –30.0 R5.0 F110；	·钻孔循环，刀具返回 R 点
34	X –36.0 Y26.0；	·钻孔循环，刀具返回 R 点
35	G98 X36.0 Y –26.0；	·钻孔循环，刀具返回起始点
36	G80 G91 G28 Z0；	·取消循环，Z 轴回参考点
37	（G49；）	·取消刀具长度补偿（可省略）
38	M06；	·主轴换上 T04 号刀
39	N14（DRILLϕ30）；	扩 ϕ32mm 孔至 ϕ30mm 程序
40	T05；	·选 T05 号刀
41	G90 G54 G00 X0 Y0；	·建立工件坐标系，刀具至 ϕ32mm 孔位
42	M03 S280；	·主轴正转
43	G43 Z100.0 H04；	·刀具长度补偿至安全高度
44	G98 G81 Z –30.0 R5.0 F85；	·钻孔循环；扩 ϕ32mm 孔至 ϕ30mm
45	G80 G91 G28 Z0；	·取消钻孔循环，轴回参考点
46	（G49；）	·取消刀具长度补偿（可省略）
47	M06；	·主轴换上 T05 号刀
48	N15（DRILLϕ6）	钻 3 × ϕ6mm 孔至尺寸程序
49	T06；	·选 T06 号刀

（续）

零件号	101	零件名称		编制日期	2003/2/5
程序号	O1011			编 制	

序号	程 序 内 容	程 序 说 明
50	G90 G54 G00 X40.0 Y0；	· 建立工件坐标系，刀具至 ϕ32mm 孔位
51	M03 S1000；	· 主轴正转
52	G43 Z100.0 H05；	· 刀具长度补偿至安全高度
53	G99 G81 Z－30.0 R5.0 F220；	· 钻孔循环，刀具返回 *R* 点
54	Y15.0；	· 钻孔循环，刀具返回 *R* 点
55	G98 Y30.0；	· 钻孔循环，刀具返回起始点
56	G80 G91 G28 Z0；	· 取消循环，轴回参考点
57	（G49；）	· 取消刀具长度补偿（可省略）
58	M06；	· 主轴换上 T06 号刀
59	N16 （COUNTER MILLING）；	粗铣 ϕ60mm 沉孔及沟槽程序
60	T07；	· 选 T07 号刀
61	G90 G54 G00 X0 Y0；	· 建立工件坐标系，刀具至 X0，Y0 点
62	M03 S370；	· 主轴正转
63	G43 Z5.0 H06；	· 刀具长度补偿，至安全高度
64	G01 Z－10.0 F1000；	· 下刀至孔深
65	G41 X8.0 Y－15.0 D26 F110；	· *O*→*A*；建立左刀补
66	G03 X23.0 Y0 R15.0；	· *R*15 圆弧进刀
67	I－23.0；	· *B*；ϕ60mm 孔粗加工至 ϕ46mm
68	X8.0 Y15.0 R15.0；	· *R*15 圆弧退刀
69	G01 X15.0 Y－15.0；	· 至第二次进刀起点
70	G03 X30.0 Y0 R15.0；	· *R*15 圆弧进刀
71	I－30.0；	· *C*；ϕ60mm 孔粗加工至 ϕ59.4mm
72	X15.0 Y15.0 R15.0	· *R*15 圆弧退刀
73	G01 X－16.0 Y0；	· 刀具至 30°沟槽加工起点
74	Z－4.7 F1000；	· 至沟槽加工深度（留 0.3 mm 精加工余量）
75	X－61.0 F110；	· *E*；30°沟槽加工

（续）

零件号	101	零件名称		编制日期	2003/2/5
程序号	O1011			编　制	

序号	程序内容	程序说明
76	X－56.5 Y－41.586；	·至 *X*a，*Y*a 点
77	X－12.0 Y－15.894；	·*F*；30°沟槽加工
78	X15.0 Y－15.0 F1000；	·*G*；刀具至 30 mm 宽沟槽进刀起始点
79	G03 X30.0 Y0 R15.0 F110；	·*H*；*R*15 圆弧进刀
80	G01 Y51.0；	·*I*；30mm 宽沟槽加工
81	X0；	·*J*；30mm 宽沟槽加工
82	Y16.0；	·*K*；30mm 宽沟槽加工
83	G40 Y0 F1000；	·*L*；取消刀具半径补偿
84	G00 Z100.0 M05；	·刀具至 *Z*100，主轴停
85	G91 G28 Z0；	·*Z* 轴回参考点
86	（G49；）	·取消刀具长度补偿（可省略）
87	M06；	·主轴换上 T07 号刀
88	N17（DRILLϕ6.8）；	钻 4×M8 底孔至 ϕ6.8mm 程序
89	T08；	·选 T08 号刀
90	G90 G54 G00 X23.0 Y0；	·建立工件坐标系，刀具至 X23，Y0
91	M03 S950	·主轴正转
92	G43 Z100.0 H07；	·刀具长度补偿至安全高度
93	G99 G81 Z－30.0 R5.0 F140；	·钻孔循环，刀具返回 *R* 点
94	X0 Y23.0；	·钻孔循环，刀具返回 *R* 点
95	X－23.0 Y0；	·钻孔循环，刀具返回 *R* 点
96	G98 X0 Y－23.0；	·钻孔循环，刀具返回起始点
97	G80 G91 G28 Z0；	·取消钻孔循环，轴回参考点
98	（G49；）	·取消刀具长度补偿（可省略）
99	M06；	·主轴换上 T08 号刀
100	N18（BORINGϕ32）；	镗 ϕ32mm 孔至 ϕ31.7mm 程序
101	T01；	·选 T01 号刀

（续）

零件号	101	零件名称		编制日期	2003/2/5
程序号	O1011			编　制	

序号	程 序 内 容	程 序 说 明
102	G90 G54 G00 X0 Y0；	·建立工件坐标系
103	M03 S830；	·主轴正转
104	G43 Z100.0 H08；	·刀具长度补偿至安全高度
105	G98 G76 Z－27.0 R5.0 Q0.1 F120；	·精镗孔循环，刀具返回起始点
106	G80 G91 G28 Z0；	·取消循环，*Z* 轴回参考点
107	（G49；）	·取消刀具长度补偿（可省略）
108	M06；	·主轴换上 T01 号刀
109	N19（FACE MILL）；	精铣顶面程序
110	T10；	·选 T10 号刀
111	G90 G54 C00 X120.0 Y0；	·工件坐标系设定，刀具快速至 X120，Y0
112	M03 S320；	·主轴正转
113	G43 Z100.0 H01；	·刀具长度补偿至安全高度
114	Z0；	·切入下刀
115	G01 X－120.0 F280；	·切削
116	G00 Z100.0 M05；	·退刀，主轴停止，切削液关
117	G91 G28 Z0；	·*Z* 轴回参考点
118	（G49；）	·取消刀具长度补偿（可省略）
119	M06；	·主轴换上 T10 号刀
120	N20（REAMING）；	铰 ϕ12mm 孔程序
121	T11；	·选 T11 号刀
122	G90 G54 G00 X－36.0 Y26.0；	·工件坐标系设定
123	M03 S170；	·主轴正转
124	G43 Z100.0 H10；	·刀具长度补偿至安全高度
125	G99 G82 Z－27.0 R5.0 P1000 F42；	·G82 循环铰孔，刀具返回 *R* 点
126	G98 X36.0 Y－26.0；	·G82 循环铰孔，刀具返回起始点
127	G80 G91 G28 Z0；	·取消循环，*Z* 轴回参考点

（续）

零件号	101	零件名称		编制日期	2003/2/5
程序号	O1011			编　制	

序号	程序内容	程序说明
128	（G49；）	·取消刀具长度补偿（可省略）
129	M06；	·主轴换上 T11 号刀
130	N18（BORINGϕ32）；	镗 ϕ32mm 孔至 ϕ31.7mm 程序
131	T12；	·选 T12 号刀
132	G90 G54 G00 X0 Y0；	·工件坐标系设定
133	M03 S940；	·主轴正转
134	G43 Z100.0 H07；	·刀具长度补偿至安全高度
135	G98 G76 Z-27.0 R5.0 Q 0.1 F75；	·精镗孔循环，刀具返回起始点
136	G80 G91 G28 Z0；	·取消循环，轴回参考点
137	（G49；）	·取消刀具长度补偿（可省略）
138	M06；	·主轴换上 T12 号刀
139	N22（COUNTER MILLING）；	精铣沉孔及沟槽程序
140	T13；	·选 T13 号刀
141	G90 G54 G00 X0 Y0；	·建立工件坐标系
142	M03 S460；	·主轴正转
143	G43 Z5.0 H06；	·刀具长度补偿至安全高度
144	G01 Z-10.0 F1000；	·下刀至孔深
145	G41 X8.0 Y-15.0 D32 F150；	·O→A；建立左刀补
146	X15.0；	·直线插补至进刀起始点
147	G03 X30.0 Y0 R15.0；	·H；R15 圆弧进刀
148	I30.0；	·C；精铣 ϕ60mm 孔
149	X15.0 Y15.0 R15.0；	·R15 圆弧退刀
150	G01 X-16.0 Y0；	·刀具至30°沟槽加工起点
151	Z-5.0 F1000；	·至沟槽加工深度
152	X-61.0 F110；	·E；30°沟槽精加工
153	X-56.5 Y-41.586；	·至 Xa、Ya 点

（续）

零件号	101	零件名称		编制日期	2003/2/5
程序号	O1011			编　制	

序号	程序内容	程序说明
154	X−12.0 Y−15.894；	· *F*；30°沟槽精加工
155	X15.0 Y−15.0 F1000；	· *G*；刀具至 30mm 宽沟槽进刀起始点
156	G03 X30.0 Y0 R15.0 F150；	· *H*；*R*15 圆弧进刀
157	G01 Y51.0；	· *I*；30mm 宽沟槽精加工
158	X0；	· *J*；30mm 宽沟槽精加工
159	Y16.0；	· *K*；30mm 宽沟槽精加工
160	G40 Y0 F1000；	· *L*；取消刀具半径补偿
161	G00 Z100.0 M05；	· 刀具至 Z100，主轴停
162	G91 G28 Z0；	· *Z* 轴回参考点
163	（G49；）	· 取消刀具长度补偿（可省略）
164	M06；	· 主轴换上 T13 号刀
165	N23（CHAMFERϕ12）；	ϕ12mm 孔口倒角程序
166	T03；	· 选 T03 号刀
167	G90 G54 G00 X−36.0 Y26.0；	· 工件坐标系设定
168	M03 S550；	· 主轴正转
169	G43 Z100.0 H13；	· 刀具长度补偿，至安全高度
170	G99 G82 Z−5.5 R5.0 P500 F110；	· G82 循环倒角，刀具返回 *R* 点
171	G98 X36.0 Y−26.0；	· G82 循环倒角，刀具返回起始点
172	G80 G91 G28 Z0；	· 取消循环，轴回参考点
173	（G49；）	· 取消刀具长度补偿（可省略）
174	M06；	· 主轴换上 T04 号刀
175	N24（CHAMFERϕ6，M8）；	3×ϕ6mm、M8 孔口倒角程序
176	T15；	· 选 T15 号刀
177	G90 G54 G00 X40.0 Y30.0；	· 建立工件坐标系
178	M03 S830；	· 主轴正转
179	G43 Z100.0 H05；	· 刀具长度补偿，至安全高度

（续）

零件号	101	零件名称		编制日期	2003/2/5
程序号	O1011			编　　制	

序号	程 序 内 容	程 序 说 明
180	G99 G81 Z－2.5 R6.0 F120；	·钻孔循环倒角，刀具返回 *R* 点
181	Y15.0；	·钻孔循环倒角，刀具返回 *R* 点
182	Y0；	·钻孔循环倒角，刀具返回 *R* 点
183	G81 X23.0 Z－12.5 R6.0 F120；	·钻孔循环倒角，刀具返回 *R* 点
184	X0 Y23.0；	·钻孔循环倒角，刀具返回 *R* 点
185	X－23.0 Y0	·钻孔循环倒角，刀具返回 *R* 点
186	G98 X0Y－23.0；	·钻孔循环倒角，刀具返回起始点
187	G80 G91 G28 Z0；	·取消循环，轴回参考点
188	（G49；）	·取消刀具长度补偿（可省略）
189	M06；	·主轴换上 T15 号刀
190	N25（TAPPING）；	攻 4×M8 螺纹程序
191	G90 G54 G00 X23.0 Y0；	·建立工件坐标系
192	M03 S320	·主轴正转
193	G43 Z100.0 H07；	·刀具长度补偿至安全高度
194	G98 G84 Z－27.0 R10.0 F400；	·攻螺纹循环，刀具返回起始点
195	X0 Y23.0；	·攻螺纹循环，刀具返回起始点
196	X－23.0 Y0；	·攻螺纹循环，刀具返回起始点
197	X0 Y23.0；	·攻螺纹循环，刀具返回起始点
198	G80 G91 G28 Z0；	·取消循环，*Z* 轴回参考点
199	（G49；）	·取消刀具长度补偿（可省略）
200	G28 X0 Y0；	·*X*，*Y* 轴回参考点
201	M30；	·程序结束

复习思考题

1. 已知某凸轮的零件图如图 4-70 所示，要求精铣凸轮外形轮廓。

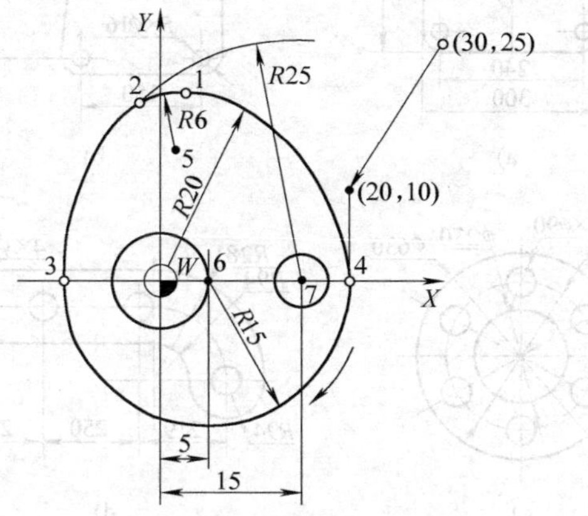

图 4-70　题 1 图

刀具选择：ϕ10mm 的立铣刀。

安全面高度：80mm。

2. 加工如图 4-71 所示零件凹槽的内轮廓，采用刀具半径补偿指令进行编程。

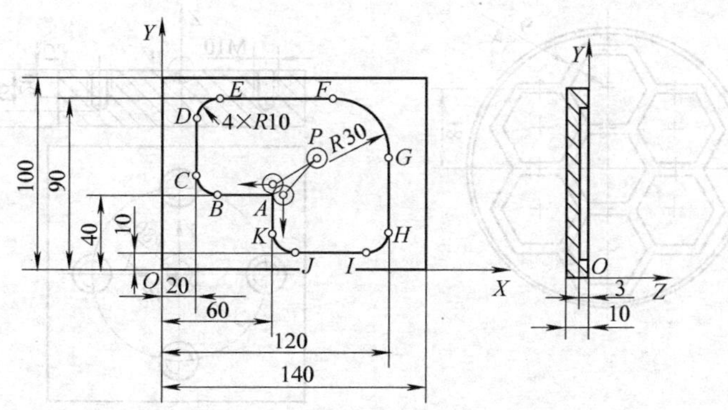

图 4-71　题 2 图

3. 加工如图 4-72 所示的孔，孔深都为 50mm，外形已加工。

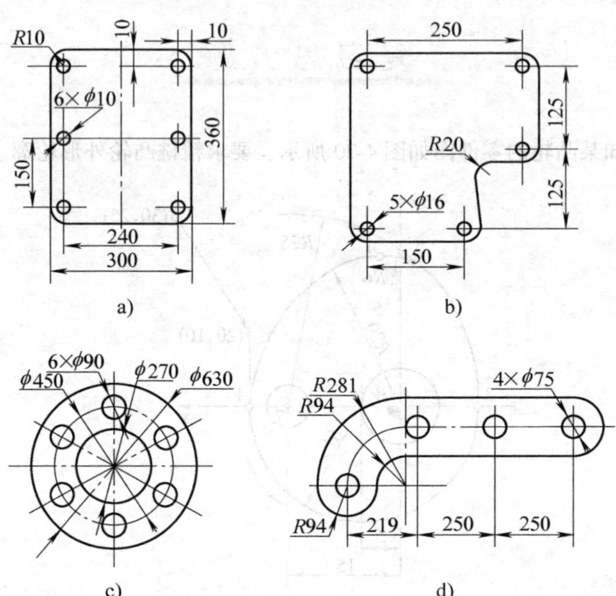

图 4-72　题 3 图

4. 如图 4-73 所示上要加工的部分是由七个正六边形与外轮廓多边形边界之间所组成的宽 9. 8mm，深 4mm 的窄槽，试利用子程序功能编写程序。

5. 加工如图 4-74 所示的零件。

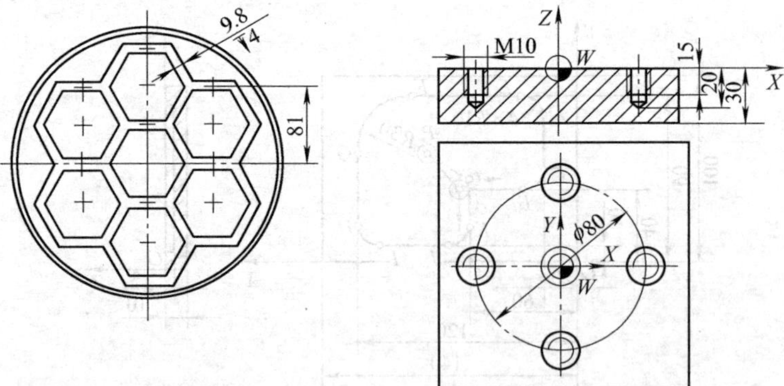

图 4-73　题 4 图　　　　图 4-74　题 5 图

6. 加工如图 4-75 所示的三个直角型腔。设工艺孔均位于型腔的中心位置，

深为 20mm，采用 ϕ 10mm 的立铣刀，要求编制型腔加工程序。

7. 图 4-76 所示为螺旋面型腔，槽宽 80mm，其中螺旋槽左右两端深度为 4mm，中间相交处为 1mm，槽上下对称，试编写其数控加工程序。

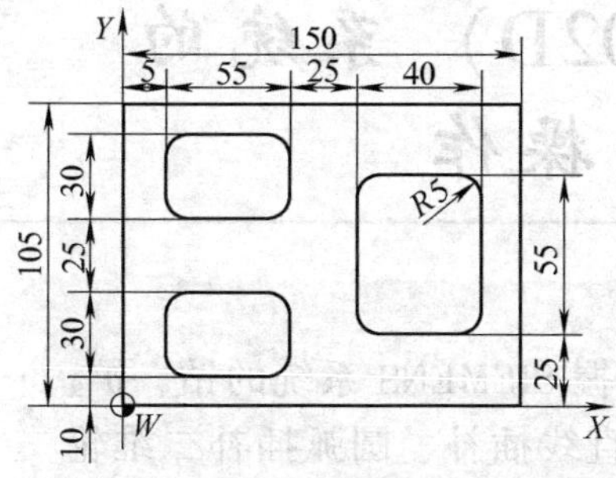

图 4-75　题 6 图

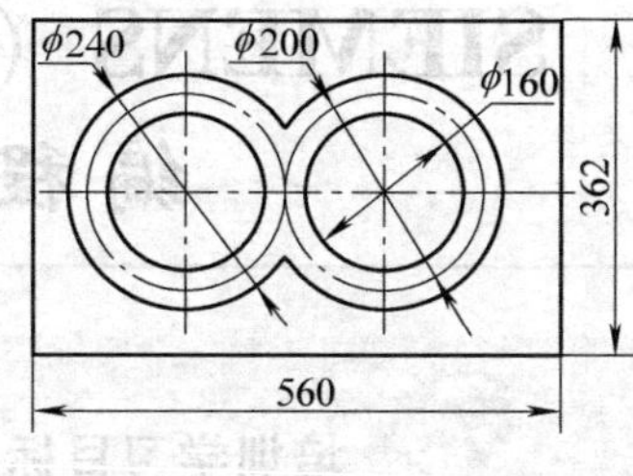

图 4-76　题 7 图

8. 试采用固定循环方式加工图 4-77 所示各孔。工件材料为 HT300，使用刀具 T01 为镗孔刀，T02 为锪孔刀。ϕ40mm 的孔铸造加工。

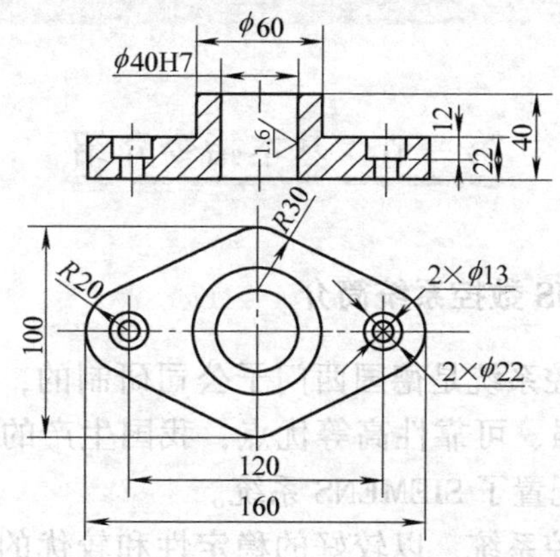

图 4-77　题 8 图

第五章

SIEMENS（802D）系统的编程与操作

培训学习目标 掌握 SIEMENS 系统的钻、扩、铰、镗等孔类、平面铣削（含直线插补、圆弧插补二维轮廓等）加工程序的编制。能在 SIEMENS 系统的数控铣与加工中心上加工平面、型腔、曲面、孔系、槽类等零件；熟练掌握程序输入与编辑、对刀、程序调试与运行、刀具管理等操作功能。

第一节 基本指令介绍

一、SIEMENS 数控系统简介

SIEMENS 数控系统是德国西门子公司研制的，它的应用范围较广泛，具有功能强、可靠性高等优点，我国生产的许多数控机床和进口数控机床都配置了 SIEMENS 系统。

SIEMENS 数控系统，以较好的稳定性和较优的性能价格比，在我国数控机床行业被广泛应用。图 5-1 为 SIEMENS 数控系统的产品类型，主要包括 802、810、840 等系列。

1. SIEMENS 802S/C

用于车床、铣床等，可控 3 个进给轴和 1 个主轴，802S 适于步进电动机驱动，802C 适于伺服电动机驱动，具有数字 I/O 接口。

2. SIEMENS 802D

控制 4 个数字进给轴和 1 个主轴，PLC I/O 模块，具有蓝图式循

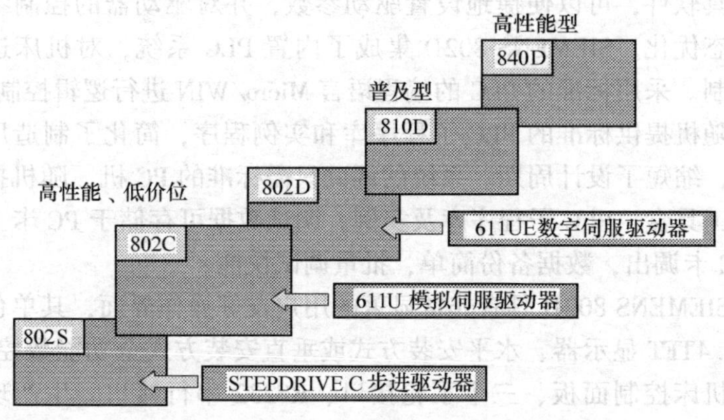

图 5-1　SIEMENS 数控系统产品类型

环编程，车削、铣削/钻削工艺循环，FRAME（包括移动、旋转和缩放）等功能，为复杂加工任务提供智能控制。

3. SIEMENS 10D

用于数字闭环驱动控制，最多可控 6 轴（包括 1 个主轴和 1 个辅助主轴），紧凑型可编程输入/输出。

4. SIEMENS 840D

全数字模块化数控设计，用于复杂机床、激光加工机床、切割机床和搬运设备，最大可控 31 个坐标轴。

SIEMENS 系统的铣床和加工中心的主要区别在于加工中心是带有刀具库和自动换刀装置的数控机床。因此，加工中心的编程方法除换刀程序外，其他与普通数控铣床相同。

SIEMENS 802D 是一个具有免维护性能，将 CNC、PLC、人机界面和通信等功能集成于一体、可靠性高、易于安装的全数字伺服控制系统。SIEMENS 802D 为用户提供了优良的性能，具有高质量和高可靠性，调试简单的特点。

SIEMENS 802D 可控制 4 个进给轴和 1 个数字或模拟主轴。通过生产现场总线 PROFIBUS 将驱动器、输入/输出模块连接起来。SIEMENS 802D采用模块化的驱动装置 SIMODRIVE611Ue 配套 1FK7 系列伺服电动机，为机床提供了全数字化的动力。通过视窗化的调试工具软件，可以便捷地设置驱动参数，并对驱动器的控制参数进行动态优化。SIEMENS 802D 集成了内置 PLC 系统，对机床进行逻辑控制。采用标准的 PLC 的编程语言 Micro/WIN 进行逻辑控制设计。并且随机提供标准的 PLC 子程序库和实例程序，简化了制造厂设计过程，缩短了设计周期。系统的调试只需标准的 PC 机，随机提供的软件工具盒，PLC 子程序库及实例，调试数据可存储于 PC 卡上，或从 PC 卡调出，数据备份简单，批量调试快捷。

SIEMENS 802D 具有非常显著的用户友好操作界面，其单色或彩色 10.4TFT 显示器、水平安装方式或垂直安装方式全功能数控键盘、标准机床控制面板、三个手轮接口、RS232 串行接口、生产现场总线接口、标准键盘接口、PC 卡插槽（用于数据备份和批量生产），都为操作和编程人员提供了极大的方便。在具体的操作和显示安排方面，也都是基于人机工程学设计的，符合不同应用水平和应用要求，例如，带有 8 个水平软键和 8 个垂直软键。

SIEMENS 802D 主要用于控制车床、钻铣床和加工中心，同时也用于磨床和其他特殊用途机床。其主要功能为三轴联动，具有直线插补、平面圆弧插补、螺旋线插补、空间圆弧（CIP）插补等控制方式；同时具有普通螺纹加工、变距螺纹加工，旋转轴控制，端面和柱面坐标转换（C 轴功能），前馈控制、加速度突变限制，程序预读可达 35 段，刀具寿命监控，主轴准停，刚性攻螺纹、恒线速切削，FRAME 功能（坐标的平移、旋转、镜像、缩放）等功能。

SIEMENS 数控铣削、加工中心系统有多种形式，它们的编程指令和编程方法大同小异。本节以其中应用较广的 SIEMENS 802D 铣削中心为例，介绍其编程指令及编程方法。

二、编程的结构及格式

1. 程序名称

为了识别程序和调用程序，每个程序必须有一个程序名。在编制程序时可以按以下规则确定程序名：

1）开始的两个符号必须是字母，其后的符号可以是字母、数字或下划线。

2）最多为16个字符，不得使用分隔符。

例如：ZLX1＿1。

2. 程序的结构和内容

数控程序由若干个程序段组成，所采用的程序段格式属于可变程序段格式。每一个程序段执行一个加工工步，每个程序段由若干个程序字组成，最后一个程序段包含程序结束符指令M02或M30。

3. 程序字及地址符

（1）程序字　程序字由以下几部分组成：

1）地址符：地址符一般为字母。

2）数值：数值是一个数字串，它可以带正、负号和小数点，正号可以省略不写。

一个程序字可以包含多个字母，数值与字母之间还可以用符号“=”隔开。

例如：CR=16.5，表示圆弧半径为16.5mm。

此外，G功能也可以通过一个符号名进行调用。例如，SCALE，即打开比例系数。

（2）扩展地址　对于如下地址：

R为计算参数；H为H功能；I、J、K为圆弧参数/中间点。

可以通过1~4个数字进行地址扩展。在这种情况下，其数值可以通过“=”进行赋值。

例如：R10=6，H5=12.1，I1=32.67。

4. 程序段结构

程序段由若干个字和程序段结束符“LF”组成。在程序编写输入过程中进行换行或按“输入键”时，可以自动产生程序段结束符。

那些不需在每次运行中都执行的程序段可以被跳越过去，为此可以在该程序段号之前输入斜线符“/”。通过机床控制面板或者PLC接口，使跳过程序段生效。

在程序运行过程中，一旦跳过程序段有效，则所有带“/”符的程序段都不予执行，程序从下一个没带斜线符的程序段开始执行。

利用加注释的方法可在程序中对程序段进行说明。注释可作为对操作者的提示，显示在屏幕上。通常在程序段末加“;”进行说

明。例如：/N30 0X125 Y150；程序段可以被跳过。

> 这是SIEMENS 802D系统的功能，其他系统（如SIEMENS 802S）与此有所差异，以机床说明书为准。在编程时，应注意其区别。

三、SIEMENS 802D 系统的基本指令介绍

SIEMENS 802D 数控铣/加工中心系统的指令见表 5-1。

表 5-1　SIEMENS 802D 数控铣/加工中心系统的指令表

地　址	含　义	说　明
G00	快速定位	G 功能组： 1：运动指令 模态有效 (插补方式)
G01 *	直线插补	
G02	顺时针圆弧插补（考虑第 3 轴和 TURN = __，也可以进行螺旋插补，参见 TURN)	
G03	逆时针圆弧插补（考虑第 3 轴和 TURN = __，也可以进行螺旋插补，参见 TURN)	
G331	螺纹插补	
G332	不带补偿夹具加工内螺纹——退刀	
G04	暂停时间	2：特殊运行，程序段方式有效
G63	带补偿夹具攻螺纹	
G74	回参考点	
G75	回固定点	
TRANS	可编程偏置	3：写存储器，程序段方式有效
ROT	可编程旋转	
SCALE	可编程比例系数	
MIRROR	可编程镜像功能	
ATRANS	附加的编程偏置	
AROT	附加的可编程旋转	
ASCALE	附加的可编程比例系数	
AMIRROR	附加的可编程镜像功能	

（续）

地　址	含　义	说　明
G25	主轴转速下限或工作区域下限	
G26	主轴转速上限或工作区域上限	
G110	极点尺寸，相对于上次编程的设定位置	
G111	极点尺寸，相对于当前工作坐标系的零点	
G112	极点尺寸，相对于上次有效的极点	
G17 *	X/Y 平面	6：平面选择，模态有效
G18	X/Z 平面	
G19	Y/Z 平面	
G40 *	刀具半径补偿取消	7：刀具半径补偿，模态有效
G41	调用刀具半径补偿（左）	
G42	调用刀具半径补偿（右）	
G500 *	取消可设定零点偏置	8：可设定零点偏置，模态有效
G54	第一可设定零点偏置	
G55	第二可设定零点偏置	
G56	第三可设定零点偏置	
G56	第四可设定零点偏置	
G58	第五可设定零点偏置	
G59	第六可设定零点偏置	
G53	按程序方式取消可设定零点偏置	9：取消可设定零点偏置，程序段方式有效
G153	按程序方式取消可设定零点偏置，包括基本框架	
G60 *	准确定位	10：定位性能，模态有效
G64	连续切削方式	
G09	基本定位，单程序段有效	11：程序段方式准停，程序段方式有效
G601 *	在 G60、G09 方式下精准确定位	12：准停窗口，模态有效
G602	在 G60、G09 方式下粗准确定位	

（续）

地　址	含　义	说　明
G70	英制尺寸	13：英制/米制尺寸，模态有效
G71 *	米制尺寸	
G700	英制尺寸，也用于进给率 F	
G710	米制尺寸，也用于进给率 F	
G90 *	绝对尺寸	14：绝对尺寸/增量尺寸，模态有效
G91	增量尺寸	
G94	主轴进给率 F，单位 mm/min	15：进给/主轴，模态有效
G95 *	主轴进给率 F，单位 mm/r	
CFC *	圆弧加工时打开进给倍率修正	16：进给倍率修正，模态有效
CFTCP	关闭进给倍率修正	
G450 *	圆弧过渡	18：刀尖半径补偿时拐角特性，模态有效
G451	等距线的交点，刀具在工件转角处不切削	
BRISK *	轨迹跳过加速	21：加速度特性，模态有效
SOFT	轨迹平滑加速	
FFWOF *	预控关闭	24：预控，模态有效
FFWON	预控打开	
WALIM ON *	工作区域限制生效	28：工作区域限制，模态有效
WALIM OF	工作区域限制取消	
G290 *	西门子方式	47：其他数控语言
G291	其他方式	模态有效
L	子程序名及子程序调用 7 位十进制整数，无符号	可以选择 L1 ~ L9999999；子程序调用需要一个独立的程序段。注意：L0001 不等于 L1
M00	程序暂停	用 M00 停止程序的执行，按“启动”键加工继续执行
M01	程序选择停止	在控制面板上，“任选开关”在“ON”时与 M00 一样，在“OFF”时，数控系统跳过本指令

（续）

地 址	含 义	说 明
M02	程序结束	在程序的最后一段被写入
M30	程序结束	程序结束后复位
M17	—	预定，没用
M03	主轴正转	
M04	主轴反转	
M05	主轴停转	
M06	更换刀具	在机床数据有效时用 M06 更换刀具，其他情况下直接用 T 指令进行
M40	自动变换齿轮级	
M41 ~ M45	齿轮级 1 ~ 齿轮级 5	
M70，M19	—	预定，没用
RET	子程序结束	代替 M02 使用，保证路径连续运行
CALL	循环调用	
CR	圆弧半径	在 G02/G03 中确定圆弧半径编程
CYCLE__	加工循环	调用加工循环时要求一个独立的程序段；事先给定的参数必须要赋值
CYCLE81	钻孔、中心孔	
CYCLE82	中心钻孔	
CYCLE83	深孔钻削	
CYCLE840	带补偿夹具切削螺纹	
CYCLE84	带螺纹插补切削螺纹	
CYCLE85	铰孔	
CYCLE86	镗孔	

（续）

地　址	含　义	说　明
CYCLE87	铰孔、镗孔	
CYCLE88	带停止钻孔、镗孔	
HOLES1	钻削直线排列的孔	
HOLES2	钻削圆弧排列的孔	
SLOT1	铣槽	
SLOT2	铣圆形槽	
POCKET3	矩形槽	
POCKET4	圆形槽	
CYCLE90	螺纹铣削	
CYCLE71	端面铣	
CYCLE72	轮廓铣	
CYCLE971	校验刀具测量头，刀具测量：铣刀长度，半径	
CYCLE976	在孔中或表面校验刀具测量头	
CYCLE977	与轴平行测量钻孔、轴、槽、拐角、内直角、外直角	
CYCLE978	在平面内或垂直方向单点测量	
GOTOB	向后跳转指令	与跳转标志符一起，表示跳转到所标志的程序段，跳转方向向前
GOTOF	向前跳转指令	与跳转标志符一起，表示跳转到所标志的程序段，跳转方向向后

注：带＊的功能在机床起动时生效。

SIEMENS系统与其他系统（如FANUC或国产系统）的编程是不同的，SIEMENS的编程具有APT语言的特点，在编程时要用到一些符号（如“＝”），并且这些符号在编程时不能省略。

四、基本准备功能介绍

1. 平面选择

坐标平面选择指令是用来选择坐标平面的。右手笛卡儿坐标系

的三个互相垂直的轴 *X*、*Y*、*Z*，两两组合分别构成三个平面，即 *XY* 平面、*XZ* 平面和 *YZ* 平面。G17 表示选择 *XY* 平面；G18 表示选择 *XZ* 平面；G19 表示选择 *YZ* 平面，如图 5-2 所示。数控系统一般默认 G17 指令，故 G17 指令一般可省略。

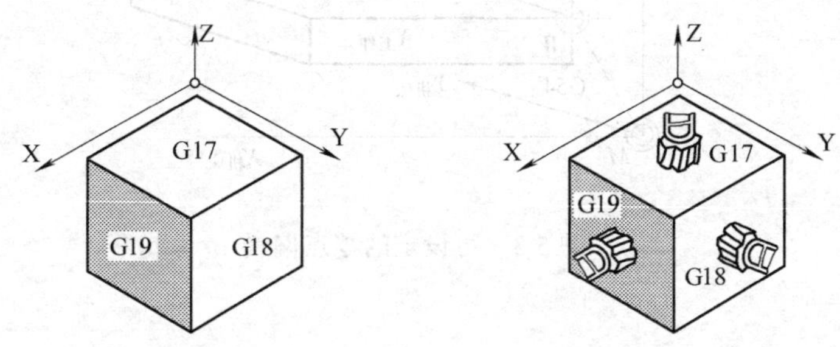

图 5-2 钻削/铣削时的平面选择

2. 零点偏置指令 G53、G54～G59、G500、G513

若在工作台上同时加工多个相同零件时，可以设定不同的程序零点，从而建立 G54～G59 六个工件坐标系。其坐标原点可设在便于编程的某一固定点上，这样建立的加工坐标系，在系统切断电源后不被破坏（再次开机后仍有效）并与刀具的当前位置无关，只需按选择的坐标系编程即可。

可设定的零点偏置给出工件零点在机床坐标系中的位置（工件零点以机床零点为基准偏置）。当工件装夹到机床上后，用对刀法求出偏置量，并通过操作面板输入到零点偏置数据区。程序可以通过选择相应的 G54～G59 调用此值，如图 5-3、图 5-4 所示。也可以通过对某机床轴设定一个旋转角，使工件呈一角度装夹。该旋转角可以在 G54～G59 调用时同时有效。

3. 可编程的零点偏置 TRANS、ATRANS

如果工件上在不同的位置有重复出现的形状要加工，或者选用了一个新的参考点，在这种情况下就需要使用可编程零点偏置。由此产生一个当前工件坐标系，新输入的尺寸均是在该坐标系中的数据尺寸。可以在所有坐标轴中进行零点偏移，如图 5-5 所示。

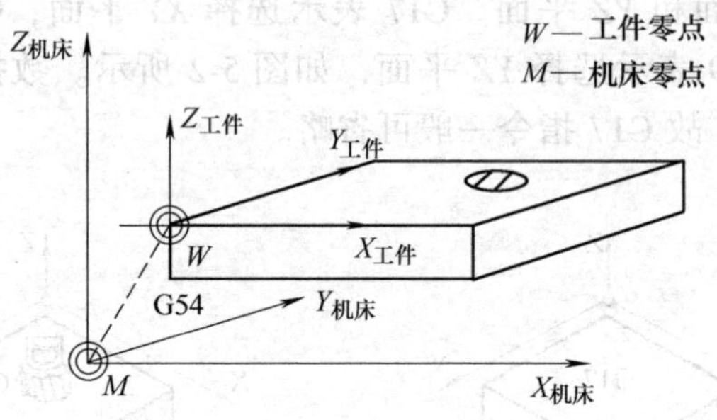

图 5-3　可设定的零点偏置

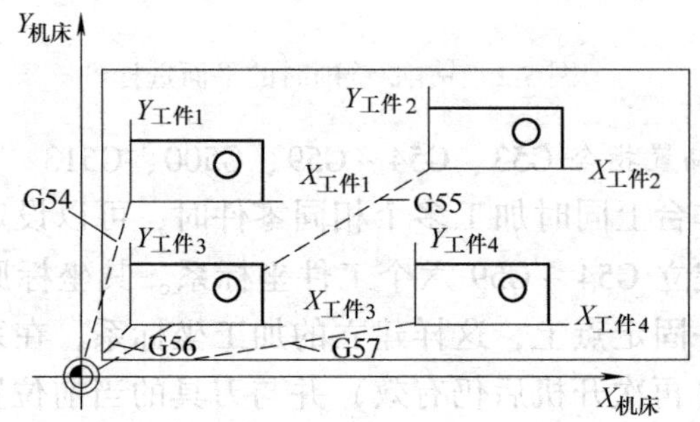

图 5-4　几个工件同时安装，设多个零点

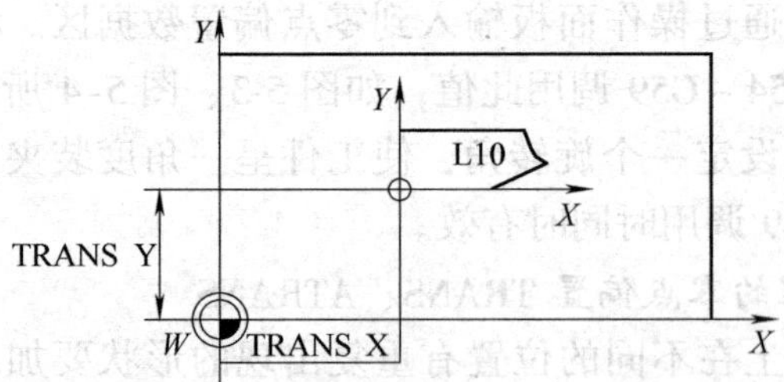

图 5-5　可编程的零点偏置

编程格式：

TRANS X_ Y_ Z_　；可编程的偏置，取消所有有关偏置、旋转、比例数、镜像的指令

ATRANS X_ Y_ Z_　；可编程的偏置，附加于当前的指令

TRANS　；不带数值，清除所有有关偏置、旋转、比例系数、镜像的指令

编程举例：

N20 TRANS X20 Y15_　；可编程零点偏置

N30 L10　；调用子程序，其中包含待偏置的几何量

…

N70 TRANS　；取消偏置

…

4. 绝对尺寸和增量尺寸指令

G90 和 G91 分别对应着绝对值输入和增量值输入。其中 G90 表示坐标系目标点的绝对坐标值，G91 表示待运行的增量坐标，如图 5-6 所示。G90/G91 适用于所有坐标轴。

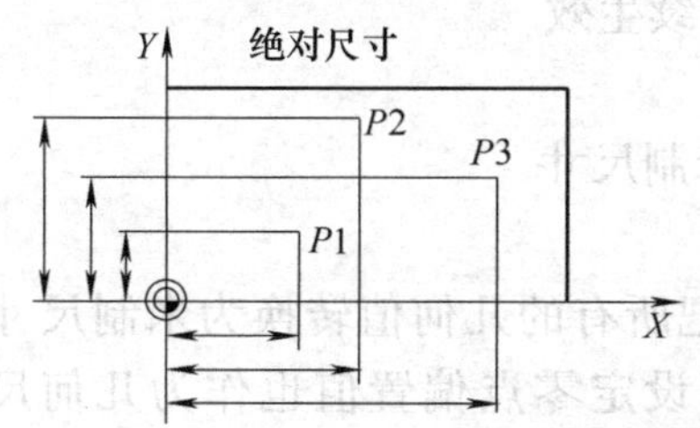

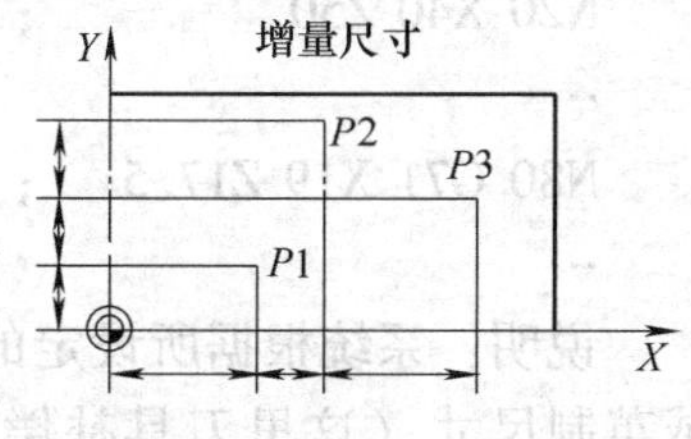

图 5-6　绝对值尺寸和增量值尺寸示意图

在FANUC系统的数控铣与加工中心上不能这样用

在一个程序段中，可以进行绝对尺寸和相对尺寸混合编程，即一个坐标用绝对尺寸编程，另一个坐标用增量尺寸编程。

在位置数据不同于 G90/G91 的设定时，可以在编程段中通过 AC/IC 对坐标进行绝对尺寸/增量尺寸方式的设定。格式为：X = AC（_____），X = IC（_____），对 Y 轴和 Z 轴坐标可同样设定。

这两个指令不决定到达终点位置的轨迹，轨迹由 G 功能组中的其他 G 功能指令决定（如 G00，G01，G02，G03…）

编程格式：

G90；　　　　　　　　　；绝对尺寸输入

G91　　　　　　　　　　；增量尺寸输入

X = AC（____）　　　　；X 轴以绝对尺寸输入，程序段方式

Y = IC（____）　　　　　；Y 轴以增量尺寸输入，程序段方式

5. 米制尺寸/英制尺寸

工件所标注的尺寸系统可能不同于系统设定的尺寸系统（英制或米制），但这些尺寸可以直接输入到程序中，系统会完成尺寸的转换工作。

编程格式：

G70　　　　　　　　；英制尺寸

G71　　　　　　　　；米制尺寸

G700　　　　　　　；米制尺寸，也适用于进给率 F

G710　　　　　　　；英制尺寸，也适用于进给率 F

编程举例：

N10 G70 X10 Z30　　；英制尺寸

N20 X40 Z50　　　　；G70 继续生效

…

N80 G71 X19 Z17.5　；开始米制尺寸

…

说明：系统根据所设定的状态把所有的几何值转换为米制尺寸或英制尺寸（这里刀具补偿值和可设定零点偏置值也作为几何尺寸）。同样，进给率 F 的单位为 mm/min 或 in/min。

基本状态可以通过机床数据设定。本章节中所给出的例子或数据均以米制尺寸为单位。

G700/G710 与用于设定进给率 F 的尺寸系统有关（in/min，in/r 或者 mm/min，mm/r）。

6. 快速直线移动

G00 功能用于快速定位刀具，移动时不对工件进行切削加工。当刀具远离工件或结束加工时，可以在几个轴上同时执行快速移动，

由此产生一线性轨迹，如图 5-7 所示。

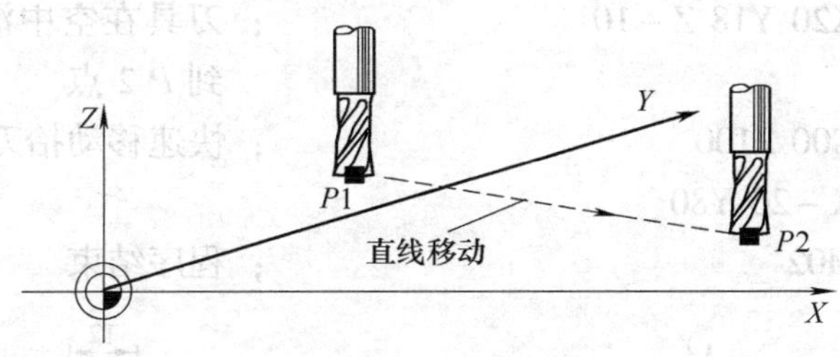

图 5-7 P1 到 P 2 快速移动

G00 快速移动时，按机床参数快速设定值移动。所编 F 进给率无效。G00 是模态指令，一直有效，直到被 G 功能同组中其他指令（G01、G02、G03…）取代为止。

编程格式：

G00 X __ Y __ Z __

说明：

1）G 功能组中还有其他的 G 指令用于定位功能。在用 G60 准确定位时，可以在窗口下选择不同的精度。

2）用于准确定位还有一个程序方式有效的指令：G09。在进行准确定位时请注意对几种方式的选择。

7. 直线插补

G01 指令使刀具以直线的方式从起始点移动到目标点，以地址 F 编程的进给速度运行，G01 也可以写成 G1，G01 后的所有坐标轴可以同时运行。

G01 是模态指令，一直有效，直到被 G 功能组中其他指令（G01、G02、G03…）取代为止。编程格式：

G01 X __ Y __ Z __ F __

编程举例如图 5-8 所示。

N05 G00 G90 X40 Y48 Z5 S600 M03 ；刀具快速移动到 P1 点，三轴同时运动，主轴转速为 600r/min，正转

N10 G01 Z－12 F100 ；进刀到 Z—12mm，进给率

100mm/min

```
N15 X20 Y18 Z-10        ；刀具在空中沿直线运行到P2点
N20 G00 Z100            ；快速移动抬刀
N25 X-20 Y80
N30 M02                 ；程序结束
```

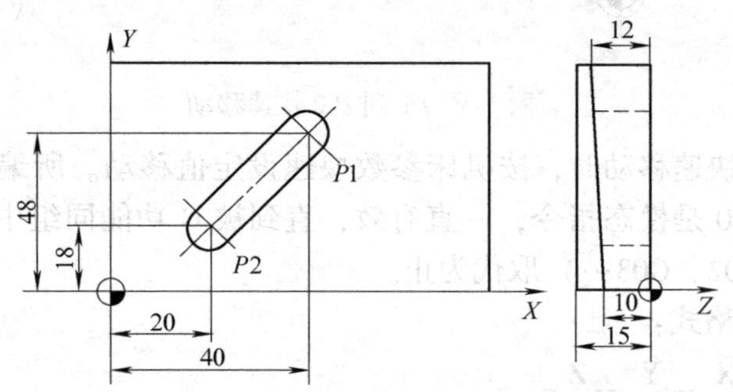

图 5-8　三个轴同时进行直线插补，加工一个槽

圆弧程序的编制与FANUC等其他系统是有区别的，SIEMENS的圆弧编程方式较多，应根据需要选择。

8. 圆弧插补

(1) 圆弧程序的一般书写格式　在不同平面中顺圆弧、逆圆弧的判别方法是：沿着不在圆弧平面内的坐标轴由正方向向负方向看去，顺时针方向为G02，逆时针方向为G03。

所要求的圆弧可以用不同的方式进行描述，如图5-9所示。

G02/G03是模态指令，一直有效，直到被同组中其他的指令（G00、G01…）取代为止。进给速度由编程中的进给率F值决定。

编程格式：

```
G02/G03 X_  Y_  I_  J_        ；圆弧终点和圆心
G02/G03 CR=_  X_  Y_          ；半径和圆弧终点
G02/G03 AR=_  I_  J_          ；圆心角和圆心
G02/G03 AR=_  X_  Y_          ；圆心角和圆弧终点
```

说明：只有用圆心和终点定义的程序段格式才可以编制整圆。

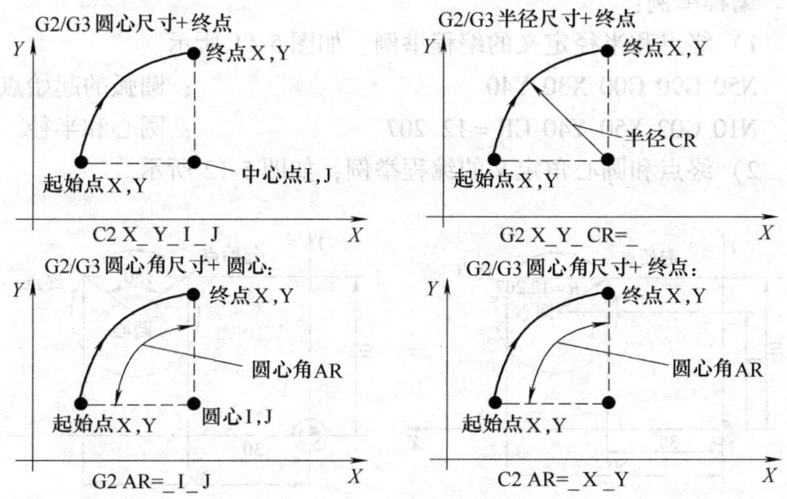

图 5-9　用 G02/G03 圆弧编程的方法（举例：*X/Y* 轴系坐标）

用半径定义的圆弧中，CR = __的符号用于选择适当的圆弧，使用同样的起始点、终点、半径和相同的方向，可以编制两个不同的圆弧，即圆心角大于 180° 的圆弧和圆心角小于或等于 180° 的圆弧。为了区分这两个圆弧，CR = __可以有正、负符号，即当圆弧所对应的圆心角为 0° ~ 180° 时，CR = __取正值；当圆心角为 180° ~ 360° 时，CR = __取负值，如图 5-10 所示。

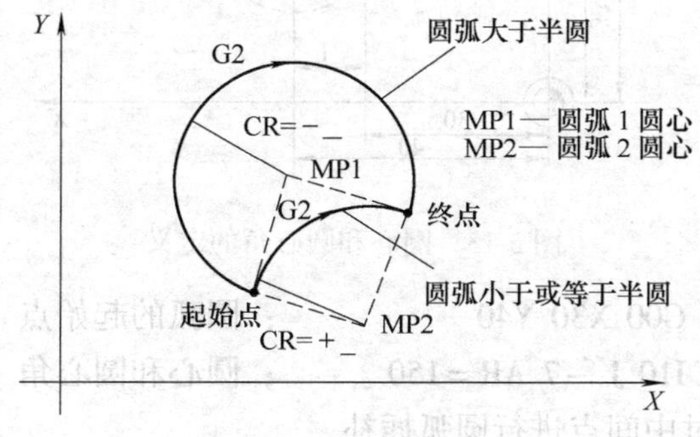

图 5-10　半径编程

编程举例：

1）终点和半径定义的编程举例，如图 5-11 所示。

N50 G90 G00 X30 Y40 ；圆弧的起始点

N10 G02 X50 Y40 CR = 12. 207 ；圆心和半径

2）终点和圆心角定义的编程举例，如图 5-12 所示。

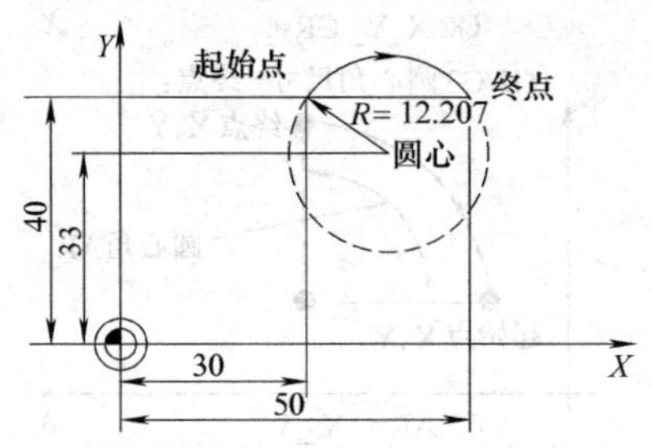

图 5-11 终点和半径的定义

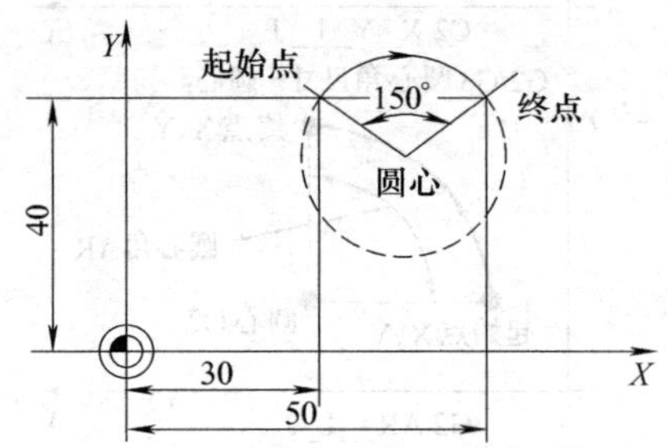

图 5-12 终点和圆心角的定义

N50 G90 G00 X30 Y40 ；圆弧的起始点

N10 G2 X50 Y40 AR = 150 ；终点和圆心角

3）圆心和圆心角定义的编程举例，如图 5-13 所示。

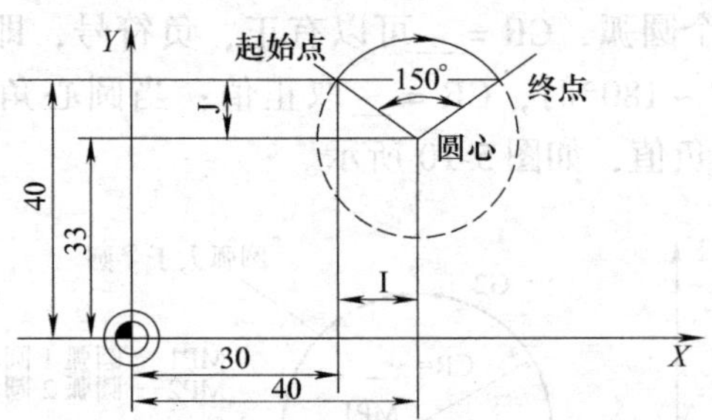

图 5-13 圆心和圆心角的定义

N50 G90 G00 X30 Y40 ；圆弧的起始点

N10 G02 I10 J －7 AR = 150 ；圆心和圆心角

（2）通过中间点进行圆弧插补

1）CIP 功能：如果已经知道圆弧轮廓上的 3 个点而不知道圆弧的圆心、半径和圆心角，则建议使用 CIP 功能。此时，圆弧方向由

中间点的位置确定（中间点位于起始点和终点之间）。用 I1，J1，K1 对应着不同的坐标轴，中间点定义如下：

I1 = __用于 *X* 轴， J1 = __用于 *Y* 轴， K1 = __用于 *Z* 轴

CIP：一直有效直到被同组的 G 功能（G00，G01，G02…）取代为止。CIP 指令可以用绝对值 G90、增量值 G91 进行编程，指令对终点和中间点都有效。

2）编程举例：如图 5-14 所示。

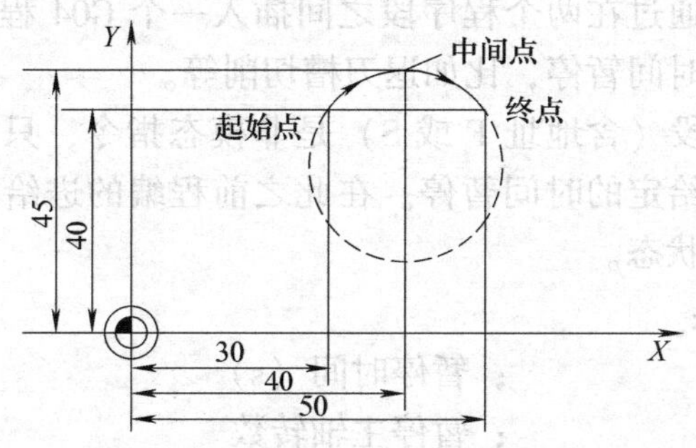

图 5-14 已知终点和中间点的圆弧插补（用 G90）

N05 G90 G00 X30 Y40 ；圆弧的起始点

N10 G02 X50 Y40 I1 = 40 J1 = 45 ；终点和中间点

（3）切线和过渡圆弧

1）CT 功能：在当前平面 G17 或 G18 或 G19 中，使用 CT 和编程的终点可以使圆弧与前面的轨迹（圆弧或直线）进行切向连接，如图 5-15 所示。

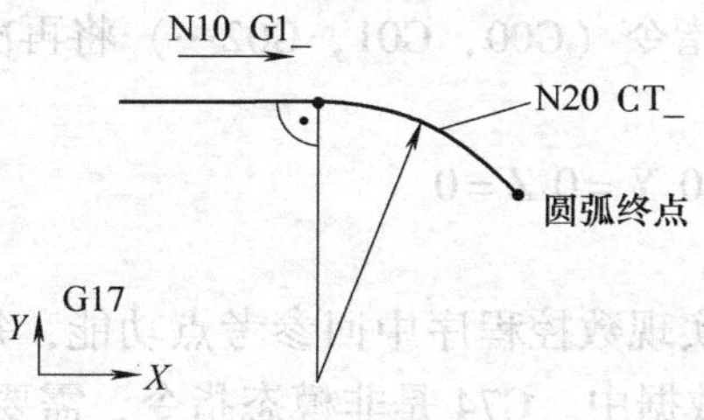

图 5-15 圆弧与前段轨迹切向连接

圆弧的半径和圆心可以从前面的轨迹与编程的圆弧终点之间的几何关系中得出。

2）编程举例：图 5-15 所示轨迹的编程如下。

N10 G01 X_ F300 ；直线

N20 CT X_ Y_ ；切向连接的圆弧

9. 暂停

G04 指令可使刀具作短暂的无进给光整加工，一般用于锪平面、镗孔等场合。通过在两个程序段之间插入一个 G04 程序段，可以使加工按给定的时间暂停，比如退刀槽切削等。

G04 程序段（含地址 F 或 S）是非模态指令，只对自身程序段有效，并按所给定的时间暂停。在此之前程编的进给量 F 和主轴转速 S 保持存储状态。

编程格式：

G04 F __ ；暂停时间（s）

G04 S __ ；暂停主轴转数

说明：G04 S __只有在受控主轴情况下才有效（当转速给定值同样通过 S __编程时）。

10. 返回固定点

用 G75 指令可以使运动部件返回到机床中某个固定点。固定点位置固定地存储在机床数据中，它不会产生偏移。每个轴的返回速度都是快速移动。

G75 是非模态指令，需要一独立程序段，且程序段方式有效。机床坐标轴的名称必须要编程！在 G75 之后的程序段中原先“插补方式”组中的 G 指令（G00，G01，G02…）将再次生效。

编程举例：

N10 G75 X = 0 Y = 0 Z = 0

11. 回参考点

用 G74 指令实现数控程序中回参考点功能，每个轴的方向和速度都存储在机床数据中。G74 是非模态指令，需要一个独立程序段，且程序段方式有效。机床坐标轴的名称必须要编程！在 G74 之后的程序段中原先“插补方式”组中的 G 指令（G00，G01，G02…）将

再次生效。

编程举例：

N10 G74 X1 =0 Y1 =0 Z1 =0

说明：程序段中 X1、Y1 和 Z1（在此等于零）下编程的数值不识别，必须写入。

12. 主轴转速极限

通过在程序中写入 G25 或 G26 指令和地址 S 下的转速，可以限制主轴的极限转速范围。与此同时，原来设定数据中的数据被覆盖。

G25 或 G26 指令均要求一独立的程序段，原先编程的转速 S 保持存储状态。

1）编程格式：

G25 S __ ；主轴转速下限

G26 S __ ；主轴转速上限

说明：主轴转速的最高极限值在机床数据中设定。通过操作面板可以调用其他极限情况的设定参数。

2）编程举例：

N10 G25 S15 ；主轴转速下限：15r/min

N20 G26 S2500 ；主轴转速上限：2500 r/min

13. 可编程的工作区域限制

用 G25/G26 定义坐标轴的工作区域，规定哪些区域可以运行，哪些区域不可以运行。当刀具长度补偿有效时，刀尖必须在此区域内，否则将受到限制。坐标值以机床坐标系为基准。可以在设定参数中分别规定每个轴的工作区域。除了通过 G25/G26 在程序中编制这些值之外，还可以通过操作面板在设定参数时输入这些值。

为了使用或取消各个轴的工作区域限制，可以使用可编程的指令组 WALIMON/ WALIMOF。

1）编程格式：

G25 X_ Y_ Z_ ；工作区域下限

G26 X_ Y_ Z_ ；工作区域上限

WALIMON ；使用工作区域限制

WALIMOF ；取消工作区域限制

说明：1）G25/G26 可以与地址 S 一起用于限定主轴转速。

2）坐标轴只有在回参考点之后，工作区域限制才有效。

2）编程举例，如图 5-16 所示。

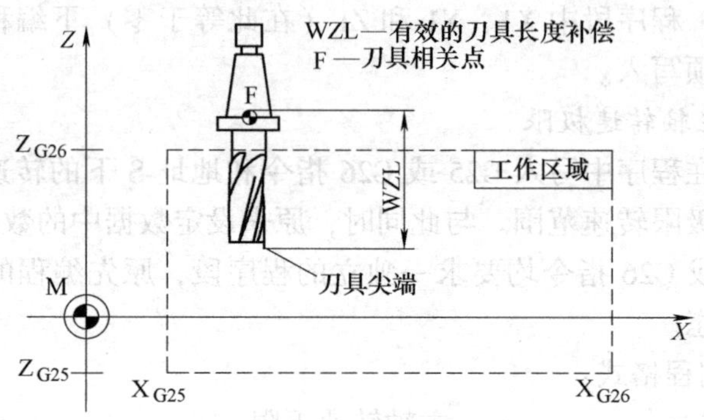

图 5-16　可编程的工作区域限制

```
N10 G25 X10 Y -20 Z -30        ; 工作区域限制下限值
N20 G26 X400 Y110 Z300         ; 工作区域限制上限值
N30 T1 M6
N40 G00 X90 Y100 Z180
N50 WALIMON                    ; 使用工作区域限制
…                              ; 仅在工作区域内
N90 WALIMON;                   ; 工作区域限制取消
```

14. 主轴准停 SPOS

利用功能 SPOS 可以把主轴准停到一个确定的转角位置，然后主轴通过位置控制保持在这一位置。准停运行速度在机床数据中规定。从主轴旋转状态（顺时针旋转/逆时针旋转）进行准停时，准停运行方向保持不变；从静止状态进行准停时，准停运行按最短位移进行，方向从起始点位置到终点位置。

使用该指令的前提条件：主轴必须设计成可以进行位置控制才能运行。

例外的情况是：主轴首次运行，也就是说测量系统还没有同步进行。这种情况下准停运行方向在机床数据中规定。

用 SPOS = ACP（____），SPOS = ACN（____）设定的主轴，其

他运行指令同样适用于回转坐标轴。

主轴准停运行可以与同一程序段中的坐标轴同时运行。当两种运行都结束以后，此程序段才结束。

编程格式：

SPOS = __ ；绝对位置：0°～360°

SPOS = ACP（____）；绝对数据输入，在正方向逼近位置

A = ACN（____）；绝对数据输入，在正方向逼近位置

SPOS = IC（____）；增量数据输入，符号规定运行方向

SPOS = DC（____）；绝对数据输入，直接回到位置（使用最短行程）

编程举例：

N10 SPOS = 14.3　　主轴位置 14.3°

…

N80 G00 X89 Z300 SPOS = 25.6 ；主轴准停与坐标轴运行同时进行。所有运行都结束以后，程序段才结束

N90 X200 Z300 ；N80 中主轴位置到达以后，才开始执行 N90 程序段

15. 轮廓倒角、倒圆

在一个轮廓拐角处可以进行倒角或倒圆，指令 CHF = __或者 RND = __与加工拐角的运动轴指令一起写入程序段中。

编程格式：

CHF = __ ；倒角，编程数值是倒角长度

RND = __ ；倒圆，编程数值是倒圆半径

说明：在当前的平面 G17～G19 中执行倒角、倒圆功能。在程序段中若轮廓长度不够，则会自动地减小倒角和倒圆的编程值。

在下面情况下，不可以倒角、倒圆：

1）连续编程的程序段超过 3 段没有运行指令。

2）要更换平面。

（1）倒角 CHF = 　直线轮廓之间、圆弧轮廓之间以及直线轮廓和圆弧轮廓之间需要倒去棱角，可选用 CHF = 功能。如图 5-17 所示：

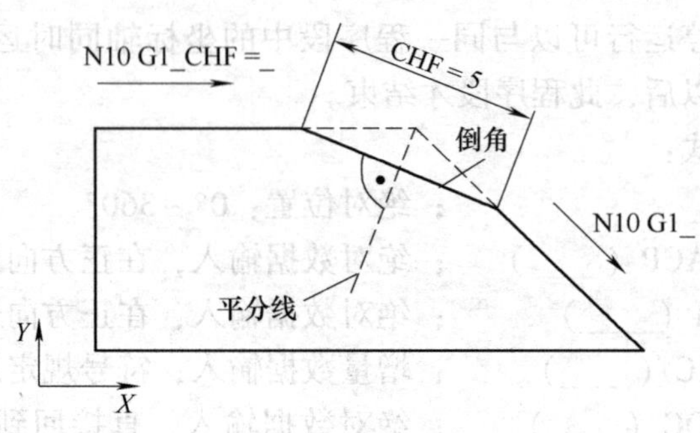

图 5-17　两段直线之间倒角举例

编程举例：

N10 G01 X __ CHF = 5　　　　　　　　；倒角 5mm

N20 X __ Y __

（2）倒圆 RND =　直线轮廓之间、圆弧轮廓之间以及直线轮廓和圆弧轮廓之间需要倒一圆弧，圆弧与轮廓进行切线过渡，可选用 RND = 进行倒圆，如图 5-18 所示：

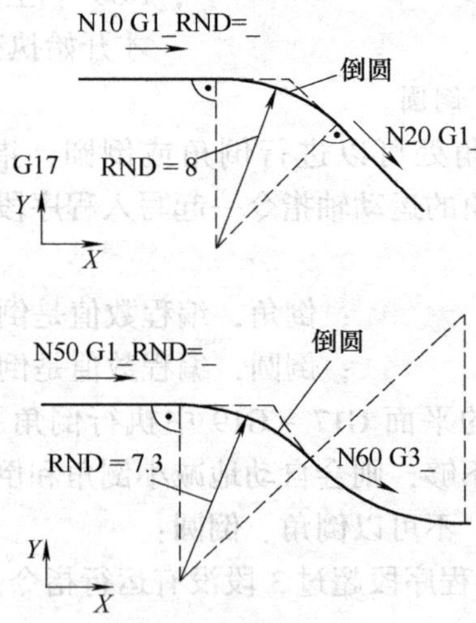

图 5-18　倒圆举例

编程举例：

```
N10 G1 X__ RND=8                    ；倒圆，半径8mm
N20 X__ Y__
…
N50 G01 X__ RND=7.3                 ；倒圆，半径7.3mm
N60 G03 X__ Y__ CR=__
```

16. 第四轴功能

第四轴取决于机床的机械结构设计，有时必须要一个第四轴，比如用于回转工作台、旋转工作台。该轴可以设计成直线轴，也可以设计成回转轴，如 *U* 轴或 *C* 轴或 *A* 轴等等。若为回转轴，则设计的行程范围在0°~360°。

根据要求，第四轴可以作为线性轴与原先的进给轴一起运行。如果该轴与 *X*，*Y*，*Z* 轴一起在一个程序段中，并且含有 G01 或 G02/G03 指令，则它不具有一个独立的进给率 F，而是取决于进给轴 *X*、*Y* 或 *Z* 的进给率，并且与其他轴一起开始和结束。但是，该速度值不能大于所规定的极限值。

如果该轴用指令 G01 编在一个独立的程序段中，则它以有效的进给率 F 运行。如果是一回转轴，则用 G94 时单位是（°）/min，用 G95 时为（°）/r。该轴可以设定偏置量（G54~G57），并且进行编程（TRANS，ATRANS）。

编程举例，假设第四轴为一个旋转轴，名称为 *A*：

```
N5 G94                              ；F单位为mm/min，或者
                                      （°）/min
N10 G00 X10 Y20 Z30 A45             ；快速移动所有轴
N20 G01 X12 Y21 Z33 A60 F200        ；所有轴以G01运行
N30 G01 A90 F3000                   ；仅A轴以3000（°）/min的
                                      进给率运行到90°位置
```

回转轴中使用的特殊指令：DC，ACP，CAN，如回转轴 *A*：

```
A=DC(____)                          ；绝对数据输入，直接回到目
                                      标位置（使用最短距离）
A=ACP(____)                         ；绝对数据输入，在正方向逼
```

A = ACN（____） ；绝对数据输入，在负方向逼近目标位置

编程举例：

A = ACP（55.7） ；在正方向逼近位置55.7°

17. 拐角特性

在G41、G42有效的情况下，一段轮廓到另一段轮廓以不连续的拐角过渡时，可以通过G450和G451功能调节拐角特性。

数控系统自动识别内角和外角。对于铣削内角，系统控制刀具走到轨迹等距线交点，然后执行下一个程序段。内、外角的特性如图5-19和图5-20所示。

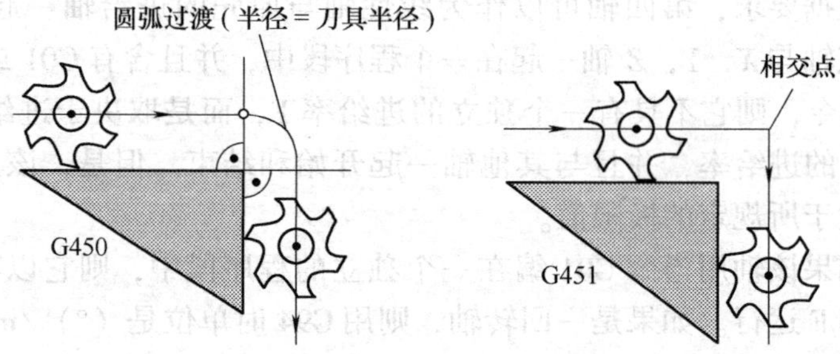

图5-19 外角的角度特性

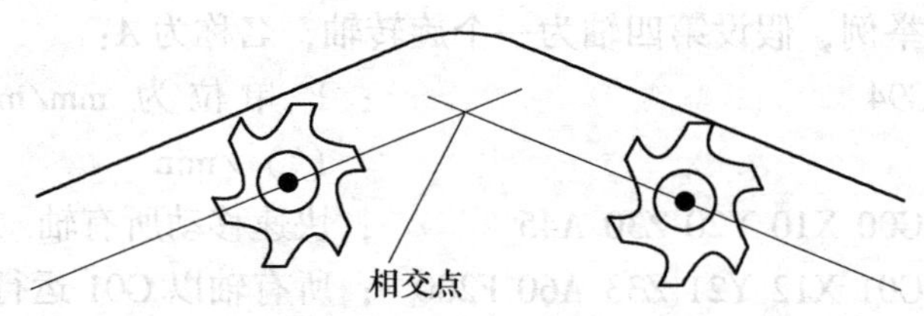

图5-20 内角的角度特性

编程指令：

G450 ；圆弧过渡

G451 ；交点

刀具中心轨迹为一个圆弧，其起点为前一曲线的终点，终点为

后一曲线的起点，半径等于刀具半径，如图 5-21 所示。

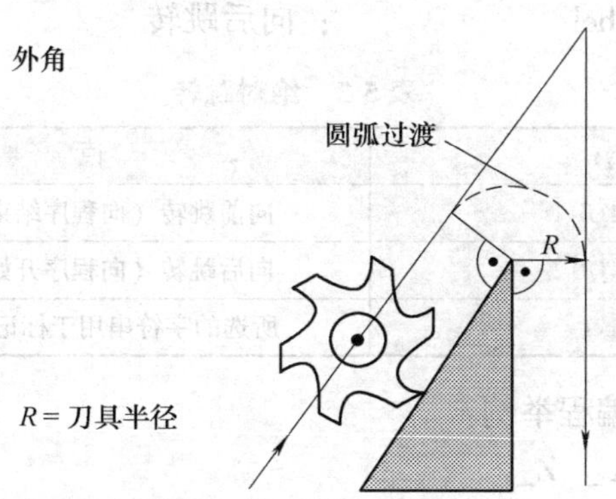

图 5-21 尖角转换到过渡圆弧

18. 程序跳转

(1) 标记符 程序跳转目标是指标记符或程序段号，用于标记程序中所跳转的目标程序段，用跳转功能可以实现程序运行分支。标记符可以自由选取，但必须由 2 ~ 8 个字母或数字组成，其中开始两个符号必须是字母或下划线。跳转目标程序段中标记符后面必须为冒号。标记符位于程序段段首。如果程序段有段号，则标记符紧跟着段号。在一个程序段中，标记符不能含有其他意义。

编程举例：

N10 MARKE1：G01 X20 ；MARKE1 为标记符，跳转目标程序段有段号

…

TR789：G00 X10 Z20 ；TR789 为标记符，跳转目标程序段没有段号

N100… ；程序段号可以是跳转目标

(2) 绝对跳转（表 5-2） 数控程序在运行时，以写入顺序来执行程序段。程序在运行时，可以通过插入程序跳转指令改变执行顺序。跳转目标只能是有标记符的程序段，此程序段必须位于该程序之内。绝对跳转指令必须占用一个独立的程序段。

编程格式：

```
GOTOF Label              ；向前跳转
GOTOB Label              ；向后跳转
```

表 5-2　绝对跳转

AWL	说　明
GOTOF	向前跳转（向程序结束的方向跳转）
GOTOB	向后跳转（向程序开始的方向跳转）
Label	所选的字符串用于标记符或程序段号

绝对跳转编程举例：

```
N10 G00 X_  Z_
…
N20 GOTOF MARKE0              ；跳转到标记 MARKE0
…
N50 MARKE0：R1 = R2 + R3
N51 GOTOF MARKE1              ；跳转到标记 MARKE1
…
N60 MARKE2：X_  Z_
N100 M02                      ；程序结束
N110 MARKE1：X_  Z_
…
N150 GOTOB MARKE2             ；跳转到标记 MARKE2
```


五、其他功能介绍

在 SIEMENS 802D 系统中，一个程序段中最多可以有 5 个 M 功能、一个 T 功能和一个 D 功能，它们按 M、S、T、D、F 的顺序输出到接口控制器。可由机床数据指定是在轴运动之前，还是在轴运动期间输出这些功能。如果是在轴运动过程中输出这些功能，则在轴运动之前，新的值是有效的，新的功能必须写入前一个程序段中。

1. 辅助功能 M

利用辅助功能可以设定一些开关操作，如“打开/关闭切削液”等等。

除少数M功能被数控系统生产厂家固定地设定了某些功能之外，其余部分均可提供机床生产厂家自由设定，具体见表5-1。

编程格式：

M __

M功能在坐标轴运行程序段中的作用情况如下：

1）如果M00，M01，M02功能位于一个有坐标轴运行指令的程序段中，则只有在坐标轴运行之后，这些功能才会有效。

2）对于M03，M04，M05功能，则在坐标轴运行之前信号就传送到内部的接口控制器中。只有当受控主轴按M03或M04起动之后，坐标轴才开始运行。在执行M05指令时并不等待主轴停止，坐标轴已经在主轴停止之前开始运动。

3）其他M功能信号与坐标轴运行信号一起输出到内部接口控制器上。

如果需要在坐标轴运行之前或之后编制一个M功能，则必须编制一个独立的M功能程序段，但是，此程序段会中断G64路径连续运行方式，并产生停止状态。

编程举例：

N10 S1600

N20 X __ M03　　　　　；M功能在有坐标轴运行的程序段中，主轴在X轴运行之前起动运行

N180 M78 M67 M10 M12 M37 ；程序段中最多有5个M功能

说明：除了M功能和H功能之外，T、D和S功能也可以传送到PLC。每个程序段中最多可以写入10个这样的功能指令。

2. 主轴转速S及旋转方向

当机床具有受控主轴时，主轴的转速可以用地址S编程，单位为r/min。旋转方向和主轴运动起始点和终点通过M指令规定。

M03：主轴正转；M04：主轴反转；M05：主轴停转。

说明：如果在程序段中不仅有M03或M04指令，而且还写有坐标轴运行指令，则M指令在坐标轴运行之前生效。

默认设定：当主轴运行之后（M03，M04），坐标轴才开始运行。如程序段中有M05，坐标轴在主轴停止之前就开始运动。可以通过

程序结束或复位停止主轴。程序开始时主轴转速零（S0）有效。

说明：其他的可以通过机床数据进行设定。

3. 进给率 F

进给率是刀具轨迹速度，它是所有移动坐标轴速度的矢量和。坐标轴速度是刀具轨迹速度在坐标轴上的分量。进给率 F 在 G01，G02，G03，CIP，CT 插补方式中生效，并且一直有效，直到被一个新的地址 F 取代为止。进给率 F 的单位：由相应的 G 功能指令确定，即 G94 和 G95：

编程格式：G94 F__；单位 mm/min

G95 F__；单位 mm/r

G94：直线进给率，单位为 mm/min

G95：直线进给率，单位为 mm/r（只有主轴旋转才有意义）

说明：在取整数值方式下可以取消小数点后面的数据，如 F300。

4. 刀具 T 和刀具补偿 D

与FANUC等其他系统区别较大，请注意

（1）刀具指令（T）　用 T 指令编程可以选择刀具。有两种方法来执行：一种是用 T 指令直接更换刀具；另一种是仅用 T 指令进行刀具的预选，换刀还必须由 M06 来执行。具体用哪一种，在机床参数中确定。

编程格式：

T_ ;　　刀具号：1～32000，T0 表示没有刀具

说明：系统中最多同时存储 32 把刀具。

编程举例：

① 不用 M06 更换刀具：

```
N10 T1      ；刀具 1
…
N70 T558    ；刀具 558
```

② 用 M06 更换刀具

```
N10 T14     ；预选刀具 14
N15 M06     ；执行刀具更换，然后 T14 有效
```

（2）刀具补偿（D）　一个刀具可以匹配 1～9 个不同补偿的数

据组（用于多个切削刃），如图 5-22 所示。用 D 及其相应的序号可以编制一个专门的切削刃。

T1	D1	D2	D3		D9
T2	D1				
T3	D1				
T6	D1	D2	D3		
T9	D1	D2			
T_	D1	D2			

图 5-22 刀具补偿号匹配举例

如果没有编写 D 指令，则 D1 值自动生效；如果编程 D0，则刀具补偿无效。

编程格式：

D_ ；刀具补偿号：1～9

D0 ；补偿值无效

说明：刀具更换后，程序中调用的刀具长度补偿、半径补偿立即生效；如果没有编程 D 号，则 D1 值自动生效。先编程的长度补偿先执行，对应的坐标轴也先运行。

系统中最多可以同时存储 64 个刀具补偿数据组。刀具半径补偿必须与 G41/G42 一起执行。

1）编程举例：

① 不用 M6 更换刀具（只用 T）

```
N05 G17          ；确定待补偿的平面
N10 T1           ；刀具 1，补偿值 D1 值生效
N11 G00 Z_       ；在 G17 平面中，Z 是刀具长度补偿，长度补
                   偿在此覆盖
N50 T4 D2        ；更换刀具 4，T4 中 D2 值生效
…
N70 G00 Z_  D1   ；刀具 4 中 D1 值生效，在此更换切削刃
```

② 用 M6 更换刀具

```
N05 G17          ；确定待补偿的平面
```

```
N10 T1              ；预选刀具
…
N15 M06             ；更换刀具，T1 中 D1 值生效
N16 G00 Z_          ；在 G17 平面中，Z 是刀具长度补偿，长度补
                      偿在此覆盖
…
N20 G00 Z_  D2      ；刀具 1 中 D2 值生效，D1→D2 长度补偿的
                      差值在此覆盖
N50 T4              ；刀具预选 T4，注意：T1 中 D2 仍然有效
…
N55 D3 M06          ；更换刀具 4，T4 中 D3 值生效
…
```

2）补偿存储器的处理

① 几何尺寸、长度、半径。几何尺寸由基本尺寸和磨损尺寸组成。控制器处理这些尺寸，计算并得到最后尺寸（比如：长度总和、半径总和）。在接通补偿存储器时，这些最终尺寸有效。

由刀具类型指令和 G17 、G18 和 G19 指令确定如何在坐标轴中计算出这些尺寸值，如图 5-23 所示。

有效性		
G17	长度 1*Z* 轴方向 长度 2*Y* 轴方向 长度 3*X* 轴方向 *X*/*Y* 平面中半径	*Z* *Y* *X*
G18	长度 1*Y* 轴方向 长度 2*X* 轴方向 长度 3*Z* 轴方向 *Z*/*X* 平面中半径	*Y* *X* *Z*
G19	长度 1*X* 轴方向 长度 2*Z* 轴方向 长度 3*Y* 轴方向 *Y*/*Z* 平面中半径	*X* *Z* *Y*

刀具为钻头时不考虑半径

F—刀具相关点

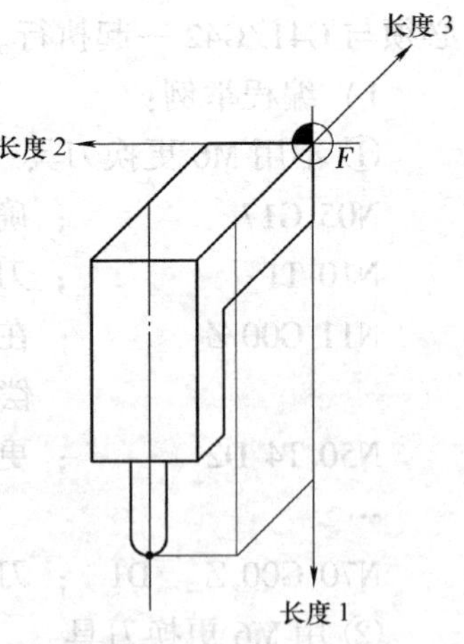

图 5-23　三维刀具长度补偿有效（特殊情况）

② 刀具类型。由刀具类型（铣刀或钻头）可以确定需要哪些几何参数以及怎样进行计算，如图 5-24 和图 5-25 所示。

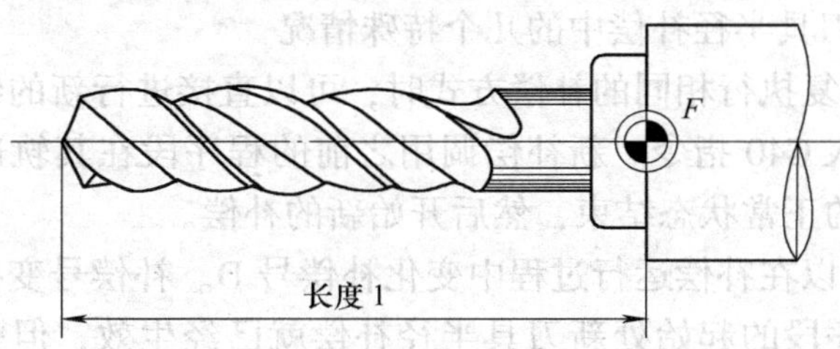

作用	
G17	长度 1 为 *Z*
G18	长度 1 为 *Y*
G19	长度 1 为 *X*

F—刀具相关点

图 5-24　钻头举例说明所要求的补偿参数

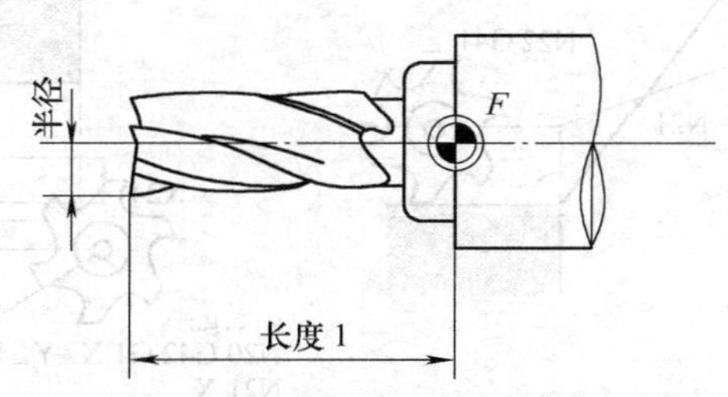

作用	
G17	长度 1 为 *Z* 轴 *X*/*Y* 平面中半径
G18	长度 1 为 *Y* 轴 *Z*/*X* 平面中半径
G19	长度 1 为 *X* 轴 *Y*/*Z* 平面中半径

F　刀具相关点

图 5-25　铣刀举例说明所要求的补偿参数

刀具的特殊情况：在铣刀和钻头中，长度 2 和长度 3 的参数仅用于特殊情况，比如，弯头结构的多尺寸长度补偿。

（3）刀具半径补偿中的几个特殊情况

1）重复执行相同的补偿方式时，可以直接进行新的编程而无需在其中写入 G40 指令。新补偿调用之前的程序段在其轨迹终点处按补偿矢量的正常状态结束，然后开始新的补偿。

2）可以在补偿运行过程中变化补偿号 D。补偿号变换后，在新补偿号程序段的起始处新刀具半径补偿就已经生效，但整个变化须等到程序段结束才能发生。这些修改值由整个程序段连续执行，在圆弧插补时也一样。

3）补偿方向指令 G41 和 G42 可以相互变换，无需在其中再写入 G40 指令。原补偿方向的程序段在其轨迹终点处按补偿矢量的正常状态结束，然后在新的补偿方向开始进行补偿，如图 5-26 所示。

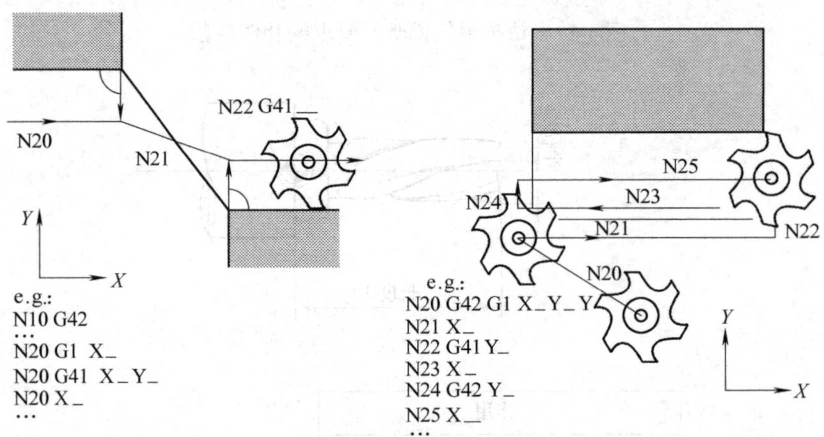

图 5-26　更换补偿方向

4）如果通过 M02（程序结束），而不是用 G40 指令结束补偿运行，则最后的程序段以补偿矢量正常位置坐标结束。不进行撤消补偿移动，程序以此刀具位结束。

5. H 功能

用 H 功能可以把浮点数据由程序传送到 PLC，H 功能数值的含

义由制造厂定义。一个数控程序段最多可以编写 3 个 H 功能。

编程格式：

H0 = __ ~ H9999 = __

编程举例：

N10 H1 = 1.98 H2 = 978.123 H3 = 4 ；每个程序段最多 3 个 H 功能

N20 G00 X71.3 H99 = -89.234 ；程序段中有轴运行指令

说明：除了 M 功能和 H 功能之外，T、D 和 S 功能也可以传送到 PLC。每个程序段中最多可以写入 10 个这样的功能指令。

固定循环程序的编制与FANUC等其他系统有很大的区别，FNAUC与大部分国产系统是用G指令来指定，而SIEMENS系统侧不是，就是与SIEMENS的其他系统（如SIEMENS802S等）也是有区别的，应用时应注意。

第二节 固定循环指令介绍

循环是指用于特定加工过程的工艺子程序，比如用于钻孔、铣槽切削或螺纹切削等。循环用于各种具体加工过程时，只要改变参数就可以。编辑程序时在面板上调用相应的循环指令，根据图形显示，修改参数即可。按确认键，需要的参数即传送进入程序。如下面程序段：

N60 CALL CYCLE83 (5，3，…)；调用循环 83，单独程序段

模态调用循环：在有 MCALL 指令的程序段中调用子程序，如果其后的程序段中含有轨迹运行，则子程序自动调用，该调用一直有效，直到执行下一个程序段。

MCALL 指令是模态调用子程序的程序段，模态调用结束也用 MCALL 指令。它们均需要一个独立的程序段。

用 MCALL 指令可方便地加工各种形状排列的孔，如：多排行孔、圆周孔等。

一、固定循环中各个平面的定义及选择原则

1. 固定循环中各平面的定义（图 5-27）

1）加工开始平面　这一平面为固定循环加工时 Z 向，由快速转变为进给的位置，不管刀具在 Z 轴方向的起始位置如何，固定循环执行时的第一个动作总是将刀具沿 Z 向快速移动到这一平面上，因此，必须选择加工开始平面高于加工表面。

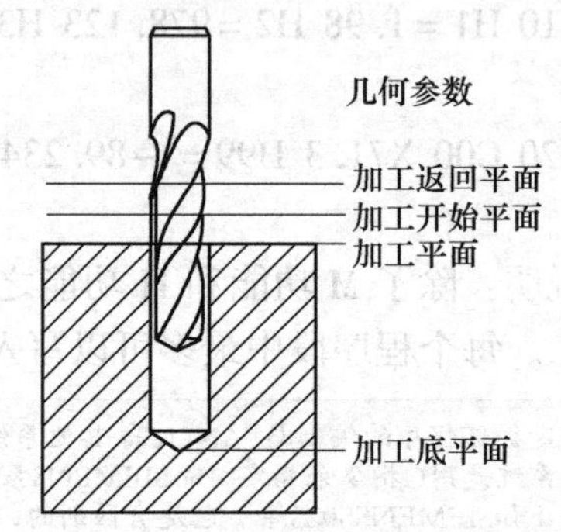

图 5-27　固定循环中各平面的定义

2）加工底平面　这一平面的选择决定了最终孔深，因此加工底平面在 Z 向的坐标即可作为加工底平面。

3）加工返回平面　这一平面规定了：在固定循环中 Z 轴加工至底面后返回到哪一位置，而在这一位置上，工作台 X/Y 平面应可以作定位运动，因此，加工返回平面必须等于或高于加工开始平面。

2. 平面选择原则

1）对于毛坯加工，加工开始平面一般高于加工表面 5mm 左右，对于精加工，加工开始平面一般高于加工表面 2mm。

2）加工返回平面要求高于加工开始平面，并且保证在下次定位时不发生干涉，同时，即使加工表面为平面也必须遵循以下原则：对于毛坯，使用带螺纹插补攻螺纹循环（CYCLE84）时，返回平面必须高于加工表面 8～10mm；使用带补偿夹具切削螺纹循环（CYCLE840）时，返回平面必须高于加工表面 5mm 以上。

3）加工底平面选择应考虑到通孔时的情况，因此在这种情况下对于加工底平面选择应在加工底面再加上一个值（这个值要大于 $R\cot\alpha$），以保证能可靠钻通。

二、固定循环指令中涉及的参数意义（表5-3）

表5-3　固定循环指令参数及其意义

参数	意　义
RTP	返回平面
RFP	参考平面
SDIS	安全距离（无符号，参考平面到工件开始加工表面的距离）
DP	最终的深度（相对于工件坐标系中的终点的 Z 轴坐标值）
DPR	孔的深度（无符号，参考平面到孔底平面的距离）
FDEP	第一次钻孔深度（绝对值，FIRST DRILLNG DEPTH）
FDPR	相对于参考平面的第一次钻孔深度（无符号，增量值）
DAM	相对于第一次钻孔深度每次递减量（无符号，当 FDPR $-n\times$ DAM $\leqslant$ DAM，从 $n+1$ 次开始以 DAM 进给）
DTB	暂停时间（在每次进给所到深度处的停留时间）
DTS	暂停时间（在每次退回到返回平面处的停留时间）
FRF	第一次钻孔深度的进给速度调整系数（无符号，取值范围为：0.001～1）
VARI	整数，决定加工类型，0—断屑，每次进给完毕仅退回1mm，然后立即开始下次进给；1—排屑，每次进给完毕退回至加工开始平面
SDAC	主轴的旋转方向，取值的范围为3，4，5，分别对应于M03，M04，M05
MPIT	标准螺距，取值范围为3（M03）～48（M48）
PIT	螺距，取值范围为0.001～2000.000mm
POSS	主轴的准停角度
SST	攻螺纹进给速度
SST1	返回进给速度
SDR	返回时主轴的旋转方向，取值范围为3，4，5，分别对应于M03，M04，M05
ENC	整数，0—带编码器攻螺纹，1—不带编码器攻螺纹
FFR	进给速度
RFF	返回速度（切削退回）
SDIR	主轴旋转方向，整数，3＝M03，4＝M04
RPA	横坐标让刀量，增量，无符号
RPO	激活平面纵坐标的返回路径，增量，无符号
RPAP	应用平面的返回路径，增量，无符号

三、孔加工固定循环指令

1. 钻孔固定循环

（1）钻孔（中心孔 CYCLE81） 编程格式（如图 5-28 所示）：

CYCLE81（RTP，RFP，SDIS，DP，DPR）

功能：刀具按照编程的主轴速度和进给率钻孔，直至到达输入的最后的钻孔深度。

（2）镗钻孔 CYCLE82 编程格式（如图 5-29 所示）：

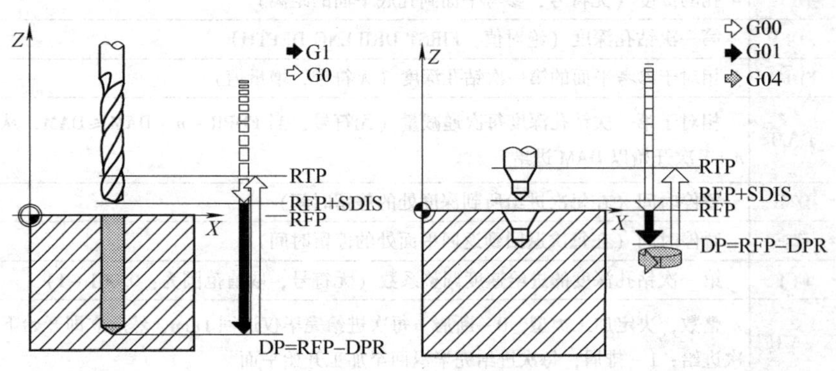

图 5-28 中心孔 CYCLE81 示意图　　图 5-29 镗钻孔 CYCLE82 示意图

CYCLE82（RTP，RFP，SDIS，DP，DPR，DTB）

功能：刀具按照编程的主轴速度和进给率镗钻孔，直至到达输入的最后镗钻孔深度。到达最后镗钻孔深度时允许停顿一段时间。

注意：如果一个值同时输入给 DP 和 DPR，最后钻孔深度则来自 DPR。如果该值不同于由 DP 编程的绝对值深度，在信息栏会出现“深度：符合相对深度值”。

（3）深孔钻削 CYCLE83 编程格式（如图 5-30 所示）：

CYCLE83（RTP，RFP，SDIS，DP，DPR，FDEP，FDPR，DAM，DTB，DTS，FRF，VARI）

功能：刀具以编程的主轴速度和进给率开始钻孔，直至定义的最后钻孔深度。钻头可以在每次进给深度完以后退回到参考平面加安全间隙处，进行排屑，或者每次退回 1mm 用于断屑。

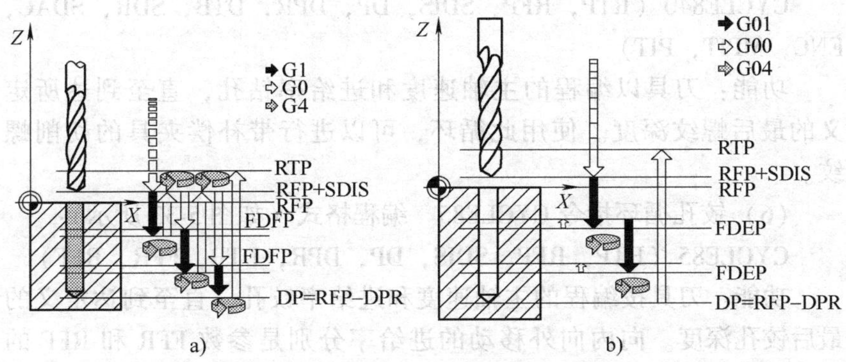

图 5-30 深孔钻削排屑

a）VARI = 1 b）VARI = 0

（4）带螺纹插补切削螺纹 CYCLE84 编程格式（如图 5-31 所示）：

CYCLE84（RTP，RFP，SDIS，DP，DPR，DTB，SDAC，MPIT，PIT，POSS，SST，SST1）

功能：刀具以编程的主轴速度和进给率进行钻削，直至定义的最终螺纹深度。CYCLE84 可以用于刚性攻螺纹。对于带补偿夹具的切削螺纹，可以使用另外的循环 CYCLE840。

（5）带补偿夹具切削螺纹 CYCLE840 编程格式（如图 5-32 所示）：

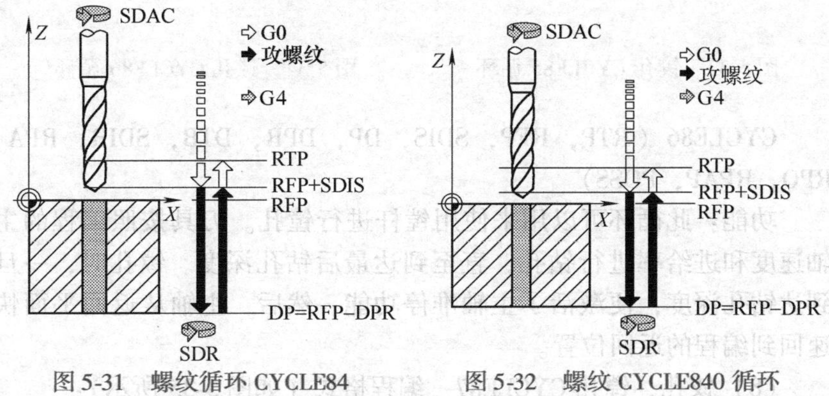

图 5-31 螺纹循环 CYCLE84　　图 5-32 螺纹 CYCLE840 循环

CYCLE840（RTP，RFP，SDIS，DP，DPR，DTB，SDR，SDAC，ENC，MPIT，PIT）

功能：刀具以编程的主轴速度和进给率钻孔，直至到达所定义的最后螺纹深度。使用此循环，可以进行带补偿夹具的切削螺纹。

（6）铰孔循环指令 CYCLE85　编程格式（如图 5-33 所示）：

CYCLE85（RTP，RFP，SDIS，DP，DPR，DTB，FFR，RFF）

功能：刀具按编程的主轴速度和进给率铰孔，直至到达定义的最后铰孔深度。向内向外移动的进给率分别是参数 FFR 和 RFF 的值。

（7）镗孔循环指令 CYCLE86　编程格式（如图 5-34 所示）：

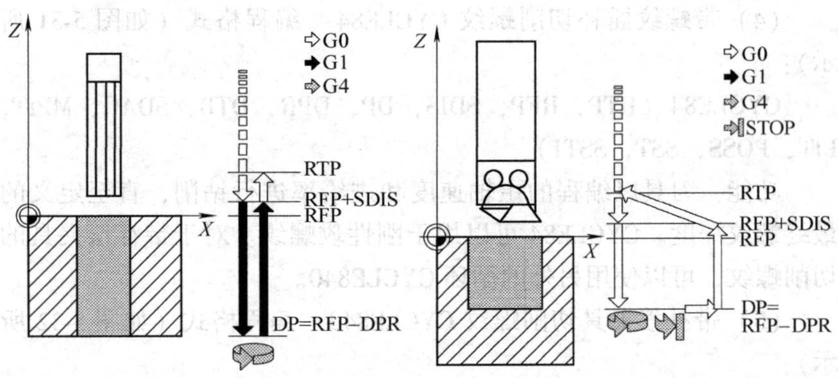

图 5-33　铰孔 CYCLE85 循环　　　　图 5-34　镗孔 CYCLE86 循环

CYCLE86（RTP，RFP，SDIS，DP，DPR，DTB，SDIR，RPA，RPO，RPAP，POSS）

功能：此循环可以用来使用镗杆进行镗孔。刀具按照编程的主轴速度和进给率进行钻孔，直至到达最后钻孔深度。镗孔时，一旦到达钻孔深度，便激活了主轴准停功能。然后，主轴从返回平面快速回到编程的返回位置。

（8）铰孔、镗孔 CYCLE87　编程格式（如图 5-35 所示）：

CYCLE87（RTP，RFP，SDIS，DP，DPR，DTB，SDIR）

功能：刀具按照编程的主轴速度和进给率进行孔加工，直至到达最后深度。待停止镗孔时，一旦到达深度，便激活了主轴停止功能 M05。按“NC START”键继续快速返回直至到达返回平面。

（9）钻孔循环指令 CYCLE88　编程格式（如图 5-36 所示）：

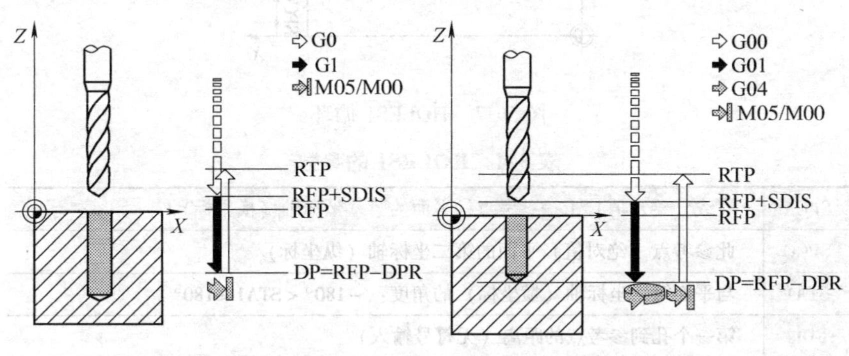

图 5-35　CYCLE87 循环　　　图 5-36　CYCLE88 循环

CYCLE88（RTP，RFP，SDIS，DP，DPR，DTB，SDIR）

功能：刀具按编程的主轴速度和进给率钻孔直至到达定义的最后钻孔深度。待停止钻孔时，到达最后钻孔深度时会产生 M05 的主轴停止。按“NC SRART”键在快速退回到返回平面。

有的FANUC系统也有类似的孔系循环，但很多系统没有，而在SIEMENS系统的数控机床上也并不是每台都有的，在应用时应注意。

2. 孔系固定循环

孔系循环介绍了所钻孔在平面中的几何分布。在钻孔循环编程之前，通过模式调用此钻孔循环可以建立一个钻孔过程。

（1）钻削直线排列的孔 HOLES1　编程格式（如图 5-37 所示）：

HOLES1（SPCA，SPCO，STA1，FDIS，DBH，NUM），其说明见表 5-4。

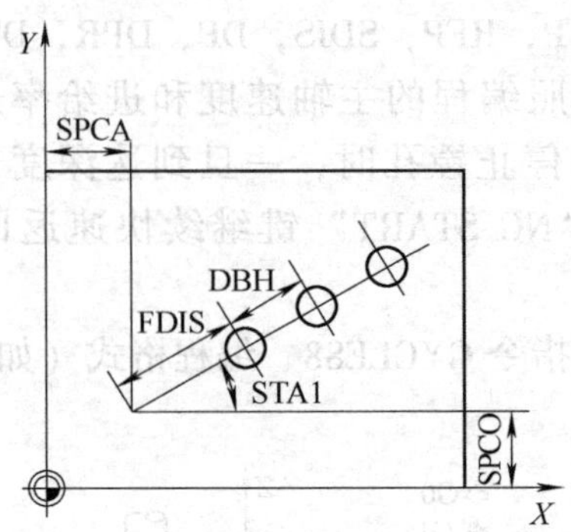

图 5-37　HOLES1 循环

表 5-4　HOLES1 的参数

SPCA	直线（绝对值）上一参考点的平面的第一坐标轴（横坐标）
SPCO	此参考点（绝对值）平面的第二坐标轴（纵坐标）
STA1	与平面第一坐标轴（横坐标）的角度：$-180° < STA1 \leqslant 180°$
FDIS	第一个孔到参考点的距离（无符号输入）
DBH	孔间距（无符号输入）
NUM	孔的数量

功能：此循环可以用来钻削一排孔。即，沿直线分布的一些孔，或网格孔。孔的类型由已被调用的钻孔循环决定。

（2）钻削圆弧排列的孔 HOLES2　编程格式（如图 5-38 所示）：

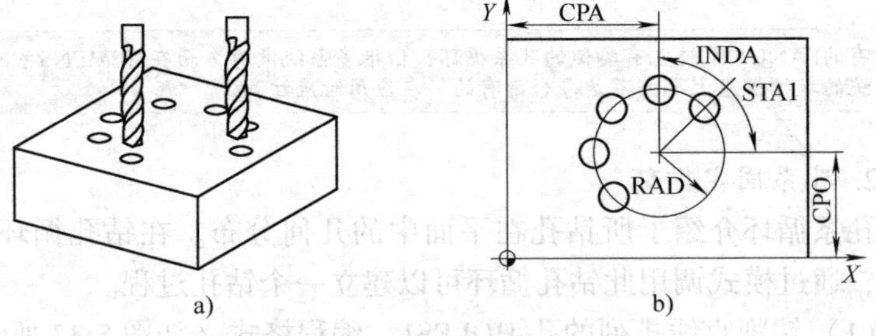

图 5-38　HOLES2 示意图

HOLES2（CPA，CPO，RAD，STA1，INDA，NUM），参数说明见表 5-5。

表 5-5　HOLES2 的参数

CPA	圆周孔的中心点（绝对值），平面的第一坐标轴
CPO	圆周孔的中心点（绝对值），平面的第二坐标轴
RAD	圆周孔的半径（无符号输入）
STA1	起始角，范围值：$-180° < STA1 \leq 180°$
INDA	增量角
NUM	孔的数量

功能：使用此循环可以加工圆周孔。加工平面必须在循环调用前定义。孔的类型由已经调用好的钻孔循环决定。

FANUC等有的系统数控机床上没有型腔加工循环，一般情况下是采用宏程序（高级工的内容）或一般编程的方法来实现，而在SIEMENS系统的数控机床上也并不是每台都有的，若没有可采用R参数编程（高级工的内容）或一般编程的方法实现。

3. 型腔加工循环

（1）铣槽 SLOT1　编程格式（如图 5-39 所示）：

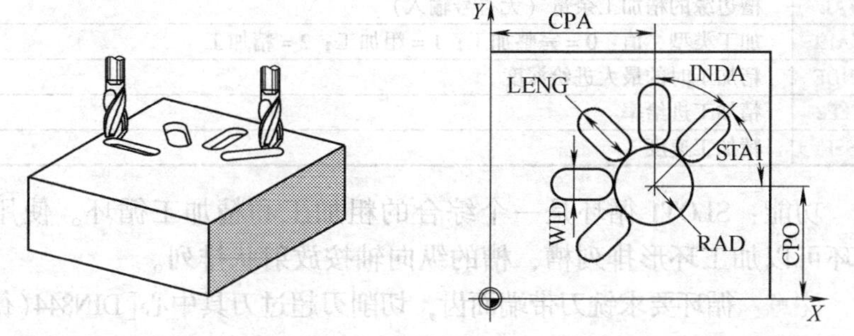

图 5-39　SLOT1 循环

SLOT1（RTP，RFP，SDIS，DP，DPR，NUM，LENG，WID，CPA，CPO，RAD，STA1，INDA，FFD，FFP1，MID，CDIR，FAL，VARI，MIDF，FFP2，SSF），说明见表 5-6。

表 5-6　SLOT1 的参数

RTP	返回平面（绝对值）
RFP	参考平面（绝对值）
SDIS	安全间隙（无符号输入）
DP	槽深（绝对值）
DPR	相对于参考平面的槽深（无符号输入）
NUM	槽的数量
LENG	槽长（无符号输入）
WID	槽宽（无符号输入）
CPA	圆弧中心点（绝对值），平面的第一轴
CPO	圆弧中心点（绝对值），平面的第二轴
RAD	圆弧半径（无符号输入）
STA1	起始角
INDA	增量角
FFD	深度加工进给率
FFP1	端面加工进给率
MID	一次进给最大深度（无符号输入）
CDIR	加工槽的铣削方向 值：2（用于 G02） 3（用于 G03）
FAL	槽边缘的精加工余量（无符号输入）
VARI	加工类型，值：0 = 完整加工；1 = 粗加工；2 = 精加工
MIDF	精加工时的最大进给深度
FFP2	精加工进给率
SSF	精加工速度

功能：SLOT1 循环是一个综合的粗加工和精加工循环。使用此循环可以加工环形排列槽，槽的纵向轴按放射状排列。

注意：循环要求铣刀带端面齿，切削刃超过刀具中心[DIN844(德国标准)]。

（2）铣圆形槽 SLOT2　编程格式（如图 5-40 所示）：

SLOT2（RTP，RFP，SDIS，DP，DPR，NUM，AFSL，WID，CPA，CPO，RAD，STA1，INDA，FFD，FFP1，MID，CDIR，FAL，VARI，MIDF，FFP2，SSF），参数说明见表 5-7。

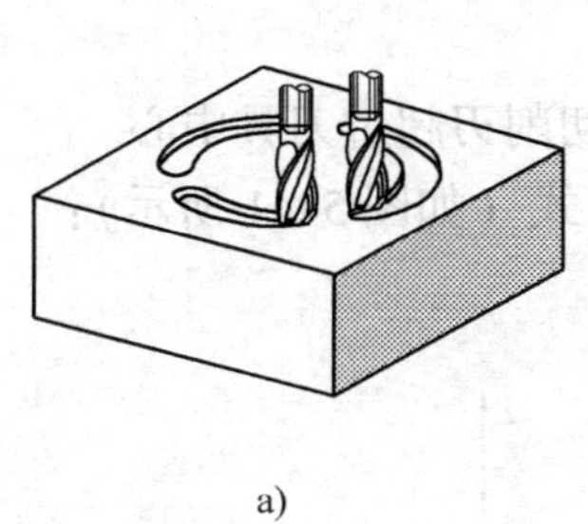

a)

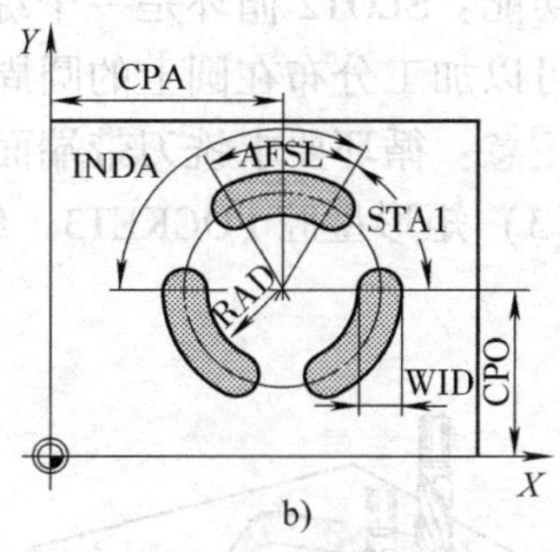

b)

图 5-40　SLOT2 循环

表 5-7　SLOT2 的参数

RTP	返回平面（绝对值）
RFP	参考平面（绝对值）
SDIS	安全间隙（无符号输入）
DP	槽深（绝对值）
DPR	相对于参考平面的槽深（无符号输入）
NUM	槽的数量
AFSL	槽长的角度（无符号输入）
WID	圆周槽宽（无符号输入）
CPA	圆中心点（绝对值），平面的第一轴
CPO	圆中心点（绝对值），平面的第二轴
RAD	圆半径（无符号输入）
STA1	起始角
INDA	增量角
FFD	深度加工进给率
FFP1	端面加工进给率
MID	最大进给深度（无符号输入）
CDIR	加工圆周槽的铣削方向，值：2（用于 G02）；3（用于 G03）
FAL	槽边缘的精加工余量（无符号输入）
VARI	加工类型，值：0 = 完整加工；1 = 粗加工；2 = 精加工
MIDF	精加工时的最大进给深度
FFP2	精加工进给率
SSF	精加工速度

功能：SLOT2 循环是一个综合的粗加工和精加工循环。使用此循环可以加工分布在圆上的圆周槽。

注意：循环要求铣刀带端面齿，切削刃超过刀具中心。

（3）矩形型腔 POCKET3　编程格式（如图 5-41 所示）：

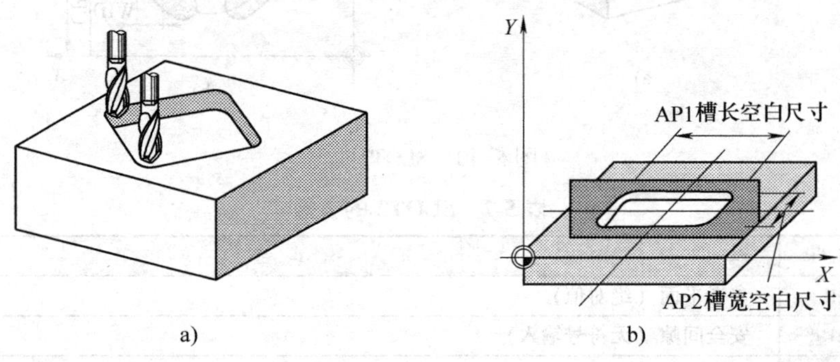

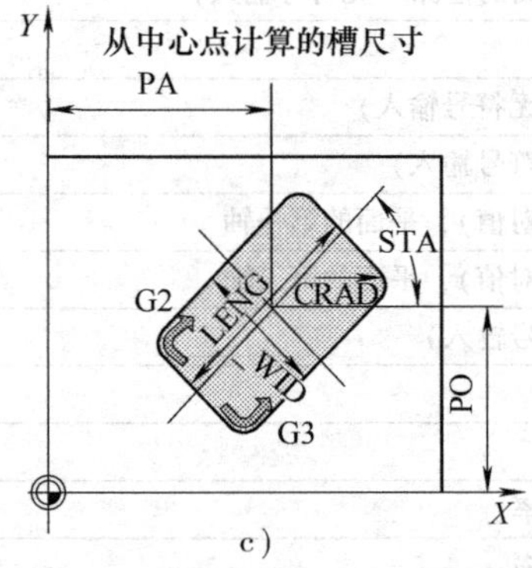

图 5-41　矩形槽 POCKET3 示意图

POCKET3（RTP，RFP，SDIS，DP，LENG，WID，CRAD，PA，PO，STA，MID，FAL，FALD，FFP1，FFD，CDIR，VARI，MIDA，AP1，AP2，AD，RAD1，DP1），参数说明见表 5-8。

表 5-8 POCKET3 的参数

RTP	返回平面（绝对值）
RFP	参考平面（绝对值）
SDIS	安全间隙（无符号输入）
DP	槽深（绝对值）
LENG	槽长，带符号从拐角测量
WID	槽宽，带符号从拐角测量
CRAD	槽拐角半径（无符号输入）
PA	槽参考点（绝对值），平面的第一轴
PO	槽参考点（绝对值），平面的第二轴
STA	槽纵向轴和平面第一轴间的角度（无符号输入）范围值：0°≤STA<180°
MID	最大进给深度（无符号输入）
FAL	槽边缘的精加工余量（无符号输入）
FALD	槽底的精加工余量（无符号输入）
FFP1	端面加工进给率
FFD	深度加工进给率
CDIR	铣削方向（无符号输入），值：0 顺铣（主轴方向）；1 逆铣；2 用于 G02（独立于主轴方向）；3 用于 G03
VARI	加工类型 UNITS DIGIT，值：1 粗加工；2 精加工 TENS DIGIT，值：0 使用 G00 垂直于槽中心；1 使用 G01 垂直于槽中心；2 螺旋状；3 沿槽纵向轴摆动
MIDA	在平面的连续加工中作为数值的最大进给宽度
AP1	槽长的空白尺寸
AP2	槽宽的空白尺寸
AD	距离参考平面的空白槽深尺寸
RAD1	加工时螺旋路径的半径（相当于刀具中心点路径）或者摆动时的最大插入角
DP1	沿螺旋路径加工时每转（360°）的插入深度

其他参数可以作为选项选择。这些参数定义了用于连续加工的插入方式（无符号输入）。

功能：此循环可以用于粗加工和精加工。精加工时，要求使用带端面齿的铣刀。深度进给始终从槽中心点开始并在垂直方向上执行，这样才能在此位置完成铣削。

说明：铣削方向可以通过 G 命令（G02/G03）来定义，或者顺铣或逆铣方向由主轴方向决定。对于连续加工，可以编程在平面中的最大进给宽度。精加工余量始终用于槽底。

（4）圆形型腔 POCKET4

编程格式（如图5-42所示）：

POCKET4 （ RTP， RFP，SDIS， DP， PRAD， PA， PO，MID，FAL，FALD，FFP1，FFD，CDIR， VARI， MIDA， AP1，AD，RAD1，DP1），参数说明见表5-9。

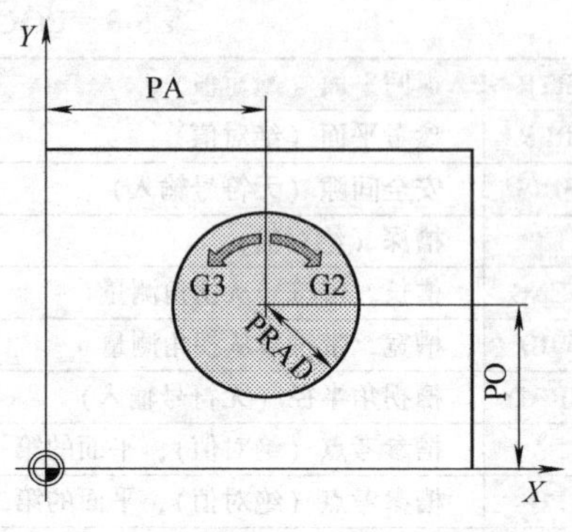

图5-42 圆形槽 POCKET4 示意图

表5-9 POCKET4 的参数

RTP	返回平面（绝对值）
RFP	参考平面（绝对值）
SDIS	安全间隙（加工平面到参考平面之距，无符号输入）
DP	型腔深（绝对值）
PRAD	型腔半径
PA	型腔中心点（绝对值），平面的第一轴
PO	型腔中心点（绝对值），平面的第二轴
MID	最大进给深度（无符号输入）
FAL	型腔边缘的精加工余量（无符号输入）
FALD	型腔底的精加工余量（无符号输入）
FFP1	端面进给的进给率
FFD	深度进给的进给率
CDIR	铣削方向（无符号输入），值：0 顺铣（主轴方向）；1 逆铣；2 用于 G02（独立于主轴方向）；3 用于 G03
VARI	加工类型 UNITS DIGIT，值：1 粗加工；2 精加工 TENS DIGIT，值：0 使用 G00 垂直于槽中心；1 使用 G01 垂直于槽中心；2 沿螺旋状进刀
MIDA	在平面的连续加工中，作为数值的最大进给宽度
AP1	型腔半径的空白尺寸
AD	距离参考平面的空白槽深尺寸
RAD1	插入时螺旋路径的半径（相当于刀具中心点路径）
DP1	沿螺旋路径插入时每转（360°）的插入深度

其他参数可以作为选项选择。这些参数定义了用于连续加工的插入方式和重叠（无符号输入）。

功能：圆形型腔 POCKET4 用于加工在平面中的圆形型腔。精加工时，需使用带端面齿的铣刀。深度进给始终从槽中心点开始并垂直执行，这样可以在此位置适当的进行预钻削。

（5）端面铣削 CYCLE71 编程格式（如图 5-43 所示）：

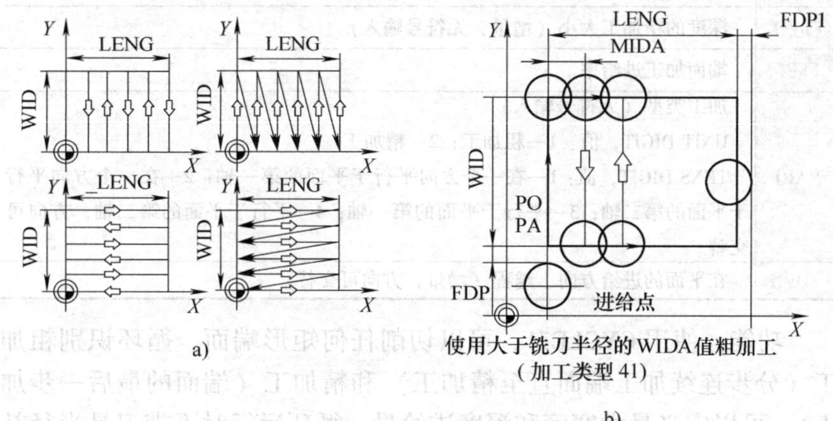

图 5-43 端面铣削 CYCLE71 示意图

CYCLE71（RTP，RFP，SDIS，DP，PA，PO，LENG，WID，STA，MID，MIDA，FDP，FALD，FFP1，VARI，FDP1），参数说明见表 5-10。

表 5-10 CYCLE71 的参数

RTP	返回平面（绝对值）
RFP	参考平面（绝对值）
SDIS	安全间隙（加工平面到参考平面之距，无符号输入）
DP	深度（绝对值）
PA	起始点（绝对值），平面第一轴
PO	起始点（绝对值），平面第二轴
LENG	第一轴上的矩形长度，增量。尺寸的起始角度由符号产生
WID	第二轴上的矩形长度，增量。尺寸的起始角度由符号产生

（续）

STA	纵向轴和平面的第一轴间的角度（无符号输入） 范围值：0°≤STA＜180°
MID	最大进给深度（无符号输入）
MIDA	平面中连续加工时作为数值的最大进给宽度（无符号输入）
FDP	精加工方向上的返回行程（增量，无符号输入）
FALD	深度的精加工大小（增量，无符号输入）
FFP1	端面加工进给率
VARI	加工类型（无符号输入） UNIT DIGIT，值：1—粗加工；2—精加工 TENS DIGIT，值：1—在一个方向平行于平面的第一轴；2—在一个方向平行于平面的第二轴；3—平行于平面的第一轴；4—平行于平面的第二轴，方向可交替
FDP1	在平面的进给方向上越程（增量，方向可交替）

功能：使用CYCLE71，可以切削任何矩形端面。循环识别粗加工（分步连续加工端面直至精加工）和精加工（端面的最后一步加工）。可以定义最大宽度和深度进给量。循环运行时不带刀具半径补偿。深度进给在开口处进行。

（6）轮廓铣CYCLE72　编程格式（如图5-44所示）：

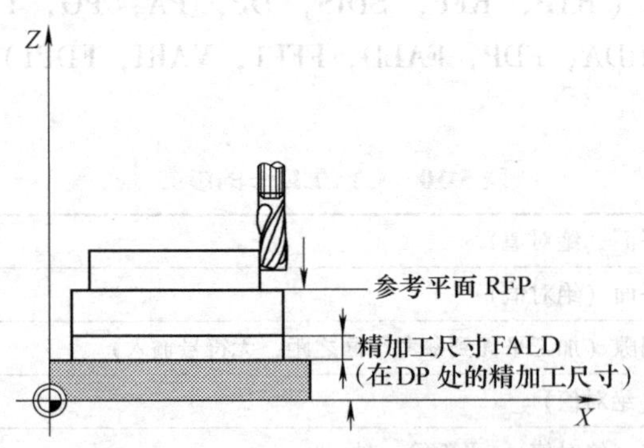

图5-44　轮廓铣CYCLE72示意图

CYCLE72（KNAME，RTP，RFP，SDIS，DP，MID，FAL，FALD，FFP1，FFD，VARI，RL，AS1，LP1，FF3，AS2，LP2）；其

参数说明见表5-11。

表5-11 CYCLE72的参数

KNAME	轮廓子程序名称
RTP	返回平面（绝对值）
RFP	参考平面（绝对值）
SDIS	安全间隙（加工平面到参考平面之距；无符号输入）
DP	深度（绝对值）
MID	最大进给深度（增量，无符号输入）
FAL	边缘轮廓的精加工余量（增量，无符号输入）
FALD	槽底的精加工余量（增量，无符号输入）
FFD	深度进给率（无符号输入）
VARI	加工类型（无符号输入） UNIT DIGIT，值：1—粗加工；2—精加工 TENS DIGIT，值：0—使用G00的中间路径；1—使用G01的中间路径 HUNDREDS DIGIT，值：0—在轮廓末端返回RTP；1—在轮廓末端返回RFP + SDIS；2—在轮廓末端返回SDIS；3—在轮廓末端不返回
RL	沿轮廓中心，向右或向左进给（使用G40，G41或G42；无符号输入），值：40—G40（接近和返回——只有一条线）；41—G41；42—G42
AS1	接近方向/接近路径的定义：（无符号输入） units digit，值：1—直线切线；2—四分之一圆；3—半圆 tens digit，值：0—接近平面中的轮廓；1—接近沿空间路径的轮廓
LP1	接近路径的长度（使用直线）或接近圆弧的半径（使用圆）（无符号输入）
FF3	返回进给率和平面中中间位置的进给率（在开口处）
AS2	返回方向/返回路径的定义：（无符号输入） units digit，值：1—直线切线；2—四分之一圆；3—半圆 tens digit， 值：0—从平面中的轮廓返回；1—沿空间路径的轮廓返回
LP2	返回路径的长度（使用直线）或返回圆弧的半径（使用圆）（无符号输入）

功能：使用CYCLE72可以铣削定义在子程序中的任何轮廓。循环运行时可以有或没有刀具半径补偿。不要求轮廓一定是封闭的，通过刀具半径补偿的位置（轮廓中央、左或右）来定义内部或外部加工。轮廓的编程方向必须是它的加工方向而且必须包含至少两个轮廓程序块（起始点和终点），因此，轮廓子程序直接在循环内部调用。

（7）螺纹铣削 CYCLE90　编程格式（图 5-45）：

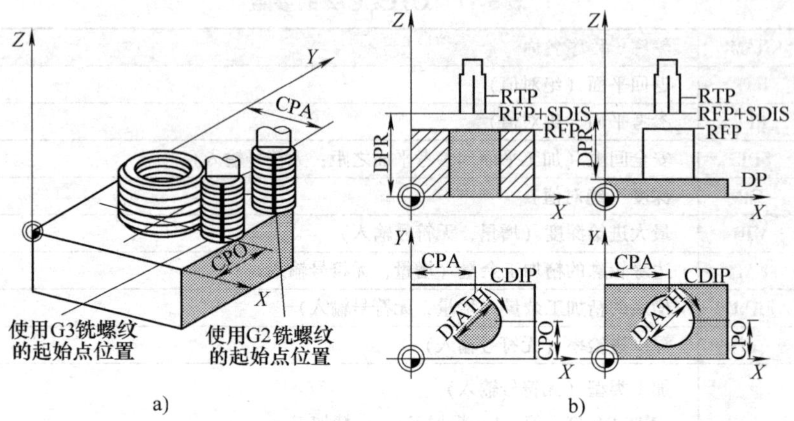

图 5-45　螺纹铣削 CYCLE90 示意图

CYCLE90（RTP，RFP，SDIS，DP，DPR，DIATH，KDIAM，PIT，FFR，CDIR，TYPTH，CPA，CPO），参数说明见表 5-12。

表 5-12　CYCLE90 的参数

参数	说明
RTP	返回平面（绝对值）
RFP	参考平面（绝对值）
SDIS	安全间隙（无符号输入）
DP	最后钻孔深度（绝对值）
DPR	相当于参考平面的最后钻孔深度（无符号输入）
DIATH	额定直径，螺纹外直径
KDIAM	中心直径，螺纹内直径
PIT	螺纹螺距，范围值：0.001～2000.000mm
FFR	螺纹铣削进给率（无符号输入）
CDIR	螺纹铣削时的旋转方向，值：2（使用 G02 铣削螺纹）；3（使用 G03 铣削螺纹）
TYPTH	螺纹类型，值：0＝内螺纹；1＝外螺纹
CPA	圆心，平面的第一轴（绝对值）
CPO	圆心，平面的第二轴（绝对值）

功能：使用CYCLE90，可以加工内螺纹或外螺纹。铣削螺纹的路径需要螺旋插补。加工时，需要使用循环调用前定义的当前平面中的三个几何轴。

总之，对于固定循环指令的使用或编程，最简便的方法是通过操作面板，在系统程序管理窗口下，按循环键，显示系统所有循环指令。在编辑时调用所要求的循环指令，输入参数即可。

第三节 子程序与螺旋线加工类指令介绍

一、子程序

某些被加工的零件中，常常会出现几何形状完全相同的加工轨迹，如图5-46所示。在程序编程中，将有固定顺序和重复模式的程序段作为子程序存放，可使程序简单化。主程序执行过程中如果需要某一个子程序，可以通过一定格式的子程序调用指令来调用该子程序，执行完后返回到主程序，继续执行后面的程序段。

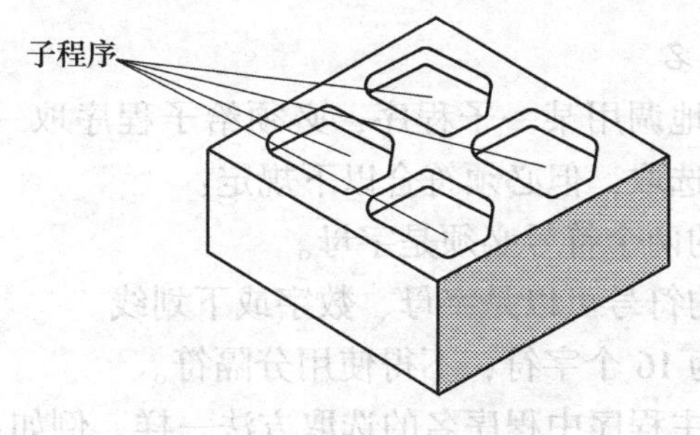

图5-46 完全相同的加工轨迹

原则上讲主程序和子程序之间并没有区别。用子程序可编写经常重复进行的加工，比如，某一确定的轮廓形状。子程序位于主程序中适当的位置，在需要时进行调用、运行，可简化程序编制。

1. 子程序的结构

子程序的结构与主程序的结构一样，子程序也是在最后一个程序段中用M17结束子程序运行，子程序结束后返回主程序。

子程序结束除了用 M17 指令外，还可以用 RET 指令。RET 要求占用一个单独的程序段，不能和其他内容写在同一行。用 RET 指令结束子程序，返回主程序时不会中断 G64 连续路径运行方式，用 M17 指令则会中断 G64 运行方式，并进入停止状态。如图 5-47 所示是两次调用子程序的示意图。

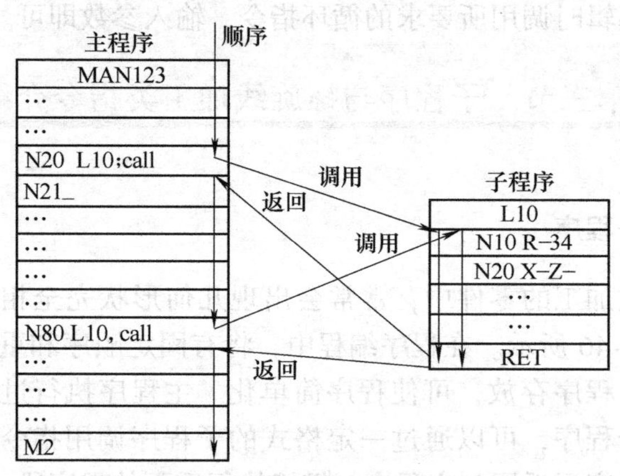

图 5-47　两次调用子程序的示意图

2. 子程序名

为了方便地调用某一子程序，必须给子程序取一个程序名。程序名可以自由选取，但必须符合以下规定：

1）开始的两个符号必须是字母。

2）其后的符号可以是字母、数字或下划线。

3）最多为 16 个字符，不得使用分隔符。

其方法与主程序中程序名的选取方法一样。例如：FRAME6。另外，在子程序中还可以使用地址字 L __，其中的值，可以有 7 位（只能为整数）。

注意：地址字 L 之后的每个零均有意义，不可省略。例如，L169 并非 L0169 或 L00169。以上表示 3 个不同的子程序。

说明：子程序名 L6 专门用于刀具更换。

3. 子程序调用

在一个程序中（主程序或子程序）可以直接用程序名调用子程

序。子程序调用要求占用一个独立的程序段。

例如：

N10 L789；　　　　　　　调用子程序 L789

N20 LFAME6　　　　　　　调用子程序 LFAME6

4. 程序重复调用次数 P —

如果要求多次连续地执行某一子程序，则在编程时必须在所调用子程序的程序名后地址 P 下写入调用次数，最大次数可以为 9999，即 P1～P9999。

例如：

N10 L789 P3　　　　　　　调用子程序 L789，运行 3 次

5. 嵌套深度

子程序不仅可以从主程序中调用，也可以从其他子程序中调用，这个过程称为子程序的嵌套。有的系统子程序的嵌套深度可以为 8 层，也就是 8 级程序界面（包括主程序界面），见图 5-48。SIEMENS 802D 系统要求最多 4 级程序。

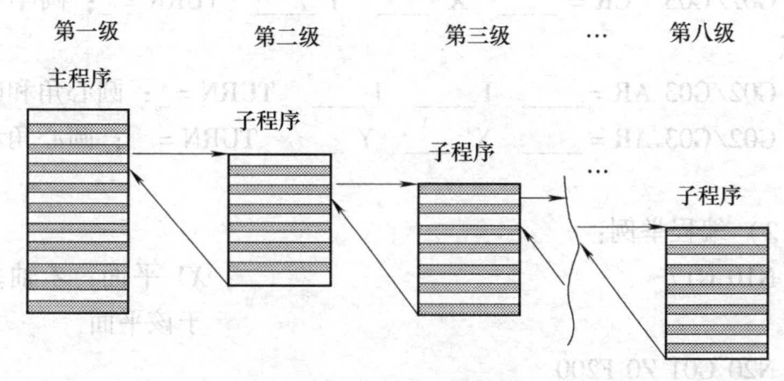

图 5-48　子程序的嵌套

说明：在子程序中可以改变模态有效的 G 功能，比如 G90 到 G91 的变换。在返回调用程序时，请注意检查一下所有模态有效的功能指令，并按照要求进行调整。

对于 R 参数也需同样注意，不要无意识地用上级程序界面中所使用的计算参数来修改下级程序界面的计算参数。

二、螺旋线加工类指令

1. 螺旋插补

螺旋插补由两种运动组成：在 G17、G18 或 G19 平面中进行的圆弧运动加垂直于该平面的直线运动。用指令 TURN = _编制整圆循环螺线，附加到圆弧编程中，即可加工螺旋线。

螺旋插补可以用于铣削螺纹，或者用于加工液压缸的润滑油槽，如图 5-49 所示。

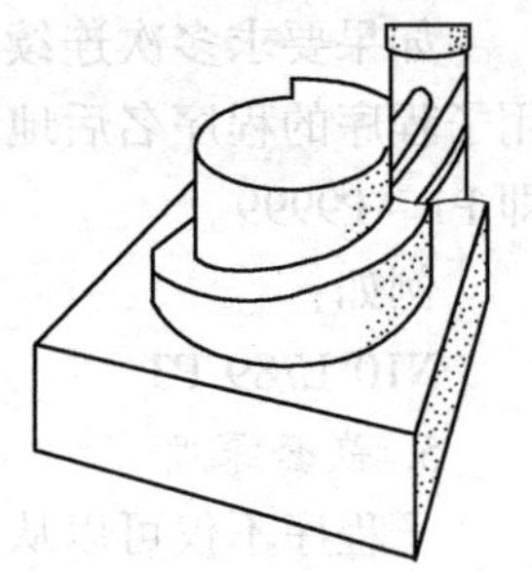

图 5-49 螺旋插补

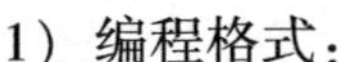

1）编程格式：

G02/G03 X____ Y____ I____ J____ TURN = _；圆心和终点，"TURN = _"后的数据为螺旋线导程

G02/G03 CR = ____ X____ Y____ TURN = _；圆半径和终点

G02/G03 AR = ____ I____ J____ TURN = _；圆心角和圆心

G02/G03 AR = ____ X____ Y____ TURN = _；圆心角和终点

2）编程举例：

```
N10 G17                                   ；XY 平面，Z 轴垂直于该平面
N20 G01 Z0 F200
N30 G01 X0 Y50 F80                        ；回起始点
N40 G03 X0 Y0 Z-33 I0 J-25 TURN=3         ；螺旋线导程为 3mm
```

2. 等螺距螺纹切削或攻螺纹

该功能要求主轴有位置测量系统。使用 G33 可以用来加工带等螺距的螺纹，如果刀具合适，则可以使用浮动夹头攻螺纹，在这种情况下，浮动夹具可补偿一定范围内出现的位移差值，如图 5-50 所示。

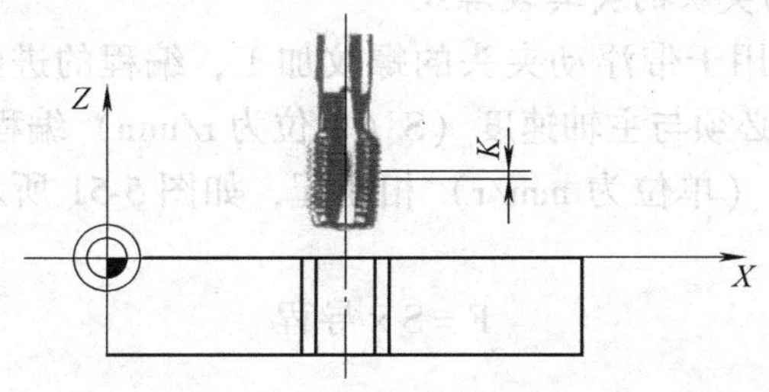

图 5-50 用 G33 攻螺纹

钻削深度由坐标系指令 X、Y 或 Z 定义，螺距由相应的指令 I、J 或 K 取值决定。

G33 一直保持有效，直到被同组其他指令（G00，G01，G02，G03…）取代为止。

1）RH 或 LH 螺纹（右旋或左旋螺纹）。RH 或 LH 螺纹由主轴的旋转方向确定：M03：顺时针旋转；M04：逆时针旋转。要求在地址 S 下编制速度值，或者设定一个转速。

说明：标准循环（CYCLE840）提供一个完整的带补偿夹具的攻螺纹循环，可选用。

2）编程举例：米制螺纹的公称直径为 5mm，查螺距表为 0.8mm/r，螺纹底孔已钻好。

```
N10 G54 G00 G90 X10 Y10 Z5 S200 M03   ；回起始点，主轴顺时针旋转
N20 G33 Z-25 K0.8                     ；攻螺纹，终点 -25mm
N40 Z5 K0.8 M4                        ；退出，主轴逆时针旋转
N50 G00 X_ Y_ Z_
```

3）坐标轴速度：用 G33 编程攻螺纹，加工螺纹的坐标轴速度由主轴速度和螺距决定。不能超越快速参数设定值，此时进给率 F 不起作用。但是，该进给率仍保持存储状态。

注意：在加工螺纹期间主轴速度倍率开关不得改变，在此程序段中进给倍率开关也不起作用。

3. 带浮动夹头的夹具攻螺纹

G63 指令用于带浮动夹头的螺纹加工，编程的进给率 F（单位为 mm/min）必须与主轴速度（S（单位为 r/min）编程或速度设定）和螺距或导程（单位为 mm/r）相匹配，如图 5-51 所示，其计算公式如下

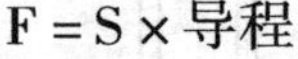

$$F = S \times \text{导程}$$

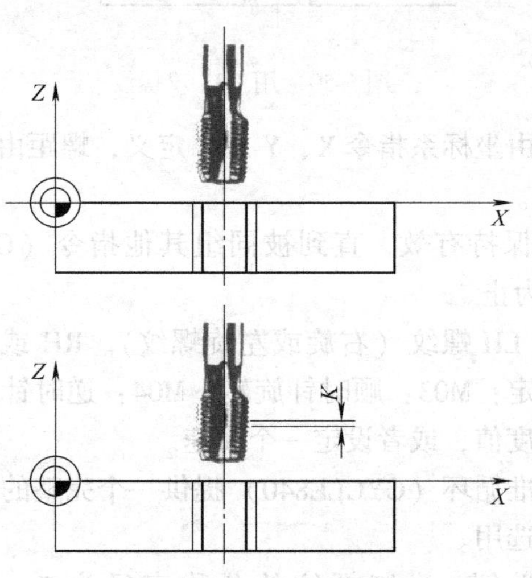

图 5-51　用 G63 攻螺纹

浮动夹头补偿夹具：补偿一定范围之内所出现的位移差值。也用 G63 指令退出攻螺纹，但主轴旋转方向相反。M03、M04 相互转换。

G63 指令程序段方式有效，在 G63 之后的程序段中，以前的插补 G 指令（G00，G01，G02…）再次生效。

RH 或 LH 螺纹：由主轴的旋转方向确定。

说明：标准循环 CYCLE840 提供一个完整的带补偿夹具的攻螺纹循环（参见第二节），有浮动夹头时，尽量选用 CYCLE840。

编程举例：米制螺纹的公称直径为 10mm，查螺距表为 1.5mm/r，螺纹底孔已钻好。

N10 G54 G00 G90 X10 Y10 Z5 S300 M03　；回起始点，主轴顺时针旋转

N20 G63 Z－25 F450　　　；攻螺纹，终点－25mm
N40 G63 Z5 M04　　　　；后退，主轴逆时针旋转
N50 G00 X ____ Y ____ Z ____

4. 螺纹插补

G331、G332 指令要求主轴必须是位置控制的主轴，且具有位置测量系统。如果主轴和坐标轴的动态性能许可，可以用 G331 和 G332 进行不带补偿夹具的螺纹切削。使用 G331 和 G332 指令和补偿夹具，则补偿夹具产生的位移量会减少，从而可以进行高速攻螺纹，如图 5-52 所示。

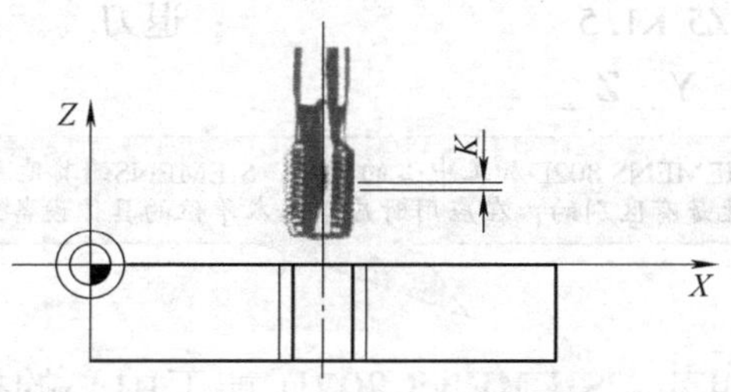

图 5-52　用 G331、G332 攻螺纹

用 G331 加工螺纹，用 G332 退刀。攻螺纹深度由一个轴指令 X，Y 或 Z 定义；螺距则由相应的 I、J 或 K 指令定义。在 G332 中编程的螺距与在 G331 中编程的螺距一样，主轴自动反向。主轴转速用 S 编程，不带 M03/M04。

在攻螺纹之前，必须用 SPOS＝__指令使主轴处于位置控制运行状态。

1）右旋螺纹或左旋螺纹　螺纹的旋向由螺距 I、J、K 后的正负号来确定，并且决定主轴的转向。即正值表示右旋螺纹，在加工过程中，主轴正转；反之，负值表示左旋螺纹，主轴反转。即：正—右旋（同 M03）；　　　反—左旋（同 M04）

说明：LCYC84 标准循环提供了一个完整的带螺纹插补的攻螺纹循环，可选用。

2）坐标轴速度　G331/G332 中，在加工螺纹时坐标轴速度由主轴转速和螺距确定，而与进给率 F 没有关系，进给率 F 处于存储状态。此时，坐标轴速度不能超过机床数据中规定的最大轴速度（快速移动速度），否则会产生警报。

3）编程举例：米制螺纹的公称直径为 10mm，螺距 1.5mm/r，孔已经钻好。

```
N5 G54 G00 G90 X10 Y10 Z5        ；回起始点
N10 SPOS=0                       ；主轴位于位置控制状态
N20 G331 Z-25 K1.5 S300          ；攻螺纹，K为正，表示主
                                   轴右旋（正转），终点
                                   -25mm
N40 G332 Z5 K1.5                 ；退刀
N50 G0 X _ Y _ Z _
```

本节介绍的是SIEMENS 802D加工中心的操作，SIEMENS的其他系统（如：SIEMENS 802S）与此是有区别的，在应用时应根据本单位的具体设备选用不同的机床。

第四节　SIEMENS 802D 加工中心的操作

一、加工中心的控制面板

数控机床提供的各种功能通过控制面板来实现。控制面板一般分为数控系统操作面板和外部机床控制面机，图 5-53 和图 5-54 为 SIEMENS 802D 系统操作面板和外部机床控制面板，表 5-13 为 SIE-

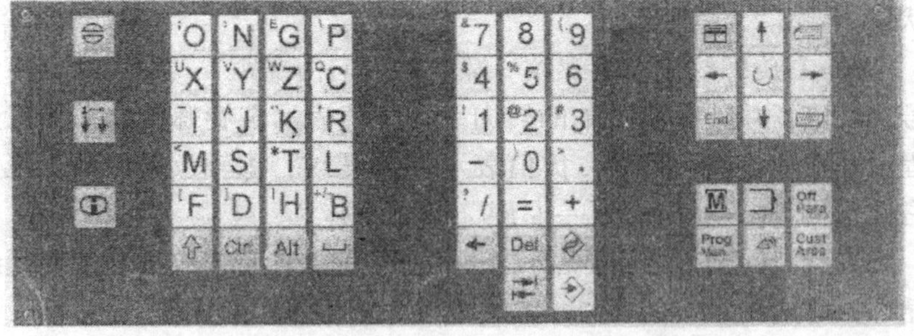

图 5-53　SIEMENS 802D 系统操作面板

MENS 802D 面板介绍。

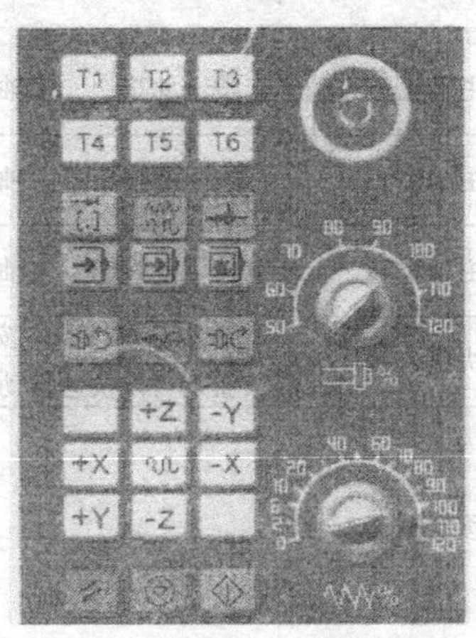

图 5-54　机床外部控制面板

表 5-13　SIEMENS 802D 面板介绍

按　钮	名　称	功能简介
	紧急停止	按下急停按钮，使机床移动立即停止，并且所有的输出如主轴的转动等都会关闭
	点动（增量）距离选择按钮	在单步或手轮方式下，用于选择移动距离
	手动方式	手动方式，连续移动
	回零（参考点）方式	机床回零；机床必须首先执行回零操作，然后才可以运行
	自动方式	进入自动加工模式
	单段	当此按钮被按下时，运行程序时每次执行一条数控指令
	手动数据输入（MDA）	单程序段执行模式

（续）

按　钮	名　称	功 能 简 介
	主轴正转	按下此按钮，主轴开始正转
	主轴停止	按下此按钮，主轴停止转动
	主轴反转	按下此按钮，主轴开始反转
	快速按钮	在手动方式下，按下此按钮后，再按下移动按钮则可以快速移动机床
+Z -Z +Y -Y +X -X	移动按钮	
	复位	按下此键，复位 CNC 系统，包括取消报警、主轴故障复位、中途退出自动操作循环和输入、输出过程等
	循环保持	程序运行暂停，在程序运行过程中，按下此按钮运行暂停。按 恢复运行
	运行开始（数控启动）	程序运行开始
	主轴倍率修调	
	进给倍率修调	调节数控程序自动运行时的进给速度倍率，调节范围为 0～120%。
红灯	刀具松开	
绿灯	刀具夹紧	

（续）

按　钮	名　称	功能简介
	报警应答键	
	通道转换键	
	信息键	
	上档键	对键上的两种功能进行转换。用了上档键，当按下字符键时，该键上行的字符（除了光标键）就被输出
	空格键	
	删除键（退格键）	自右向左删除字符
	删除键	自左向右删除字符
	取消键	

二、程序的编辑

1. 程序的输入

1）按 OFFSET PARAM 键，使屏幕下方显示：

加工	参数	程序	通信	诊断

2）按 程序 键，屏幕下方显示：

程序	循环		选择	打开

3）按菜单扩展键[>]，屏幕下方显示：

新程序	复制	删除	改名	内存信息

4）按[新程序]键，屏幕显示如图 5-55 所示。

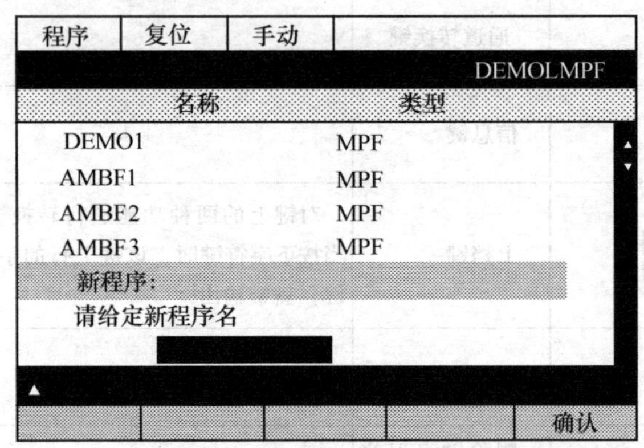

图 5-55　新程序输入屏幕格式

在此输入新的主程序或子程序名：主程序扩展名 . MPF 不必输入，为系统默认值；而子程序扩展名 . SPF 必须与程序名一起输入，再按[确认]键，屏幕显示如图 5-56 所示，这时可以对新程序进行编

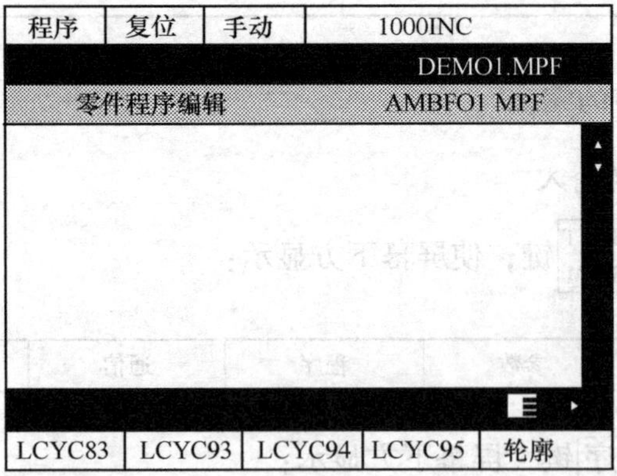

程序　复位　手动　1000INC

DEMO1.MPF

零件程序编辑　AMBFO1 MPF

LCYC83　LCYC93　LCYC94　LCYC95　轮廓

图 5-56　新程序窗口

辑。按[中断]键，中断正在编辑的程序，并关闭程序管理窗口。

2. 程序的编辑和修改

1）按区域转换键，使屏幕下方显示：

加工	参数	程序	通信	诊断

2）按[程序]键，屏幕下方显示：

程序	循环		选择	打开

3）按[程序]键，屏幕显示如图 5-57 所示。

程序	复位	手动	1000INC
			DEMO1.MPF
名称	类型		
DEMO1	MPF		
AMBF1	MPF		
AMBF2	MPF		
AMBF3	MPF		
WXZG1	MPF		
WXZG2	MPF		

程序	循环		选择	打开
新程序	拷贝	删除	改名	内存信息

图 5-57　程序目录窗口

按光标向上键或光标向下键，向上或向下移动光标，使光标移至需要编辑的程序（例如：DEM01），再按[打开]键，该程序即被打开，屏幕显示如图 5-58 所示。

这时，可以对该程序进行编辑和修改，编辑修改后用[关闭]键关闭该窗口，系统会自动存储刚才所有的操作。可以用[选择]键选择编辑的程序，按数控启动键启动该程序。

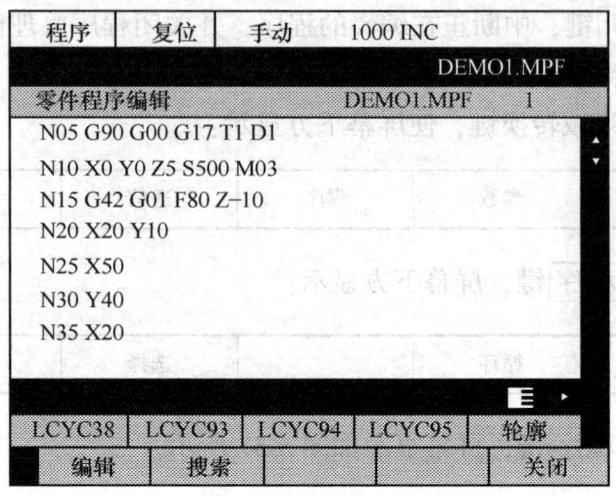

图 5-58　编辑窗口

三、参数的设置

1. 刀具补偿

（1）刀具补偿值的确定　对于钻削和铣削加工而言，刀具数据的内容包含：刀具在 Z 轴方向的伸出长度和刀具的直径或半径。这些数据测得以后，输入数控系统的刀具数据库（TOOL DATA）中，并在刀具号后面加上刀具的补偿号，在编程调用刀具时，数控系统就会自动补偿 Z 轴方向和刀具半径方向的距离。

刀具数据可用多种方法获得，只要设法测出刀具伸出的长度和刀具直径即可。下面介绍两种方法：

1）直接对刀法（图 5-59）。刀具的直径可以用千分尺直接测量，伸出长度则可以用刀具直接对刀法求出。直接对刀法是在手动方式下进行的。先使刀具中速旋转，再移动工作台使刀具与工件表面接触，然后用下式计算出刀具伸出长度的尺寸：

$$Z_{刀1} = Z_1 - Z_{夹} - Z_{工}$$

$$Z_{刀n} = Z_n - Z_{夹} - Z_{工}$$

式中　$Z_{刀1}$——第 1 把刀的长度尺寸（mm）；

$Z_{刀n}$——第 n 把刀的长度尺寸（mm）；

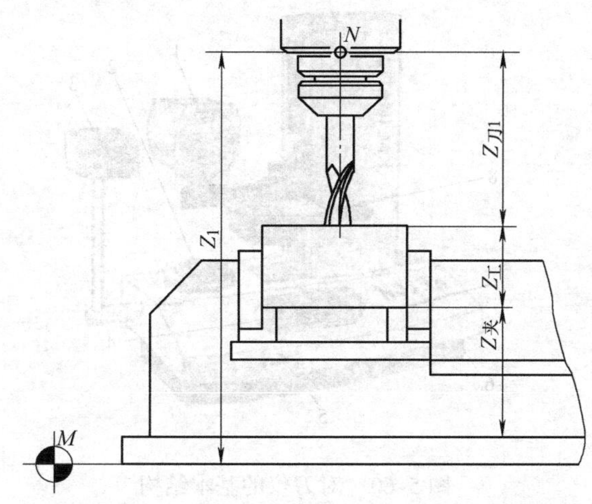

图 5-59 直接对刀法

$Z_1 \sim Z_n$——第 1 把刀至第 n 把刀接触工件表面时，屏幕显示 Z 轴尺寸（mm）；

$Z_夹$——夹具定位面至机床工作台面尺寸（可以用高度游标卡尺测得）（mm）；

$Z_工$——工件高度尺寸（可以用千分尺直接测量）（mm）。

直接对刀法的优点是操作简便，不需配置对刀仪器等辅助设备；缺点是可能会损伤工件表面。避免损伤的方法有：在待加工表面上对刀；在工件和刀具端面之间垫一片薄纸，以免直接接触。

2）对刀仪测量法。对刀仪的外形结构如图 5-60 所示，结构原理如图 5-61 所示。图 5-60 中，对刀仪平台 7 上装有刀柄夹持轴 2，用于安装被测刀具，如图 5-62 所示钻削刀具。通过快速移动单键按钮 4 和微调旋钮 5 或 6，可调整刀柄夹持轴 2 在对刀仪平台 7 上的位置。当光源发射器 8 发光，将刀具切削刃放大投影到显示屏幕 1 上时，即可测得刀具在 X（径向尺寸）和 Z（刀柄基准面到刀尖的长度尺寸）方向的尺寸。

钻削刀具的对刀操作过程（图 5-60）如下：

1）将被测刀具与刀柄联接安装为一体。

2）将刀柄插入对刀仪上的刀柄夹持轴 2，并紧固。

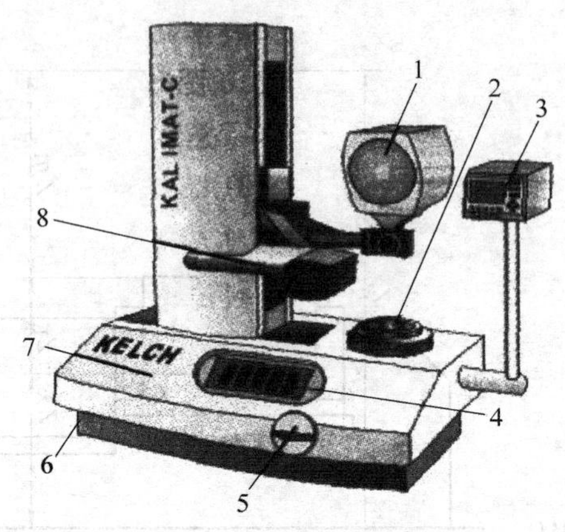

图 5-60　对刀仪的基本结构

1—显示屏幕　2—刀柄夹持轴　3—仪表　4—单键按钮

5、6—微调旋钮　7—刀仪平台　8—光源发射器

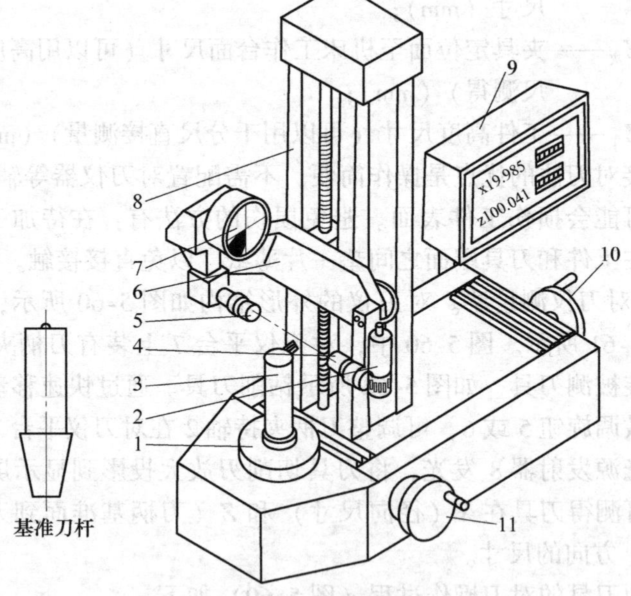

图 5-61　光学数显对刀仪

1—转盘　2—光源　3—被测刀具　4、5—透镜

6—测量架　7—投影屏幕　8—立柱　9—数显装置　10、11—手轮

3）打开光源发射器8，观察切削刃在显示屏幕1上的投影。

4）通过快速移动单键按钮4和微调旋钮5或6，可调整切削刃在显示屏幕1上的投影位置，使刀具的刀尖对准显示屏幕1上的十字线中心，如图5-63所示。

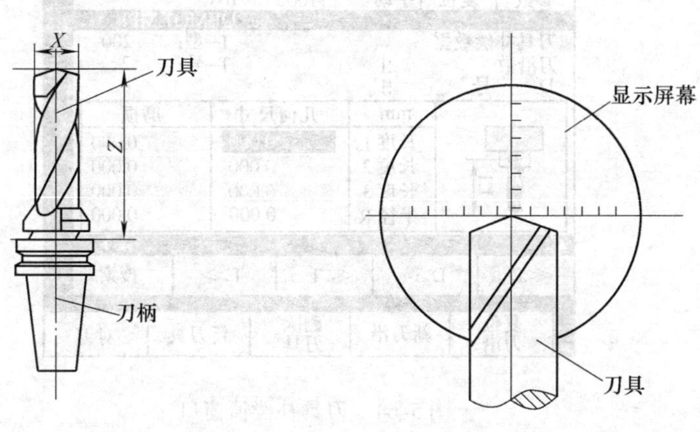

图5-62　钻削刀具　　图5-63　对刀

5）测得X为20，即刀具直径为ϕ20mm，该尺寸可用作刀具半径补偿。

6）测得Z为180.002，即刀具长度尺寸为180.002mm，该尺寸可用作刀具长度补偿。

7）将测得的尺寸输入加工中心的刀具补偿页面。

8）将被测刀具从对刀仪上取下后，即可装上加工中心使用。

（2）刀具补偿值的输入

1）按 OFFSET PARAM 键，使屏幕下方显示：

加工	参数	程序	通信	诊断

2）按下 参数 键，屏幕下方显示：

R参数	刀具补偿	设定数据	零点偏移	

3）按下[刀具补偿]键，屏幕显示如图5-64所示。移动光标到“长度1”行，输入刀具长度L1，移动光标到“半径R”行，输入刀具半径值，按输入键确认。

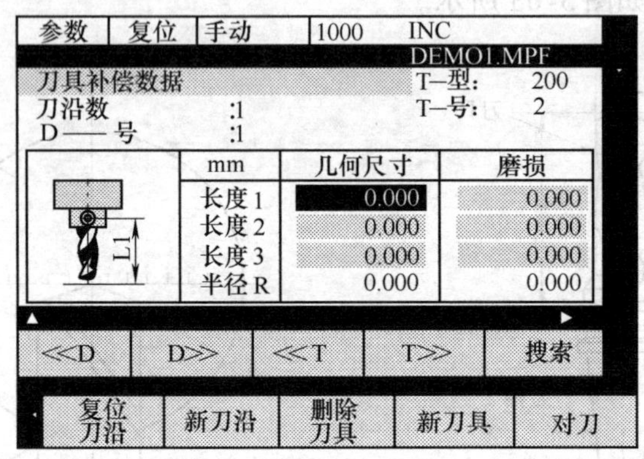

图5-64 刀具补偿值窗口

2. 零点偏置值

在回机床参考点后，实际值存储器以及显示的机床坐标值均以机床零点为基准，而工件的加工程序则以编程零点（也叫工件零点）为基准，工件零点相对于机床零点的偏移量称为零点偏置值。

（1）确定/计算零点偏置值

1）顶尖测量法。将顶尖装入机床主轴孔内，开动机床并使主轴中速旋转，再用手动操作方式移动机床工作台（或主轴箱），使顶尖逐渐靠近工件零点，逐步对准。这时显示器上X、Y方向的坐标值就是相对于机床原点的尺寸数值。分别记录下这两个数值，就得到了工件零点X、Y方向的偏置量。工件Z轴尺寸可根据刀具长度尺寸用高度游标卡尺直接测量。

2）浮动测量工具法（见图5-65）。常用的浮动测量工具为寻边器，把浮动测量工具装夹在弹簧夹头中，开动机床并使主轴中速旋转，同样，手动操作使浮动测量工具头部逐渐趋近并接触工件的左侧面。当观察到浮动测量工具的浮动轴与固定轴同轴旋转时，铣床主轴轴线与工件表面X轴的相对位置就已经确定。这时通过显示器

记录下 X 轴坐标值。但需注意实际工件零点 X 轴偏置量须加上测量头的半径，即

$$X_{实际} = X + \frac{d}{2}$$

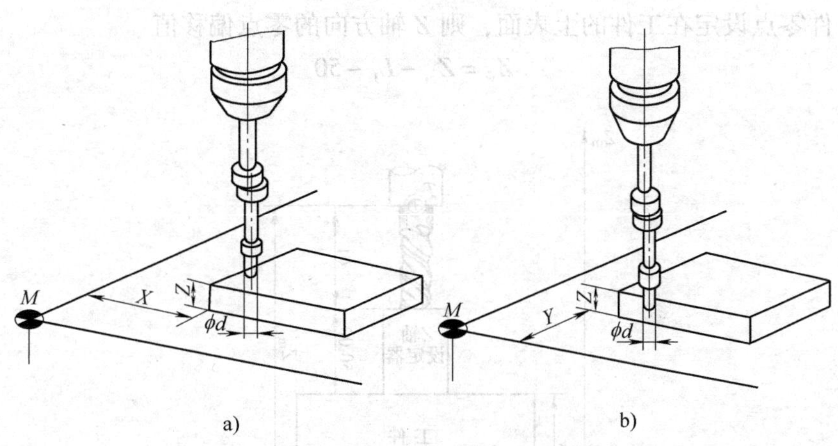

图 5-65　浮动测量工具的使用方法

a）X 轴的偏置尺寸　b）Y 轴的偏置尺寸

然后，用相同的方法测出 Y 轴的尺寸，同样也必须根据显示器记录的数值，加上测量头半径来确定工件零点 Y 轴的偏置量。工件 Z 轴的偏置尺寸可以用高度游标卡尺直接测得。

例如：寻边器的直径为 10.00mm，Z 轴设定器高度为 50.00mm。X、Y 轴方向零点偏置的计算如图 5-66 所示。

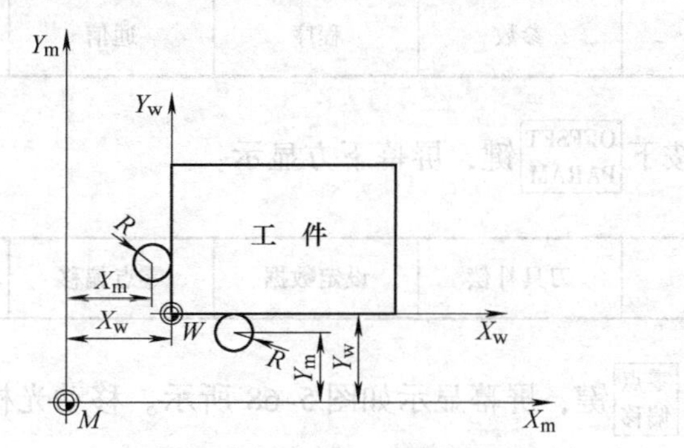

图 5-66　X、Y 轴方向零点偏置值的计算

假定工件零点 W 设定在工件的左下角，则

X 轴方向的零点偏移值 $X_w = X_m + R$

Y 轴方向的零点偏移值 $Y_w = Y_m + R$

Z 轴方向零点偏置值的计算如图 5-67 所示。假定 Z 轴方向的工件零点设定在工件的上表面，则 Z 轴方向的零点偏移值

$$Z_w = Z_m - L_1 - 50$$

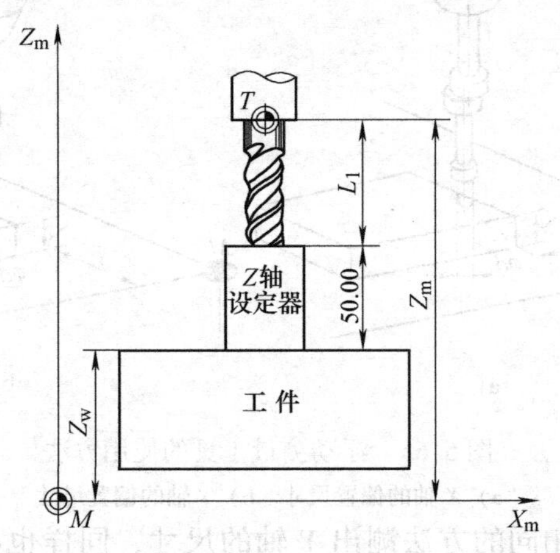

图 5-67　Z 轴方向零点偏置值的计算

（2）输入零点偏置值

1）按区域转换键，使屏幕下方显示：

加工	参数	程序	通信	诊断

2）按下 OFFSET PARAM 键，屏幕下方显示：

R 参数	刀具补偿	设定数据	零点偏移	

按下 零点偏移 键，屏幕显示如图 5-68 所示。移动光标，输入修改数值，按输入键确认。按向下翻页键，屏幕上显示下一页零点偏置窗

口：G56 和 G57。按“返回键”返回上一级菜单。

参数	复位	手动	1000 INC
			DEMO1.MPF
可设置零点偏移			
轴	G54 零点偏移	G55 零点偏移	
X	0.000	0.000	mm
Y	0.000	0.000	mm
Z	0.000	0.000	mm
▲滚动按：⇧ +F3 ▼ F3 ▲			

	测量		可编程零点	零点总和

图 5-68　零点偏移窗口

四、加工中心的加工操作

1. 加工中心的刀具装夹

（1）主轴准停　主轴准停功能又称为主轴定位功能（Spindle Spcecified Position Stop），即当主轴停止时控制其停于固定位置，这是自动换刀所必需的功能。在自动换刀的镗铣加工中心上，切削的力矩常是通过刀杆的端面键来传递的，这就要求主轴具有准确定位于圆周上特定角度的功能，同时，加工中心中的机械手的取刀和向刀库中放刀，也需要准停。准停的操作步骤如下：

1）按键，首先将屏幕切换到“MDA”状态。

2）按 // 键。

3）按“删除 MDA 程序”软键。

4）输入 M03 S××（S××为主轴转速）：

M05

SPOS = R299

5）按 INPUT 键确认。

6）按 键启动。主轴旋转少许，准停到位。

（2）刀具装夹　在加工中心的操作中，不允许随意用手在刀库或机械手上上、下刀具，以免损坏刀库或机械手的卡爪。为此，本系统设置了单独放刀和单独取刀的操作功能，以便于在加工操作中的使用。向刀库中装入刀具操作步骤如下：

1）按 键，首先将系统切换到手动状态。旋转机床主轴使其准停。

2）把刀柄送入主轴锥孔中，按机床控制面板上绿灯键，可自动把刀具“夹紧”在主轴上。

3）按 键，将机床三轴（X、Y、Z）回零点。

4）按 键，将屏幕切换到“MDA”状态。

5）按 键。

6）按“删除 MDA 程序”软键，输入：BACK1（或 2、3、4、5、6 等刀具号）。按 INPUT 键确认。

7）按 键，机床自动把主轴上的刀具放入刀库 1（或 2、3、4、5、6 等）号位置上。

从刀库中取出刀具操作步骤如下：

1）按 键，将机床三轴（X、Y、Z）回零点。

2）按 键，将屏幕切换到“MDA”状态。

3）按 键。

4）按“删除 MDA 程序”软键。输入：TAKE1（或 2、3、4、5、6 等刀具号）。按 INPUT 键确认。

5）按 键，机床自动将刀库 1（或 2、3、4、5、6 等）号位置上的刀具装入主轴上。

6）按[JOG]键，首先将系统切换到手动状态。

用手扶持刀柄（以免自由掉落损坏刀具或机床工作台面），按机床控制面板上[红灯]键，即可实现“松开”主轴上的刀具。

2. 手动控制

手动控制方式有 JOG 方式和 MDA 两种方式。

(1) 手动控制 JOG 方式

1）开机后，按机床控制面板上的[JOG]键，选择 JOG 运行方式，在屏幕上出现 JOG 状态界面，在此状态下可以完成主轴和工作台位置的调整。

2）按[+Z]…[−Z]键可以使坐轴向 X、Y 或 Z 方向运动。在按方向键的同时按[快速]键可实现坐标轴的快速运动。需要时，可以使用“调修”开关调节坐标轴移动的速度。

3）按[增量]键选择步进增量方式运行，再按一次“点动”键就可以去除步进增量。

4）在 JOG 下按“G 功能”、“辅助功能”“设置”等相对应的软键可以完成相应的操作。

(2) 手动控制 MDA 方式　在 MDA 运行方式下可以编制一个零件程序段并加以运行。操作步骤如下：

1）按机床控制面板上的[MDA]键，可以选择 MDA 运行方式，按[复位]一次复位键和删除 MDA 程序软键，再输入各种不同的程序，便可实现各种功能操作。

2）在 MDA 状态下，西门子系统提供了一个特殊的功能“端面铣削”，利用此功能只要输入相关参数，就会自动产生一个零件程序，很方便地为其后的加工准备好毛坯。操作步骤：

① 在 MDA 状态下按[端面加工]键，出现端面切削界面。

② 根据菜单上功能软键[ ]……[ ]，选择不同的切削方法，

输入相关的参数后按机床控制面板上的[◇]键，即可执行毛坯端面铣削加工。

3. 图形模拟

在自动加工前，为避免程序错误引起刀具碰撞工件或工作台，或者在加工中心换刀时因换刀点设置不当而发生事故，可进行图形模拟加工，对整个加工过程进行图形模拟显示，从而检查刀具运行轨迹是否正确。图形模拟操作步骤如下：

1）按[⇒]键，选择自动运行方式。

2）按[OFFSET PARAM]键，显示出系统中所有的程序。

3）按[←][↑][↓][→]键，把光标移动到指定的程序上。

4）按[执行]键，选定待加工程序。

5）按[模拟]键，显示模拟初始状态屏。

6）按[◇]键，开始模拟所选择的程序。

4. 空运行

在自动加工前，为避免程序错误引起刀具碰撞工件或工作台，可使用空运行功能，该功能使实际运行时的切削进给（G01、G02、G03 等）速度与程序指令值无关，由机床操作面板上的“手动切削进给速度”旋钮人为控制。其操作步骤如下：

1）按[⇒]键，选择自动工作方式。

2）按[OFFSET PARAM]键，显示系统中所有程序。

3）按[↑][↓]键，把光标移动到指定的程序上。

4）按[执行]键，选择程序。

5）按[程序控制]键，出现“程序控制”窗口。

6）按[空运行进给]键，确定程序运行状态。

7）按［◇］键，执行零件程序。

在空运行时，调整进给速度调修键，在换刀和快速下刀时，降低进给速度，可用于首件试切时防止事故的发生。

5. 单段运行

1）输入程序并进行编辑；在程序编辑完毕后，按［重编辑］键，使上述程序自动生成程序段号。

2）选择刀具。

3）将准备好的工件坯料装上工作台，并加紧固定。

4）按［回参考点］键，将屏幕切换到回参考点状态，将三轴回零点。

5）按［手动］键，切换屏幕到“手动”状态，根据零件编程原点为对刀点，移动工作台，对刀，并将屏幕上的三个坐标值记录下来。

6）按［OFFSET PARAM］键，将屏幕切换到“补偿”屏幕，按［零点偏移］键，将光标移动到G54，输入X、Y、Z值。

7）按［OFFSET PARAM］键将屏幕切换到“补偿”屏幕，在T1刀号上输入刀具半径补偿R5，长度补偿为零。

8）按［回参考点］键，将屏幕切换到回参考点状态，将机床三轴回零点。

9）按［自动］，将方式开关切换到“自动”状态，按［OFFSET PARAM］键，将屏幕切换到“程序管理屏”，将光标指到该段加工程序上，按［执行］键，再按［◇］启动键，即开始自动加工。

6. 零件的自动加工

在自动工作方式下，零件程序可以完全自动运行，这是零件加工中正常使用的方式。

（1）自动加工的前提

1）机床已经回参考点。

2）待加工的零件程序已经输入。

3）已经输入了必要的补偿值，如零点偏移或刀具补偿。

（2）操作步骤

1）按键，系统进入自动运行方式。

2）按键，按 OFFSET PARAM 键，再按 程序 键，按 ↑ 或 ↓ 键使光标处于需运行的程序处如 AMBFl，再按 选择 键，此时屏幕右上角显示 AMBFl. MPF，表示该程序已被选择，如图 5-69 所示。

加工	复位	手动		
			AMBF1.MPF	
名称	类型			
DEMO1	MPF			
AMBF1	MPF			
AMBF2	MPF			
AMBF3	MPF			
AMBF4	MPF			
TEST1	MPF			
TEST2	MPF			
程序	循环		选择	打开

图 5-69 选择自动运行的程序

3）按 OFFSET PARAM 键，再按 加工 键，这时屏幕显示如图 5-70 所示。

4）按键，机床将开始执行程序，一直连续运行直至结束。利用速度修调开关（进给倍率开关）可以调节铣刀的进给速度。

加工	复位	自动	ROU	
			AMBF1.MPF	
机床坐标	实际上	剩余 mm	F: mm/min	
+X	0.000	0.000	实际:	
+Y	0.000	0.000	0.000	
+Z	0.000	0.000	编程:	
+SP	0.000	0.000	0.000	
S	0.000	0.000	T: 0	D: 0
N10 G90 G94 G00 X100 Y110 Z50				
				▶
程序控制	语句区放大	搜索	工件坐标	实际值放大

图 5-70　加工显示区

五、外部程序的输入

RS232 DNC 程序输入/输出

通过控制系统的 RS232 接口，可以从机床中读出数据（比如零件程序）并传输到外部设备中，同样也可以从外部设备把数据再读入到系统中。当然 RS232 接口必须首先与数据保护设备匹配（参数见表 5-14、表 5-15）。

表 5-14　802D 的通信设定标准

设备 RIS	CTS
停止位	1
奇偶	NO ue
数据位	8
XON	11
XOFF	13
传输结果	Ia
XON 后开始	N

表 5-15　PCIN 设备标准

COM NUMBER	1
BAUD BATE	9600
PARJTY	NONE
1	STOPBITS
8	DATA BITS
XON l XOFF	SETUP
END W M30	OFF
TIME OUT	1s
BINFILE	OFF
TURBD MODE	OFF
DON' T CHECK	DSR
NC ESA	850/880
WINELAY OUT	

（1）输出操作步骤

1）打开“程序管理器”，进入数控程序主目录

2）按 读出 键，用此键通过 RS232 接口存储零件程序。

3）按 全部文件 键，使用此键选择零件程序目录中所有的文件。

4）按 启动 键，用此键启动输出过程，从零件程序目录中输出一个或几个文件。按“停止”键中断传送过程。

（2）输入操作步骤

1）打开“程序管理器”，进入数控程序主目录。

2）按 读入 键，按此键通过 RS232 接口装载零件程序。

3）PC 机上选定程序，按“回车”键。

4）按机床上 启动 键，用此键启动输入过程。

（3）外部程序的输入　一个外部程序可由计算机通过 RS232 接口直接输入控制系统，当按下“NC 启动”键后，立即执行该程序，当缓冲存储器的内容被处理后，程序被自动再装入。操作顺序：

1）控制系统处于复位状态，RS232 接口设置正确。

2）按[程序控制]键，在外部设备（PC）上使用PCIN并在数据输出栏激活程序输出，此时程序被传送到缓冲存储器并被自动选择，且显示在程序选择栏中。

3）按[◇]键，机床开始执行程序，程序可被连续装入。

在执行外部程序状态下，无论是程序运行结束还是中途按“复位”键，程序都自动从控制系统退出。

六、加工中心回转工作台的调整

多数加工中心都配有回转工作台（图5-71），实现在零件一次安装中多个加工面的加工。如何准确测量加工中心回转工作台的回转中心（装夹原点），对被加工零件的质量有着重要的影响。下面以卧式加工中心为例，说明工作台回转中心的测量方法。

工作台回转中心在工作台上表面的中心点上，如图5-71所示。

工作台回转中心的测量方法有多种，这里介绍一种较常用的方法。所用的工具有：一根标准心轴、百分表（千分表）、量块。

1. X向回转中心的测量

（1）测量原理　将主轴中心线与工作台回转中心重合，这时主轴轴线所在的位置就是工作台回转中心的位置，则此时X坐标的显示值就是工作台回转中心到机床原点的X向距离X_0，工作台回转中心X向的位置如图5-71a所示。

（2）测量方法

1）如图5-72所示，将标准心轴装在机床主轴上，在工作台上固定百分表，调整百分表的位置，使指针在标准心轴最高点处指向零位。

2）将心轴沿+Z方向退出Z轴。

3）将工作台旋转180°，再将心轴沿－Z方向移回原位。观察百分表指示的偏差，然后调整X向机床坐标，反复测量，直到工作台旋转到0°和180°两个方向百分表指针指示的读数完全一样，这时机床CRT上显示的X向坐标值即为工作台X向回转中心的位置。

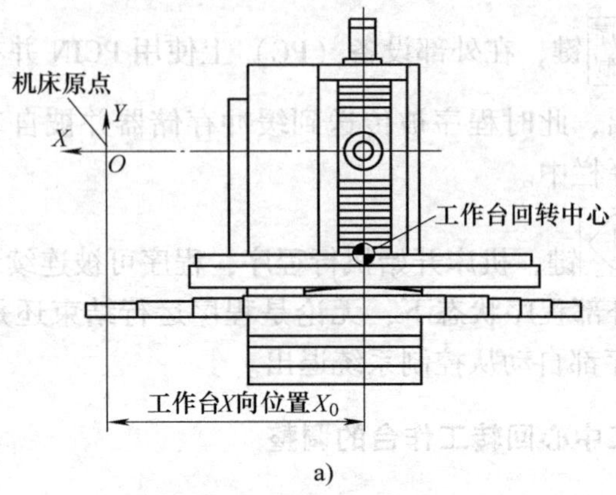

a)

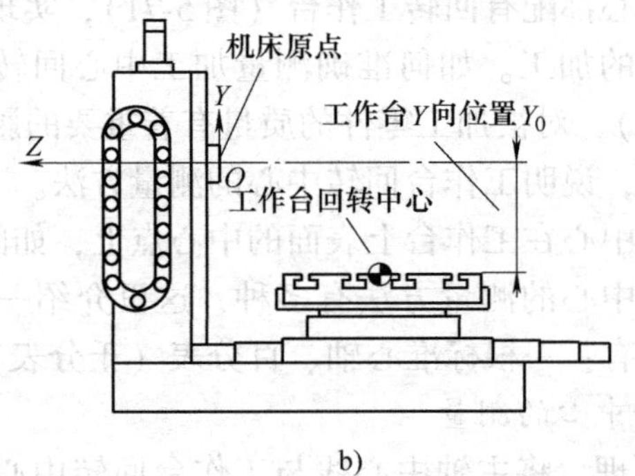

b)

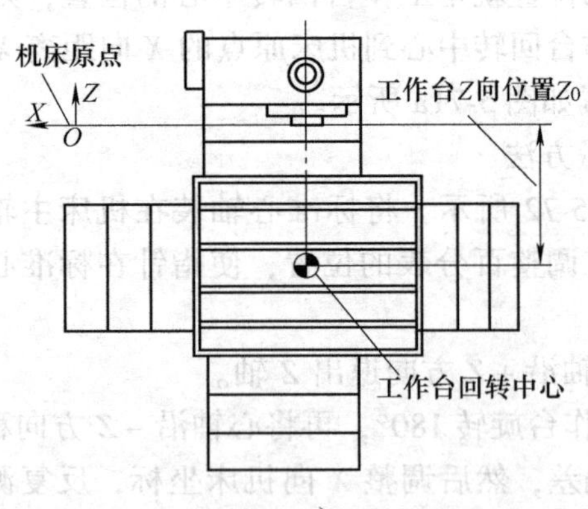

c)

图 5-71　加工中心回转工作台回转中心的位置

a）X 向位置　b）Y 向位置　c）Z 向位置

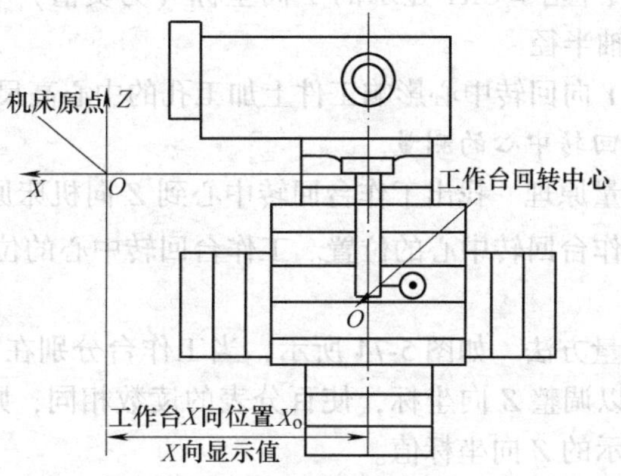

图 5-72　X 向回转中心的测量

工作台 X 向回转中心的准确性决定了调头加工工件上孔的 X 向同轴度精度。

2. Y 向回转中心的测量

（1）测量原理　找出工作台上表面到 Y 向机床原点的距离 Y_0，即为 Y 向工作台回转中心的位置。工作台回转中心位置如图 5-71b 所示。

（2）测量方法　如图 5-73 所示，先将装入心轴的主轴沿 Y 向移到预定位置附近，用手拿着量块轻轻塞入，调整主轴 Y 向位置，直到量块刚好塞入为止。

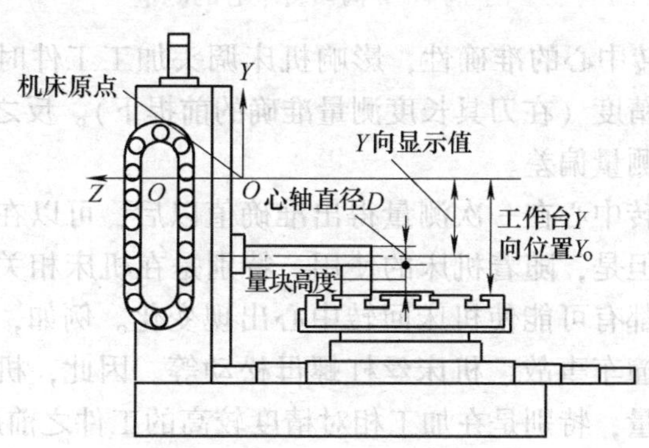

图 5-73　Y 向回转中心的测量

Y 向回转中心 = CRT 显示的 Y 向坐标（为负值）－量块高度尺寸－标准心轴半径

工作台 Y 向回转中心影响工件上加工孔的中心高尺寸精度。

3. *Z* 向回转中心的测量

（1）测量原理　找出工作台回转中心到 Z 向机床原点的距离 Z_0 即为 Z 向工作台回转中心的位置。工作台回转中心的位置如图 5-71c 所示。

（2）测量方法　如图 5-74 所示，当工作台分别在 0°和 180°时，移动工作台以调整 Z 向坐标，使百分表的读数相同，则 Z 向回转中心 = CRT 显示的 Z 向坐标值。

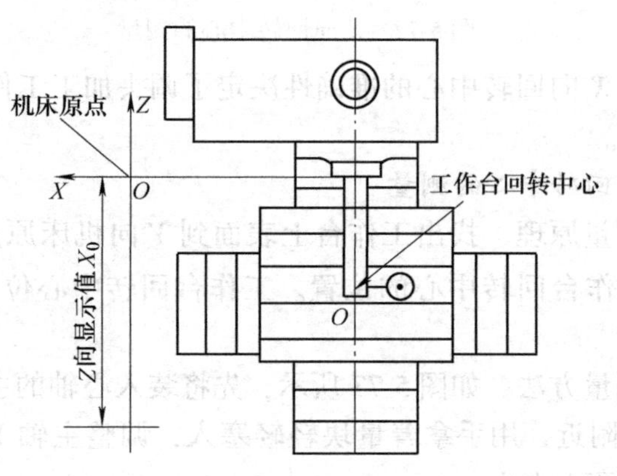

图 5-74　*Z* 向回转中心的测量

Z 向回转中心的准确性，影响机床调头加工工件时两端面之间的距离尺寸精度（在刀具长度测量准确的前提下）。反之，它也可修正刀具长度测量偏差。

机床回转中心在一次测量得出准确值以后，可以在一段时间内作为基准。但是，随着机床的使用，特别是在机床相关部分出现机械故障时，都有可能使机床回转中心出现变化。例如，机床在加工过程中出现撞车事故、机床丝杠螺母松动等。因此，机床回转中心必须定期测量，特别是在加工相对精度较高的工件之前应重新测量，以校对机床回转中心，从而保证工件加工的精度。

本节中的实例以SIEMENS 802D为主，也兼顾了SIEMENS的其他系统（SIEMENS 802S），在应用时可以根据需要参考。

第五节　典型工件的工艺分析与编程

一、槽类零件的加工

例 1　凹槽轮廓的加工实例

1. 零件图分析

如图 5-75 所示为一板类零件，本工件材质为 25 钢，长方体 500mm×150mm×30mm 已加工完成，本程序只加工两个凹槽。

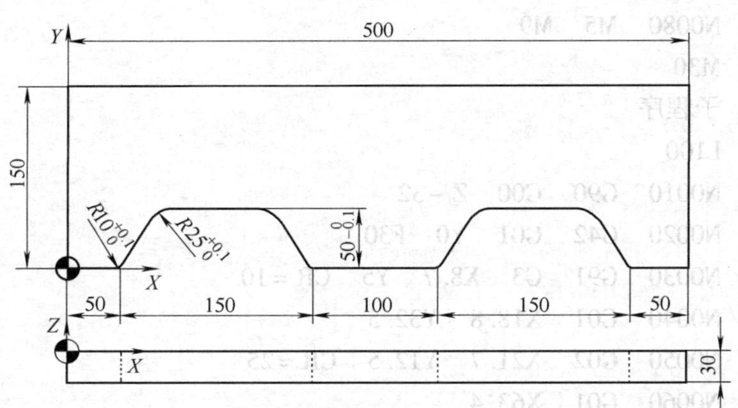

图 5-75　凹槽轮廓的加工

2. 工艺分析

以底面为加工基面，用一对等高垫铁垫在工件下面，打表找正。夹紧。加工内容为 2 个凹槽。刀具参数见表 5-16。

表 5-16　刀具卡

刀具号 T	刀　具	长度及半径补偿	转速/（r/min）	切深/mm	进给量/（mm/min）
1	ϕ25mm 立铣刀	D1	260	30	30

3. 确定加工坐标原点

以工件左下角点为工件坐标系原点，工件上表面为Z0。

4. 编写加工程序

主程序

```
%1009
N0010  M06  T01
N0020  D1
N0030  G90  G54  G0  X44.2  Y-20  M3  S260
N0040  Z100  M8
N0050  L100
N0060  G90  G00  X294.2  Y-20
N0070  L100
N0080  M5  M9
M30
```

子程序

```
L100
N0010  G90  G00  Z-32
N0020  G42  G01  Y0  F30
N0030  G91  G3  X8.7  Y5  CR=10
N0040  G01  X18.8  Y32.5
N0050  G02  X21.7  Y12.5  CR=25
N0060  G01  X63.4
N0070  G02  X21.7  Y-12.5  CR=25
N0080  G01  X18.8  Y-32.5
N0090  G03  X8.7  Y-5  CR=10
N0100  G90  G40  G00  Z100
N0110  M17
```

5. 零件检查

1）用游标卡尺检测凹槽的上口定位尺寸。

2）用游标卡尺或外径千分尺间接测量（150—50）凹槽的深度尺寸$50_{-0.10}^{0}$mm。

3）用 R 规检测 R10 $^{+0.10}_{0}$ mm 与 R25 $^{+0.10}_{0}$ mm。

例 2　封闭槽的加工

加工图 5-76 所示的 8 个封闭槽，槽深为 5mm。零点在工件左下角处。

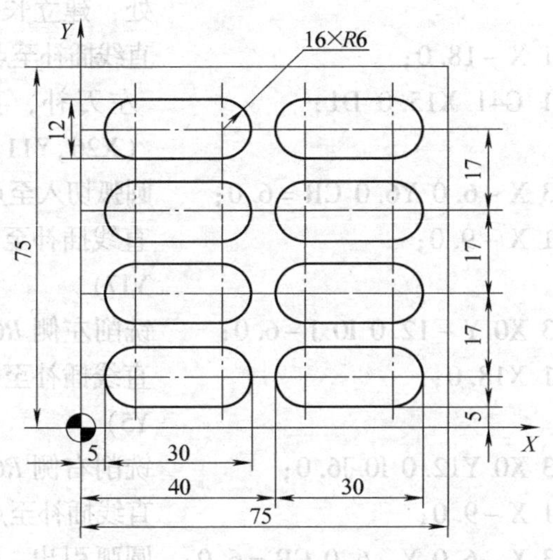

图 5-76　编程实例图

程序如下：

方法一：LX78	程序名
N10 T01 M06；	换刀，ϕ10mm 平底刀
N20 M03 S1000；	主轴正转
N30 G90 G54 G00 X29. 0 Y 11. 0；	零点偏置，绝对值编程，快速定位至（X29，Y11）
N40 G00 Z10. 0 F80；	快速点定位至工件上表面 10mm 处
N50 LALAN P4；	调用子程序 LALAN，循环 4 次
N60 G90 X64. 0 Y11. 0；	快速定位至点（X64，Y11）
N70 LALAN P4；	
N80 G90 X0 Y0 M05；	快速返回至点(X0,Y0)，主

	轴停
N90 M30;	程序结束
LALAN;	子程序
N100 G91 G01 Z－15.0 D1;	直线插补，*Z* 向进刀 5mm 处，建立长度补偿
N110 G01 X－18.0;	直线插补至点（X11，Y11）
N120 G01 G41 X15.0 D1;	左刀补，直线插补至点（X26,Y11）
N130 G03 X－6.0 Y6.0 CR＝6.0;	圆弧切入至点(X20,Y17)
N140 G01 X－9.0;	直线插补至圆弧起点(X11,Y17)
N150 G03 X0 Y－12.0 I0 J－6.0;	铣削左侧 *R*6 圆弧
N160 G01 X18.0;	直线插补至圆弧起点(X29,Y5)
N170 G03 X0 Y12.0 I0 J6.0;	铣削右侧 *R*6 圆弧
N180 G01 X－9.0;	直线插补至点（X20，Y17）
N190 G03 X－6.0 Y－6.0 CR＝6.0;	圆弧引出，切向退刀至点（X14，Y11）
N200 G01 G40 X15.0;	返回至点(X29,Y11)且取消半径补偿
N210 G00 Z15.0 D0;	*Z* 方向快速退刀，取消长度补偿
N220 Y17.0;	快速定位至点(X29,Y28)
N230 M17;	子程序结束并返回主程序

方法二：LX98

N3 T01 M06;	换刀
N5 M03 S1000;	主轴正转
N10 G90 G54 G00 X29.0 Y11.0 M08 F200;	零点偏置，快速定位，切削液开
N20 Z10.0;	快速下刀至工件上表面 10mm 处

N30 LALAN2 P2；	调用 LALAN2 子程序 2 次
N40 G90 G00 X0 Y0 M05；	快速返回至点（X0，Y0）
N50 M30；	程序结束
LALAN2；	子程序 LALAN2
N100 LWYL1 P4；	调用 LWYL1 子程序，循环 4 次
N110 G91 G00 X35.0 Y－68.0；	快速定位至点（X35，Y－68）
N120 M17；	子程序结束并返回主程序
N130 LWYL1；	子程序 LWYL1
N140 G91 G01 Z－15.0 D1；	直线插补，*Z* 向进刀，建立长度补偿
N150 G01 X－18.0；	直线插补至点(X11,Y11)
N160 G01 G41 X15.0 D1；	建立左刀补，直线插补至点（X26，Y11）
N170 G03 X－6.0 Y6.0 CR＝6.0；	圆弧引入，切向进刀至点（X20，Y17）
N180 G01 X－9.0；	直线插补至圆弧起点(X11,Y17)
N190 G03 X0 Y－12.0 I0 J－6.0；	铣削左侧 *R*6 圆弧
N200 G01 X18.0；	直线插补至圆弧起点(X29,Y5)
N210 G03 X0 Y12.0 I0 J6.0；	铣削右侧 *R*6 圆弧
N220 G01 X－9.0；	直线插补至点(X20,Y17)
N230 G03 X－6.0 Y－6.0 CR＝6.0；	圆弧切出，切向退刀至点（X14，Y11）
N240 G01 G40 X15.0；	返回至点(X29,Y11)且取消半径补偿
N250 G00 Z15.0 D0；	*Z* 方向快速退刀，取消长度补偿
N260 Y17.0；	快速定位至点(X29,Y28)

N270 M17；　　　　　　　　　　子程序结束并返回到主程序

例 3　球面环槽的加工

1. 零件图分析

图 5-77 所示为扣环零件图，本工件材质为 16Mn，里孔 ϕ40mm 及 *R*12mm 球面已在数控车上加工完成，零件厚度为 24mm。要求加工外形及 *R*10mm 球面环槽。

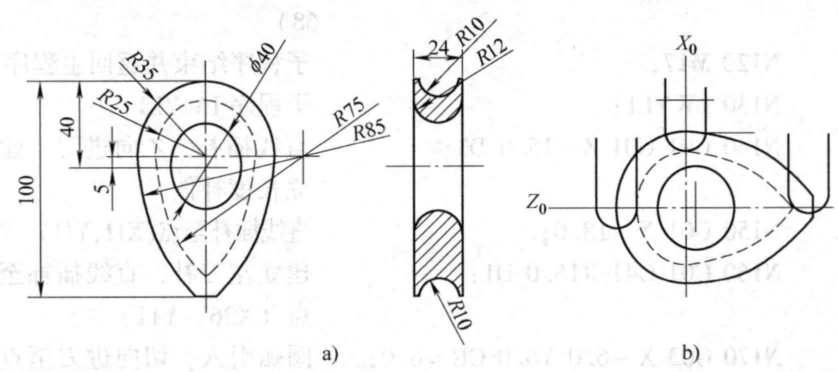

图 5-77　球面环槽

a）零件图　b）加工 *R*10 球面环槽示意

2. 工艺分析

以底面为加工基面。加工工步为：先加工外形，再加工 R10 球面环槽。刀具参数见表 5-17。

表 5-17　刀具卡

刀具号	刀　具	补偿号	转速/（r/min）	进给量/(mm/min)	用　途
T1	ϕ20mm 立铣刀	D1	300	30	铣外轮廓
T2	ϕ20mm 球刀	D2	300	30	铣球面环槽

3. 确定加工坐标原点

加工外轮廓时，以孔 ϕ40mm 圆心为工件坐标系原点，工件上表面为 Z_0（图 5-77a）；加工球面环槽时，坐标原点为 *X*、*Z* 轴交点（图 5-77b）。

4. 编写加工程序

加工外轮廓程序

```
%1004
N0010   M06   T01
N0020   D1
N0030   G90   G54   G0   X0   Y0   M3   S300
N0040   Z100   M8
N0050   Y-80
N0060   Z-25
N0070   G42   G1   Y-60   F30
N0080   X4.8
N0090   G3   X30.2   Y5   CR=85
N0100   G3   X-30.2   Y5   CR=35
N0100   G3   X-4.8   Y-60   CR=85
N0110   G1   X1
N0120   G40   G1   Z100
N0130   M5
N0140   M9
N0150   M30
```

加工 *R*10 球面环槽用 ϕ20mm 球刀，板厚一半为 Y0）。本工步需两次装夹，一次加工一半，注意本工步的原点和加工外轮廓的原点不相同了，坐标系采用 G55。采用球心编程。

加工球面环槽程序

```
%1005
N0010   M06   T02
N0020   D2
N0030   G90   G55   G0   X-50   Y0   M3   S300
N0040   Z0   M8
N0050   G1   X-35   F30
N0060   G18   G2   X0   Z35   CR=35
N0080   G2   X63.4   Z6.7   CR=85
```

N0090　G90　G0　Zl00

N0100　M5　M9

N0110　M30

例4　加工凸台和槽，如图5-78所示。

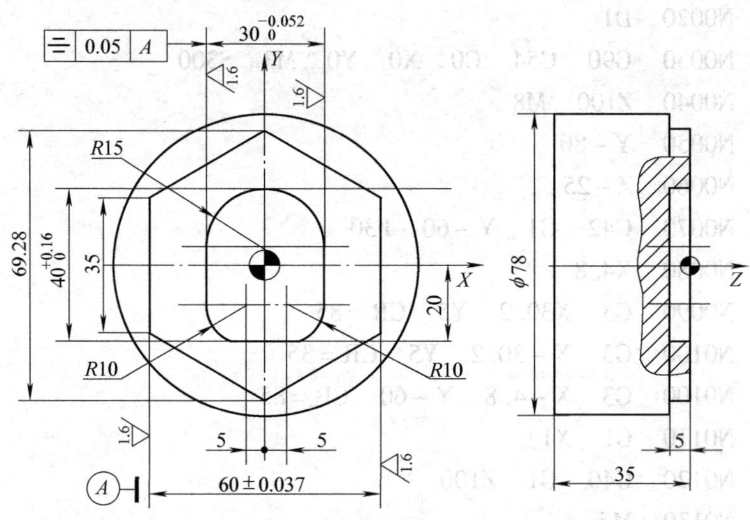

图5-78　凸台和槽加工实例

程序如下：

O0003	程序名
N10 T01 M06；	换刀
N20 G90 G54 G00 G40 X50.0 Y0 Z50.0 M03 S700；	零点偏置，快速定位，主轴正转
N30 Z10.0；	下刀至工件上表面10mm处
N40 G01 Z－5.0 D1 F100；	直线插补，*Z*方向进刀，建立长度补偿
N50 G42 Y－20.0 D1；	D1刀具补偿，建立右刀补
N60 G02 X30.0 Y0 CR＝20.0；	圆弧切入，切向进刀至指定点
N70 G01 Y17.5；	直线插补至点（X30，Y17.5）
N80 X0 Y34.64；	直线插补至点（X0，Y34.64）

N90 X－30.0 Y17.5；	直线插补至点（X－30，Y17.5）
N100 Y－17.5；	直线插补至点（X－30，Y－17.5）
N110 X0 Y－34.64；	直线插补至点（X0，Y－34.64）
N120 X30.0 Y－17.5；	直线插补至点（X30，Y－17.5）
N130 Y0；	直线插补至点（X30，Y0）
N140 G02 X50.0 Y20.0 CR＝20.0；	圆弧切出，切向退刀至指定点
N150 G01 G40 Y0；	直线插补至点（X50，Y0），取消半径补偿
N160 G00 Z50.0 D0；	*Z* 方向快速提刀，取消长度补偿
N170 X0 Y－10.0；	快速定位至点（X0，Y－10）
N180 G01 Z－5.0 D2 F100；	直线插补，*Z* 方向进刀，长度、半径补偿
N190 Y5.0；	直线插补至点（X0，Y5）
N200 G41 X10.0 Y10.0 D2；	直线插补至点（X10，Y10），建立左刀补
N210 G03 X0 Y20.0 CR＝10.0；	圆弧引入，切向进刀至点（X0，Y20）
N220 G03 X－15.0 Y5.0 CR＝15.0；	铣削 *R*15 圆弧
N230 G01 Y－10.0；	直线插补至点（X－15，Y－10）
N240 G03 X－5.0 Y－20.0 CR＝10.0；	铣削左下方 *R*10 圆弧
N250 G01 X5.0；	直线插补至点（X5，Y－20）
N260 G03 X15.0 Y－10.0 CR＝10.0；	铣削右下方 *R*10 圆弧
N270 G01 Y5.0；	直线插补至点（X15，Y5）
N280 G03 X0 Y20.0 CR＝15.0；	铣削 *R*15 圆弧
N290 G03 X－10.0 Y10.0 CR＝10.0；	圆弧引出，切向退刀至点（X－10，Y10）

N300 G01 G40 X0 Y5.0；　直线插补至点（X0，Y5），且取消半径补偿

N310 G00 Z50.0 D0；　Z 向退刀，取消长度补偿

N320 G00 X50.0 M05；　快速返回，主轴停转

N330 M30；　程序结束

零件检查

1）长度尺寸的检查：

① 用外径千分尺检测（60 ±0.037）mm。

② 用游标卡尺检测方弧槽 $40^{+0.15}_{0}$ mm；用内径千分尺检测 $30^{+0.052}_{0}$ mm。

③ 用深度游标卡尺测量凸台和槽的深度尺寸。

2）对称度的检查：

① 用外径千分尺测量槽两侧到六方凸台两边的尺寸而得到。

② 将零件卸下，分别用（60 ±0.037）mm 两侧面靠紧平板，用杠杆百分表测量 $30^{+0.052}_{0}$ mm 两侧面，两次测量的读数差应小于 0.05mm。

二、型腔的加工

例 5　加工型腔图 5-79。

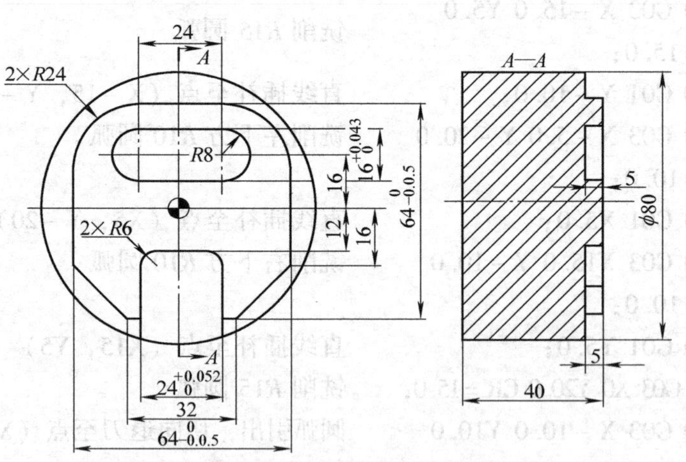

图 5-79　型腔加工实例

程序如下：

程序	说明
O0004	程序名
N10 T1 D1；	刀具补偿（长度、半径）
N20 G90 G54 G00 X4.0 Y－47.0 M03	零点偏置，快速定位，主轴正转
N30 Z5.0；	快速下刀至工件上表面5mm处
N40 G01 Z－5.0 F150；	直线插补，Z向进刀
N50 Y－19.0；	直线插补至点（X4，Y－19）
N60 X－4.0；	直线插补至点（X－4，Y－19）
N70 Y－41.0；	直线插补至点（X－4，Y－41）
N80 X0；	直线插补至点（X0，Y－41）
N90 G02 X0 Y－41.0 I0 J41.0；	铣削一整圆
N100 G01 G41 X12.0 Y－35.0；	直线插补至点（X12，Y－35）；且建立左刀补
N110 Y－18.0；	直线插补至圆弧起点（X12，Y－18）
N120 G03 X6.0 Y－12.0 CR＝6.0；	铣削右侧$R6$圆弧
N130 G01 X－6.0；	直线插补至圆弧起点（X－6，Y－12）
N140 G03 X－12.0 Y－18.0 CR＝6.0；	铣削左侧$R6$圆弧
N150 G01 Y－32.0；	直线插补至点（X－12，Y－32）
N160 X－16.0；	直线插补至点（X－16，Y－32）
N170 X－32.0 Y－16.0；	直线插补至点（X－32，Y－16）

N180 Y8.0;	直线插补至点（X－32，Y－16）
N190 G02 X－8.0 Y32.0 CR＝24.0;	铣削左侧 *R*24 圆弧
N200 G01 X8.0;	直线插补至圆弧起点（X8，Y32）
N210 G02 X32.0 Y8.0 CR＝24.0;	铣削右侧 *R*24 圆弧
N220 G01 Y－16.0;	直线插补至点（X32，Y－16）
N230 X16.0 Y－32.0;	直线插补至点（X16，Y－32）
N240 X10.0;	直线插补至点（X10，Y－32）
N250 G40 X0 Y－41.0;	取消半径补偿，退刀至点（X0，Y－41）
N260 Z10.0;	*Z* 方向退刀至工作表面 10mm 处
N270 G00 X12.0 Y16.0;	快速定位至点（X12，Y16）
N280 G01 Z－5.0;	直线插补，*Z* 方向进刀 5mm
N290 X－12.0;	直线插补至点（X－12，Y16）
N300 G01 G41 X8.0 Y16.0 D2;	直线插补至点（X8，Y16），建立左刀补
N310 G03 X0 Y24.0 CR＝8.0;	圆弧切入，至点（X0，Y24）
N320 G01 X－12.0;	直线插补至点（X－12，Y24）
N330 G03 X－12.0 Y8.0 I0 J－8.0;	铣削左侧 *R*8 圆弧
N340 G01 X12.0;	直线插补至圆弧起点（X12，Y18）
N350 G03 X12.0 Y24.0 I0 J8.0;	铣削右侧 *R*8 圆弧

N360 G01 X0；	直线插补至点（X0，Y24）
N370 G03 X－8.0 Y16.0 CR＝8.0；	圆弧切出至点（X－8，Y16）
N380 G01 G40 X0；	直线插补至点（X0，Y16），取消半径补偿
N390 G00 Z50.0 D0；	Z 向快速提刀，取消长度补偿
N400 G00 X0 Y0 M05；	返回至点坐标原点，主轴停
N410 M30；	程序结束

零件检查

1）用游标卡尺或外径千分尺检测 $64_{-0.05}^{\ 0}$ mm 的尺寸。

2）用塞规检测槽宽 $16_{\ 0}^{+0.043}$ mm 和 $24_{\ 0}^{+0.052}$ mm。

3）槽的位置尺寸 16mm 和 12mm 用游标卡尺检测。

4）凸台和槽的深度尺寸 5mm 可用深度游标卡尺检测。

注意：对于 SIEMENS 来说，使用小数点编程与不用小数点编程是一样的，这一点与 FANUC 不同。

三、孔系的加工

例 6　镗轴承座孔加工实例

1. 零件图分析

如图 5-80 所示为轴承座零件图。加工方案为：在卧式加工中心上一次装夹，使用背镗孔固定循环等功能，不转动工作台，以保证

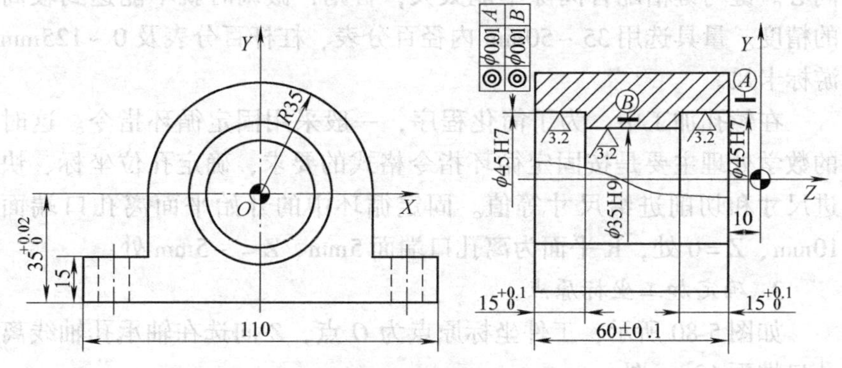

图 5-80　轴承座

同轴度要求。

2. 工艺分析

轴承支座孔 ϕ35H9mm、ϕ45H7mm 已粗加工至 ϕ34.7mm 和 ϕ44.7mm。为了保证三孔的同轴度，使用背镗固定循环等功能，不转动工件台，在卧式加工中心上用镗刀对轴承支座孔、箱体孔系做半精和精加工，能较好地保证孔的精度、孔间距及孔轴心线的同轴度、垂直度、平行度等精度要求。镗孔精度一般可达 IT7 ~ IT10 级。镗孔的最大特点是能修正上一工序所造成的轴线歪斜或偏斜等缺陷，所以镗孔特别适用于位置精度要求很高的孔加工。本工序加工的顺序为：精镗 ϕ35mm 孔；精镗 ϕ45H7mm 右侧孔；精镗 ϕ45H7mm 左侧孔。

1）确定安装定位方案　采用一面两孔定位方式，以轴承支座底平面为主定位面，两对角的螺栓孔为定位孔。定位孔元件选用支承块、短圆柱销和菱形销，夹紧元件选用直压板结构，夹紧点选在引起变形最小的两侧上表面。

2）确定所需工艺装备　为了保证三孔同轴度及孔的位置尺寸公差，可选用卧式加工中心来进行镗削加工。镗刀采用微调镗刀，镗刀的径向尺寸可以在一定的范围内进行微调，通用性比较好。调整尺寸时，只要转动螺母，与它相配合的螺杆就会沿其轴线方向移动。当尺寸调整好后把螺杆局部的螺钉坚固。使用微调镗刀时要注意与调整螺母相配的90°锥面。应保证锥面靠近大端接触，且与直孔部分同心。键与键槽配合间隙不能太大，否则，微调时就不能达到较高的精度。量具选用 35 ~ 50mm 内径百分表、杠杆百分表及 0 ~ 125mm 游标卡尺。

在镗孔加工中，为了简化程序，一般采用固定循环指令。这时的数学处理主要是按固定循环指令格式的要求，确定孔位坐标、快进尺寸和切削进给尺寸等值。固定循环中的开始平面离孔口端面 10mm、Z = 0 处，R 平面为离孔口端面 5mm、Z = −5mm 处。

3. 确定加工坐标原点

如图 5-80 所示，工件坐标原点为 O 点，Z 向选在轴承孔轴线离孔口端面 10mm 处。

4. 编写加工程序

程序

```
%_ N_ 1012_ MPF
N100  G71
N102  G17  G40  G60  G90
N104  G0  G54  X0  Y0  Z5  S350  M3
N106  D11  Z0  M8
N108  F40
N110  MCALLCYCLE86（0，－10.0，－5.0，－56.0，1.0，
3.0，－1.0，－1.0，1.0，90.0）
N112  M5
N114  G74  Z1＝0.0  M09
N116  G74  X1＝0.0  Y1＝0.0
N118  M30
%
%_ N_ 1013_ MPF
N100  G71
N102  G17  G40  G60  G90
N104  G0  G54  X0  Y0  Z5  S280  M3
N106  D11  Z0  M8
N108  F40
N110MCALLCYCLE86（0，－10.0，－5.0，－25.0，1.0，3.0，
－1.0，－1.0，1.0，90.0）
N112  M5
N114  G74  Z1＝0.0  M09
N116  G74  X1＝0.0  Y1＝0.0
N118  M30
%
```

在FANUC系统里，背镗加工可采用背镗固定循环指令G87，但在西门子802D系统里，本身并没有带背镗固定循环指令。因此，可通过编写背镗子程序，在主程序中调用实现背镗动作。

程序

```
%  N  1014_ MPF
N100  G71
N102  G17  G40  G60  G90
N104  G0  G54  X0  Y0  Z5  S280  M3
N106  L2003
N108  M30
L2003
N110  M19
N112  G00
N114  Y=IC（-7）
N116  Z=IC（-70）
N118  Y=IC（7）
N120  M3  M8
N122  G1  Z=IC（20）
N124  G4  P0.5
N126  M19
N128  G0  M09
N130  Y=IC（-7）
N132  G0  Z=IC（70）
N134  Y=IC（7）
N136  RET
%
```


5. 试切削加工

刀具预调时测量镗刀直径，由于静态测量与动态工作时的实际加工孔径之间存在必然的误差，经过对刀仪测定的精镗刀都必须进行试切削，可采用渐进方式，在孔口先试镗一小段长度，检测合格后再镗到整个长度。

6. 零件检查

（1）用塞规或内径表检测 ϕ35H9 及 2×ϕ45H7 的尺寸。

（2）中心距的检测。

1）将与 ϕ35H9 配合的标准心轴装入孔中，用深度千分尺测量其上素线至工作台面的尺寸。

2）取一组尺寸等于 35 + 心轴半径的标准量块贴合在工作台上，使固定在主轴端面上的百分表测头与量块顶面接触，记下百分表的读数。抽去量块，装上与 ϕ35H9 配合的标准心轴，移动工作台，使百分表头靠近并接触表头，比较两次读数值，即可精确测出中心距。

3）同轴度可利用固定在主轴端面上的百分表进行检测。

例 7 孔系的加工

如图 5-81 所示为一个样板零件，此零件已经粗加工，单边余量 2mm，工件厚度 10mm，要求：精铣外轮廓、钻 9 × ϕ10mm 孔、镗 ϕ100mm 的孔，工件零点设在左下角。

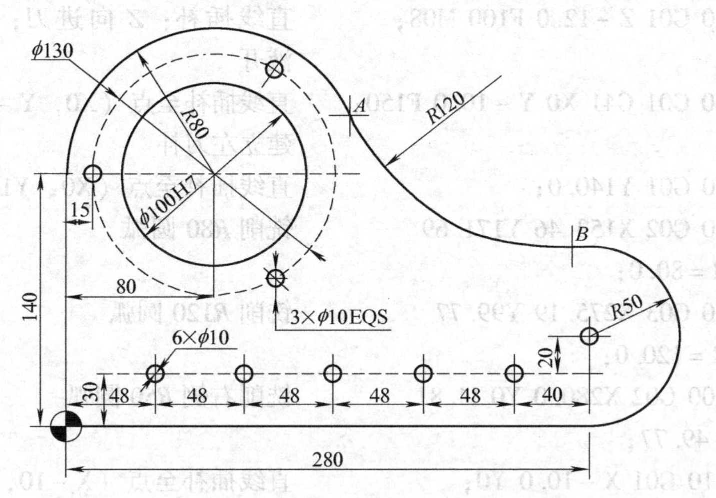

图 5-81 零件图

工艺分析：

1）精铣外轮廓，选用 T1 号刀，铣刀直径 ϕ16mm，选用刀具补偿号 D1。

2）钻孔，先钻排孔，再钻圆周孔，选用 T2 号刀。

3）镗 ϕ100mm 孔，选用 T3 号刀。

A 点和 *B* 点坐标：

	X	Y
A	153.46	171.69
B	275.19	99.77

程序如下：

程序	说明
GFY66	程序名
N10 T1 D1；	ϕ16mm 立铣刀，长度、半径补偿
N20 M06；	换刀
N30 M03 S1200；	主轴正转
N40 G90 G54 G00 X－20.0 Y－20.0 Z25.0；	零点偏置，快速定位，
N50 G01 Z－12.0 F100 M08；	直线插补；*Z* 向进刀；切削液开
N60 G01 G41 X0 Y－10.0 F150；	直线插补至点（X0，Y－10），建立左刀补
N70 G01 Y140.0；	直线插补至点（X0，Y140）
N80 G02 X153.46 Y171.69 CR＝80.0；	铣削 *R*80 圆弧
N90 G03 X275.19 Y99.77 CR＝120.0；	铣削 *R*120 圆弧
N100 G02 X280.0 Y0 I4.81 J－49.77；	铣削右侧 *R*50 圆弧
N110 G01 X－10.0 Y0；	直线插补至点（X－10，Y0）
N120 G00 G40 X－20.0 Y－20.0；	快速返回；且取消刀具半径补偿
N130 G00 Z50.0 D0 M09；	*Z* 方向快速提刀，切削液关，取消长度补偿
N140 M05；	主轴停转
N150 T2；	ϕ10mm 钻头，钻孔
N160 M06；	换刀

N170 M03 S500；	主轴正转
N180 G90 G54 G00 X0 Y0 Z50.0 M08；	零点偏置，绝对坐标，快速定位，切削液开
N190 MCALL CYCLE82（20，0，5，－12，，0.1）；	钻孔循环
N200 HOLES1（48，30，0，0，48，5）；	钻排孔
N210 X280.0 Y50.0；	快速定位至点（X280，Y50）
N220 HOLES2（80，140，65，60，120，3）；	钻圆周孔
N230 MCALL；	取消模态调用子程序功能
N240 G00 Z50.0 M05 M09；	*Z* 向退刀，主轴停，切削液关
N250 T3；	镗孔刀
N260 M06；	换刀
N270 M03 S200；	主轴正转
N280 G90 G54 G00 X80.0 Y140.0 Z30.0 M08；	决定坐标，快速定位，切削液开
N290 G01 Z－12.0 F120；	直线插补；*Z* 方向精镗 ϕ100mm 孔
N300 M05；	主轴停转
N310 G00 Z50.0 M09；	*Z* 方向快速退刀，主轴停转，切削液关
N320 M30 LF；	程序结束

例 8　孔与型腔的加工

图 5-82 所示零件，毛坯尺寸：70mm × 70mm × 15mm，毛坯中心预钻深为 8mm、直径 ϕ18mm 孔，供铣削圆槽时立铣刀轴向进刀用。数控加工零件上尺寸为 ϕ60mm 外圆、ϕ40mm 圆槽以及 6 个 ϕ6mm 孔。

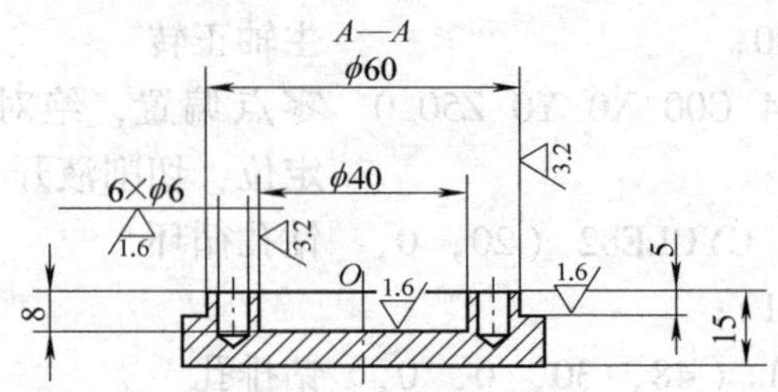

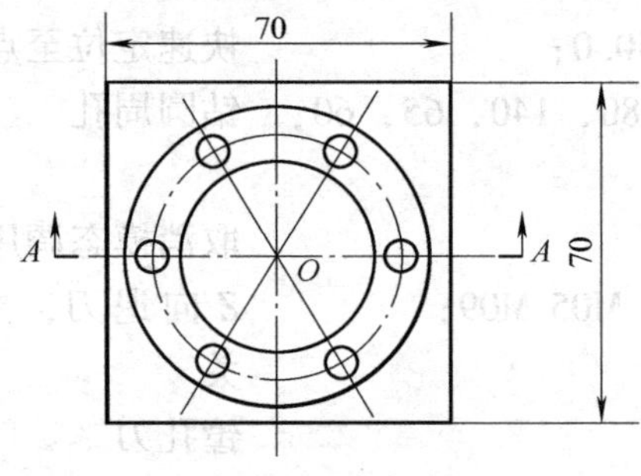

图 5-82 零件图

1. 工件坐标系原点

图 5-82 所示零件设计基准位于零件的中心，工件编程原点选择在工件上表面的中心点。即图中的 *O* 点。

2. 工件装夹

采用机用平口虎钳装夹。

3. 刀具选择

铣削 ϕ60mm 外圆和 ϕ40mm 圆槽，用 ϕ15mm 的立铣刀，刀具号为 T3；刀具补偿号为 D2。钻 6 × ϕ6mm 孔，采用 ϕ6mm 钻头。

4. 工艺分析

ϕ60mm 外圆，用 ϕ15mm 的立铣刀铣削两次完成。

在 *YZ* 平面上加工一个圆形凹槽，中心点坐标为（0，0），凹槽深 8mm，深度方向进给轴为 *Z* 轴。使用 LCYC75 循环加工，铣削一个圆形槽的参数：R118 = R119 = R120/2，参数中没有给出精加工余量，也就是说粗加工此凹槽（*R*127 = 1）。

在调用 LCYC61 循环加工中，使用循环 LCYC82 加工 6 个深度为

10mm 的孔。确定孔位置的圆由 *XY* 平面上圆心坐标（0，0）和半径 25mm 确定。起始角为 0°。*Z* 轴上安全距离为 10mm。主轴转速和方向以及进给率在调用循环中确定。

5. 加工程序

加工程序	解　释
TESY5；	程序名
N10 G17 G54 G94；	主程序段。建立工件坐标系。装夹立铣刀
N15 T1 D3 S500 M3；	选刀具补偿号为 3，主轴旋转，转速 500r/mm
N20 G90 G00 X80 Y50 Z100；	绝对尺寸，快速定位
N30 L100；	调用子程序 L100（铣 ϕ60mm 外圆子程序）
N40 L110；	调用子程序 L110（铣 ϕ40mm 内圆槽子程序）
N45 G90 G0 X80 Y50 Z100；	回起始点，手动换刀
N50 T3 D2；	换刀具（钻头），刀具号为 3，刀具补偿号为 2
N55 L120；	调用子程序 L120（钻圆弧排列孔子程序）
N60 G0 X80 Y50 Z100；	回起始点
N65 M02；	程序结束
L100；	子程序 100：铣 ϕ60mm 外圆（进给两次）
N10 G0 X70 Y30 Z100 M03；	绝对尺寸，快速定位
N14 Z－5；	刀具在毛坯外部，快速下刀
N22G41 G01 X36 Y20 F100；	建立刀具左补偿
N24 Y0；	直线切入，切入距离 20mm
N26 G02 X36 YO I－36 J0；	顺圆插补，第一次切削整圆
N28 G1 Y－20；	直线切出，切出距离 20mm

N30 G0 Z5；	快速抬刀
N32 X30 Y20；	回到切入点
N34 G1 Z－5 F100；	下刀
N36 Z0；	切入
N38 G2 X30 Y0 I－30 J0；	顺圆插补，第二次切削整圆
N40 G1 Y－20；	直线切出
N42 G0 G40 X70；	取消刀具补偿
N44 Z100；	快速抬刀
N46 G0 X70 Y30；	回到起始点
N50 RET；	子程序结束
L110；	子程序 110：粗加工 ϕ40mm 圆槽
N10G17 G90 F100；	规定工艺参数
N20 G0 X0 Y0 Z80；	回到循环起始位置
N30 R101＝10 R102＝2 R103 ＝0 R104＝－8 R116＝0；	凹槽铣削循环设定参数
N35 R117＝0 R118＝40 R119 ＝40 R120＝20；	
N40 R121＝4 R122＝100 R123 ＝150 R124＝0；	
N50 R125＝0 R126＝0 R127＝1；	
N60 LCYCL75；	
N70 RET；	子程序结束
L120；	子程序 120：钻孔 6×ϕ6mm
N10 G0 G17 G90 F300 S400 M3；	主轴旋转，转速 400r/min，确定工艺参数
N20 X0 Y5 Z10；	回到钻孔出发点
N30 R101＝10 R102＝2 R103＝0 R104＝－10；	定义钻削循环参数（LCYC82 循环）和定义圆弧排列孔循环（LCYC61 循环）

N40 R105 =1 R115 =82	
R116 =0 R117 =0；	
R118 =25；	
N50 R119 =6 R120 =0	
R121 =0；	
N60 LCYCL61；	调用圆弧排列孔循环加工
N70 RET；	子程序结束

四、轮廓的加工

例9 连杆加工

已知某连杆零件如图 5-83 所示，要求对该连杆的轮廓进行精铣数控加工。

刀具选择 ϕ16mm 的立铣刀。安全面高度为 30mm。进刀/退刀方式为圆弧引入切向进刀/退刀。

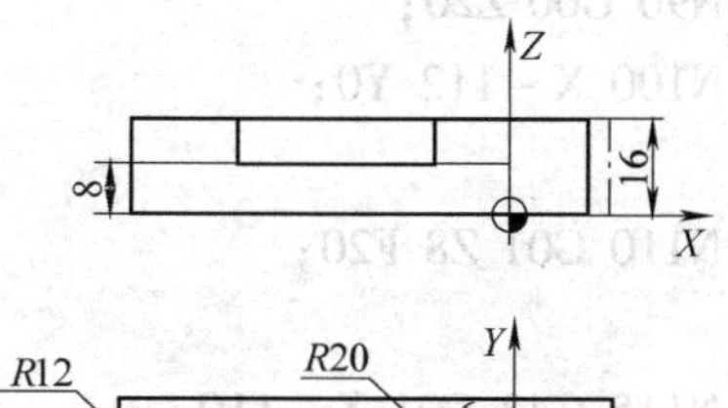

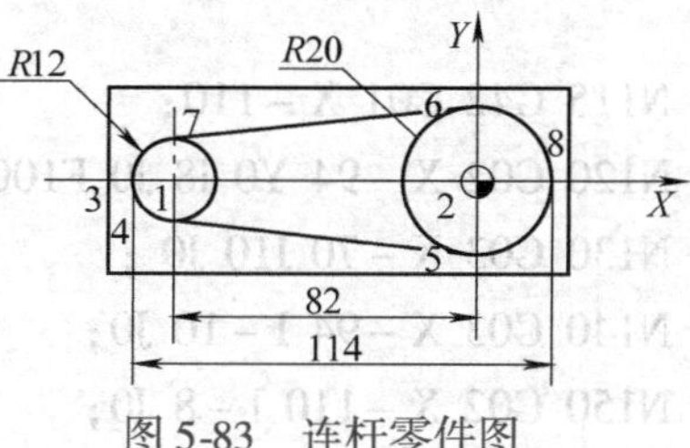

图 5-83 连杆零件图

编程计算：连杆轮廓的特征点计算结果如下：

1：X = −82，Y =0

2：X =0，Y =0

3：X = −94，Y =0

4：X = −83. 165，Y = −11. 943

5：X = −1. 951，Y = −19. 905

6：X = −1. 951，Y =19. 905

7：X = −83. 165，Y =11. 943

8：X =20，Y =0

程序如下：

O0001；	程序名
N10 G54 T1 D1；	建立工件坐标系，1 号刀具，补偿号 D1

程序	说明
N20 G00 G42 X36 Y0；	将刀具移出一个刀具直径，刀具半径右补偿
N30 S1000 M03 M08；	
N40 G01 Z8 F20；	下刀至8mm高度处，铣第一个圆
N50 G02 X20 CR=8 F50 ；	圆弧引入切向进刀至点8
N60 G03 X－20 Y0 CR=20；	圆弧插补铣半圆
N70 G03 X20 Y0 CR=20；	圆弧插补铣半圆
N80 G02 X36 I8 J0；	圆弧引出，切向退刀
N85 G40 G01 X50；	取消刀具半径补偿
N90 G00 Z20；	
N100 X－112 Y0；	将刀具移出工件一个刀具直径
N110 G01 Z8 F20；	下刀至8mm高度处，铣第二个圆
N115 G42 G01 X－110；	刀具半径右补偿
N120 G02 X－94 Y0 I8 J0 F100；	圆弧引入，切向进刀至点3
N130 G03 X－70 I10 J0 ；	圆弧插补铣半圆
N140 G03 X－94 I－10 J0；	圆弧插补铣半圆
N150 G02 X－110 I－8 J0；	圆弧引出，切向退刀
N155 G40 X－115；	
N160 G00 Z20；	取消刀具半径补偿
N170 X38 Y0；	将刀具移出工件一个刀具直径
N180 G01 Z－1 F20；	下刀至－1mm高度处，铣整个轮廓
N185 G42 G01 X36；	刀具半径右补偿
N190 G02 X20 I－8 J0 F50；	
N200 G03 X－1.951 Y19.905 I－10 J0；	圆弧插补至点6

N210 G01 X－83.165 Y11.943LF；	直线插补至点7
N220 G03 Y－11.943 I1.165 J－11.943；	圆弧插补至点4
N230 G01 X－1.951 Y－19.905；	直线插补至点5
N240 G02 X20 I8 J0；	圆弧插补至点8
N250 G02 X36 I8 J0；	圆弧引出，切向退刀
N255 G40 X50；	取消刀具半径补偿
N260 G00 Z30；	
N270 M30；	

例10　样板零件铣削

样板零件铣削，深度为5mm，如图5-84所示：材料为Q235，属于平面类零件。要求采用刀具半径补偿，按逆时针方向进给，精铣一次外轮廓。

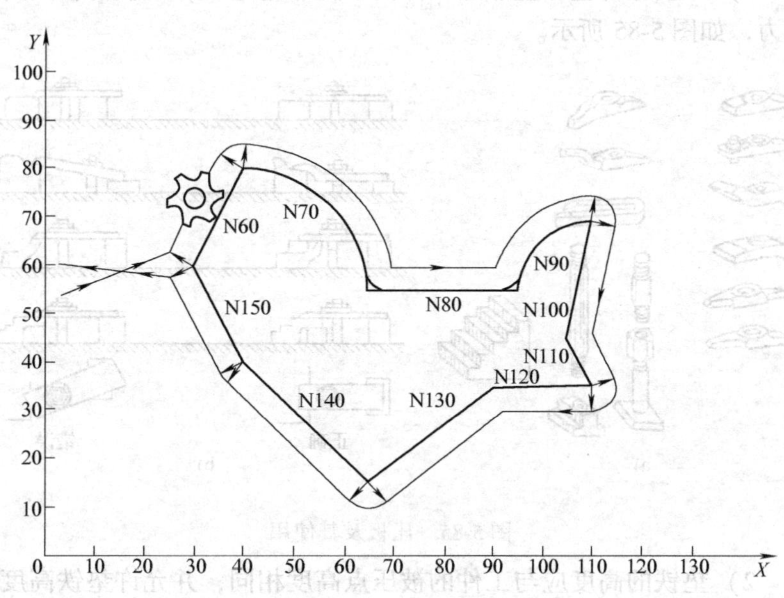

图5-84　样板零件（Z轴程序原点位于工件上表面）

1. 工艺设计方案如下

工件坐标系原点：采用图 5-84 所示的坐标原点为工件编程原点，工件原点在机床上的位置由 G54 设定。

工件装夹：采用 T 形螺钉和压板夹紧，以防止刀具触到工作台面上。T 形螺钉的 T 形头卡在工作台的 T 形槽中，压板压在工件的上面，夹紧力的方向对着工作台，旋紧螺母将工件夹紧在工作台上。由于加工过程中立铣刀将铣削到压板夹持部位，所以应采用三个以上的压板。在加工过程中通过及时倒换压板夹持的位置，确保能够铣削工件的全部外形轮廓，为保证加工中工件不松动，在压板换位时应至少有两个以上的压板处在夹压的状态中。

利用 T 形槽用螺钉和压板通过机床工作台 T 形槽，可以把工件、夹具或其他机床附件固定在工作台上。使用 T 形槽用螺钉和压板固定工件时，应注意以下几点：

1）压板螺钉应尽量靠近工件而不是靠近垫铁，以获得较大的压紧力，如图 5-85 所示。

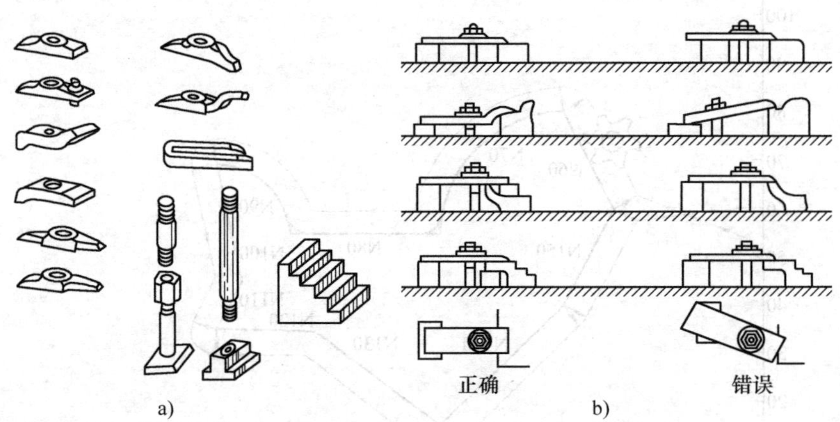

图 5-85　压板及其使用

2）垫铁的高度应与工件的被压点高度相同，并允许垫铁高度略高一些。用平压板时，垫铁高度不允许低于工件被压点的高度，以防止压板倾斜削弱夹紧力。

3）使用压板固定工件时，其压点应尽量靠近切削位置。使用压

板的数目不得少于两个，而且压板要压在工件上的实处，若工件下面悬空时，必须附加垫铁（垫片）或用千斤顶支承。

4）根据工件的形状、刚性和加工特点确定夹紧力的大小，既要防止由于夹紧力过小造成工件松动，又要避免夹紧力过大使工件变形。一般精铣时的夹紧力小于粗铣夹紧力。

5）如果压板夹紧力作用点在工件已加工表面上，应在压板与工件间加铜质或铝质垫片，以防止工件表面被压伤。

6）在工作台面上夹紧毛坯工件时，为保护工作台面，应在工件与工作台面间加软金属垫片。如果在工作台面上夹紧较薄且有一定面积的已加工表面时，可在工件与工作台面间加垫纸片增加摩擦，这样做可提高夹紧的可靠性，同时保护了工作台面。

7）所使用的T形槽用螺钉与压板应进行必要的热处理，以提高其强度和刚性，防止工作时发生变形削弱夹紧力。

2. 刀具选择

采用 ϕ10mm 的立铣刀。刀具号为 T1；刀具补偿号为 D1。采用刀具半径右补偿方式。

加工参数：退回高度为 50mm；工件厚度为 5mm。进刀/退刀方式为距离工件 20mm，直线进刀，直线退刀，如图 5-84 所示。

3. 加工程序

程序如下：

程序	说明
O0002；	程序名
N10 T1 D1；	1 号刀具，建立刀补（长度、半径）
N20 G54；	零点偏置
N30 G00 G17 G90 X5 Y55 Z5；	快速定位到起始点
N40 G01 Z-5 F200 S800 M03；	直线插补，Z 方向进刀，主轴正转
N50 G41 G450 X30 Y60 F260；	建立左刀补，圆弧过渡
N60 X40 Y80；	直线插补至点（X40，Y80）
N70 G02 X65 Y55 I0 J－25；	圆弧插补至点（X65，Y55）

N80 G01 X95；	直线插补至点（X95，Y55）
N90 G02 X110 Y70 I15 J0；	圆弧插补至点（X110，Y70）
N100 G01 X105 Y45；	直线插补至点（X105，Y45）
N110 X110 Y35；	直线插补至点（X110，Y35）
N120 X90；	直线插补至点（X90，Y35）
N130 X65 Y15；	直线插补至点（X65，Y15）
N140 X40 Y40；	直线插补至点（X40，Y40）
N150 X30 Y60；	直线插补至点（X30，Y60）
N160 G40 X5 Y60；	*Z* 方向退刀且取消半径补偿
N170 G00 Z50 D0；	*Z* 向提刀，取消长度补偿
N180 M30；	程序结束

例 11 外轮廓的加工

图 5-86 所示的零件，厚度为 10mm，材料为 45 钢，属于平面类零件。要求采用刀具半径补偿，按逆时针方向进给精铣一次外轮廓，由于采用刀具半径补偿，所以应按工件轮廓外形编写其加工程序，实际刀具中心轨迹向工件轮廓外移动一个半径距离。

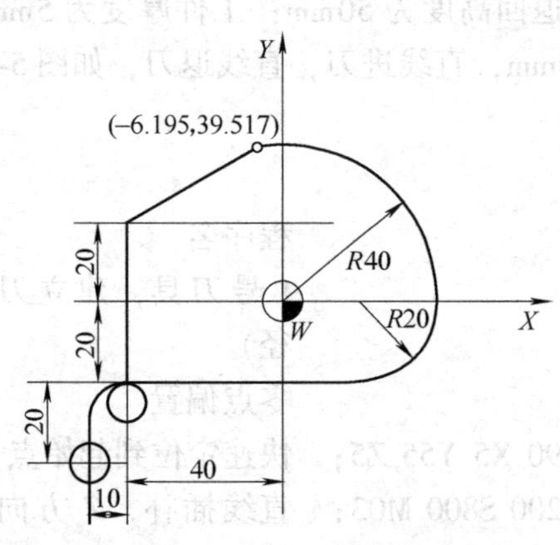

图 5-86 铣削外轮廓工件

（*Z* 轴程序原点位于工件上表面）

1. 工件装夹

采用 T 形螺钉和压板夹紧，工件下面加垫板，以防止刀具触到

工作台面上。T形螺钉的T形头卡在工作台的T形槽中，压板压在工件的上面，夹紧力的方向对着工作台，旋紧螺母将工件夹紧在工作台上。由于加工过程中立铣刀将铣削到压板夹持部位，所以应采用三个以上的压板，在加工过程中通过及时倒换压板夹持的位置，确保能够铣削工件的全部轮廓外形，为保证加工中工件不松动，在压板换位时应至少有两个以上的压板处在夹压的状态中。

2. 刀具选择

采用ϕ10mm的立铣刀。刀具号为T2；刀具补偿号为D2。采用刀具半径右补偿方式。

加工参数：退回高度为100mm；工件厚度为10mm。进刀/退刀方式为距离工件20mm，圆弧进刀，直线退刀，如图5-86所示。

加工程序：

YEST2	主程序名
N02 G54 T2 D02;	建立工件坐标系，刀具号为2，建立刀具长度补偿，刀具补偿号为2
N03 S800 M03;	主轴正转，转速800r/min
N04 G90 G17 G0 X0 Y0 Z100;	绝对坐标编程，选择XY平面，快速至原点上方退回平面
N06 X-50 Y-40;	在退回平面上，刀具快速到工件边界外
N08 Z5 M08;	快速到安全距离，开冷却液
N10 G1 Z-11 F100;	以切削进给速度下刀，刀端面刃伸出工件底面1mm
N12 G42 G450 Y-30;	建立刀具半径右补偿，圆弧过渡
N14 G2 X-40 Y-20 I10 J0;	以半径为10mm的1/4圆弧轨迹，沿加工面切向进刀
N16 G1 X20;	切削直线轮廓
N18 G3 X40 Y0 I0 J20;	切削圆弧
N20 X-6.195 Y39.517 I-40 J0;	切削圆弧
N22 G1 X-40 Y20;	切削直线轮廓

N24 Y－30；	切削直线轮廓并直线退刀
N26 G40 Y－40；	取消刀具半径补偿，退至（－40，－40）处
N28 G00 Z100；	抬刀至退回平面
N30 X0 Y0；	在退回平面上回起始点
N32 M02	程序结束

例 12　内轮廓的加工

图 5-87 所示零件内轮廓已粗加工完，尚留余量 3mm，编写半精铣、精铣加工程序。要求刀具每次轴向切深不大于 5mm，工件厚度为 10mm。

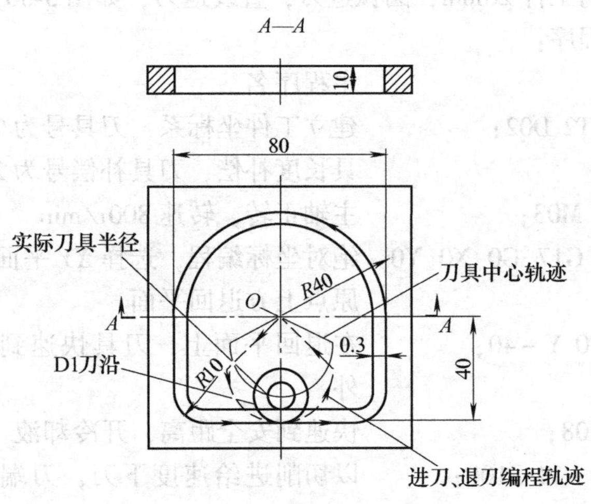

图 5-87　精铣工件内轮廓

1. 工件坐标原点

工件原点设在 *R*40mm 圆弧的圆心 O 点，工件上表面，如图 5-87 所示。

2. 工件装夹

采用机用平口虎钳装夹。

3. 刀具选择

采用 ϕ16mm 的立铣刀，加工内轮廓要求刀具每次轴向切深不大

于5mm，即 a_p 不大于5mm，所以在 Z 方向切削二层，每层切削背吃刀量 $a_p=5$mm。

刀具参数见表5-18。切削内轮廓的起始点为 D 点。进刀、退刀编程轨迹均采用1/4 圆弧，如图5-87 中虚线所示的路径。

表5-18 刀具参数

刀具号	名称	刀长测量值/mm	刀长补偿值/mm	刀具直径测量值/mm	刀具半径补偿值/mm	刀具半径补偿号	侧吃刀量 a_e/mm	背吃刀量 a_p/mm
T01	ϕ16mm立铣刀	85.6	85.6	16.006	8.303	D1	2.7	5
					8.003	D2	0.3	

4. 加工程序

利用刀具半径补偿功能铣削编程，可以不考虑刀具半径对轨迹的影响，只需要按工件轮廓编程。本题编程采用了半径补偿，编程轨迹即为工件轮廓，如图5-87 中所注明的粗实线轨迹。

```
MABC;                          主程序名
N10 G54 G90 S600 M3;           建立工件坐标系，绝对坐标编程，
                               主轴正转
N20 T1;                        1号刀，刀具长度补偿
N30 G0 X0 Y0 Z100 M8;          到原点上方退回平面，开切削液
N40 Z5 D1;                     快速到安全距离，调补偿号 D1
N45 Z0;
N50 L300 P2;                   调 L300 予程序，执行二次（沿 Z
                               向切削二层）
N60 G90 G0 Z5 D2;              快速到安全距离，调补偿号 D2
N65 Z0;
N70 L300 P2;                   调 L300 子程序，执行二次（沿 Z
                               向切削二层）
N80 G90 G0 X0 Y0 Z100;         回到起始点
N90 M2;                        程序结束
L300;                          子程序 L300（Z 向进刀一次）
```

N10 G91 G0 Z－5；	增量尺寸，Z 向进刀－5mm
N20 L400；	调 L400 子程序
N30 RET；	返回到主程序
L400；	子程序 L400（切削一层内轮廓）
N10 G90 G1 G41 G450 X－20 Y－20 F60；	绝对尺寸，建立刀具补偿，圆弧过渡
N20 G3 X0 Y－40 CR＝20；	1/4 圆弧轨迹进刀，切入
N30 G1 X30；	以下为切削内轮廓一次
N40 G3 X40 Y－30 CR＝10；	
N50 G1 Y0；	
N60 G3 X－40 Y－40 J0；	
N70 G1 Y－30；	
N80 G3 X－30 Y－40 CR＝10；	
N90 G1 X0；	内轮廓切削完成
N100 G3 X20 Y－20 CR＝20；	1/4 圆弧轨迹退刀，切出
N110 G1 G40 X0 Y0；	返回原点，取消刀具半径补偿
N120 RET；	返回到程序 L300

例 13 内外轮廓的加工实例

1. 零件图分析

加工如图 4-53 所示零件的内外轮廓。选用高度为 14mm、边长为 120mm 的正方形毛坯，用刀具半径补偿指令编程，加工该零件。

2. 工艺分析

外轮廓沿圆弧切线方向 $P_1 \rightarrow P_2$ 切入，切出时沿切线方向 $P_2 \rightarrow P_3$，刀具在工件的左侧，所以用刀具半径左补偿。内轮廓加工时，$P_4 \rightarrow P_5$ 为切入段，$P_6 \rightarrow P_4$ 为切出段，故用刀具半径右补偿。外轮廓加工完毕取消刀具半径左补偿，待刀具移至 P_4 点，再建立刀具半径右补偿。选用刀具直径为 8mm，刀具补偿地址 D1 里输入补偿值为 4mm。

3. 确定加工坐标原点

工件坐标系的原点设在毛坯上表面的中心处。

4. 编写加工程序

程序

```
%_N_1003_MPF
$PATH=/_N MPF_DIR
N10  G90  G54  X0  Y0  Z100
N20  G0  Z2
N30  T1  M06
N40  D1
N50  S150  M03
N60  G1  X20  Y-44
N65  G0  Z-4
N70  G41  X0  Y-40
N80  G02  X0  Y-40  I0  J40
N90  G40  G01  X-20  Y-44
N100  G0  Z2
N110  X0  Y15
N120  G01  Z-4
N130  G42  X0  Y0
N140  G02  X-30  Y0  I-15  J0
N150  X30  Y0  I30  J0
N160  X0  Y0  I-15  J0
N170  G40  G01  X0  YI5
N180  G0  Z100
N190  X0  Y0
N200  M05
N210  M30
```

五、综合实例

例 14　加工如图 5-88 所示的零件。材料 45 钢，毛坯尺寸 100mm×70mm×10mm。

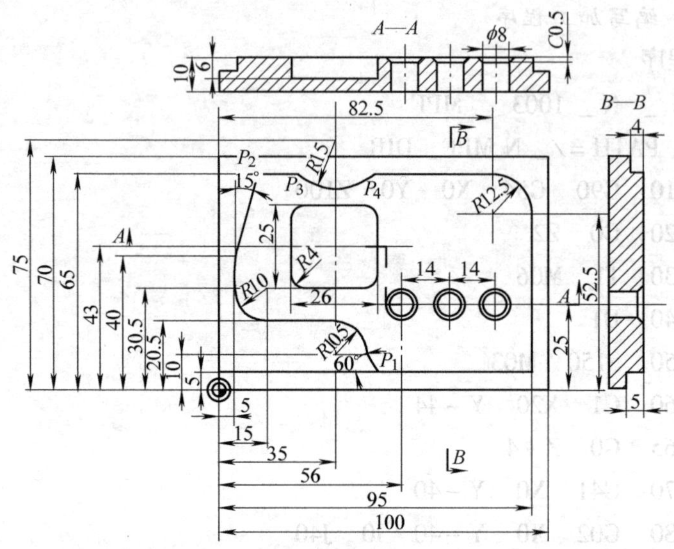

图 5-88　综合实例

1. 工艺处理

加工前用机用平口虎钳夹紧并找平。

(1) 工步和进给路线的确定　按刀具确定工步和进给路线。

1) 外轮廓加工：先完成5mm高的台阶，再由 P_1 点的延长线切入，完成4mm高的外轮廓。

2) 型腔加工：完成26mm×25mm的型腔。

3) 孔加工：用中心钻定位，再钻孔，最后孔倒角。

零件的粗、精加工由刀具半径补偿控制。

(2) 刀具和切削用量的确定

加工所用刀具如图5-89与表5-19所示。

表5-19　刀具参数表

刀具号T	刀　具	用　处	长度及半径补偿	切深/mm	转速/(r/min)	切削速度/(m/min)	进给量/(mm/min)
1	ϕ12mm 中心钻	孔定位、倒圆	D1		800	30	100
3	ϕ20mm 立铣刀	外轮廓加工	D3	8	550	35	80
7	ϕ8mm 键槽铣刀	型腔加工	D7	2.5	1200	35	25
10	ϕ10mm 钻头	孔加工	D10		1200	30	100

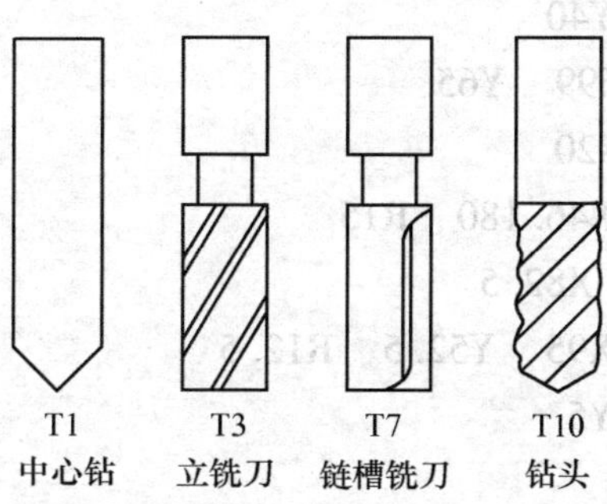

图 5-89 加工所用工具

2. 数值计算

工件坐标系如图 5-88 所示。

未知点坐标：P_1（48.378，0），P_2（11.699，65），P_3（23.820，65）。

3. 编程

```
%
N_ 1015_ MPF
N0010   T3   M6
N0020   G0   G17   G90   S550   M3D3
N0030   Z2
N0040   G41   G0   X115   Y5
N0050   Z－5
N0060   G1   X－15   F80
N0070   G40   X－20
N0080   G0   Z2
N0090   G41   X57.047   Y－10   D3
N0100   Z－4
N0110   G01   X45.5   Y10   F80
N0120   G3   X35   Y20.5   R10.5
N0130   G1   X15
N0140   G2   X5   Y30.5   R10
```

```
N0150   G1   Y40
N0160   X11.699   Y65
N0170   X23.820
N0180   G3   X46.180   R15
N0190   G01   X82.5
N0200   G2   X95   Y52.5   R12.5
N0210   G1   Y5
N0220   X35
N0230   G40   X40
N0240   G0   Z5
N0250   T7   M6
N0260   S1200   M3   D7
N0270   G0   X35   Y43
N0280   R101 =4   R102 =2   R103 =0   R104 = -6   R116 =35
R117 =43   R118 =26   R119 =25   R120 =4   R121 =2.5
R122 =25   R123 =50   R124 =0   R125 =0   R126 =3   R127 =1
N0290   LCYC75
N0300   T1   M6
N0310   S800   M3   D1
N0320   G0   X56   Y25   Z5
N0330   R101 =4   R102 =2   R103 =0   R104 = -1   R115 =82
R116 =56   R117 =25   R118 =0   R119 =3   R120 =0   R121 =
14
N0340   LCYC60
N0350   T10   M6
N0360   S1200   M3   D10
N0350   G0   X56   Y25   Z5
N0360   R104 = -15
N0370   LCYC60
N0380   T1   M6
N0390   S800   M3   D1
```

```
N0400   G0   X56   Y25   Z5
N0410   R104 = -4.3
N0420   LCYC60
N0430   G0Z200   M05
N0440   M2
```

复习思考题

1. 根据图 5-90 所示加工轨迹，为其编程。

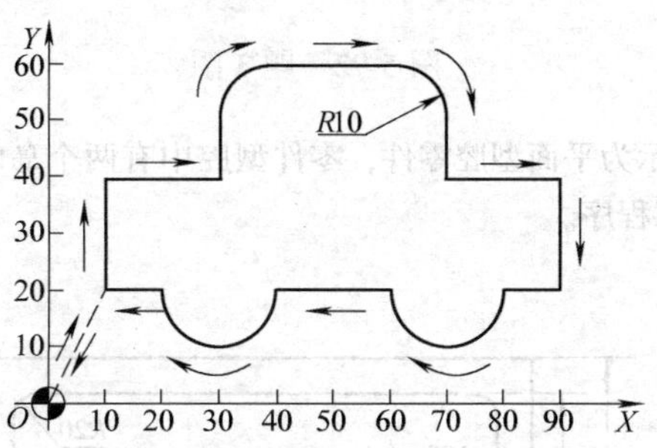

图 5-90　题 1 图

2. 根据图 5-91 所示加工轨迹，为其编程。工件切深 10mm，起刀点在工件上方 50mm 处。

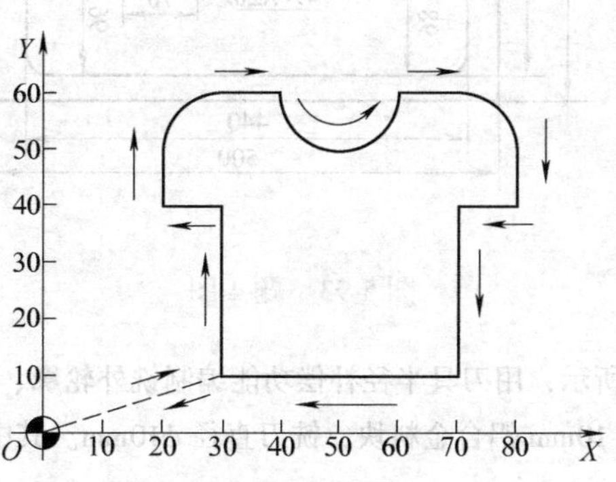

图 5-91　题 2 图

3. 编写图 5-92 a、b 所示零件的数控加工程序。

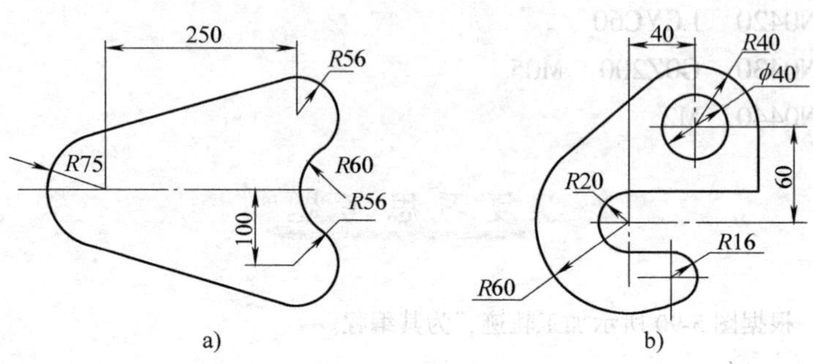

图 5-92 题 3 图

4. 图 5-93 所示为平面型腔零件，零件型腔中有两个岛屿，型腔深度 5mm，试编写其数控加工程序。

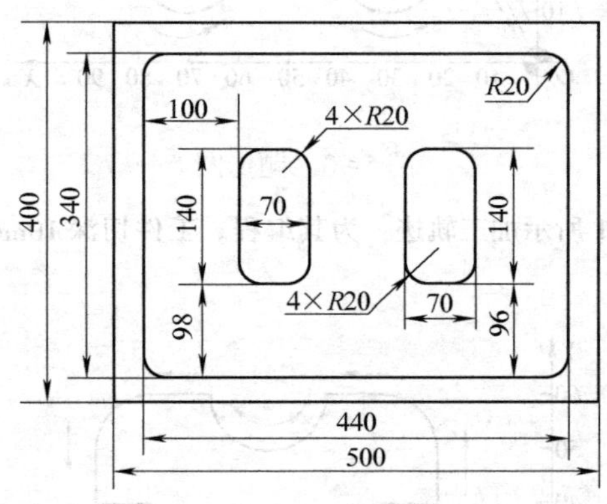

图 5-93 题 4 图

5. 如图 5-94 所示，用刀具半径补偿功能编制铣外轮廓、内轮廓程序。毛坯为 95mm × 85mm × 10mm 铝合金料块，铣刀直径 φ10mm。其中 *A*、*B* 两点坐标如下：

A 点坐标：25. 54、66 *B* 点坐标：64. 46、66

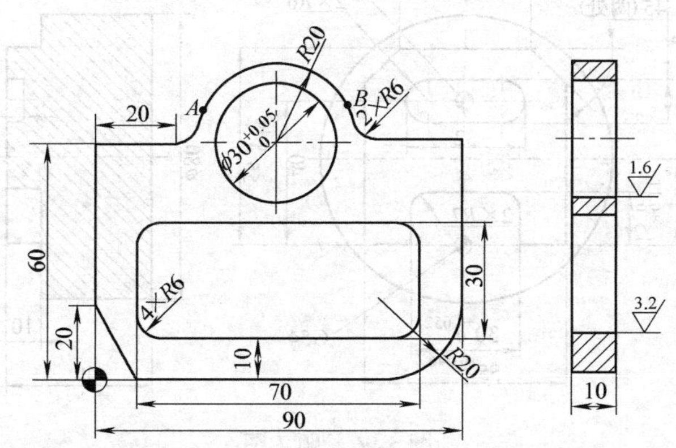

图 5-94　题 5 图

6. 编程完成图 5-95 所示零件的加工（凸台、槽、孔的加工）。

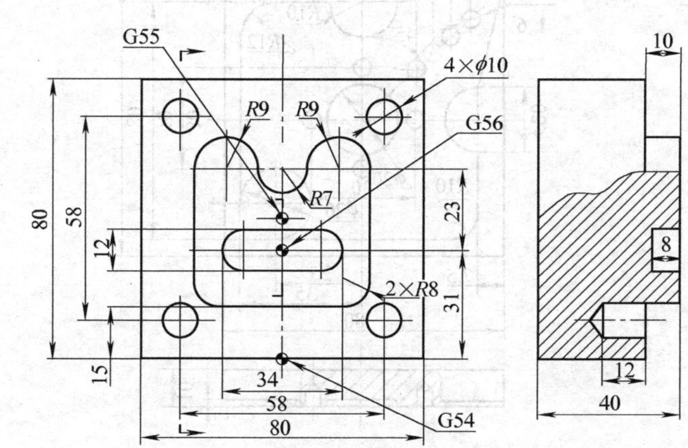

图 5-95　题 6 图

7. 编程完成图 5-96 所示零件凸台槽的加工。

8. 如题图 5-97 所示，用刀具半径补偿功能编制铣凸台阶、钻孔程序。刀具直径 ϕ10mm，毛坯为 80mm×80mm×10mm 的 45 钢。

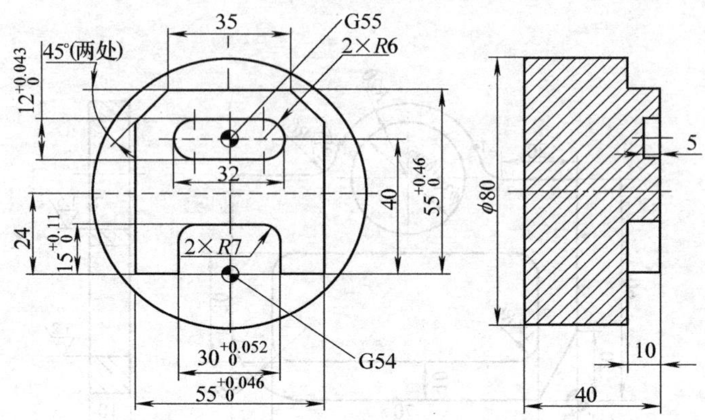

图 5-96　题 7 图

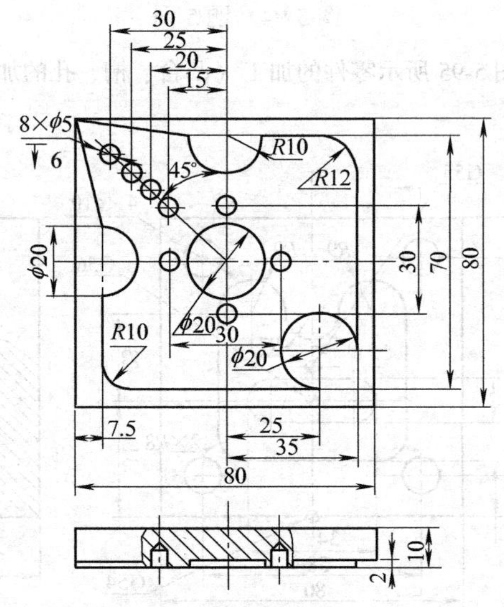

图 5-97　题 8 图

第六章

自 动 编 程

培训学习目标 掌握利用 CAD/CAM 软件完成简单平面轮廓铣削程序的编制方法；掌握 CAXA 这种 CAD/CAM 软件的使用方法及利用 CAXA 软件绘制平面轮廓图样的方法；掌握利用 CAXA 软件生成加工代码的方法。了解自动编程的方法与原理，了解常用自动编程软件的种类。

第一节 自动编程的简介

使用计算机（或编程机）进行数控机床程序编制工作，即由计算机（或编程机）自动地进行数值计算，编写零件加工程序单，自动地打印输出加工程序单，并将程序记录到介质上。数控机床的程序编制工作的大部分或全部由计算机（或编程机）完成的过程，即为自动程序编制。

一、自动编程的基本原理

自动编程是通过数控自动程序编制系统实现的。自动编程系统（图 6-1）有硬件及软件两部分。硬件主要有计算机、绘图机、打印机、程序传输设备及其他一些外围设备；软件即计算机编程系统，又称编译软件。自动编程的工作过程如图 6-2 所示。

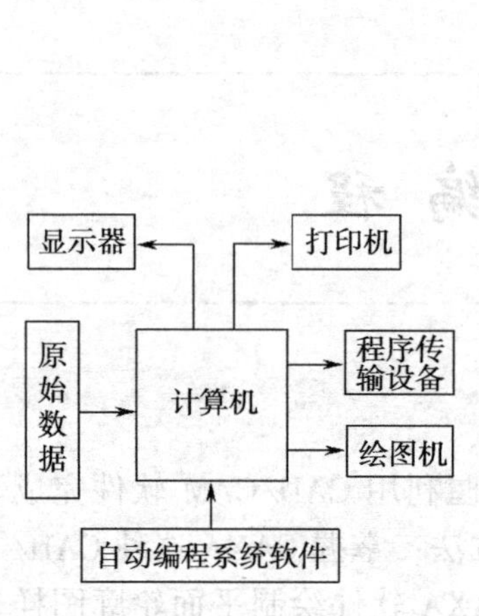

图 6-1　数控自动编程系统的组成

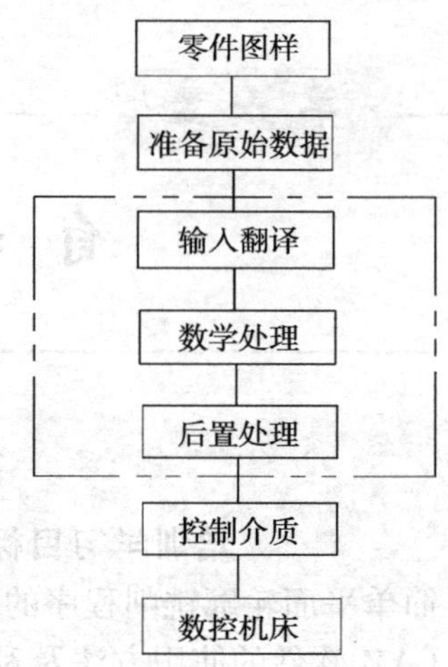

图 6-2　自动编程的工作过程

1. 准备原始数据

原始数据描述了被加工零件的所有信息，包括零件的形状、尺寸和几何要素之间的相互关系，刀具运动轨迹和工艺参数等。原始数据的表现形式随着自动编程技术的发展越来越多样化了，它可以是用数控语言编写的零件源程序，也可以是零件的图样信息，还可以是操作者发出的指令声音等。这些原始数据是由人工准备的，当然它比直接编制数控程序要简单、方便得多。

2. 输入、翻译

原始数据以某种方式输入计算机后，计算机并不能立即识别和处理，必须通过一套预先存放在计算机中的编程系统软件，将它翻译成计算机能够识别和处理的形式。由于它的翻译功能，故又称编译软件。计算机编程系统品种繁多，原始数据的输入方式不同，程编系统就不一样，即使是同一种输入，也有很多种不同的程编系统。

3. 数学处理

主要是根据已经翻译的原始数据，计算出刀具相对于工件的运动轨迹。编译和计算合称为前置处理。

4. 后置处理

后置处理就是编程系统将前置处理的结果，处理成具体的数控

机床所需要的输入信息，即形成了零件加工的数控程序。

5. 信息的输出

将后置处理得到的程序信息，制成控制介质，用于数控机床的输入；也可利用计算机和数控机床的通信接口，直接把程序信息输入数控机床，控制数控机床的加工，或边输入，边加工；还可利用打印机打印输出制成程序单。

二、自动编程的主要特点

1）数学处理能力强。对轮廓形状不是由简单的直线、圆弧组成的复杂零件，特别是空间曲面零件，以及几何要素虽不复杂，但程序量很大的零件，计算则相当繁琐，采用手工程序编制是难以完成的。而自动编程借助于系统软件强大的数学处理能力，人们只需给计算机输入该曲线的描述语句或零件图样，计算机就能自动计算出加工该曲线的刀具轨迹，快速而又准确。

2）能快速、自动生成数控程序。自动编程在完成计算刀具运动轨迹之后，后置处理程序能在极短的时间内自动生成数控程序，且该数控程序不会出现语法错误。当然自动生成程序的速度还取决于计算机硬件的档次，档次越高，速度越快。

3）后置处理程序灵活多变。自动生成适用于不同数控机床的数控程序，它灵活多变，可以适应不同的数控机床。

4）程序自检、纠错能力强。自动编程能够借助于计算机在屏幕上对数控程序进行动态模拟，连续、逼真地显示刀具加工轨迹和零件加工轮廓，发现问题并及时修改，快速又方便。

5）便于实现与数控系统的通信。自动编程可以把自动生成的数控程序经通信接口直接输入数控系统，控制数控机床加工。可以做到边输入，边加工，不必忧虑数控系统内存不够大，免除了将数控程序分段。

三、自动编程的分类

1952年，美国生产出第一台数控铣床。1953年，美国麻省理工学院（M. I. T）伺服机构实验室就开始研究数控自动编程。1959年，第一代自

动编程系统，即APT系统开始用于生产。根据自动编程时原始数据输入方式的不同，自动编程可以分为语言输入方式、会话（WOP）输入方式、图形输入方式、语音输入方式和实物模型输入方式五种。

1. 语言数控自动编程

语言数控自动编程是指零件加工的几何尺寸、工艺参数、切削用量及辅助要求等原始信息用数控语言编写成源程序后输入到计算机中，再由计算机通过语言自动编程系统进一步处理后得到零件加工程序单及控制介质。自动编程技术的研究是从语言自动编程系统开始的。它品种多，功能强，使用范围最广，其中以美国的APT系统最具代表性。现在基本上已经不用了。

2. 会话型自动编程

会话型自动编程系统就是在数控语言自动编程的基础上，增加了“会话”功能。程编员通过与计算机对话的方式，用会话型自动编程系统专用的会话命令，回答计算机显示屏的提问，输入必要的数据和指令，完成对零件源程序的编辑、修改。会话型自动编程系统的特点是：程编员可随时修改零件源程序；随时停止或开始处理过程；随时打印零件加工程序单或某一中间结果；随时给出数控机床的脉冲当量等后置处理参数；可用菜单方式输入零件源程序及操作过程。日本的FAPT、荷兰的MITURN、美国的NCPTS、我国的SAPT等都是会话型自动编程系统。

3. 图形交互自动编程

图形交互自动编程是计算机配备了图形终端和必要的软件后进行编程的一种方法。图形终端由鼠标器、显示屏和键盘组成，它既是输入设备，又是输出设备。利用它能实现人与计算机的“实时对话”，发现错误能及时修改。编程时，可在终端屏幕上显示出所要加工的零件图形，用户可利用键盘和鼠标器交互确定进给路径和切削用量，计算机便可按预先存储的图形自动编程系统计算刀具轨迹，自动编制出零件的加工程序，并输出程序单和制成控制介质。现代自动编程系统可以自动确定最佳的加工工艺参数，只要给出加工零件的最终加工尺寸、精度和材料，计算机就能自动地确定加工过程需要的全部信息。这种编程方式往往与计算机辅助设计集成在一起，

称为 CAD/CAM 编程。

图形交互自动编程方法简化了编程过程，减少编程差错，缩短编程时间，降低编程费用，是一种很有发展前途的自动编程方法，也是现在应用最多的自动编程方式。

4. 语音提示自动编程

语音数控自动编程是利用人的声音作为输入信息，并与计算机和显示器直接对话，令计算机编出加工程序的一种方法。语音编程系统的构成见图 6-3。编程时，程编员只需对着话筒讲出所需的指令即可。编程前应使系统“熟悉”编程员的“声音”，即首次使用该系统时，编程员必须对着话筒讲该系统约定的各种词汇和数字，让系统记录下来并转换成计算机可以接受的数字指令。用语音自动编程的主要优点是：便于操作，未经训练的人员也可使用语音编程系统；可免除打字错误，编程速度快，编程效率高。

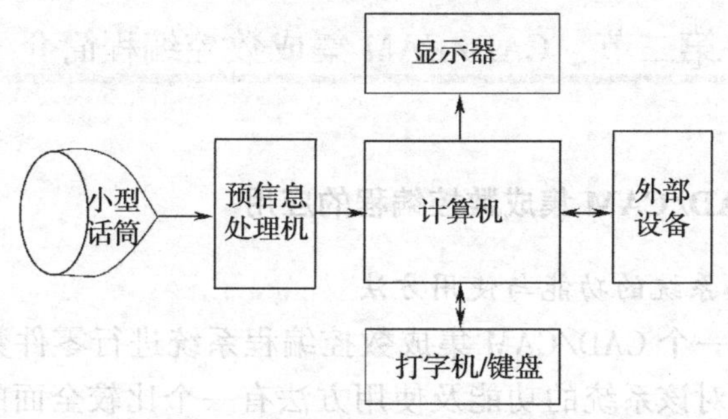

图 6-3 语音编程系统的构成

5. 数字化仪自动编程

数字化仪自动编程适用于有模型或实物而无尺寸的零件加工程序编制，因此也称为实物编程。这种编程方法应具有一台坐标测量机或装有探针具有相应扫描软件的数控机床，对模型或实物进行扫描。由计算机将所测数据进行处理，最后控制输出设备，输出零件加工程序单或制成控制介质。

图 6-4 是计算机控制的坐标测量机数字化系统，这种系统可编制两坐标或三坐标数控铣床加工复杂曲面的程序。

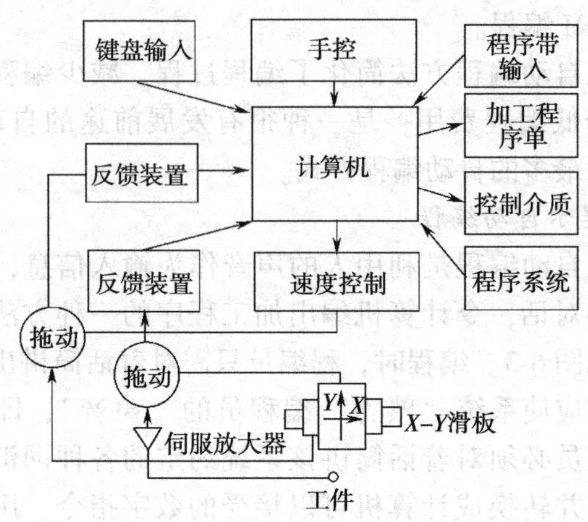

图 6-4　计算机控制的坐标测量机数字化系统

第二节　CAD/CAM 集成数控编程简介

一、CAD/CAM 集成数控编程的应用

1. 熟悉系统的功能与使用方法

在使用一个 CAD/CAM 集成数控编程系统进行零件数控加工编程之前，应对该系统的功能及使用方法有一个比较全面的了解。了解系统的功能框架；了解系统的数控加工编程能力；熟悉系统的界面和使用方法；了解系统的文件管理方式。

2. 分析加工零件

当拿到待加工零件的零件图或工艺图（特别是复杂曲面零件和模具图样）时，首先应当对零件图进行仔细的分析，内容包括：分析待加工表面；确定加工方法；确定编程原点及编程坐标系。

3. 对待加工表面及其约束面进行几何造型

对于 CAD/CAM 集成数控编程系统来说，一般可根据几何元素的定义方式，在前面零件分析的基础上，对加工表面及其约束面进行几何造型。

4. 确定工艺步骤并选择合适的刀具

一般来说，可根据加工方法和加工表面及其约束面的几何形态选择合适的刀具类型及刀具尺寸。但对于某些复杂曲面零件，则需要对加工表面及其约束面的几何形状进行数值计算，根据计算结果才能确定刀具类型和刀具尺寸。

5. 刀具轨迹生成及刀具轨迹编辑

对于CAD/CAM集成数控编程来说，一般可在所定义加工表面及其约束面（或加工单元）上确定其外法向矢量方向，并选择一种进给方式，根据所选择的刀具（或定义的刀具）和加工参数，系统将自动生成所需的刀具轨迹。刀具轨迹生成以后，如果系统具备刀具轨迹显示及交互编辑功能，则可以将刀具轨迹显示出来，如果有不太合适的地方，可以在人工交互方式下对刀具轨迹进行适当的编辑与修改。

6. 刀具轨迹验证

如果系统具有刀具轨迹验证功能，对可能过切、干涉与碰撞的刀位点，采用系统提供的刀具轨迹验证手段进行检验。

7. 后置处理

根据所选用的数控系统，调用其机床数据文件，运行数控编程系统提供的后置处理程序，将刀位原文件转换成数控加工程序。

这部分内容虽然鉴定标准中不做要求，但是很重要，可做为单位购买自动编程软件时的参考。

二、常用CAD/CAM软件及功能

CAD/CAM系统软件是实现图形交互式数控编程必不可少的应用软件，随着CAD/CAM技术的飞跃发展和推广应用，国内外不少公司与研究单位先后推出了各种CAD/CAM支撑软件。目前，在国内市场上销售比较成熟的CAD/CAM支撑软件有十几种，既有国外的，也有国内自主开发的，这些软件在功能、价格、适用范围等方面有很大的差别，由于CAD/CAM（特别是三维CAD/CAM）软件技术复杂，售价高，并且涉及到企业多方面的应用，因此，企业在选型时要很慎重，往往要花费很大的精力和时间。为此，原机械工业部于1998年专门组织了一批CAD/CAM方面的专家教授，对当时国内市场上销售和应用比较普遍的CAD/CAM支撑软件进行了一次评测，并列举一些典型的CAD/CAM软件，可供选型时参考。

1. CAXA—ME 系统

CAXA—ME是由我国北航海尔软件有限公司自主开发研制的，基于微机平台，面向机械制造业的全中文三维复杂型面加工的CAD/CAM软件。它具有2~5轴数控加工编程功能，较强的三维曲面拟合能力，可完成多种曲面造型，特别适用于模具加工的需要，并具有数控加工刀具路径仿真、检测和适合多种数控机床的通用后置处理功能。

2. UGⅡ（Unigraphics）系统

UGⅡ系统由美国EDS（现为UGS公司）公司经销。它最早由美国麦道航空公司研制开发，从二维绘图、数控加工编程、曲面造型等功能发展起来。UGⅡ软件从推出至今已有近20多年。UGⅡ系统本身以复杂曲面造型和数控加工功能见长。是同类产品中的佼佼者，并具有较好的二次开发环境和数据交换能力，可以管理大型复杂产品的装配模型，进行多种设计方案的对比分析、优化，为企业提供产品设计、分析、加工、装配、检验、过程管理、虚拟运作的全数字化支持，形成多极化的全线产品开发能力。该软件在国际上有庞大的用户群，其工作环境主要为工作站。另外，UG公司还推出了在微机平台上的UGⅡ及Solid Edge软件，由此形成了一个从低端到高端，并有UNIX工作站和Windows NT微机版的较完整的企业级CAD/CAE/CAM/PDM集成系统。

3. CATIA（NC MILL）系统

CATIA是IBM公司推出的产品，可以管理大型复杂产品的装配模型，进行多种设计的全数字化支持，形成多极化的全线产品开发能力。该系统具有菜单接口和刀具轨迹验证能力，其主要编程功能与APT—IV/SS相同，除了不能对曲面交线区域编程外，在很多方面突破了APT—IV/SS的限制。

4. Solid Work 系统

Solid Work 是美国 Solid Work 公司推出的微机版参数化特征造型软件，具有运行环境大众化的实体造型实用功能，并集成了结构分析、数控加工、运动分析、注塑模分析、逆向工程、动态模拟装配、产品数据管理等各种专业功能。

5. CIMATRON 系统

CIMATRON 是以色列 Cimatron 公司提供的 CAD/CAM/PDM 软件，是较早在微机平台上实现三维 CAD/CAM 全功能的系统，并且也拥有应用于包括 SUN、DEC、SGI、HP、IBM 等各种工作站的版本。目前，运行于 Windows NT 系统的 CIMATRON V10. 0 版本已在中国推出，并且北京宇航计算机软件公司（BACS）对系统进行了全面汉化，具有比较灵活的用户界面、优良的三维造型和工程绘图、全面的数控加工、各种通用和专用数据接口以及集成化的产品数据管理（PDM）。

6. MasterCAM 系统

MasterCAM 是美国 CNC Software INC 开发的基于 PC 平台的 CAD/CAM 软件，是最经济、最有效的全方位加工系统。MasterCAM 总共分成四大模块：铣削、车削、线切割、实体设计。Mastercam 从诞生至今，以其强大的功能、稳定的性能成为欧美主要发达国家在工业、教育界的首选软件。实体是 MasterCAM 从 V7 版后新增的一个模块，它的核心是 Pastersolid。

第三节 数控铣床/加工中心的自动编程

一、CAXA——制造工程师 2004（数控铣）概述

由于复杂零件加工的需要，实现加工程序的自动编制，对数控铣床和加工中心来说尤为重要。随着计算机辅助制造技术的进一步提高，CAM 软件都在追求更加智能化、自动化的数控编程效果。

CAXA——制造工程师2004（数控铣）就是我国自主研发的计算机辅助编程软件，目前，已广泛应用于塑模、锻模、汽车覆盖件拉伸模、压铸模等复杂模具的生产以及汽车、电子、兵器、航空航天等行业的精密零件加工。与CAXA数控车2004相同，CAXA——制造工程师2004（数控铣）的操作界面秉承了流行的Windows原创软件风格，全中文菜单，简便易学。操作界面见图6-5。

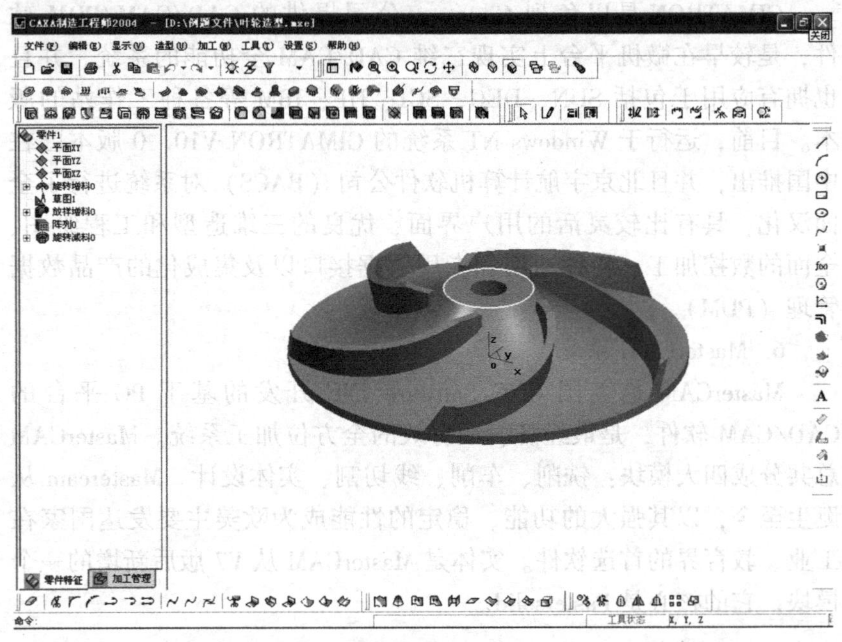

图6-5 CAXA——制造工程师（数控铣）操作界面

CAXA——制造工程师（数控铣）软件生成数控加工程序要经过加工造型（建模）、轨迹生成（加工）、后置处理和加工代码三个主要步骤。

1. 加工造型

与CAD软件零件造型不同，加工造型是对加工表面及其约束面进行的几何特征的描述。加工造型的基本方法有：线架造型、曲面造型、实体造型（特征生成）等。一个复杂零件的加工造型往往是

多种造型方法的组合。

（1）线架造型　线架造型实际就是先绘制曲线，再对曲线进行编辑和修改及空间几何变换，从而完成加工造型。

曲线绘制包括绘制直线、圆弧、圆、椭圆、样条线、点、解析曲线、文字、多边形、二次曲线、等距线、草图、曲线投影和相关线等。除草图、曲线投影和相关线外，其他曲线的绘制方法与CAXA二维电子图板大致相同。对曲线进行编辑则包括曲线裁剪、曲线拉伸、曲线组合、曲线打断和曲线过渡五种功能，其用法也与CAXA二维电子图板基本相同。

简单平面、轮廓类零件用线架造型常能满足其加工需要，复杂曲面及零件加工造型曲线绘制常作为其他造型方法的基础。用线架进行零件加工造型的实例见图6-6。

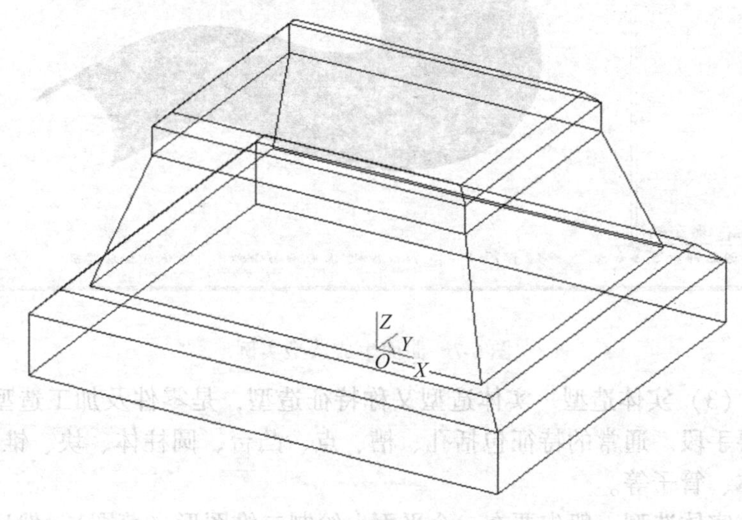

图6-6　零件加工线架造型实例

（2）曲面造型　曲面造型是在构造完决定曲面形状的关键线框后，选用各种曲面的生成和编辑方法，在线框上构造所需定义的曲面来描述零件加工造型的外表面。

曲面形状的关键线框主要取决于曲面特征线，曲面特征线是指曲面的边界线和曲面的截面线（也称剖面线，为曲面与各种平面的

交线）。根据曲面特征线不同的组合方式，可以组织不同的曲面生成方式。曲面生成方式共有直纹面、旋转面、扫描面、边界面、放样面、网格面、导动面、等距面、平面和实体表面十种。运用曲面生成进行造型的实例见图 6-7。

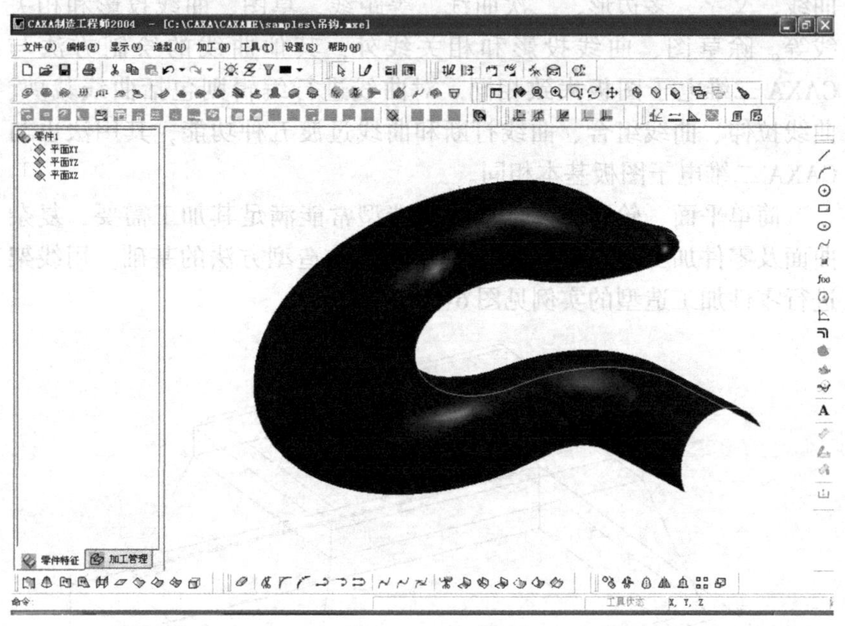

图 6-7 曲面生成造型实例

（3）实体造型 实体造型又称特征造型，是零件及加工造型的重要手段。通常的特征包括孔、槽、点、凸台、圆柱体、块、锥体、球体、管子等。

实体造型一般先要在一个平面上绘制二维图形（草图），然后运用增料或减料等各种方式生成三维实体。

草图的定义：草图是在草图状态下在选定的草图平面上为特征生成而绘制的一个平面封闭图形，也称轮廓。实体造型实例见图 6-8。

2. 刀具轨迹生成

零件加工造型完成后，就可以根据加工工艺的要求，选择加工

图 6-8 实体造型实例

方式，填写加工参数表，生成刀具轨迹。刀具轨迹生成常用的加工方式有：平面轮廓加工、区域加工、导动加工、参数线加工、限制线加工、等高线加工、钻孔等。

在各种轨迹生成方式中，需要设置一些通用的选项，如刀具参数、进退刀参数、下刀方式、清角参数等。

刀具轨迹生成后还可以利用各种轨迹编辑手段对加工轨迹进行修改等操作。

加工参数表的填写见图 6-9，生成的刀具轨迹见图 6-10。

3. 后置处理与生成 G 代码

后置处理就是结合特定机床把系统生成的二轴或三轴刀具轨迹转化成机床能够识别的代码指令，生成的 G 代码可以直接输入数控铣床或加工中心用于加工。为保证加工程序的通用性，针对不同的机床可以设置不同的机床参数和特定的数控代码程序格式，同时还可以对生成的加工程序的正确性进行校核。

后置处理模块包括后置设置、生成 G 代码，校核 G 代码和生成工序卡片功能。

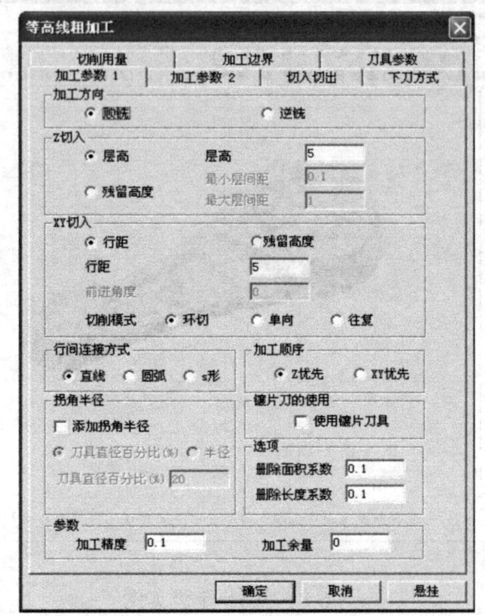

图 6-9　加工参数表的填写

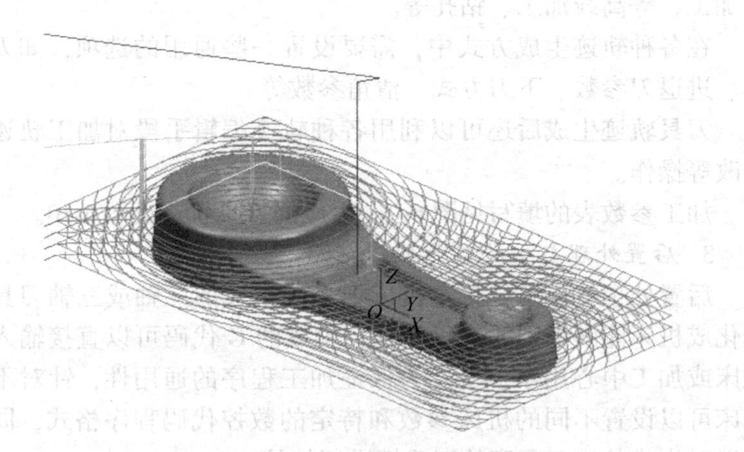

图 6-10　刀具轨迹

(1) 后置设置 后置设置功能包括两个方面的功能：增加机床和后置处理设置，其选项卡分别如图 6-11 和图 6-12 所示。

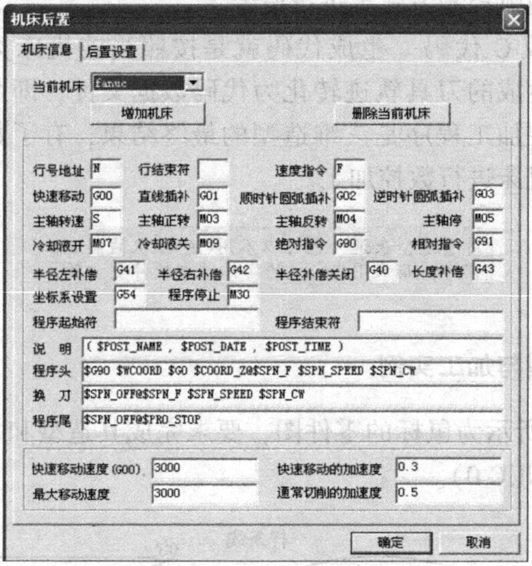

图 6-11 增加机床选项卡

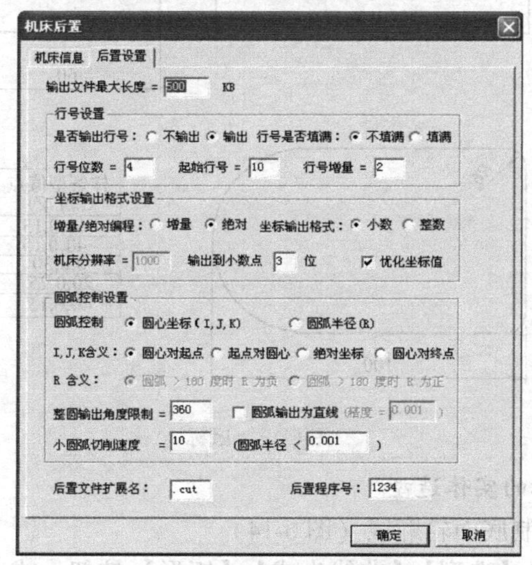

图 6-12 后置处理设置选项卡

后置设置就是针对特定的机床，结合已经设置好的机床配置，对后置输出的数控程序的格式，如程序段号、程序大小、数据格式、编程方式、圆弧控制方式等进行设置。

（2）生成G代码　生成代码就是按照当前机床类型的配置要求，把已经生成的刀具轨迹转化为代码数据文件，即数控程序。后置生成的数控加工程序是三维造型的最终结果，有了数控程序就可以直接输入机床进行数控加工。

二、造型与加工实例

图6-13所示为鼠标的零件图，要求完成其造型和加工轨迹并生成代码（FANUC 0）。

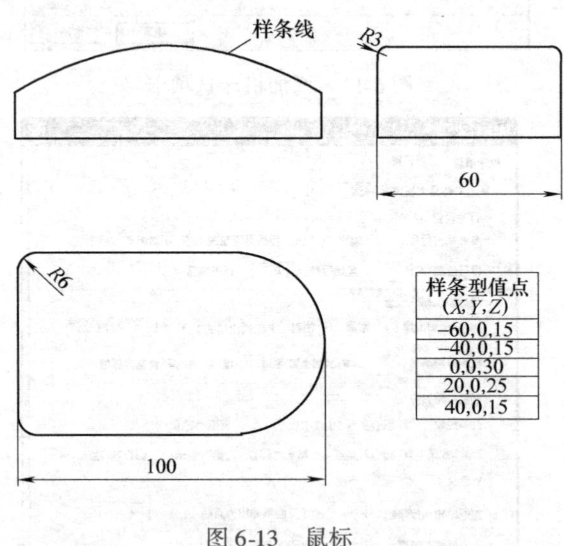

图6-13　鼠标

1. 鼠标的实体造型

（1）绘制底面轮廓线（图6-14）

1）单击【造型】【曲线生成】【矩形】按钮，或者直接单击快

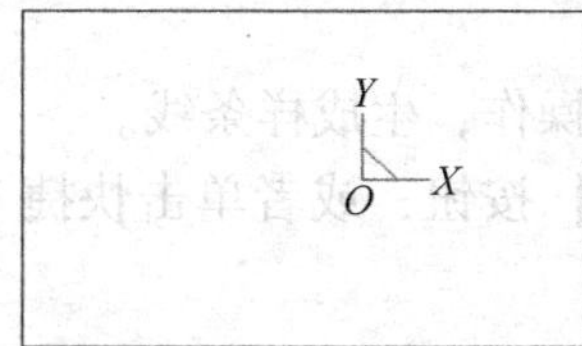

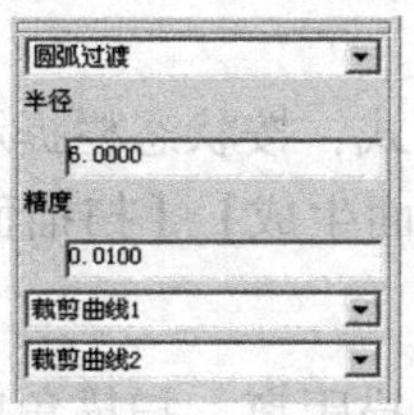

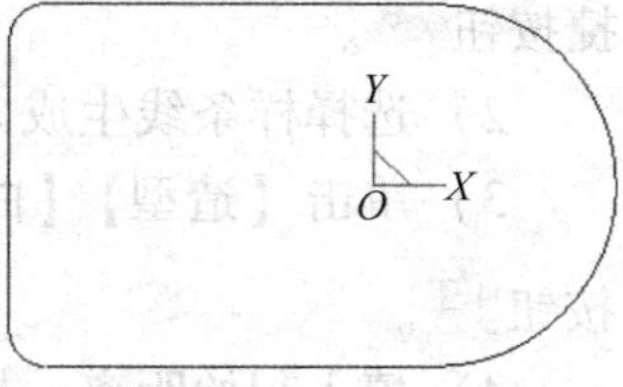

图 6-14　轮廓线及裁剪

捷工具按钮 。

2）选取画矩形方式，根据状态栏提示，完成操作。

3）在立即菜单中单击【圆弧过渡】，输入半径，选择是否裁剪曲线 1 和曲线 2。

4）拾取第一条曲线，第二条曲线，圆弧过渡完成。

（2）绘制样条线形成扫描面（图 6-15）

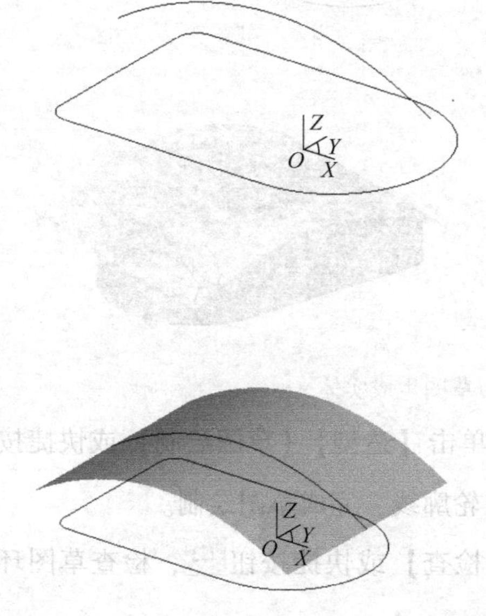

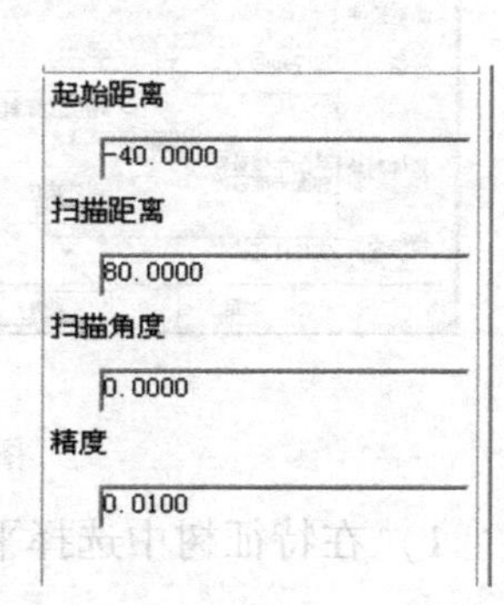

图 6-15　样条线生成扫描面

1）单击【造型】【曲线生成】【样条】按钮，或者直接单击快

捷按钮 。

2）选择样条线生成方式，按状态栏提示操作，生成样条线。

3）单击【造型】【曲面生成】【扫描面】按钮，或者单击快捷按钮 。

4）填入起始距离、扫描距离、扫描角度和精度等参数。

5）按空格键弹出矢量工具，选择扫描方向。

6）拾取空间曲线，扫描面生成。

（3）绘制草图并生成实体（图 6-16）

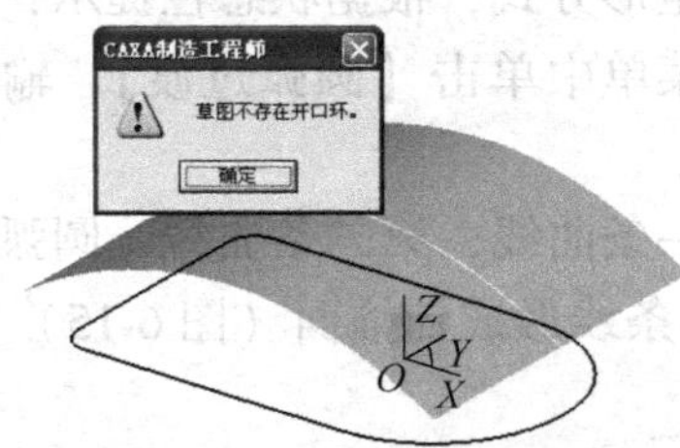

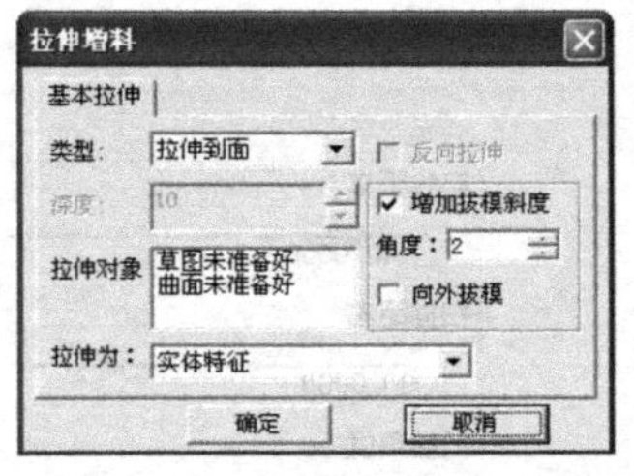

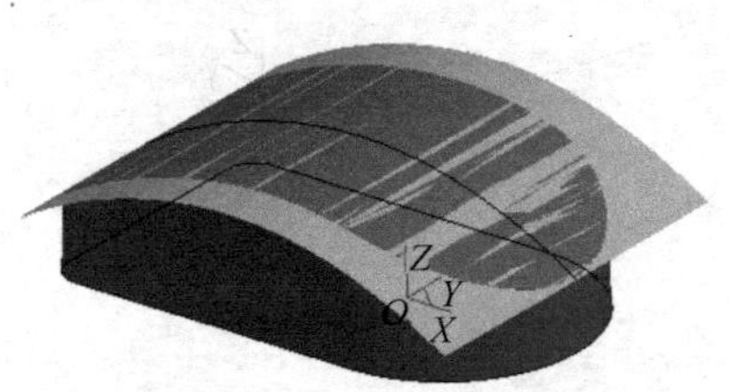

图 6-16　草图生成实体

1）在特征树中选择平面，单击【造型】【草图绘制】或快捷按钮 ，单击曲线投影 ，拾取轮廓线，完成草图绘制。

2）单击【造型】【草图环检查】或快捷按钮 ，检查草图环是否封闭。

3）单击【造型】【特征生成】【增料】【拉伸】或快捷按钮 ，拾取轮廓线，填写对话框后点击确定，拉伸增料完成。

（4）隐藏线条曲面实体过渡（图 6-17）

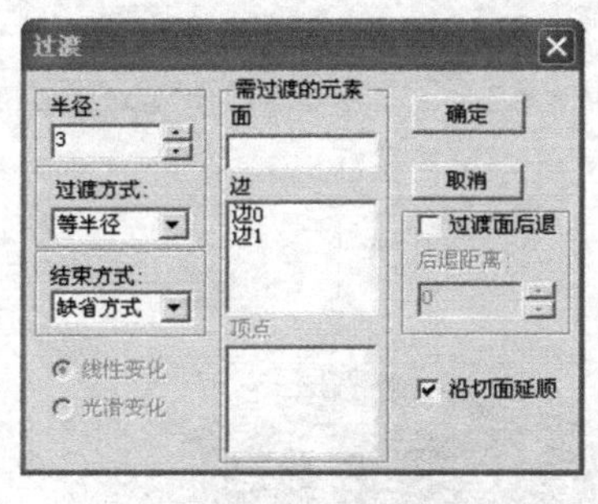

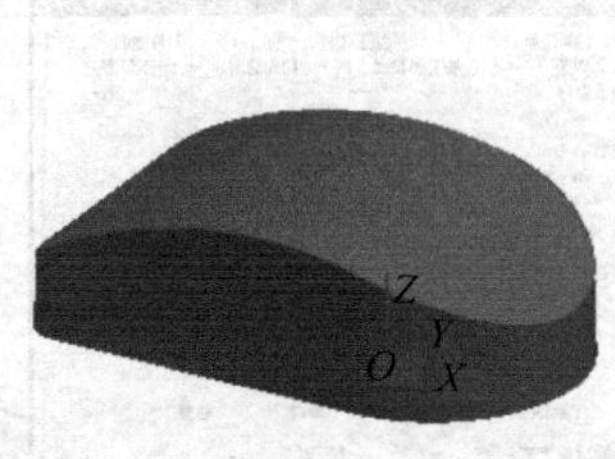

图 6-17 实体过渡

1）单击【编辑】【隐藏】命令，拾取要隐藏的线条和曲面（框选）后，线条及曲面被隐藏。

2）单击【造型】【特征生成】【过渡】命令，填入过渡数据后拾取要过渡棱边，点击确定，过渡完成。鼠标最终造型见图 6-18。

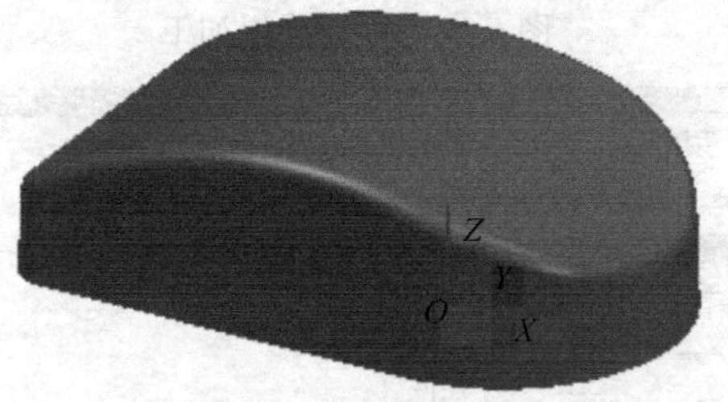

图 6-18 完成的实体造型

2. 生成加工轨迹

鼠标采用的是实体造型，现准备采用等高线粗加工和等高线精加工的方式进行加工，精加工余量 0.5mm，加工精度 0.1mm。

（1）生成等高线粗加工轨迹（图 6-19）

1）单击【加工】【粗加工】【等高线粗加工】命令，在弹出的【等高线粗加工参数表】中选择选项卡，填入相应加工参数。

2）拾取鼠标造型，右击，拾取边界线（如有必要需提前作出，如图 6-19 中的矩形框）后，等高线粗加工轨迹生成。

（2）生成等高线精加工轨迹（图 6-20）

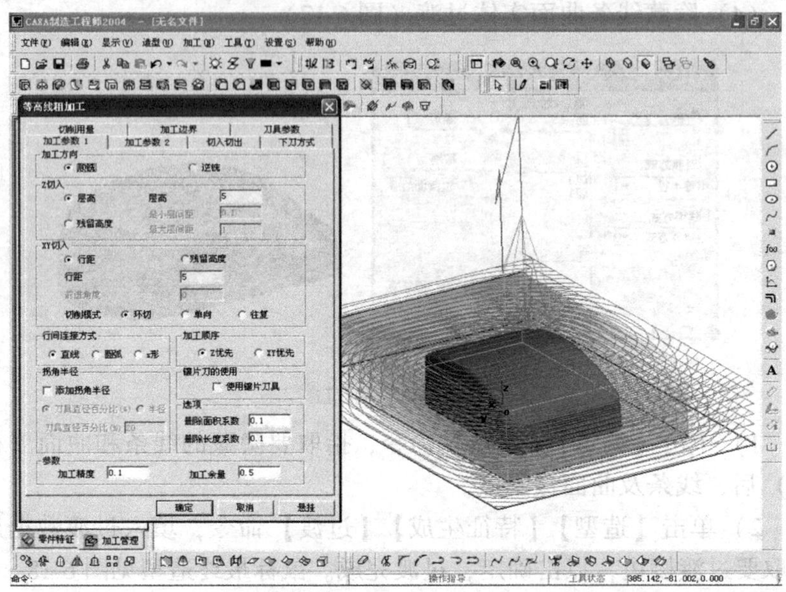

图 6-19　等高线粗加工

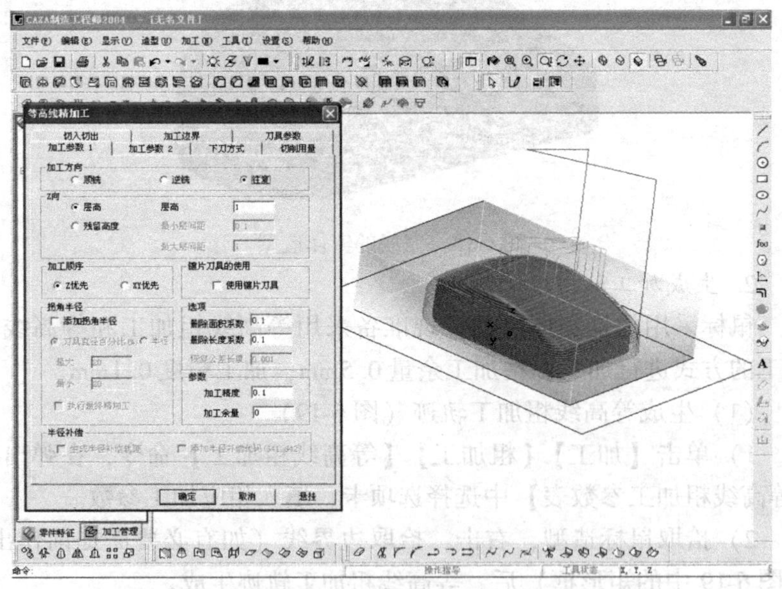

图 6-20　等高线精加工

1）单击【加工】【精加工】【等高线精加工】命令，在弹出的【等高线精加工参数表】中选择选项卡，填入相应加工参数。

2）拾取鼠标造型后，等高线精加工轨迹生成。

（3）刀具轨迹仿真加工

1）单击【加工】【轨迹仿真】命令，在立即菜单中选定选项，按系统提示拾取等高粗加工轨迹和等高精加工轨迹，系统将进行仿真加工，结果如图6-21所示。

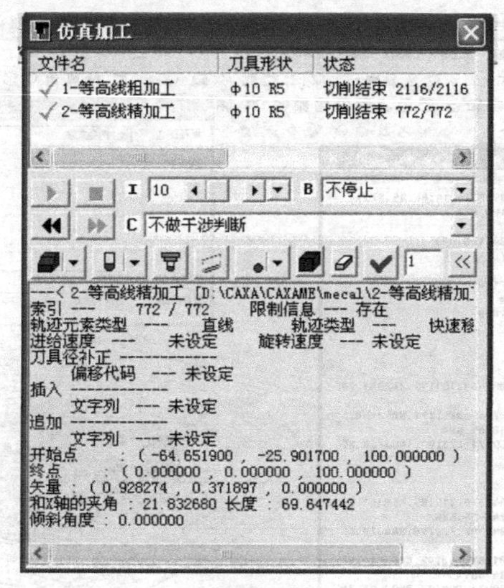

图6-21 仿真加工

2）观察仿真进给路线，检验判断刀具路线是否正确、合理（又无过切等错误）。如需修改，选择【加工】【轨迹编辑】命令，按提示拾取相应加工轨迹或相应轨迹点进行局部轨迹修改。

3）仿真检验无误后，可保存加工轨迹。

三、后置处理生成 G 代码

操作步骤如下（图 6-22）：

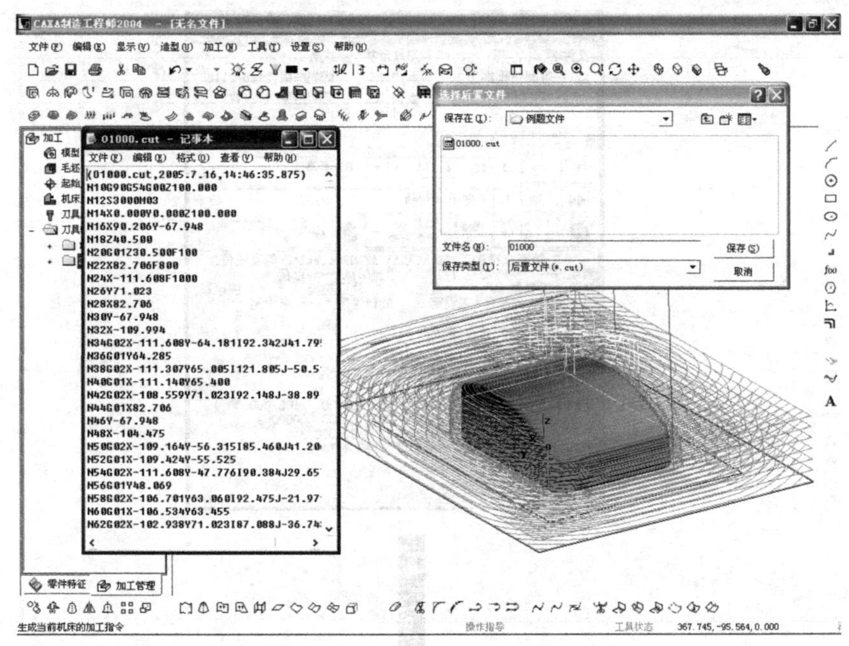

图 6-22　G 代码生成

1）输入数控加工程序文件名单击【后置处理】【生成 G 代码】命令，则弹出输入文件名的对话框，要求用户填写或选择后置程序的文件名。

2）输入文件名后，单击保存，系统提示拾取刀具轨迹。当拾取到刀具轨迹后，该刀具轨迹变为红色的虚线。可以拾取多个刀具轨迹，右击结束拾取，系统立即生成数控加工程序。

复习思考题

1. 自动编程分为哪几种?
2. 自动编程有什么特点?
3. 简述自动编程的过程。
4. 用自动编程完成图 6-23 的图形与 G、M 代码的生成。

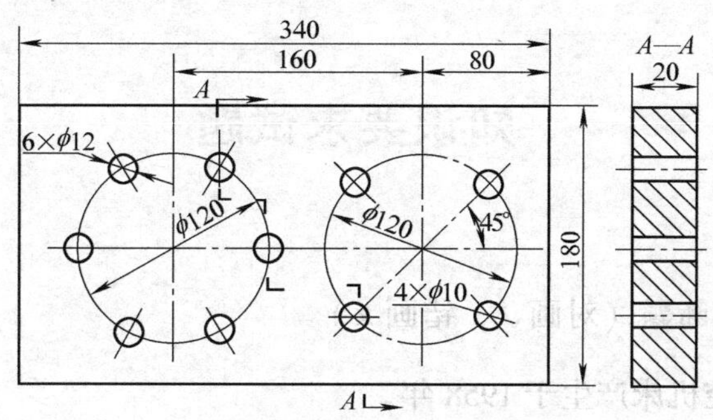

图 6-23　题 4 图

试 题 库

知识要求试题

一、判断题（对画✓，错画×）

1. 数控机床产生于1958年。 （ ）
2. 数控机床产于美国。 （ ）
3. 铣削中心是在数控铣床的基础之上增加了刀库等装置。 （ ）
4. 二轴半的数控铣床是指具有二根半轴的数控铣床。 （ ）
5. 数控机床在应用时，环境温度为0~45℃。 （ ）
6. 数控机床在应用时，相对湿度为60%。 （ ）
7. 数控铣床用滚子搬运时，滚子直径以70~80mm为宜。 （ ）
8. 数控铣床用滚子搬运时，地面斜坡度要大于15°。 （ ）
9. 加工中心不适宜加工箱体类零件。 （ ）
10. 数控铣床适宜加工曲面类零件。 （ ）
11. 加工中心不适宜加工盘、套、板类零件。 （ ）
12. 周边铣削是指用铣刀周边齿刃进行的铣削。 （ ）
13. 端面铣削是指用铣刀端面齿刃进行的铣削。 （ ）
14. 直角通槽主要用三面刃铣刀来铣削。 （ ）
15. 通键槽一般都采用盘形槽铣刀来铣削。 （ ）

16. 铣削平面零件外轮廓时，一般采用立铣刀侧刃切削。
( )

17. 型腔的切削分两步，第一步切内腔，第二步切轮廓。
( )

18. 从进给路线的长短比较，行切法要略劣于环切法。( )

19. 铣削加工切削用量包括主轴转速、进给速度、背吃刀量和侧吃刀量。( )

20. 数控加工用刀具可分为常规刀具和模块化刀具。( )

21. 常规数控刀具刀柄均采用7:24 圆柱工具柄。( )

22. 麻花钻有标准型和加长型。( )

23. 在加工中心上钻孔，因有夹具钻模导向，两切削刃上切削力是对称。( )

24. 喷吸钻用于深孔加工。( )

25. 标准扩孔钻一般有3 ~4 条主切削刃。( )

26. 单刃镗刀刚性好。( )

27. 在孔的精镗中，目前较多地选用精镗微调镗刀。( )

28. 铰刀工作部分包括切削部分与校准部分。( )

29. 标准铰刀有4 ~6 齿。( )

30. 高速钢面铣刀按国家标准规定，直径 $d=80\sim250$mm，螺旋角 $\beta=10°$，刀齿数 $z=10\sim20$。( )

31. 立铣刀圆柱表面的切削刃为副切削刃，端面上的切削刃为主切削刃。( )

32. 标准粗齿立铣刀的螺旋角 β 为 $40°\sim45°$。( )

33. 标准细齿立铣刀的螺旋角 β 为 $40°\sim45°$。( )

34. 按国家标准规定，直柄键槽铣刀直径 $d=2\sim22$mm。( )

35. 按国家标准规定，锥柄键槽铣刀直径 $d=14\sim50$mm。
( )

36. 常用的机用平口虎钳有回转式和非回转式两种。( )

37. 用自定心虎钳装夹轴线的位置不受轴径变化的影响。
( )

38. 数控编程方法可分为手工编程和自动编程两种。( )

39. 在确定机床坐标系时，假设刀具相对于静止工件而运动。（ ）

40. 在钻镗加工中，钻入或镗入工件的方向是 Z 的正方向。（ ）

41. 机床某一运动部件的运动正方向，规定为刀具靠近工件的方向。（ ）

42. 在有刀具回转的机床上（如铣床），若 Z 坐标是水平的（主轴是卧式的），当由主要刀具的主轴向工件看时，X 运动的正方向指向前方。（ ）

43. 在有刀具回转的机床上（如铣床），若 Z 坐标是垂直的（主轴是立式的），当由主要刀具主轴向立柱看时，X 运动正方向指向后方。（ ）

44. 任何机床都有 X、Y、Z 轴。（ ）

45. 程序字分为尺寸字与非尺寸字两种。（ ）

46. 目前使用最多的是固定程序段格式。（ ）

47. 目前使用最多的是使用地址符的可变程序段格式。（ ）

48. 在 FANUC 系统的数控机床上回参考点用 G28 指令。（ ）

49. G28 X50. 0 Z100. 0 中的 X50. 0 Z100. 0 为参考点在机床坐标系中的坐标。（ ）

50. G28 X50. 0 Z100. 0 中的 X50. 0 Z100. 0 为参考点在工作坐标系中的坐标。（ ）

51. G29 X50. 0 Z100. 0 中的 X50. 0 Z100. 0 为参考点在工作坐标系中的坐标。（ ）

52. G29 X50. 0 Z100. 0 中的 X50. 0 Z100. 0 为目标点在工作坐标系中的坐标。（ ）

53. 工件坐标系只能用 G92 来确定。（ ）

54. 任何数控机床的刀具长度补偿功能所补偿的都是刀具的实际长度与标准刀具的差。（ ）

55. G42G03X50. Y60. R30. 是一条正确的程序段。（ ）

56. G41 后边可以跟 G01、G00、G02、G03 等指令。（ ）

57. 取消刀具半径补偿只能用 G40。（ ）

58. 取消刀具长补偿可以用 G49。 (　)

59. 取消刀具长补偿可以用 H00。 (　)

60. 取消刀具半径补偿可以用 D00。 (　)

61. G39 是刀具半径补偿指令。 (　)

62. 使用绝对值编程时，点的坐标是相对于编程坐标系的坐标原点确定的。 (　)

63. 使用绝对值编程时，点的坐标是相对于机床坐标系的坐标原点确定的。 (　)

64. 目前我国用户使用 FANUC 公司的产品主要是 FS3。 (　)

65. 执行 M00 功能后，机床的所有动作均被切断。 (　)

66. M02 能使程序复位。 (　)

67. M08 切削液关。 (　)

68. M09 切削液开。 (　)

69. 在 G74 指定攻左旋螺纹时，进给率调整无效。 (　)

70. 背镗（G87）指令中有主轴准停功能。 (　)

71. 在单步进给模式执行固定循环时，启动一次执行一个固定循环。 (　)

72. G02 指令只能进行圆弧插补。 (　)

73. SINUMERIK 系统程序名称开始的两个符号必须是字母。 (　)

74. SINUMERIK 系统程序名称最多为 16 个字符，可以使用分隔符。 (　)

75. SLOT1 能加工孔系。 (　)

76. SIEMENS 数控铣床上绝对值编程只能用 G90。 (　)

77. SIEMENS 数控铣床上增量值编程只能用 G91。 (　)

78. SIEMENS 数控铣床上可以这样编写圆弧程序 G02 X50 Y40 CR12. 207。 (　)

79. SIEMENS 数控铣床上可以这样编写圆弧程序 G02 X50 Y40 I1 = 40 J1 = 45。 (　)

80. SIEMENS 数控铣床上可以这样编写圆弧程序 G2 X50 Y40 AR = 150。 (　)

81. SIEMENS 数控铣床上可以这样编写圆弧程序 G02 I10 J-7 AR =150。 （ ）

82. SIEMENS 数控铣床上可以这样编写圆弧程序 N10 G01 X50 F300 N20 CT X100 Y60。 （ ）

83. G75 是返回参考点指令。 （ ）

84. G74 X1 =0 Y1 =0 Z1 =0 中的（0，0，0）是指参考点的坐标值。 （ ）

85. N10 G25 S15 表示主轴转速下限为 15r/min。 （ ）

86. N20 G26 S2500 表示主轴转速上限为 2500 r/min。 （ ）

87. N10 SPOS =14.3 表示主轴准停在 14.3°处。 （ ）

88. 倒角 CHF = 与 CHR = 一样。 （ ）

89. G01 A90 F3000 表示仅 *A* 轴以 3000（°）/min 的进给率运行到 90°位置。 （ ）

90. GOTOF Label 表示向前跳转。 （ ）

91. RTP 表示返回平面。 （ ）

92. RFP 表示参考平面。 （ ）

93. SDIS 表示安全距离。 （ ）

94. DP 表示最终的深度。 （ ）

95. DPR 表示孔的深度。 （ ）

96. FDEP 表示第一次钻孔深度（绝对值，FIRST DRILLNG DEPTH）。 （ ）

97. RET 表示子程序返回。 （ ）

98. FDPR 表示相对于参考平面的第一次钻孔深度。 （ ）

99. DAM 表示相对于第一次钻孔深度每次递减量。 （ ）

100. DTB 表示暂停时间。 （ ）

101. DTS 表示暂停时间。 （ ）

102. VARI =0 表示断屑加工。 （ ）

103. VARI =1 表示排屑加工。 （ ）

104. SDAC 取值为 3 相当于 M03。 （ ）

105. MPIT 表示标准螺距。 （ ）

106. POSS 表示主轴的准停角度。 （ ）

107. SST 表示攻螺纹进给速度。 ( )

108. SST1 表示返回进给速度。 ( )

109. FFR 表示进给速度。 ( )

110. RFF 表示返回速度。 ( )

111. 数控机床的参考点是机床上的一个固定位置。 ( )

112. 当电源接通时，每一个模态组内的 G 功能维持上一次断电前的状态。 ( )

113. G00 功能是以加工中心设定的最大运动速度定位到目标点。 ( )

114. G02 功能是逆时针圆弧插补，G03 功能是顺时针圆弧插补。 ( )

115. 在 FANUC 加工中心上 G90 功能为封闭的直线切削。 ( )

116. 在 FANUC 加工中心上 G92 功能为封闭的螺纹切削循环，可以加工直线螺纹和锥形螺纹。 ( )

117. G01 功能为直线插补。 ( )

118. G92 功能可实现工件坐标系的设定。 ( )

119. 在 FANUC 加工中心上 G94 功能为封闭的切削循环。 ( )

120. SDIR 表示主轴旋转方向。 ( )

121. 现在常用的自动编程方式为会话编程。 ( )

122. 现在常用的自动编程方式为图形编程。 ( )

123. Solid Work 是美国 Solid Work 公司的产品。 ( )

124. CATIA 是 IBM 公司推出的产品。 ( )

125. UGⅡ最早由美国麦道航空公司研制开发的。 ( )

126. CAXA—ME 是由我国北航海尔软件有限公司自主开发研制的。 ( )

127. CIMATRON 是以色列 Cimatron 公司的产品。 ( )

128. MasterCAM 是美国 CNC Software INC 开发的。 ( )

129. 数字化仪自动编程适用于有模型或实物而无尺寸的零件加工的程序编制。 ( )

130. 语音数控自动编程是利用人的声音作为输入信息，并与计算机和显示器直接对话，令计算机编出加工程序的一种方法。（　）

131. 数控铣床通常具有自动排屑装置，故不必浪费时间作每日清理工作。（　）

132. G50 X200.0 Z200.0 是刀具以快速定位方式移动。（　）

133. G97 S200 是切削速度保持 200mm/min。（　）

134. 在 FANUC 系统的数控铣床上 G98 G01 Z－30.0 F100 表示刀具进给速度为 100mm/min。（　）

135. 数控程序是由程序段组成的，每个程序段是由英文字母、数值及符号组成。（　）

136. 增加专用夹具后，可以用卧式加工中心加工板类零件。（　）

137. 模式选择钮置于手轮（Hand）操作位置，则手摇脉冲发生器有效。（　）

138. 程序编辑时，操作模式选择钮应置于记忆位置。（　）

139. 不在一直线上的三点，能决定一个圆。（　）

140. 回原点是指回到工件原点。（　）

141. G98、G99 指令不可同时使用。（　）

142. 钻削速度就是指钻头每分钟的转数。（　）

143. 数控机床坐标轴一般采用右手定则来确定。（　）

144. 检测装置是数控机床必不可少的装置。（　）

145. 对于任何曲线，都可以按实际轮廓编程，应用刀具补偿加工出所需要的廓形。（　）

146. 数控机床既可以自动加工，也可以手动加工。（　）

147. M00 指令属于准备功能字指令，含义是主轴停转。（　）

148. 编程数控程序时一般以机床坐标系作为编程依据。（　）

149. 数控机床所加工出的轮廓，只与所采用的程序有关，而与所选用的刀具无关。（　）

150. 刀具远离工件的运动方向为坐标的正方向。（　）

151. 同一工件，无论用数控机床加工还是用普通机床加工，其

工序都一样。（ ）

152. 在应用刀具补偿过程中，如果默认刀具补偿号，那么此程序运行时会出现报警。（ ）

153. 在数控系统中，F 地址字只能用来表示进给速度。（ ）

154. 数控机床的坐标系采用右手笛卡儿坐标，在确定具体坐标时，先定 X 轴，再根据右手法则定 Z 轴。（ ）

155. 进给功能一般是用来指令机床主轴的转速。（ ）

156. 模态指令的内容在下一程序段会不变，而自动接收该内容，因此称为自保持功能。（ ）

157. 圆弧插补指令中，I、J、K 地址的值无方向，用绝对值表示。（ ）

158. 数控铣床上，刀具半径补偿建立的矢量要与补偿开始点的切向矢量相垂直。（ ）

159. 在顺铣与逆铣中，对于右旋立铣刀铣削时，用 G41 是逆铣、用 G42 是顺铣。（ ）

160. 在不考虑数控铣床进给滚珠丝杠间隙的影响时，为提高加工质量，宜采用顺铣。（ ）

161. 在刀具半径补偿进行的程序段中，不能出现 G02，G03 的圆弧插补。（ ）

162. 当刀具尺寸改变时，只有重新修改数控铣床的程序，才能用于加工。（ ）

163. FANUC 系统中，程序段 G04 P1000 中，P 指令是子程序号。（ ）

164. 加工空间曲面、模具型腔或凸模成形表面常选用模具铣刀。（ ）

165. 立铣刀切出工件表面时，必须切向切出。（ ）

166. G92 不能设立工件坐标系。（ ）

167. 圆弧插补用圆心指定指令时，在绝对方式编程中 I，J，K 有时是相对值。（ ）

168. 用 G54 设定工件坐标系时，其工件原点的位置与刀具起点有关。（ ）

169. 数控铣床的孔加工循环指令中，R 是指回到循环起始平面。（ ）

170. 辅助功能中 M00 与 M01 的功能完全相同。（ ）

171. 在镜像功能执行后，第一象限的顺圆 G02 到第三象限还是顺圆。（ ）

二、选择题（将正确答案的序号填入括号内）

1. 执行程序修改时，模式选择按钮应选择的档域是（ ）。
A. MDI B. JOG C. AUTO D. EDIT

2. M08、M09 表示（ ）。
A. 程序终了 B. 主轴转速
C. 主轴转向 D. 切削液开或关

3. 如欲显示程序最前面的指令时，应按（ ）按钮。
A. PARAM B. RESET C. POS D. INPUT

4. M05 表示（ ）停止。
A. 程序 B. 冷却 C. 主轴 D. 进给

5. 在 FANUC 系统的加工中心上，G97 S150 中指令值表示主轴（ ）。
A. 最高转速 B. 最低转速
C. 周速度 D. 每分钟转数

6. 在 CYCLE81 是（ ）。
A. 孔加工指令 B. 铣槽指令
C. 铣平面指令 D. 以上都不对

7. 程序开始与结束，在 ISO 规格中以（ ）表示。
A. % B. LF C. CR D. ER

8. 当按下 RESET 键后，错误的为（ ）。
A. 执行移动指令经减速后停止
B. M 机能立即无效
C. 主轴停止
D. 自动操作按 RESET 键无效

9. 程序由键盘输入时，首先应将模式选择钮置于（ ）位置。

A. 手动　　B. 纸带　　C. 编辑　　D. 记忆

10. GOTOF 表示（　）。

A. 向前跳　　B. 向后跳

C. 不是转移指令　　D. 可以向前跳也可以向后跳

11. 对于数控机床来说，一开机在 CRT 上显示“NOT READY”是表示（　）。

A. 机床无法运转　　B. 伺服系统过负荷

C. 伺服系统过热　　D. 主轴过热

12. RESET 键是（　）。

A. 复位键　　B. 刀具补偿键

C. 游标指示键　　D. 删除键

13. 自动运行中，倍率进给值一般范围为（　）。

A. 0 ~ 120%　　B. 0 ~ 200%　　C. 0 ~ 300%　　D. 1 ~ 100%

14. 手动操作模式可作（　）操作。

A. 单段

B. 纸带

C. 主轴起动与停止及液压起动等

D. 记忆

15. 使用控制介质输入程序时，机床是依据（　）执行加工的。

A. 手动资料输入程序　　B. 记忆资料

C. 控制介质资料　　D. 编辑资料

16. 空车测试 DRY RUN 的主要用意是测试（　）。

A. 刀具路径与切削状态　　B. 机床润滑是否良好

C. 主轴温度　　D. 刀具是否锐利

17. 程序在自动操作模式时，启动开关是（　）按钮。

A. START　　B. HOLD　　C. POWER　　D. RESET

18. 手工输入程序时，模式选择按钮应置于（　）位置。

A. EDIT　　B. JOG　　C. MDI　　D. AUTO

19. 程序在自动运行时，暂停开关是下面的（　）开关。

A. START　　B. HOLD　　C. POWER　　D. RESET

20. 程序删除时，在操作面板上首先应按（　　）键。

A. DELET　B. OFFSET　C. INPUT　D. CAN

21. 执行程序操作时，错误的操作是（　　）操作。

A. 控制介质　B. 记忆　C. MDI　D. 以上都不对

22. 下列四个功能键中设定刀具补偿的是（　　）。

A. POSITION　B. PROGRAM　C. OFFSET　D. SETTING

23. 在紧急状态下应按（　　）按钮。

A. FEED HOLD　B. CYCLE START

C. DRY RUN　D. EMERGENCY

24. 转动手摇脉冲发生器时，转速不可超过（　　），否则转动量与机床运动量会有一定的误差。

A. 5r/s　B. 50r/s　C. 5r/min　D. 50r/min

25. 数控铣床上，在不考虑进给丝杠间隙的情况下，为提高加工质量，宜采用（　　）。

A. 外轮廓顺铣、内轮廓逆铣　B. 外轮廓逆铣、内轮廓顺铣

C. 外轮廓逆铣、内轮廓逆铣　D. 外轮廓顺铣、内轮廓顺铣

26. Y = IC（____）表示（　　）。

A. *Y* 轴以增量尺寸输入，模态方式

B. *Y* 轴以增量尺寸输入，程序段方式

C. *Y* 轴以绝对值尺寸输入，程序段方式

D. *Y* 轴以绝对尺寸输入，模态方式

27. （　　）时间是辅助时间的一部分。

A. 检验工件　B. 自动进给　C. 加工工件　D. 领导谈话

28. 在 SIEMENS 加工中心上 G700 表示（　　）。

A. 米制尺寸，也适用于进给率 F

B. 米制尺寸，不适用于进给率 F

C. 英制尺寸，也适用于进给率 F

D. 英制尺寸，不适用于进给率 F

29. Y = AC（____）表示（　　）。

A. *Y* 轴以增量尺寸输入，模态方式

B. *Y* 轴以增量尺寸输入，程序段方式

C. *Y* 轴以绝对值尺寸输入，程序段方式

D. *Y* 轴以绝对尺寸输入，模态方式

30. 在 SIEMENS 加工中心上 G710 表示（　　）。

A. 米制尺寸，也适用于进给率 F

B. 米制尺寸，不适用于进给率 F

C. 英制尺寸，也适用于进给率 F

D. 英制尺寸，不适用于进给率 F

31. 如下故障为机床品质下降故障（　　）。

A. 破坏性故障　　B. 硬件故障

C. 机床起停有振荡　　D. 软件故障

32. 假设用剖切平面将机件的某处切断，仅画出断面的图形称为（　　）。

A. 剖视图　　B. 断面图　　C. 半剖视　　D. 半剖面

33. SHIFT 是（　）键。

A. 上档键　　B. 插入键　　C. 删除键　　D. 替换键

34. 在数控机床上加工封闭轮廓时一般沿（　　）进刀。

A. 法面　　B. 切向　　C. 任意方向　　D. 前向

35. 数控机床适于（　）生产。

A. 大型零件　　B. 小型零件

C. 小批复杂零件　　D. 高精度零件

36. 数控机床操作工“四会”基本功包括（　　）。

A. 会工作　　B. 会清扫　　C. 会使用　　D. 会润滑

37. 数控机床操作工“四会”基本功包括（　　）。

A. 会工作　　B. 会清扫　　C. 会维护　　D. 会润滑

38. 维护使用数控机床的“四项要求”包括（　　）。

A. 维护　　B. 检查　　C. 清洁　　D. 凭操作证使用

39. FMS 是指（　　）。

A. 直接数字控制　　B. 自动化工厂

C. 柔性制造系统　　D. 计算机集成制造系统

40. 插补运算程序可以实现数控机床的（　　）。

A. 点位控制　　B. 点位直线控制
C. 轮廓控制　　D. 转位换刀控制

41. 维护使用数控机床的“四项要求”包括（　）。
A. 维护　B. 检查　C. 安全　D. 凭操作证使用

42. 选择刀具起始点时应考虑（　）。
A. 防止与工件或夹具干涉碰撞
B. 方便刀具安装测量
C. 每把刀具刀尖在起始点重合
D. 必须选在工件外侧

43. 编程时设定在工件轮廓上的几何基准点称为（　）。
A. 机床原点　　B. 工件原点
C. 机床参考点　　D. 对刀点

44. 维护使用数控机床的“四项要求”包括（　）。
A. 维护　B. 检查　C. 整齐　D. 凭操作证使用

45. 检验一般精度的圆锥面角度时，常采用（　）测量。
A. 千分尺　　B. 锥形量规
C. 游标万能角度尺　　D. 三坐标测量仪

46. 既有平面又有孔系的零件宜选用（　）。
A. 数控车床　B. 数控磨床　C. 车削中心　D. 铣削中心

47. 数控机床的数控装置包括（　）。
A. 光电读带机和输入程序载体
B. 步进电动机和伺服系统
C. 输入、信号处理和输出单元
D. 位移、速度传感器和反馈系统

48. CNC 系统是指（　）。
A. 适应控制系统　　B. 群控系统
C. 柔性系统　　D. 计算机数控系统

49. 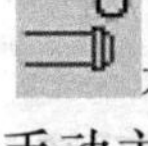 [key icon] 是（　）键。
A. 手动主轴正转　　B. 手动主轴反转
C. 手动停止主轴　　D. 自动键

50. 以下刀柄中我国数控刀柄（　）。

A. GT40　B. HSK　C. KM　D. 以上都是

51. 在 CNC 系统的以下各项误差中，（　）可以用软件进行误差补偿，提高定位精度。

A. 螺距累积误差　B. 机械传动间隙

C. 热变形误差　D. 机床使用磨损引起的误差

52. 喷吸钻一般用于加工直径（　）。

A. 50～60mm　B. 70～100mm

C. 5～10mm　D. 65～180mm

53. 双刃镗刀最大镗孔直径可达（　）mm。

A. 200　B. 500　C. 1000　D. 1500

54. 套式结构立铣刀螺旋角 β 为（　）。

A. 10°～35°　B. 30°～35°　C. 40°～45°　D. 15°～25°

55. ϕ2～ϕ71mm 的立铣刀制成（　）。

A. 7:24 锥柄　B. 莫氏锥柄　C. 直柄　D. 套式结构

56. ϕ25～ϕ80mm 的立铣刀制成（　）。

A. 7:24 锥柄　B. 莫氏锥柄　C. 直柄　D. 套式结构

57. 程序编制中首件试切的作用是（　）。

A. 检验零件图样的正确性

B. 检验零件工艺方案的正确性

C. 检验程序单或控制介质的正确性，并检查是否满足加工精度要求

D. 仅检验数控穿孔带的正确性

58. 数控机床有不同的运动形式，需要考虑工件与刀具相对运动关系及坐标方向，编写程序时，采用（　）的原则编写程序。

A. 刀具固定不动，工件移动

B. 铣削加工刀具固定不动，工件移动；车削加工刀具移动，工件不动

C. 分析机床运动关系后再根据实际情况而定

D. 工件固定不动，刀具移动

59. 加工模具一般可选用（　）。

A. 数控铣床　B. 加工中心　C. 数控车床　D. 加工单元

60. 编程数控机床加工工序时，为了提高加工精度，采用（　）。

A. 精密专用夹具　　B. 一次装夹多工序集中

C. 流水线作业法　　D. 工序分散加工法

61. 在工件上既有平面需要加工，又有孔需要加工时，可采用（　　）。

A. 粗铣平面→钻孔→精铣平面

B. 先加工平面，后加工孔

C. 先加工孔，后加工平面

D. 任何一种形式

62. 准备功能 G74 表示的功能是（　）。

A. 预置功能　B. 固定循环　C. 增量尺寸　D. 以上都不对

63. 以下提法中（　　）是错误的。

A. G92 是模态指令

B. G04X3.0 表示暂停 3s

C. G33Z ____ F ____中的 F 表示进给量

D. G41 是刀具左补偿

64. 辅助功能 M05 代码表示（　　）。

A. 程序停止　B. 冷却液开　C. 主轴停止　D. 主轴顺时转动

65. 标准可转位面铣刀直径为（　）。

A. $\phi160 \sim \phi630$mm　　B. $\phi16 \sim \phi160$mm

C. $\phi16 \sim \phi630$mm　　D. $\phi16 \sim \phi63$mm

66. 同一程序段中指定同组 G 代码（　）。

A. 中间指定的有效　　B. 最初指定的有效

C. 都有效　　D. 最后指定的 G 代码有效

67. 数控机床坐标轴命名原则规定，（　）的运动方向为该坐标轴的正方向。

A. 刀具远离工件　　B. 刀具接近工件

C. 工件远离刀具　　D. 不确定

68. 数控机床的 Z 轴方向（　　）。

A. 平行于工件装夹方向　　　　B. 垂直于工件装夹方向
C. 与主轴回转中心平行　　　　D. 不确定

69. G76 指令中包含有（　　）。

A. Y 向运动　B. X 向运动　C. 主轴准停　D. 加工螺纹

70. 是（　　）键。

A. 编辑　　　　B. 手动数据输入
C. 自动加工　　D. 手动

71. CNC 系统一般可用几种方式得到工件加工程序，其中 MDI 是（　　）。

A. 利用磁盘机读入程序
B. 从串行通信接口接收程序
C. 利用键盘以手动方式输入程序
D. 从网络通过 Modem 接收程序

72. 是（　　）键。

A. 编辑　　　　B. 手动数据输入
C. 自动加工　　D. 手动

73. 是（　　）键。

A. 编辑　　　　B. 手动数据输入
C. 自动加工　　D. 手动

74. 在开环系统中，以下因素中的（　　）不会影响重复定位精度。

A. 丝杠副的配合间隙　　B. 丝杠副的接触变形
C. 轴承游隙变化　　　　D. 各摩擦副中摩擦力的变化

75. 是（　　）键。

A. 上档键　B. 插入键　C. 删除键　D. 替换键

76. 数控机床的优点是（　　）。

A. 加工精度高，生产效率高，工人劳动强度低，可加工复杂型面，减少工装费用

B. 加工精度高，生产效率高，工人劳动强度低，可加工复杂型面，工时费用低

C. 加工精度高，专用于大批量生产，工人劳动强度低，可加工复杂型面，减少工装费用

D. 加工精度高，生产效率高，对操作人员的技术水平要求较低，可加工复杂型面，减少工装费用

77. 表示（　　）。

A. 单步执行　　　　　　B. 程序段跳读自动方式

C. 程序停　　　　　　　D. 机床空运行

78. 准备功能 G 代码中，能使机床作某种运动的一组代码是（　　）。

A. G00、G01、G02、G03、G40、G41、G42

B. G00、G01、G02、G03、G90、G91、G92

C. G00、G04、G18、G19、G40、G41、G42

D. G01、G02、G03、G17、G40、G41、G42

79. 表示（　　）。

A. 单步执行　　　　　　B. 程序段跳读自动方式

C. 程序停　　　　　　　D. 机床空运行

80. （　　）指令不能设立工件坐标系。

A. G54　　B. G92　　C. G55　　D. G91

81. 数控机床的输入介质是（　　）。

A. 光电阅读机　　　　　B. 穿孔机

C. 穿孔带、磁带、软磁盘　　D. 零件图样、加工程序单

82. 在用 G54 与 G92 设定工件坐标系的时候，刀具起刀点（　　）。

A. 与 G92 无关、与 G54 有关　B. 与 G92 有关、与 G54 无关

C. 与 G92 和 G54 均有关　　D. 与 G92 和 G54 均无关

83. 数控铣床上半径补偿建立的矢量与补偿开始点的切向矢量的夹角以（　）为宜。

A. 小于 90°大于 180°　　　B. 任何角度

C. 大于 90°小于 180°　　　　D. 不等于 90°不等于 180°

84. 刀具半径补偿的建立只能通过（　）来实现。

A. G01 或 G02　　　　B. G00 或 G03

C. G02 或 G03　　　　D. G00 或 G01

85. 子程序调用指令 M98 P61021 的含义为（　）。

A. 调用 610 号子程序 21 次　　B. 调用 1021 号子程序 6 次

C. 调用 6102 号子程序 1 次　　D. 调用 021 号子程序 61 次

86. 在孔加工固定循环中，G98、G99 分别为（　）。

A. G98 返回循环起始点，G99 返回 *R* 平面

B. G98 返回 *R* 平面，G99 返回循环起始点

C. G98 返回程序起刀点，G99 返回 *R* 平面

D. G98 返回 *R* 平面，G99 返回程序起刀点

87. 在镜像加工时，第Ⅰ象限的顺圆 G02 圆弧，到了其他象限为（　）。

A. Ⅱ，Ⅲ为顺圆，Ⅳ为逆圆　　B. Ⅱ，Ⅳ为顺圆，Ⅲ为逆圆

C. Ⅱ，Ⅳ为逆圆，Ⅲ为顺圆　　D. Ⅱ，Ⅲ为逆圆，Ⅳ为顺圆

88. 数控铣床中 G17，G18，G19 指定不同的平面，分别为（　）。

A. G17 为 *XOY*，G18 为 *XOZ*，G19 为 *YOZ*

B. G17 为 *XOZ*，G18 为 *YOZ*，G19 为 *XOZ*

C. G17 为 *XOY*，G18 为 *YOZ*，G19 为 *XOZ*

D. G17 为 *XOZ*，G18 为 *XOY*，G19 为 *YOZ*

89. G28，G29 的含义为（　）。

A. G28 从参考点返回，G29 返回机床参考点

B. G28 返回机床参考点，G29 从参考点返回

C. G28 从原点返回，G29 返回机床原点

D. G28 返回机床原点，G29 从原点返回

90. 在 *XOY* 平面内的刀具半径补偿执行的程序段中，两段连续程序为（　）不会产生过切。

A. N60 G01 X60. Y20. ; N70 Z－3.

B. N60 G01 Z－3.0; N70 M03 S800

C. N60 G00 Z10.；N70 G01 Z－3.

D. N60 M03 S800；N70 M08

91. 世界上第一台数控机床是（　　）年研制出来的。

A. 1930　　B. 1947　　C. 1952　　D. 1958

92. 数控机床的旋转轴之一 *B* 轴是绕（　）直线轴旋转的轴。

A. *X* 轴　　B. *Y* 轴　　C. *Z* 轴　　D. 形轴

93. [按键图标] 是（　）键。

A. 手动主轴正转　　B. 手动主轴反转

C. 手动停止主轴　　D. 自动键

94. CYCLE87 可用于（　）。

A. 铰孔　　B. 铣平面　　C. 铣槽　　D. 铣型腔

95. 普通切削时应使用（　）类刀柄。

A. BT40　　B. CAT40　　C. JT40　　D. HSK63A

96. 高速切削时应使用（　）类刀柄。

A. BT40　　B. CAT40　　C. JT40　　D. HSK63A

97. 刀具半径补偿指令在返回零点状态是（　）。

A. 模态保持　B. 暂时取消　　C. 去消　　D. 初始状态

98. 机床夹具，按（　）分类，可分为通用夹具、专用夹具、组合夹具等。

A. 使用机床类型　　B. 驱动夹具工作的动力源

C. 夹紧方式　　D. 专门化程度

99. G95 G01 F100 的单位有可能是（　）。

A. °/min　　B. °/r　　C. m/r　　D. m/min

100. G95 G01 F100 的单位有可能是（　）。

A. mm/min　　B. mm/r　　C. m/r　　D. m/min

101. G94 G01 F100 的单位有可能是（　）。

A. °/min　　B. mm/r　　C. m/r　　D. m/min

102. G94 G01 F100 的单位有可能是（　）。

A. mm/min　　B. mm/r　　C. m/r　　D. m/min

103. 掉电保护电路的作用是（　）。

A. 防止强电干扰

B. 防止系统软件丢失

C. 防止 RAM 中保存的信息丢失

D. 防止电源电压波动

104. 用水平仪检验机床导轨的直线度时，若把水平仪放在导轨的右端，气泡向右偏 2 格；若把水平仪放在导轨的左端，气泡向左偏 2 格，则此导轨是（　　）状态。

A. 中间凸　B. 中间凹　C. 不凸不凹　D. 扭曲

105. G74 X1 =0 Y1 =0 Z1 =0 表示（　　）。

A. 返回参考点　B. 返回固定点

C. 快速到（0，0，0）点　D. 都有可能

106. 表示（　　）。

A. 单步执行　B. 程序段跳读自动方式

C. 程序停　D. 机床空运行

107. 在图 1 所示形位公差符号中，（　　）表示同轴度位置公差。

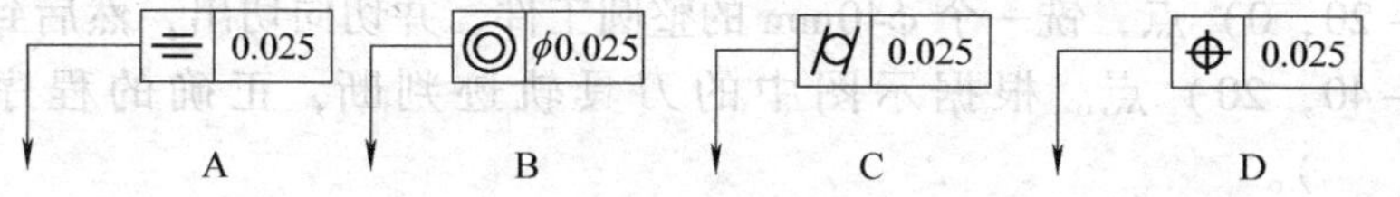

图 1　位置公差

108. FANUC 系统中，程序段 G17 G16 G90 X100.0 Y30.0 中，X 指令是（　　）。

A. *X* 轴坐标位置　B. 极坐标原点到刀具中心距离

C. 旋转角度　D. 时间参数

109. G04 S __表示（　　）。

A. 暂停时间（s）　B. 暂停主轴转数

C. 暂停时间（min）　D. 暂停时间（h）

110. 数控机床由四个基本部分组成：（　　）、数控装置、伺服机构和机床机械部分。

A. 数控程序　B. 数控介质　C. 辅助装置　D. 可编程控制器

111. G04 X __表示（　　）。

A. 暂停时间（s）　　　　　B. 暂停主轴转数

C. 暂停时间（min）　　　　D. 暂停时间（h）

112. G02/G03 AR = __ X __ Y __表示用（　　）编写的圆弧程序。

A. 圆弧终点和圆心　　　　B. 半径和圆弧终点

C. 圆心角和圆心　　　　　D. 圆心角和圆弧终点

113. G02/G03 AR = __ I __ J __表示用（　　）编写的圆弧程序。

A. 圆弧终点和圆心　　　　B. 半径和圆弧终点

C. 圆心角和圆心　　　　　D. 圆心角和圆弧终点

114. G02/G03 CR = __ X __ Y __表示用（　　）编写的圆弧程序。

A. 圆弧终点和圆心　　　　B. 半径和圆弧终点

C. 圆心角和圆心　　　　　D. 圆心角和圆弧终点

115. G02/G03 X __ Y __ I __ J __表示用（　　）编写的圆弧程序。

A. 圆弧终点和圆心　　　　B. 半径和圆弧终点

C. 圆心角和圆心　　　　　D. 圆心角和圆弧终点

116. 如图 2 所示，刀具起点在（-40，-20），从切向切入到（-20，0）点，铣一个 ϕ40mm 的整圆工件，并切向切出，然后到达（-40，20）点。根据示图中的刀具轨迹判断，正确的程序是（　　）。

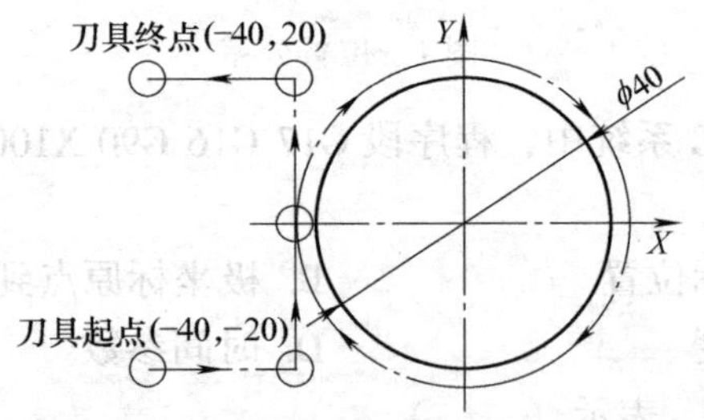

图 2　刀具轨迹

A. ……

N010　G90　G00　G41　X-20.0　Y-20.0　D01；

N020　G01　X-20.0　Y0　F200.0；

N030　G02　X-20.0　Y0　I20.0　J0；

N040 G01 X-20.0 Y20；
N050 G00 G40 X-40.0 Y20.0
……

B. ……
N010 G90 G00 G41 X-20.0 Y-20.0 D01；
N020 G01 X-20.0 Y0 D01 F200.0；
N030 G02 X-20.0 Y0 I-20.0 J0；
N040 G01 X-20.0 Y20；
N050 G00 G40 X-40.0 Y20.0
……

C. ……
N010 G90 G00 X-20.0 Y-20；
N020 G01 X-20.0 Y0 F200.0；
N030 G02 X-20.0 Y0 I-20.0 J0；
N040 G01 X-20.0 Y20；
N005 G01 G00 X-20.0 Y20.0
……

D. ……
N010 G90 G00 X-20.0 Y-20.0；
N020 G91 G01 G41 X20.0 Y0 D01 F200.0；
N030 G02 X-20.0 Y0 I20.0 J0；
N040 G01 X-20.0 Y20.0；
N040 G01 X-20.0 Y20.0；
……

117. FANUC 系统中，高速切削功能：预处理控制 G 代码是（ ）。

A. G08　B. G09　C. G10　D. G39

118. 在铣削一个 XY 平面上的圆弧时，圆弧起点在（30，0），终点在（-30，0），半径为 50，圆弧起点到终点的旋转方向为顺时针，则铣削圆弧的指令为（ ）。

A. G17 G90 G02 X-30.0 Y0 R50.0 F50

B. G17 G90 G03 X-30.0 Y0 R-50.0 F50

C. G17 G90 G02 X -30.0 Y0 R -50.0 F50

D. G18 G90 G02 X30.0 Y0 R50.0 F50

119. 程序段 G00 G01 G02 G03 X50.0 Y70.0 R30.0 F70 最终执行（　）指令。

A. G00　B. G01　C. G02　D. G03

120. 在图 3 所示的孔系加工中，对加工路线描述正确的是（　）。

A. 图 3a 满足加工路线最短的原则

B. 图 3b 满足加工精度最高的原则

C. 图 3a 易引入反向间隙误差

D. 以上说法均正确

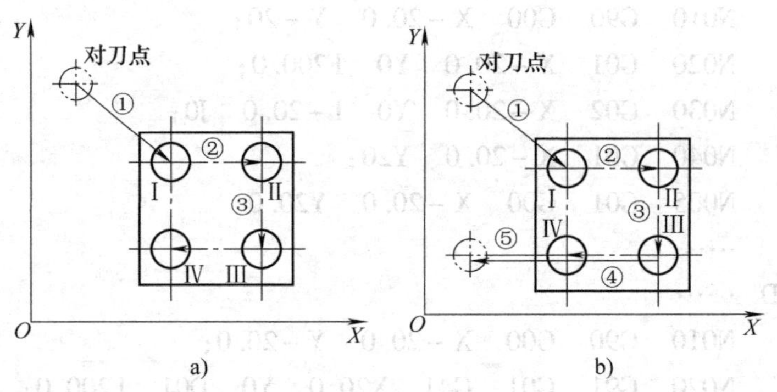

图 3　加工路线

三、简答题

1. 数控系统的日常维护应注意什么？
2. 什么是故障？数控机床的故障分为几类？
3. 数控机床操作工“四会”基本功是什么？
4. 维护使用数控机床的“四项要求”是什么？
5. 怎样调整数控机床的水平？
6. 数控铣床适宜加工的对象有哪些？
7. 加工中心适宜加工的对象有哪些？
8. 常用的数控加工工艺文件有哪些？

9. 数控铣削加工阶段是怎样划分的？
10. 数控铣加工工序的划分原则是什么？
11. 数控铣加工顺序是怎样安排的？
12. 加工中心上常用对刀器有哪几种？
13. 综合对刀仪的结构是怎样的？
14. 怎样用利用百分表或划针来校正平口钳？
15. 造成基准面与机用虎钳导轨面不平的因素有哪些？
16. 怎样选择数控铣削刀具？
17. 什么是手工编程？什么是自动编程？
18. 简述手工编程的步骤。
19. 刀具半径补偿有什么用处？
20. 数值处理的内容包括哪些？
21. 什么是模态指令？
22. 在加工中心上怎样确定零点偏置？
23. 在加工中心上怎样确定刀具补偿？
24. 加工中心的回转工作台怎样调整？
25. 自动编程分为哪几种？

四、画图题（图 4 ~ 图 8）

请画出下列机床的机床坐标系

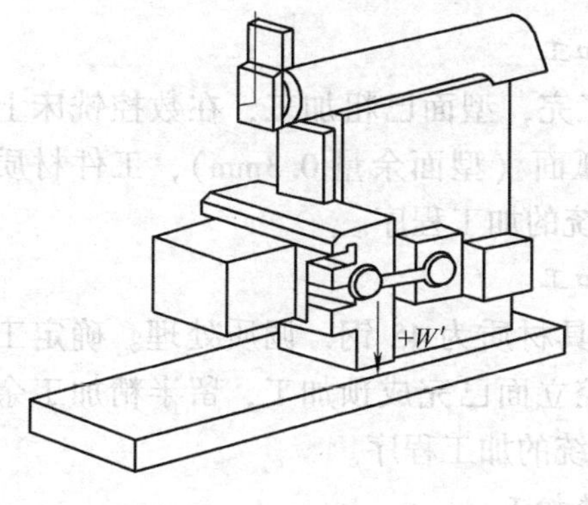

图 4 牛头刨床

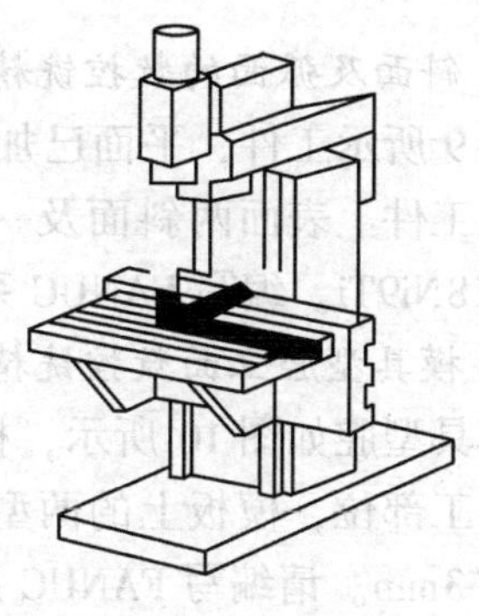

图 5 立式铣床

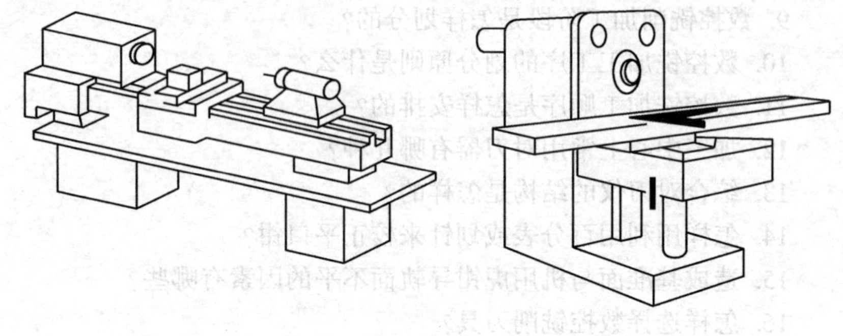

图 6　卧式车床　　　　图 7　卧式铣床

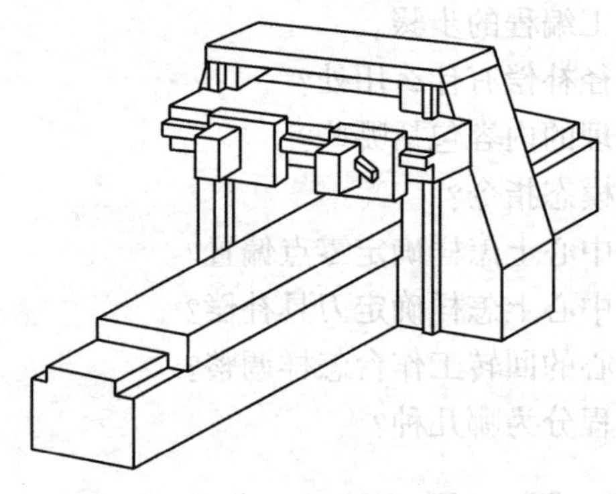

图 8　龙门铣床

五、编程题

1. 斜面及弧面的数控铣精加工

图 9 所示工件，平面已加工完，型面已粗加工，在数控铣床上精加工工件上表面两斜面及一弧面（型面余量 0.3mm），工件材质为 1Cr18Ni9Ti。编写 FANUC 系统的加工程序。

2. 模具型腔立面数控铣精加工

模具型腔如图 10 所示，模具材质为 45 钢，调质处理。确定工件预加工部位，模板上的两型腔立面已完成预加工，留半精加工余量为 0.3mm。请编写 FANUC 系统的加工程序。

3. 平底偏心圆弧槽的数控铣加工

图 11 所示工件的材质为 45 钢，已经调质处理。加工部位为工

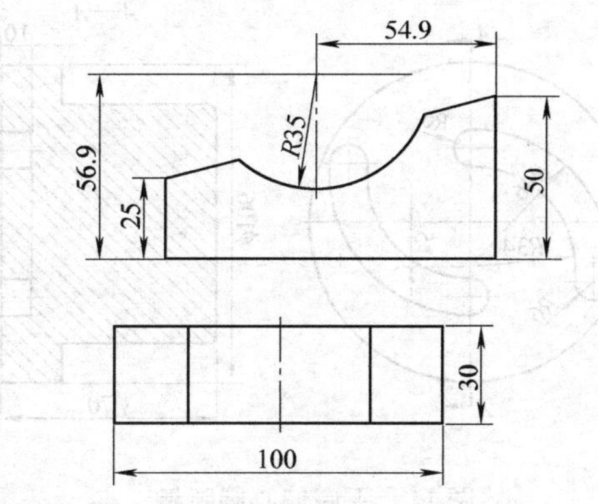

图 9　精铣型面

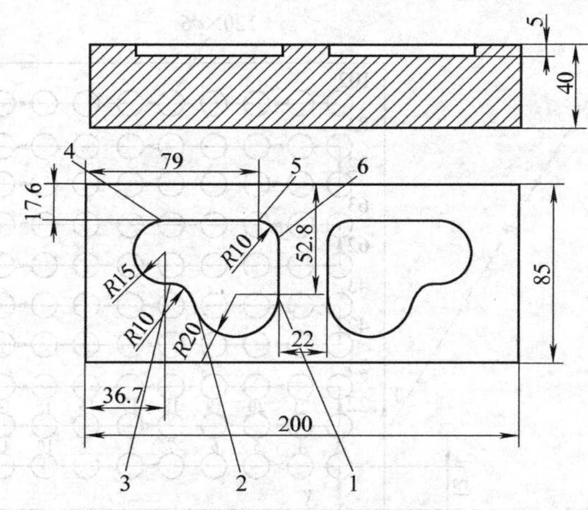

图 10　模具型腔

件上表面两平底偏心槽，槽深 10mm。请编写 FANUC 系统的加工程序。

4. 孔系加工一

图 12 所示的零件，坯料厚度为 12mm。请编写 FANUC 系统的加工程序。

5. 孔系加工二

加工如图 13 所示的零件，请编写 SIEMENS 系统的加工程序。

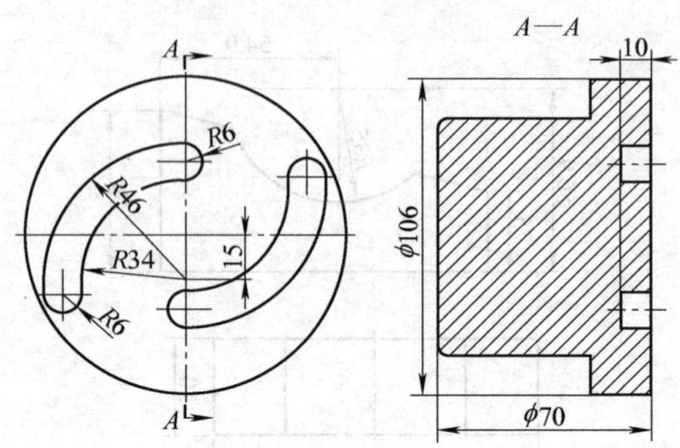

图 11　平底偏心圆弧槽

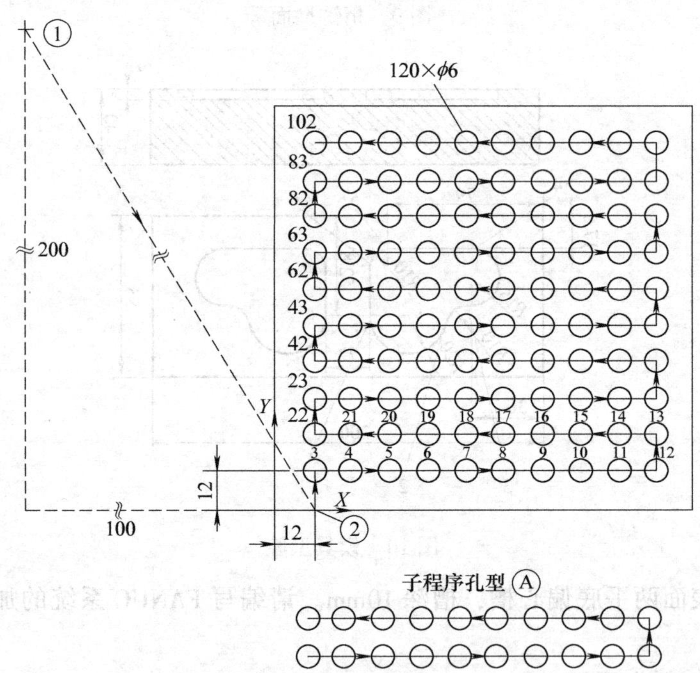

图 12　孔系加工一

6. 轮廓及型腔加工

加工图 14 所示的零件，请编写 SIEMENS 系统的加工程序。

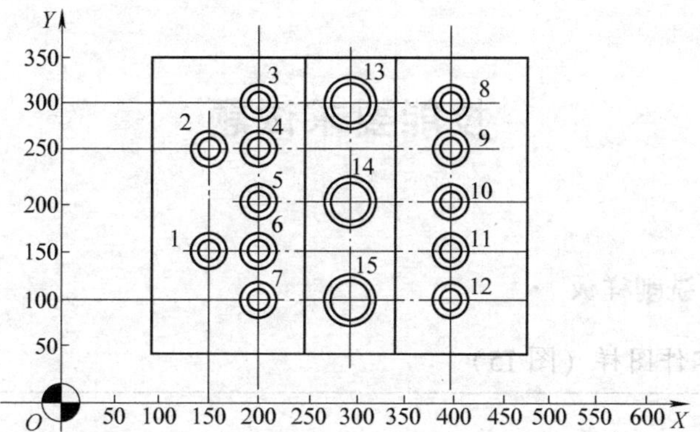

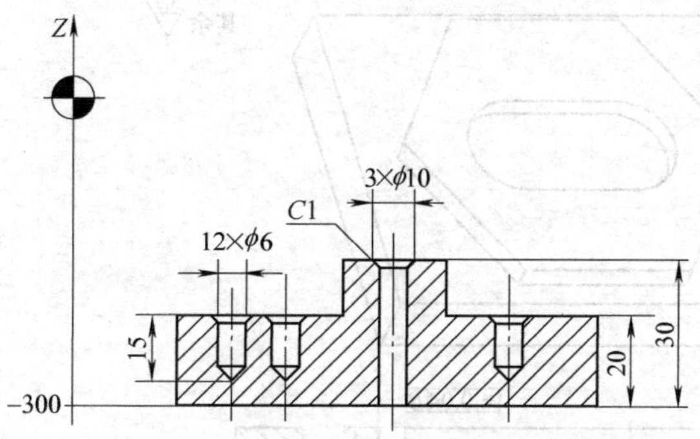

图 13　孔系加工二

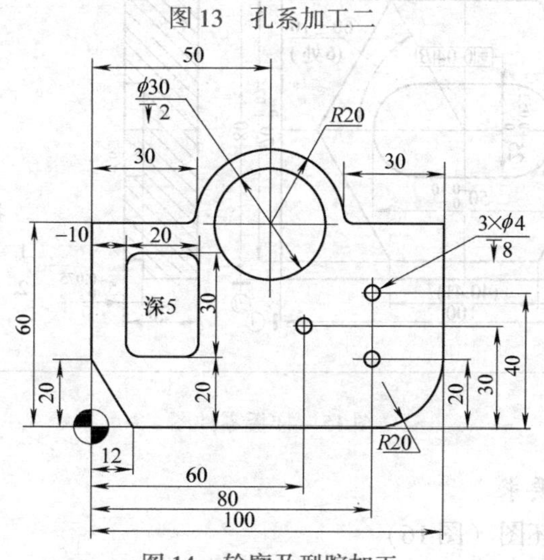

图 14　轮廓及型腔加工

技能要求试题

一、铣削样板

1. 零件图样（图15）

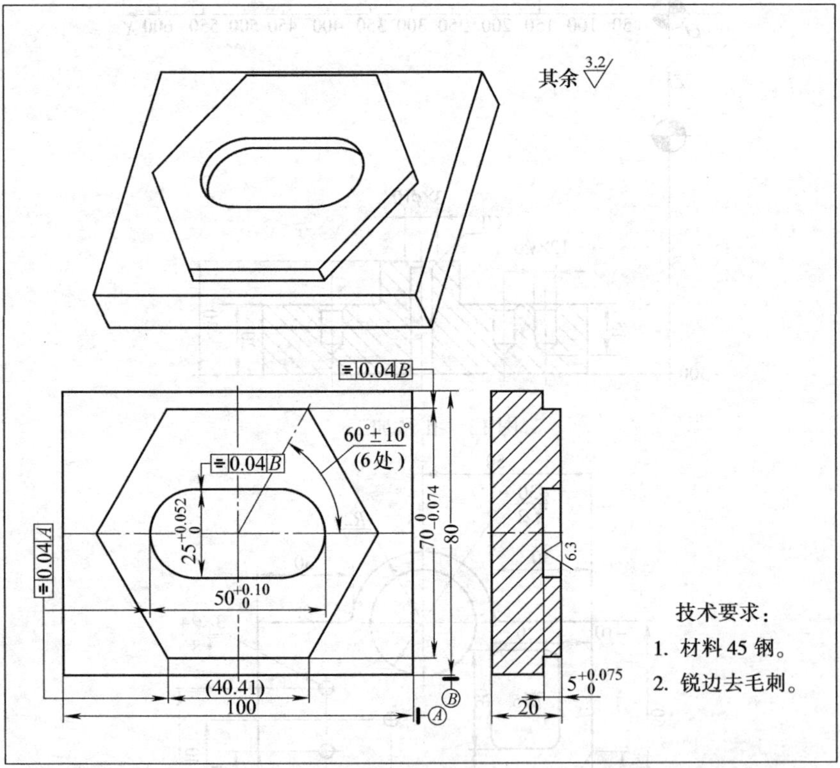

技术要求：
1. 材料45钢。
2. 锐边去毛刺。

图15　样板零件图

2. 准备要求

(1) 毛坯图（图16）

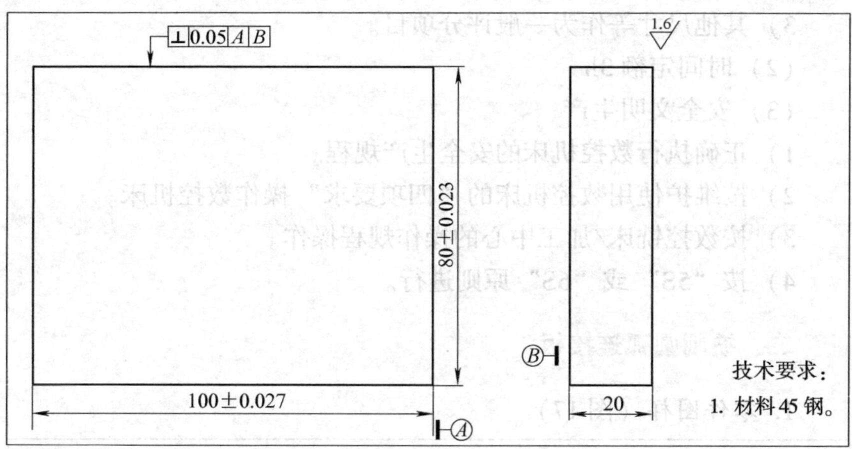

图16 样板、型腔槽板毛坯图

（2）工具表（表1）

表1 工具表

工、量、刃具清单			图号		
序号	名称	规格	精度	单位	数量
1	寻边器	ϕ10mm	0.002mm	个	1
2	*Z* 轴设定器	50mm	0.01mm	个	1
3	带表游标卡尺	0～150mm	0.01mm	把	1
4	深度游标卡尺	0～200mm	0.02mm	把	1
5	外径千分尺	0～25mm	0.01mm	把	1
6	杠杆百分表	0～0.8mm	0.01mm	个	1
7	磁性表座	C37 型 30kg		个	1
8	粗糙度样板	N0～N1	12 级	副	1
9	半径规	*R*7～*R*14.5、*R*15～*R*25		套	1
10	平行垫铁			副	若干
11	中心钻	A2.5		个	1
12	麻花钻	ϕ16mm			
13	立铣刀	ϕ20mm		个	2
14	机用平口虎钳	QH160		个	1
15	固定扳手			把	若干

3. 考核内容

（1）考核要求

1）$70_{-0.074}^{\ 0}$mm、$25_{\ 0}^{+0.052}$mm、$50_{\ 0}^{+0.10}$mm、$5_{\ 0}^{+0.075}$mm。

2）60°±10′。

3）其他尺寸等作为一般评分项目。

（2）时间定额 3h

（3）安全文明生产

1）正确执行数控机床的安全生产规程。

2）按维护使用数控机床的“四项要求”操作数控机床。

3）按数控铣床/加工中心的操作规程操作。

4）按“5S”或“6S”原则进行。

二、铣削圆弧连接板

1. 零件图样（图 17）

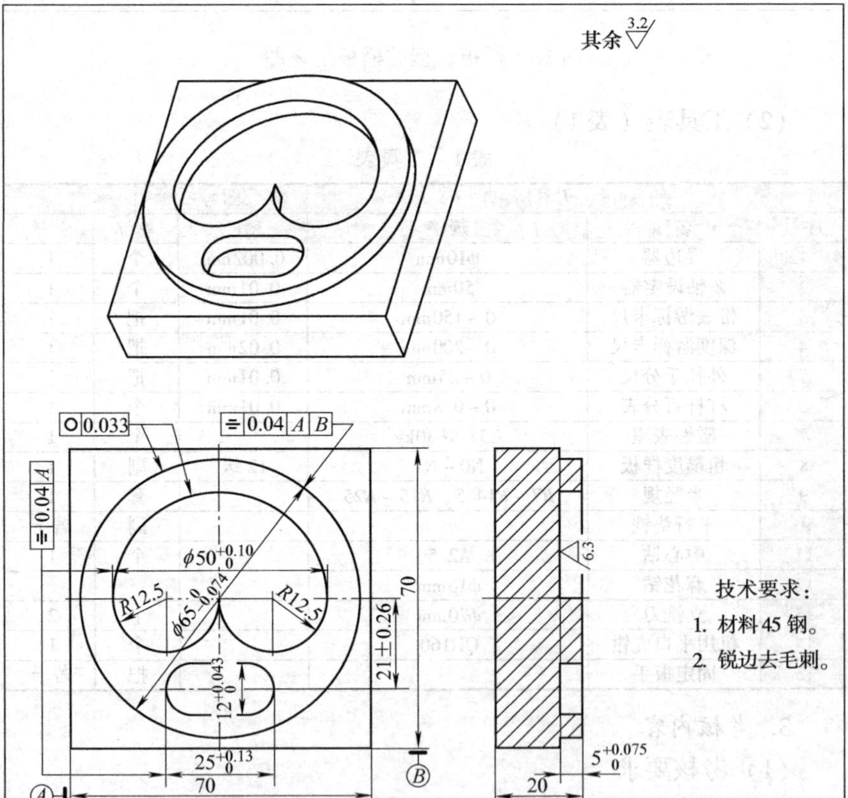

其余 3.2

○ 0.033

⌯ 0.04 A B

⌯ 0.04 A

$\phi 50^{+0.10}_{0}$

$\phi 65^{0}_{-0.074}$

R12.5

R12.5

70

21 ± 0.26

$12^{+0.043}_{0}$

$25^{+0.13}_{0}$

70

A

B

6.3

$5^{+0.075}_{0}$

20

技术要求：

1. 材料 45 钢。
2. 锐边去毛刺。

图 17　圆弧连接板零件图

2. 准备要求

(1) 毛坯图（图18）

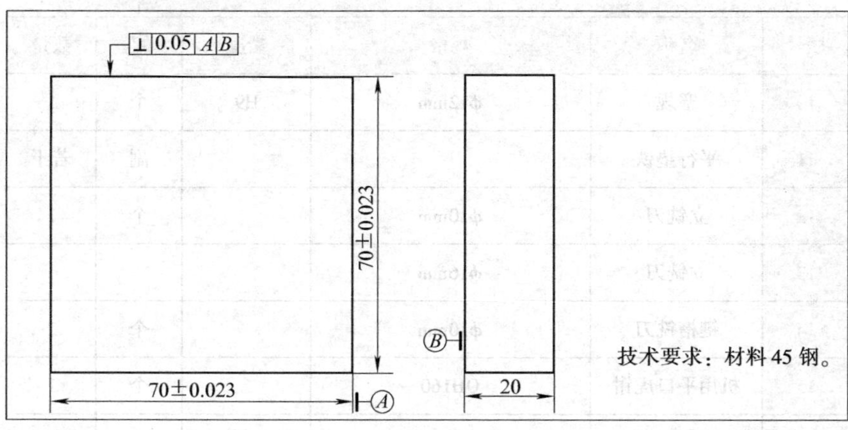

图18　圆弧连接板毛坯图

(2) 工具表（表2）

表2　工具表

工、量、刃具清单			图号		
序号	名称	规格	精度	单位	数量
1	寻边器	ϕ10mm	0.002mm	个	1
2	*Z* 轴设定器	50mm	0.01mm	个	1
3	带表游标卡尺	0~150mm	0.01mm	把	1
4	深度游标卡尺	0~200mm	0.02mm	把	1
5	外径千分尺	50~75mm	0.01mm	把	1
6	杠杆百分表	0~0.8mm	0.01mm	个	1
7	磁性表座	C37 型 30kg		个	1
8	表面粗糙度样板	N0~N1	12 级	副	1
9	半径规	*R*7~*R*14.5		套	1

（续）

工、量、刃具清单			图号		
序号	名称	规格	精度	单位	数量
10	塞规	ϕ12mm	H9	个	1
11	平行垫铁			副	若干
12	立铣刀	ϕ10mm		个	1
13	立铣刀	ϕ16mm			
14	键槽铣刀	ϕ10mm		个	2
15	机用平口虎钳	QH160		个	1
16	固定扳手			把	若干

3. 考核内容

（1）考核要求

1）$\phi65_{-0.074}^{\ 0}$mm、$12_{\ 0}^{+0.043}$mm、$25_{\ 0}^{+0.13}$mm、$5_{\ 0}^{+0.075}$mm、$\phi50_{\ 0}^{+0.10}$mm。

2）（21 ±0.026）mm、R12.5mm。

3）其他尺寸等作为一般评分项目。

（2）时间定额 3h

（3）安全文明生产

1）正确执行数控机床的安全生产规程。

2）按维护使用数控机床的“四项要求”操作数控机床。

3）按数控铣床/加工中心的操作规程操作。

4）按“5S”或“6S”原则进行。

三、铣削型腔槽板（一）

1. 零件图样（图 19）

2. 准备要求

（1）毛坯图（图 16）

（2）工具表（表 3）

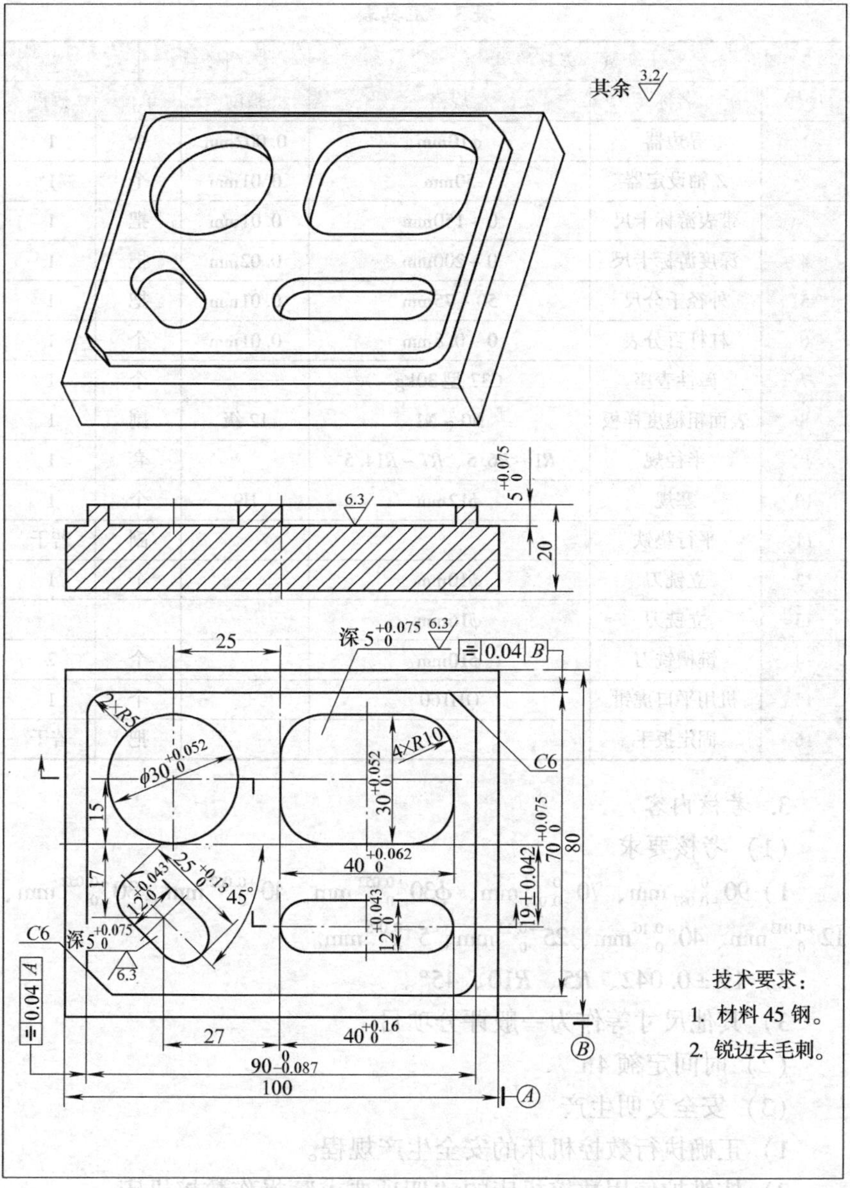

图 19　型腔槽板零件图

技术要求：

1. 材料 45 钢。
2. 锐边去毛刺。

表 3　工具表

工、量、刃具清单			图号		
序号	名称	规格	精度	单位	数量
1	寻边器	ϕ10mm	0.002mm	个	1
2	Z 轴设定器	50mm	0.01mm	个	1
3	带表游标卡尺	0～150mm	0.01mm	把	1
4	深度游标卡尺	0～200mm	0.02mm	把	1
5	外径千分尺	50～75mm	0.01mm	把	1
6	杠杆百分表	0～0.8mm	0.01mm	个	1
7	磁性表座	C37 型 30kg		个	1
8	表面粗糙度样板	N0～N1	12 级	副	1
9	半径规	R1～R6.5、R7～R14.5		套	1
10	塞规	ϕ12mm	H9	个	1
11	平行垫铁			副	若干
12	立铣刀	ϕ10mm		个	1
13	立铣刀	ϕ16mm			
14	键槽铣刀	ϕ10mm		个	2
15	机用平口虎钳	QH160		个	1
16	固定扳手			把	若干

3. 考核内容

（1）考核要求

1）$90_{-0.087}^{\ 0}$mm、$70_{-0.074}^{\ 0}$mm、$\phi30_{\ 0}^{+0.052}$mm、$40_{\ 0}^{+0.062}$mm、$30_{\ 0}^{+0.052}$mm、$12_{\ 0}^{+0.043}$mm、$40_{\ 0}^{+0.16}$mm、$25_{\ 0}^{+0.13}$mm、$5_{\ 0}^{+0.075}$mm。

2）19±0.042、R5、R10、45°。

3）其他尺寸等作为一般评分项目

（2）时间定额 4h

（3）安全文明生产

1）正确执行数控机床的安全生产规程。

2）按维护使用数控机床的“四项要求”操作数控机床。

3）按数控铣床/加工中心的操作规程操作。

4）按“5S”或“6S”原则进行。

四、铣削型腔槽板（二）

1. 零件图样（图20）

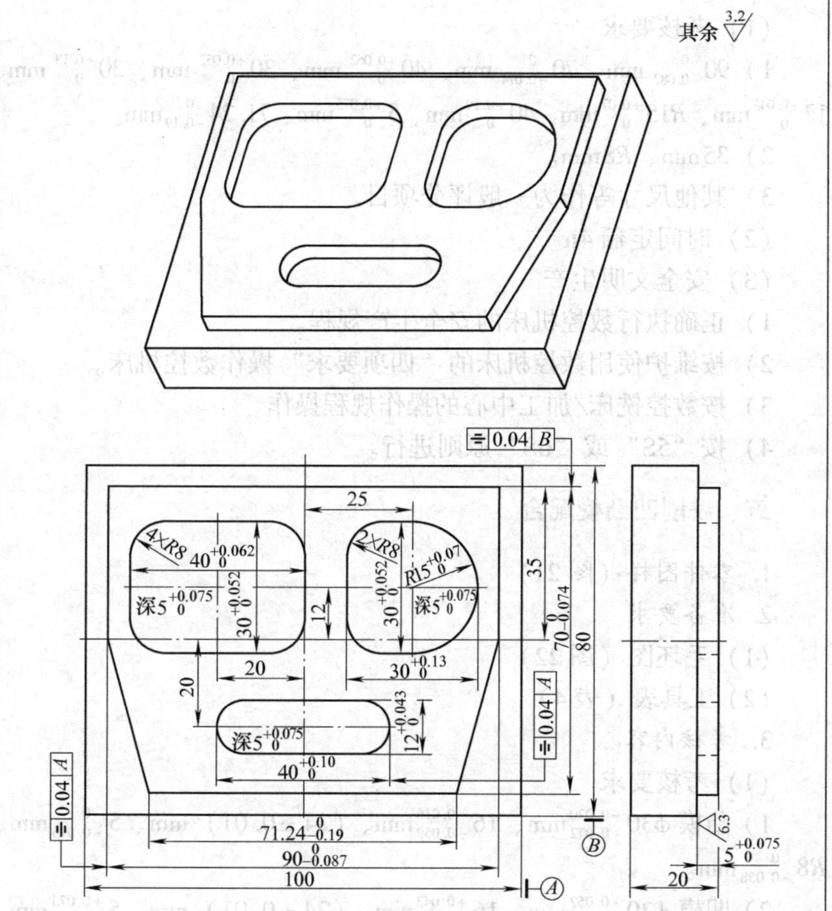

图20　型腔槽板零件图

2. 准备要求

（1）毛坯图（图16）

（2）工具表（表3）

3. 考核内容

（1）考核要求

1）$90_{-0.087}^{0}$ mm、$70_{-0.074}^{0}$ mm、$40_{0}^{+0.062}$ mm、$30_{0}^{+0.052}$ mm、$30_{0}^{+0.13}$ mm、$12_{0}^{+0.043}$ mm、$R15_{0}^{+0.07}$ mm、$40_{0}^{+0.10}$ mm、$5_{0}^{+0.075}$ mm、$71.24_{-0.19}^{0}$ mm。

2）35mm、R8mm。

3）其他尺寸等作为一般评分项目。

（2）时间定额4h

（3）安全文明生产

1）正确执行数控机床的安全生产规程。

2）按维护使用数控机床的“四项要求”操作数控机床。

3）按数控铣床/加工中心的操作规程操作。

4）按“5S”或“6S”原则进行。

五、铣削凹凸模配合

1. 零件图样（图21）

2. 准备要求

（1）毛坯图（图22）

（2）工具表（表4）

3. 考核内容

（1）考核要求

1）凸模 $\phi30_{-0.072}^{-0.020}$ mm、$16_{-0.059}^{-0.016}$ mm、(24±0.01) mm、$5_{-0.075}^{0}$ mm、$R8_{-0.058}^{0}$ mm。

2）凹模 $\phi30_{0}^{+0.052}$ mm、$16_{0}^{+0.043}$ mm、(24±0.01) mm、$5_{0}^{+0.075}$ mm、$R8_{0}^{+0.058}$ mm。

3）其他尺寸等作为一般评分项目。

（2）时间定额4h

（3）安全文明生产

1）正确执行数控机床的安全生产规程。

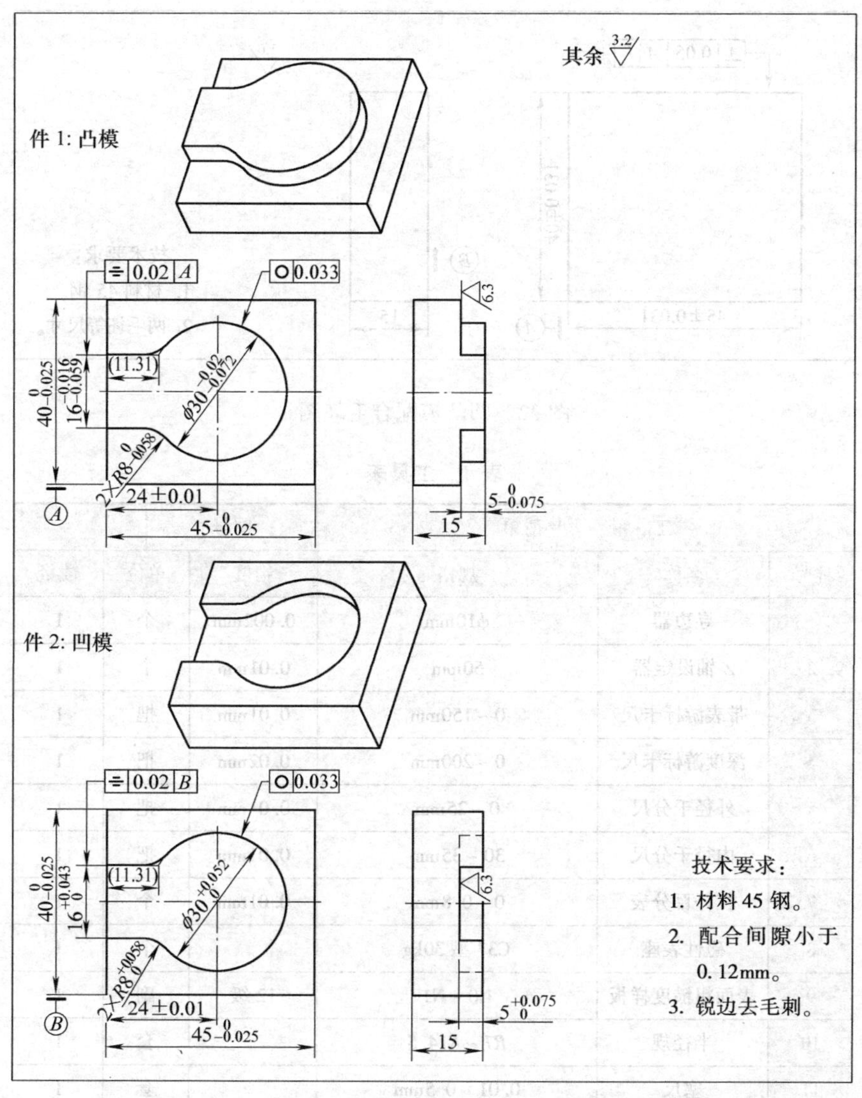

图21　凹凸模配合零件图

2）按维护使用数控机床的“四项要求”操作数控机床。

3）按数控铣床/加工中心的操作规程操作。

4）按“5S”或“6S”原则进行。

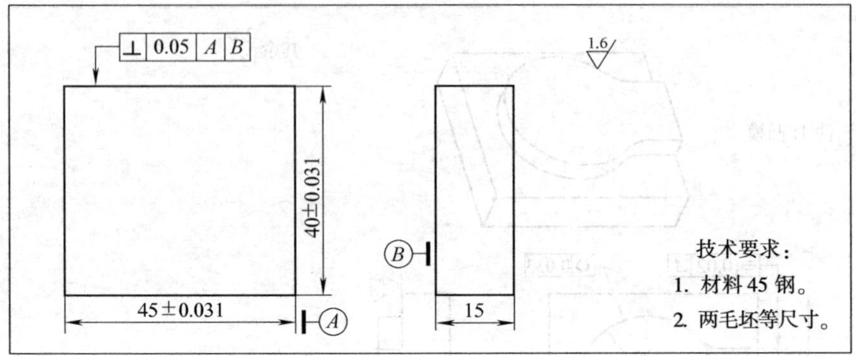

图22　凹凸模配合毛坯图

表4　工具表

工、量、刃具清单			图号		
序号	名称	规格	精度	单位	数量
1	寻边器	ϕ10mm	0.002mm	个	1
2	*Z* 轴设定器	50mm	0.01mm	个	1
3	带表游标卡尺	0～150mm	0.01mm	把	1
4	深度游标卡尺	0～200mm	0.02mm	把	1
5	外径千分尺	0～25mm	0.01mm	把	1
6	内径千分尺	30～35mm	0.01mm	把	1
7	杠杆百分表	0～0.8mm	0.01mm	个	1
8	磁性表座	C37 型 30kg		个	1
9	表面粗糙度样板	N0～N1	12 级	副	1
10	半径规	*R*7～*R*14.5		套	1
11	塞尺	0.01～0.5mm		套	1
12	平行垫铁			副	若干
13	立铣刀	ϕ12mm		个	2
14	机用平口虎钳	QH160		个	1
15	固定扳手			把	若干

六、铣削十字槽底板

1. 零件图样（图23）

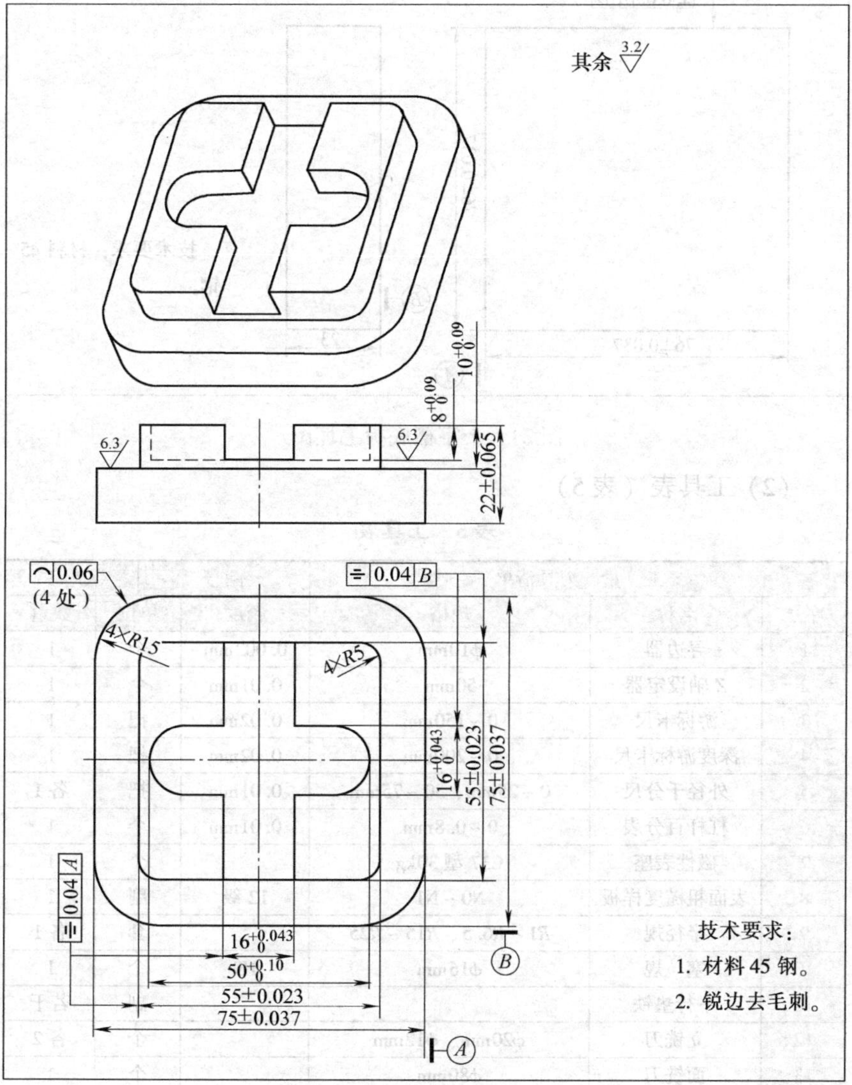

其余 3.2

技术要求：

1. 材料 45 钢。
2. 锐边去毛刺。

图 23 十字槽底板零件图

2. 准备要求

(1) 毛坯图（图24）

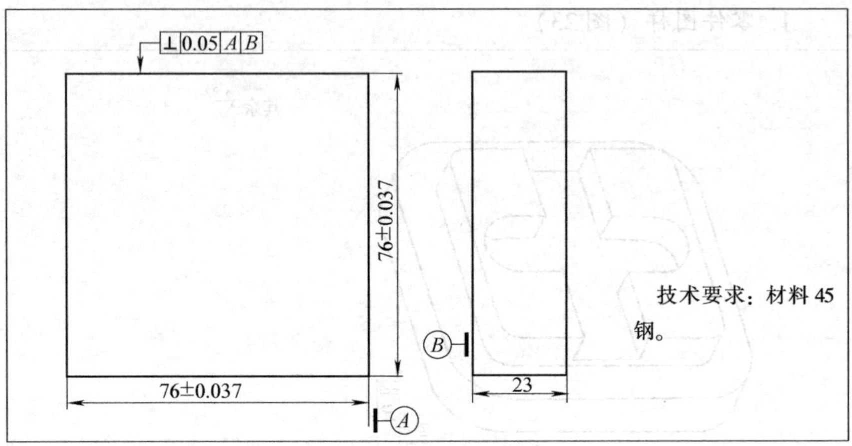

图24　十字槽底板毛坯图

(2) 工具表（表5）

表5　工具表

工、量、刃具清单			图号	XK7_ 92	
序号	名称	规格	精度	单位	数量
1	寻边器	ϕ10mm	0.002mm	个	1
2	*Z* 轴设定器	50mm	0.01mm	个	1
3	游标卡尺	0～150mm	0.02mm	把	1
4	深度游标卡尺	0～200mm	0.02mm	把	1
5	外径千分尺	0～25mm、50～75mm	0.01mm	把	各1
6	杠杆百分表	0～0.8mm	0.01mm	个	1
7	磁性表座	C37 型 30kg		个	1
8	表面粗糙度样板	N0～N1	12 级	副	1
9	半径规	*R*1～*R*6.5、*R*15～*R*25		套	各1
10	塞　规	ϕ16mm	H9	个	1
11	平行垫铁			副	若干
12	立铣刀	ϕ20mm、ϕ12mm		个	各2
13	面铣刀	ϕ80mm		个	1
14	机用平口虎钳	QH160		个	1
15	固定扳手			把	若干

3. 考核内容

(1) 考核要求

1) (75 ±0.037) mm (水平、垂直)、(55 ±0.023) mm (水平、垂直)、$16^{+0.043}_{0}$ mm (通槽、键槽)、$8^{+0.09}_{0}$ mm、$10^{+0.09}_{0}$ mm。

2) (22 ±0.065) mm、$50^{+0.10}_{0}$ mm、$R5$。

3) 其他尺寸等作为一般评分项目。

(2) 时间定额 4h

(3) 安全文明生产

1) 正确执行数控机床的安全生产规程。

2) 按维护使用数控机床的“四项要求”操作数控机床。

3) 按数控铣床/加工中心的操作规程操作。

4) 按“5S”或“6S”原则进行。

4. 配分、评分标准(表6)

表6 十字槽底板评分表

检测项目		检测内容		配分		评分标准	检查结果	得分
主要项目	1	(75 ±0.037) mm (水平)	$R_a3.2\mu m$	6/2		超差不得分		
	2	(75 ±0.037) mm (垂直)		6/2				
	3	(55 ±0.023) mm (水平)		6/2				
	4	(55 ±0.023) mm (垂直)		6/2				
	5	$16^{+0.043}_{0}$ mm (通槽)		4/2				
	6	$16^{+0.043}_{0}$ mm (键槽)		4/2				
	7	$8^{+0.09}_{0}$ mm	$R_a6.3\mu m$	3	1			
	8	$10^{+0.09}_{0}$ mm		3	1			
一般项目	1	(22 ±0.065) mm	$R_a3.2\mu m$	2	2			
	2	$50^{+0.10}_{0}$ mm		2	2			
	3	4 × $R5$		1	4	超差一处扣1分		
	4	4 × $R15$		1	4			

（续）

检测项目		检测内容		配分		评分标准	检查结果	得分
形位公差	1	⌒ 0.06		2	4	超差一处扣2分		
	2	≡ 0.04 A		2	2			
	3	≡ 0.04 B		2	2			
其他	1	安全生产	安全用电，防火，无人身、设备事故，遵守安全操作规程	5		违反有关规定一项扣1分，发生重大人身或设备事故，按0分计		
	2	文明生产	按“5S”管理模式生产	5		违反一项扣1分		
	3	程序	考件加工程序编制	20		错一处扣1分，超过10处错，本项为0分		
	4	时间	在规定的时间内完成			1. 超时≤15min；扣5分 2. 超时>15～30 min；扣10分 3. 超时>30min；本题计为0分		

考件名称	十字槽底板	等级	中级
		工时	240min
		材料	45钢

开始时间		停工时间		结束时间		实用时间		总分	
监考人		评分人		笔试得分					
				考件得分					

七、铣削轮廓加工

1. 零件图样（图25）

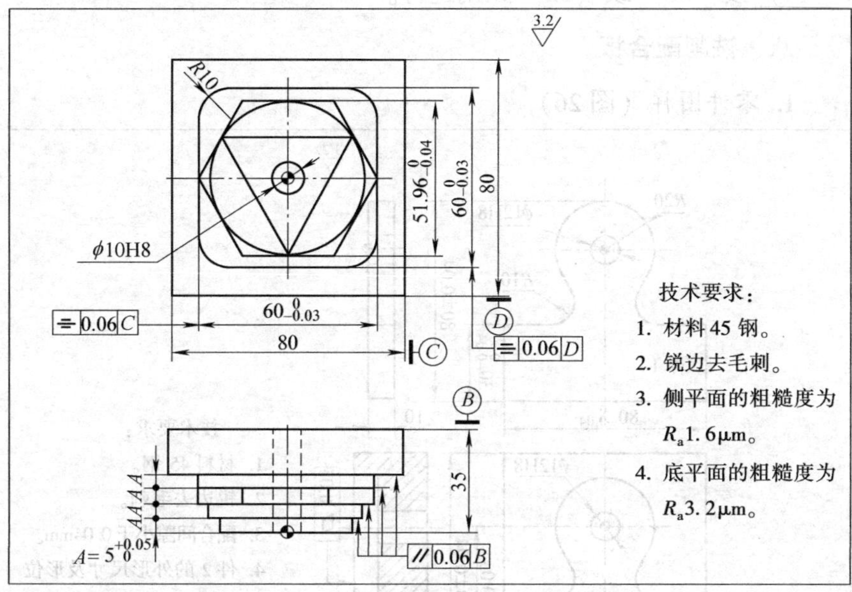

图25　轮廓零件图

2. 准备要求

1）80mm×80mm×35mm的矩形坯件。

2）机用平口虎钳。

3）刀具、量具等。

4）数控铣床/加工中心。

3. 考核内容

（1）考核要求

1）ϕ10H8、51.96$^{0}_{-0.04}$mm、60$^{0}_{-0.03}$mm。

2）5$^{+0.05}_{0}$mm、R10mm。

3）其他尺寸等作为一般评分项目。

（2）时间定额3h

（3）安全文明生产

1）正确执行数控机床的安全生产规程。

2）按维护使用数控机床的“四项要求”操作数控机床。

3）按数控铣床/加工中心的操作规程操作。

4）按“5S”或“6S”原则进行。

八、铣削配合板

1. 零件图样（图26）

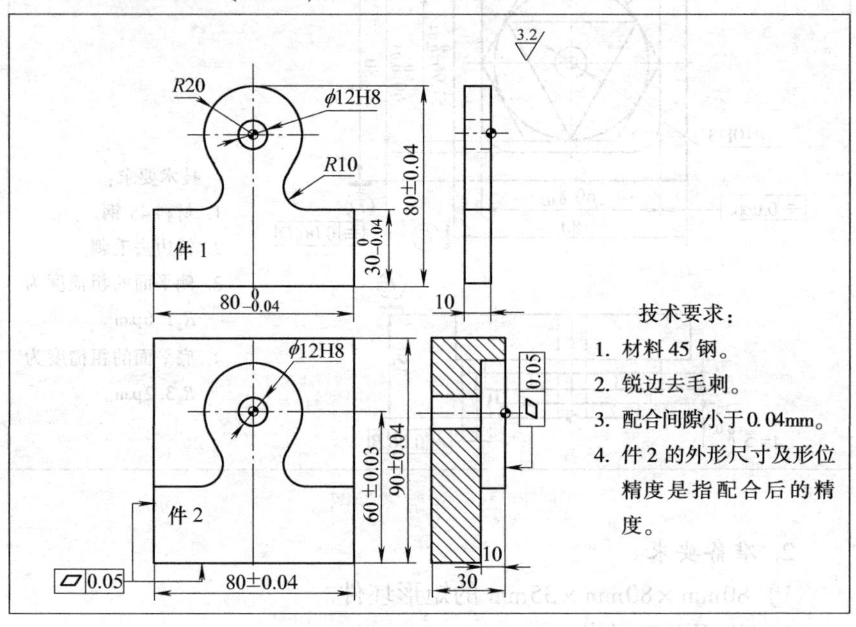

图26　配合板零件图

2. 准备要求

1）85mm×85mm×10mm及95mm×85mm×30mm的矩形坯件。

2）机用平口虎钳或压板。

3）刀具、量具等。

4）数控铣床/加工中心。

3. 考核内容

（1）考核要求

1）φ12H8、$30^{\ 0}_{-0.04}$mm、$80^{\ 0}_{-0.04}$mm。

2）R20mm、R10mm、（80±0.04）mm、（60±0.03）mm、（90±0.04）mm。

3）其他尺寸等作为一般评分项目。

（2）时间定额5h

（3）安全文明生产

1）正确执行数控机床的安全生产规程。

2）按维护使用数控机床的“四项要求”操作数控机床。

3）按数控铣床/加工中心的操作规程操作。

4）按“5S”或“6S”原则进行。

九、铣削配合件

1. 零件图样（图27）

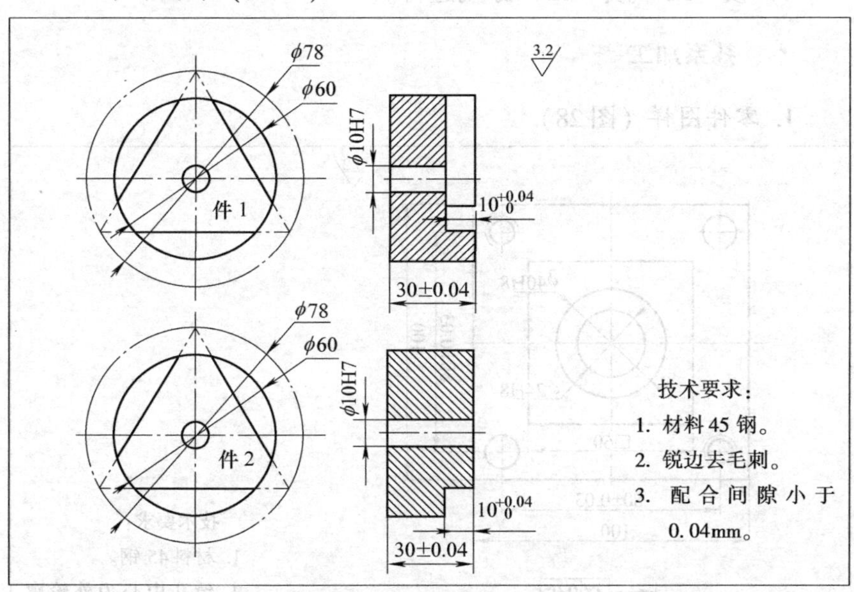

图27　配合件加工零件图

2. 准备要求

1）预制ϕ78mm×33mm（要求：其中一端面与轴线的垂直度不大于0.02mm）圆柱形坯件。

2）三爪自定心卡盘。

3）刀具、量具等。

4）加工中心。

3. 考核内容

(1) 考核要求

1) $10^{+0.04}_{0}$mm、ϕ10H7、(30 ±0.04) mm。

2) 其他尺寸等作为一般评分项目。

(2) 时间定额 5h

(3) 安全文明生产

1) 正确执行数控机床的安全生产规程。

2) 按维护使用数控机床的“四项要求”操作数控机床。

3) 按数控铣床/加工中心的操作规程操作。

4) 按“5S”或“6S”原则进行。

十、孔系加工

1. 零件图样（图 28）

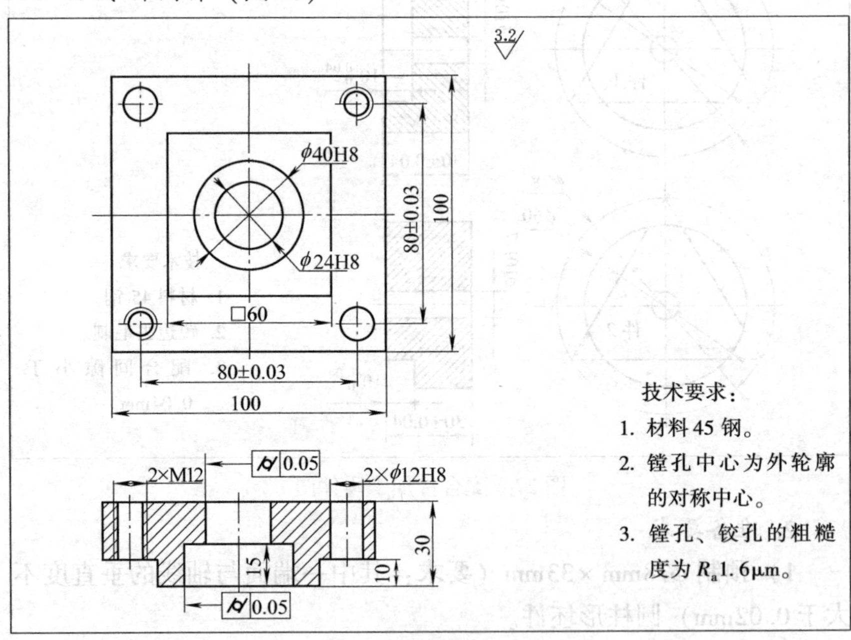

图 28 孔系加工零件图

2. 准备要求

1) 100mm × 100mm × 30mm 的矩形坯件。

2）机用平口虎钳。

3）刀具、量具等。

4）加工中心。

3. 考核内容

（1）考核要求

1）ϕ40H8、ϕ24H8、ϕ12H8、M12、（80 ±0.03）mm。

2）其他尺寸等作为一般评分项目。

（2）时间定额 3h

（3）安全文明生产

1）正确执行数控机床的安全生产规程。

2）按维护使用数控机床的“四项要求”操作数控机床。

3）按数控铣床/加工中心的操作规程操作。

4）按“5S”或“6S”原则进行。

十一、铣削综合件（一）

1. 零件图样（图 29）

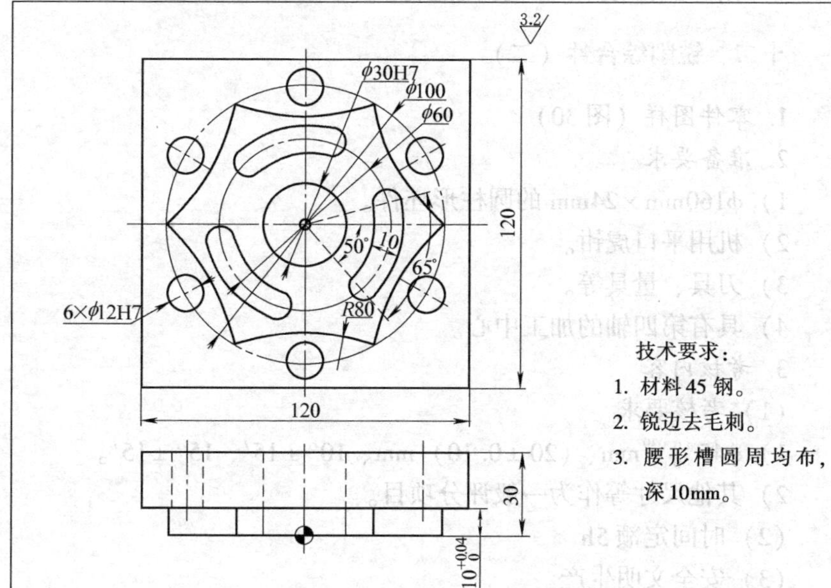

图 29　综合件的加工零件图

2. 准备要求

1）120mm×120mm×30mm 的矩形坯件。

2）机用平口虎钳。

3）刀具、量具等。

4）加工中心。

3. 考核内容

（1）考核要求

1）ϕ12H7、ϕ30H7、50°、65°。

2）ϕ100mm、ϕ60mm、R80mm。

3）其他尺寸等作为一般评分项目。

（2）时间定额 5h

（3）安全文明生产

1）正确执行数控机床的安全生产规程。

2）按维护使用数控机床的“四项要求”操作数控机床。

3）按数控铣床/加工中心的操作规程操作。

4）按“5S”或“6S”原则进行。

十二、铣削综合件（二）

1. 零件图样（图 30）

2. 准备要求

1）ϕ160mm×24mm 的圆柱形坯件。

2）机用平口虎钳。

3）刀具、量具等。

4）具有第四轴的加工中心。

3. 考核内容

（1）考核要求

1）$\phi45^{+0.039}_{0}$mm、（20±0.10）mm、10°±15′、15°±15′。

2）其他尺寸等作为一般评分项目。

（2）时间定额 5h

（3）安全文明生产

1）正确执行数控机床的安全生产规程。

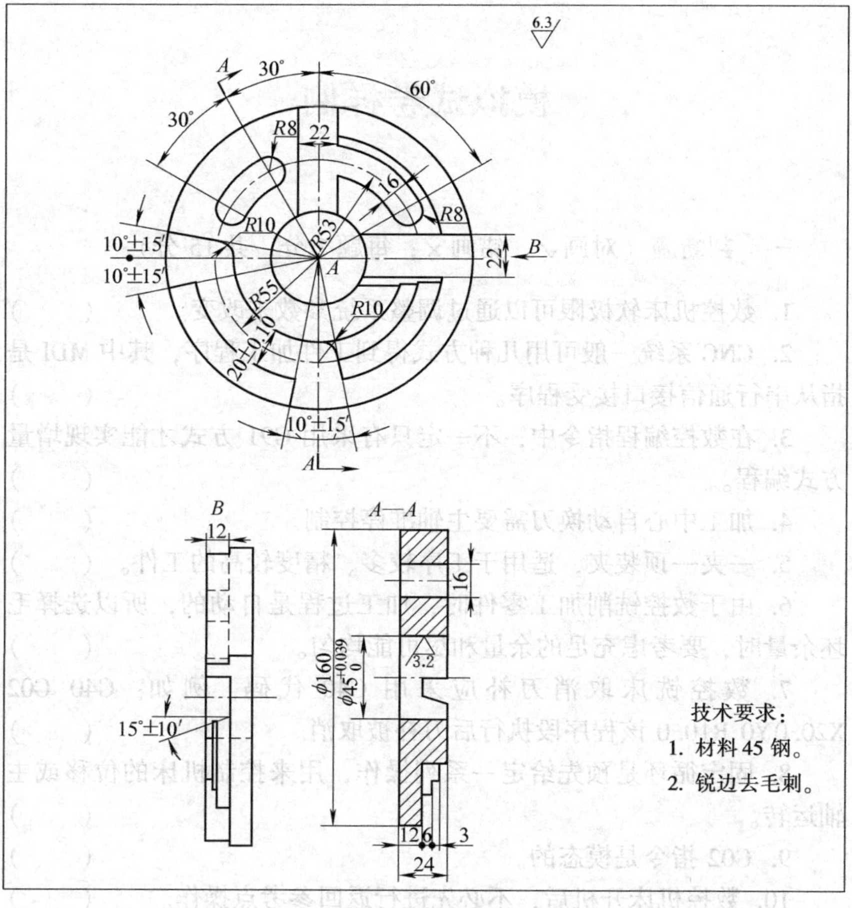

技术要求：

1. 材料 45 钢。
2. 锐边去毛刺。

图 30　月牙盘零件图

2）按维护使用数控机床的“四项要求”操作数控机床。

3）按数控铣床/加工中心的操作规程操作。

4）按“5S”或“6S”原则进行。

模拟试卷样例

一、判断题（对画✓，错画×；每题1分，共15分）

1. 数控机床软极限可以通过调整系统参数来改变。（ ）

2. CNC系统一般可用几种方式得到工件加工程序，其中MDI是指从串行通信接口接受程序。（ ）

3. 在数控编程指令中，不一定只有采用G91方式才能实现增量方式编程。（ ）

4. 加工中心自动换刀需要主轴准停控制。（ ）

5. 一夹一顶装夹，适用于工序较多、精度较高的工件。（ ）

6. 由于数控铣削加工零件时，加工过程是自动的，所以选择毛坯余量时，要考虑充足的余量和尽可能均匀。（ ）

7. 数控铣床取消刀补应采用G40代码，例如：G40 G02 X20.0Y0 R10.0 该程序段执行后刀补被取消。（ ）

8. 固定循环是预先给定一系列操作，用来控制机床的位移或主轴运转。（ ）

9. G02指令是模态的。（ ）

10. 数控机床开机后，不必先进行返回参考点操作。（ ）

11. G41左补偿指令是指刀具偏在工件轮廓的左侧，而G42则偏在右侧。（ ）

12. 能够自动换刀的数控机床称为加工中心。（ ）

13. 铣削零件轮廓时进给路线对加工精度和表面质量无直接影响。（ ）

14. 铣削内轮廓时，刀具应由过渡圆方向切入，切出。（ ）

15. 圆弧铣削时，已知起点和圆心就可以编写出圆弧插补程序。（ ）

二、选择题（将正确答案的序号填入括号内；每题1分，共40分）

1. FANUC系统中，程序段G04 P1000中，P指令是（　　）。

A. 子程序号　B. 缩放比例　C. 暂停时间　D. 循环参数

2. FANUC系统中，已知H01中的值为11，执行程序段G90 G44 Z－18.0 H01后，刀具实际运动到的位置是（　　）。

A. Z－18.0　B. Z－7.0　C. Z－29.0　D. Z－25.0

3. FANUC系统中，在主程序中调用子程序O1000，其正确的指令是（　）。

A. M98 O1000　B. M99 O1000　C. M98 P1000　D. M99 P1000

4. 用FANUC数控系统编程，对一个厚度为15mm，*Z*轴坐标零点位于零件下表面上，在（30，30）坐标点位置处钻一个深10mm的孔，则指令为（　）。

A. G85 X30.0 Y30.0 Z5.0 R15 Q4 F50

B. G81 X30.0 Y30.0 Z5.0 R20 Q4 F50

C. G81 X30.0 Y30.0 Z5.0 R15 F50

D. G83 X30.0 Y30.0 Z5.0 R20 Q4 F50

5. 数控机床的旋转轴之一*A*轴是绕（　　）直线轴旋转的轴。

A. *X*轴　B. *Y*轴　C. *Z*轴　D. *W*轴

6. 铣螺旋槽时，必须使工件作等速转动的同时，再作（　　）移动。

A. 匀速直线　B. 变速直线　C. 匀速曲线　D. 变速曲线

7. 同一被测平面的平面度和平行度公差值之间的关系，一定是平面度公差值（　）平行度公差值。

A. 等于　B. 大于　C. 小于　D. 大于或小于

8. 工件安装时的定位精度高低与安装方法有关，下列三种方法中定位精度最高的是（　　），最低的是（　　）。

A. 直接安装找正　B. 通用夹具安装

C. 专用夹具安装　D. 按划线安装

9. 若零件上每个表面均要加工，则应选择加工余量和公差

（　　）的表面作为粗基准。

A. 最小　　B. 最大

C. 符合公差范围　　D. 没有任何要求

10. 加工空间曲面、模具型腔或凸模成形表面常选用（　）。

A. 立铣刀　B. 面铣刀　C. 模具铣刀　D. 成形铣刀

11. 在下列的（　　）操作中，不能建立机械坐标系。

A. 复位　　B. 原点复归

C. 手动返回参考点　　D. G28 指令

12. 立铣刀切出工件表面时，必须（　　）。

A. 法向切出　B. 切向切出　C. 无需考虑　D. 前向切出

13. 数控铣床精加工轮廓时应采用（　　）。

A. 切向进刀　B. 顺铣　C. 逆铣　D. 法向进刀

14. 曲率变化不大，精度要求不高的曲面轮廓，宜采用（　　）。

A. 两轴联动加工　　B. 两轴半加工

C. 三轴联动加工　　D. 四轴联动加工

15. 加工中心上加工的既有平面又有孔系的零件常见的是（　　）零件。

A. 支架类　　B. 箱体类

C. 盘、套、板类　　D. 凸轮类

16. 加工中心加工的外形不规则异形零件是指（　　）零件。

A. 拔叉类　B. 模具类　C. 凸轮类　D. 支架类

17. 数控加工编程前要对零件的几何特征如（　　）等轮廓要素进行分析。

A. 平面　B. 直线　C. 轴线　D. 曲线

18. 飞机大梁的直纹扭曲面的加工属于（　　）。

A. 二轴半联动加工　　B. 三轴联动加工

C. 四轴联动加工　　D. 五轴联动加工

19. 对于加工中心，一般不需要（　　）。

A. 主轴连续调速功能　　B. 主轴定向准停功能

C. 主轴恒速切削控制　　D. 主轴电动机四象限驱动功能

20. 下面情况下，需要手动返回机床参考点（　　）。

A. 机床电源接通开始工作之前

B. 机床停电后，再次接通数控系统的电源时

C. 机床在急停信号或超程报警信号解除之后，恢复工作时

D. A、B、C 都是

21. 数控铣床的最大特点是（ ），即灵活、通用、万能，可加工不同形状的工件。

A. 精度高　B. 工序集中　C. 高柔性　D. 效率高

22. 测量基准是指工件在（ ）时所使用的基准。

A. 加工　B. 装配　C. 检验　D. 维修

23. 定心夹紧机构具有定心同时将工件（ ）的特点。

A. 定位　B. 校正　C. 平行　D. 夹紧

24. 在刀具旋转的机床上，如果 *Z* 轴是垂直的，则从主轴向立柱看，对于单立柱机床，（ ）。

A. *X* 轴的正向指向右边　B. *X* 轴的正向指向左边

C. *Y* 轴的正向指向右边　D. *Y* 轴的正向指向左边

25. 铣床上用的分度头和各种虎钳都是（ ）夹具。

A. 专用　B. 通用　C. 组合　D. 以上都可以

26. （ ）指令不能设立工件坐标系。

A. G54　B. G92　C. G55　D. G91

27. 通过刀具的当前位置来设定工件坐标系时用（ ）指令实现。

A. G54　B. G55　C. G92　D. G52

28. 取消工件坐标系的零点偏置，（ ）指令不能达到目的。

A. M30　B. M02

C. G52 X0 Y0 Z0　D. M00

29. 数控系统由数控装置、伺服系统、（ ）组成。

A. 反馈系统　B. 驱动装置　C. 执行装置　D. 检测装置

30. 加工中心的刀具可通过（ ）自动调用和更换。

A. 刀架　B. 对刀仪　C. 刀库　D. 换刀机构

31. FANUC 系统中 G80 是指（ ）。

A. 镗孔循环　B. 反镗孔循环

C. 攻螺纹循环　　　　　　　D. 取消固定循环

32. 工件在机床上或在夹具中装夹时，用来确定加工表面相对于刀具切削位置的面叫（　　）。

A. 测量基准　　B. 装配基准　　C. 工艺基准　　D. 定位基准

33. 某加工程序中的一个程序段为 N003 G91 G18 G94 G02 X30.0 Y35.0 B0.0 F100 LF，该程序段的错误在于（　　）。

A. 不应该用 G91　　　　　　B. 不应该用 G18

C. 不应该用 G94　　　　　　D. 不应该用 G02

34. 程序段 G00 G01 G02 G03 X50.0 Y70.0 R30.0 F70 最终执行（　　）指令。

A. G00　　B. G01　　C. G02　　D. G03

35. 加工中心按主轴的方向可分为（　　）两种。

A. Z 坐标和 C 坐标　　　　　　B. 经济性、多功能

C. 立式和卧式　　　　　　D. 移动和转动

36. 通常用球刀加工比较平缓的曲面时，表面质量不会很高，表面粗糙度值大，这是因为（　　）而造成的。

A. 行距不够密

B. 步距太小

C. 球刀切削刃不太锋利

D. 球刀尖部的切削速度几乎为零

37. 主切削刃与铣刀轴线之间的夹角称为（　　）。

A. 螺旋角　　B. 前角　　C. 后角　　D. 主偏角

38. 键槽铣刀用钝后，为了能保持其外径尺寸不变，应修磨（　　）。

A. 周刃　　B. 端刃　　C. 周刃和端刃　　D. 侧刃

39. 在铰孔和浮动镗孔等加工时，都是遵循（　　）原则的。

A. 互为基准　B. 自为基准　C. 基准统一　D. 不用考虑

40. 球头铣刀的球半径通常（　　）加工曲面的曲率半径。

A. 小于　　　　　　B. 大于

C. 等于　　　　　　D. A、B、C 都可以

三、简答题（每题4分，共16分）

1. 什么是数控机床？其工作原理是什么？

2. 何为加工中心的参考点？返回参考点的方式有哪两种？简要说明两者特点。

3. 数控编程分为哪几种？各有何特点？

4. 刀具半径补偿的目的及指令是什么？

四、画图题（共9分）

根据下列程序画出图形

已知：机床为FANUC系统的数控铣床，该程序为一刻线程序。

```
O0003
N0010   G01   Z5.0    T01    M03    S800
N0020   G00   X0   Y0
N0030   G01   Z-1.0    F80.0
N0040   G01   X20.0    Y20.0
N0050         X50.0    Y70.0
N0060         X70.0
N0070   G03   X85.0    Y45.0    I0.0    J15.0
N0080   G02   X100.0   Y60.0    I15.0   J0
N0090   G01   Y70.0
N0100         X55.0
N0110   G02   X25.0    Y70.0    I-15.0   J0
N0120   G01   X20.0    Y20.0
N0130   G01   X0    Y0
N0140   G00   Z5.0
N0140   M30
```

五、编程题（每题10分，共20分）

1. 加工如图31所示零件的内、外轮廓面，刀具直径 ϕ10mm，采用刀具半径补偿指令编写加工程序。

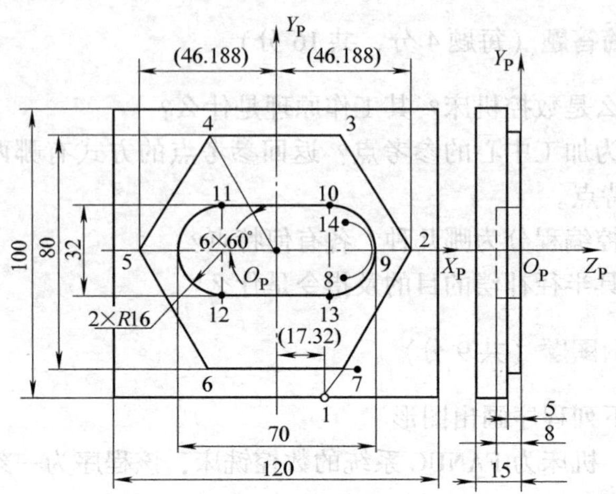

图31　编程题

2. 用一毛坯尺寸为72mm×42mm×5mm板料，加工成尺寸如图32所示的零件，分为内、外轮廓的粗、精加工。

要求：1. 选择刀具及切削用量。

2. 编写加工程序。

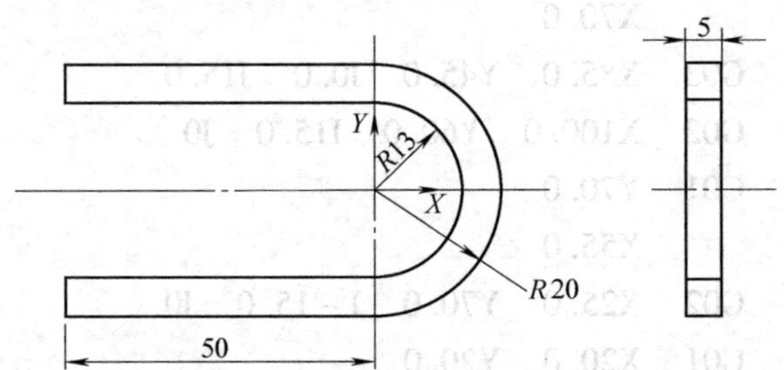

图32　铣削加工典型零件

答案部分

一、判断题

1. ×	2. ✓	3. ✓	4. ×	5. ✓	6. ×	7. ✓	8. ×
9. ×	10. ✓	11. ×	12. ✓	13. ✓	14. ✓	15. ✓	16. ✓
17. ✓	18. ×	19. ✓	20. ✓	21. ×	22. ✓	23. ×	24. ✓
25. ✓	26. ×	27. ✓	28. ✓	29. ×	30. ✓	31. ×	32. ✓
33. ×	34. ✓	35. ✓	36. ✓	37. ✓	38. ✓	39. ✓	40. ×
41. ×	42. ×	43. ×	44. ×	45. ✓	46. ×	47. ✓	48. ✓
49. ×	50. ×	51. ×	52. ✓	53. ×	54. ×	55. ×	56. ×
57. ×	58. ✓	59. ✓	60. ✓	61. ✓	62. ✓	63. ×	64. ×
65. ✓	66. ✓	67. ×	68. ×	69. ✓	70. ✓	71. ×	72. ×
73. ✓	74. ×	75. ×	76. ×	77. ×	78. ×	79. ✓	80. ✓
81. ✓	82. ✓	83. ×	84. ×	85. ✓	86. ✓	87. ✓	88. ×
89. ✓	90. ✓	91. ✓	92. ✓	93. ✓	94. ✓	95. ✓	96. ✓
97. ✓	98. ✓	99. ✓	100. ✓	101. ✓	102. ✓	103. ✓	104. ✓
105. ✓	106. ✓	107. ✓	108. ✓	109. ✓	110. ✓	111. ✓	112. ×
113. ✓	114. ×	115. ×	116. ×	117. ✓	118. ✓	119. ×	120. ✓
121. ×	122. ✓	123. ✓	124. ✓	125. ✓	126. ✓	127. ✓	128. ✓
129. ✓	130. ✓	131. ×	132. ×	133. ×	134. ×	135. ✓	136. ✓
137. ✓	138. ×	139. ✓	140. ×	141. ✓	142. ×	143. ✓	144. ×
145. ×	146. ✓	147. ×	148. ×	149. ×	150. ✓	151. ×	152. ✓
153. ×	154. ×	155. ×	156. ✓	157. ×	158. ×	159. ×	160. ✓
161. ×	162. ×	163. ×	164. ✓	165. ✓	166. ×	167. ✓	168. ×
169. ×	170. ×	171. ✓					

二、选择题

1. D	2. D	3. B	4. C	5. D	6. A	7. A	8. D
9. C	10. A	11. A	12. A	13. B	14. C	15. C	16. A
17. A	18. C	19. B	20. A	21. C	22. C	23. D	24. A
25. D	26. B	27. A	28. A	29. C	30. C	31. C	32. B
33. A	34. B	35. C	36. C	37. C	38. C	39. C	40. C
41. C	42. A	43. B	44. C	45. C	46. D	47. C	48. D
49. C	50. A	51. A	52. D	53. C	54. D	55. C	56. A
57. C	58. D	59. B	60. B	61. B	62. B	63. C	64. C
65. C	66. D	67. A	68. C	69. C	70. A	71. C	72. B
73. D	74. D	75. D	76. A	77. A	78. A	79. D	80. D
81. C	82. B	83. C	84. D	85. B	86. A	87. C	88. A
89. B	90. A	91. C	92. B	93. A	94. A	95. A	96. D
97. B	98. D	99. B	100. B	101. A	102. A	103. C	104. A
105. A	106. B	107. B	108. B	109. C	110. B	111. A	112. D
113. C	114. B	115. A	116. A	117. D	118. A	119. D	120. D

参考文献

[1] 刘雄伟．数控机床操作与编程培训教程［M］．北京：机械工业出版社，2001.
[2] 毕毓杰．机床数控技术［M］．北京：机械工业出版社，1996.
[3] 华茂发．数控机床加工工艺［M］．北京：机械工业出版社，2000.
[4] 郭培全，王红岩编著．数控机床编程与应用［M］．北京：机械工业出版社，2001.
[5] 薛彦成．数控原理与编程［M］．北京：机械工业出版社，1999.
[6] 眭润舟．数控编程与加工技术［M］．北京：机械工业出版社，2001.
[7] 许兆丰，等．数控车床编程与操作［M］．北京：中国劳动出版社，1993.
[8] 刘书华．数控机床与编程［M］．北京：机械工业出版社，2001.
[9] 唐应谦．数控加工工艺学［M］．北京：中国劳动社会保障出版社，2000.
[10] 惠延波，等．加工中心的数控编程与操作技术［M］．北京：机械工业出版社，2001.
[11] 王维．数控加工工艺及编程［M］．北京：机械工业出版社，2001.
[12] 唐健．数控加工及程序编制基础［M］．北京：机械工业出版社，2001.
[13] 全国数控培训网络天津分中心．数控编程［M］．北京：机械工业出版社，2002.
[14] 王贵明．数控实用技术［M］．北京：机械工业出版社，2001.
[15] 许祥泰，刘艳芳．数控加工编程实用技术［M］．北京：机械工业出版社，2001.
[16] 顾京．数控机床加工程序编制［M］．北京：机械工业出版社，2001.
[17] 罗振璧，朱耀祥．现代制造系统［M］．北京：机械工业出版社，1995.
[18] 张超英，罗学科．数控加工综合实训［M］．北京：化学工业出版社，2003.
[19] 张超英．数控车床［M］．北京：化学工业出版社，2003.
[20] 高德文．加工中心［M］．北京：化学工业出版社，2003.
[21] 罗学科，李跃中．数控电加工机床［M］．北京：化学工业出版社，2003.
[22] 徐宏海，谢富春．数控铣床［M］．北京：化学工业出版社，2003.
[23] 蒋亨顺．数控机床编程与操作（电加工机床分册）［M］．北京：中国劳动社会保障出版社，2002.

［24］数控工艺培训教程（数控铣部分）［M］．北京：清华大学出版社，2002.

［25］明兴祖．数控加工技术［M］．北京：化学工业出版社，2002.

［26］韩鸿鸾．数控机床应用基础（第2版）［M］．济南：山东科学技术出版社，2004.

［27］韩鸿鸾．数控加工技师手册［M］．北京：机械工业出版社，2005.

［28］韩鸿鸾．数控编程［M］．北京：劳动和社会保障出版社，2004.

［29］韩鸿鸾．数控加工工艺学［M］．北京：劳动和社会保障出版社，2005.

［30］韩鸿鸾．数控编程［M］．济南：山东科学技术出版社，2005.

［31］徐夏民．数控铣工实习与考级［M］．北京：高等教育出版社，2004.

［32］陆根奎．车工技师培训教材［M］．北京：机械工业出版社，2002.

［33］周炳章，侯慧人．铣工工艺学［M］．北京：中国劳动出版社，1996.

［34］徐衡，段晓旭．数控铣工［M］．北京：化学工业出版社，2005.

［35］蒋建强．数控加工技术与实训［M］．北京：电子工业出版社，2003.

［36］顾京．数控加工编程及操作［M］．北京：高等教育出版社，2003.

［37］陈志雄．数控机床与数控编程技术［M］．北京：电子工业出版社，2003.

［38］胡育辉．数控加工中心［M］．北京：化学工业出版社，2005.

［39］吴国梁．高级铣工技术与实例［M］．南京：江苏科学技术出版社，2006.

［40］王猛．机床数控技术应用实习指导［M］．北京：高等教育出版社，1999.